民國建築工程期刊匯編

MINGUO JIANZHU GONGCHENG QIKAN HUIBIAN

1

《民國建築工程期刊匯編》編寫組 編

广西师范大学出版社
GUANGXI NORMAL UNIVERSITY PRESS
·桂林·

項目統籌：湯文輝
出 品 人：喬祥飛
策　　劃：陳顯英
責任編輯：張　濤
助理編輯：王　琦　劉雅静
書籍設計：潘　江
責任技編：郭　鵬

圖書在版編目（CIP）數據

民國建築工程期刊匯編 ： 全 72 册 / 《民國建築工程期刊匯編》編寫組編. —影印本. —桂林 ： 廣西師範大學出版社，2020.8

ISBN 978-7-5598-2691-6

Ⅰ. ①民… Ⅱ. ①民… Ⅲ. ①建築工程－期刊－匯編－中國－民國 Ⅳ. ①TU-092.5

中國版本圖書館 CIP 數據核字（2020）第 042814 號

廣西師範大學出版社發行
（廣西桂林市五里店路 9 號　郵政編碼：541004
網址：http://www.bbtpress.com）
出版人：黄軒莊
全國新華書店經銷
三河弘翰印務有限公司印刷
（河北省三河市黄土莊鎮二百户村北　郵政編碼：065200）
開本：787 mm × 1 092 mm　1/16
印張：2302.5　　字數：36 840 千
2020 年 8 月第 1 版　　2020 年 8 月第 1 次印刷
定價：57600.00 元（全 72 册）

出版説明

我國近現代建築工程的發展曾取得了許多階段性的成果。建築工程事業既是物質建設，又是文化建設，是人類物質文化遺産的重要組成部分。中國建築工程的發展，不僅受到我國自然地理資源、土地環境資源以及地域氣候變化等多方面因素的影響，也與我國的民族文化、歷史文化等問題緊密相關。其在反映社會發展規律的同时，也體現了工程師的主觀理想追求。

目前國内有關民國时期建築類的期刊散落各地，學界的相關研究者對此類資料集中查找不易，研究使用更是困難，爲使建築工程從業者及相關研究學者對中國近代建築工程發展情況、近代建築工程期刊發展情況有所瞭解，編者將搜集到的民國時期出版的《工程》《工程會報》《工程季刊》《工程界》等三十餘種建築工程期刊文獻編印成册，所輯文獻内容十分豐富，通過對民國時期建築工程類期刊整理、編目，爲研究者勾畫出民國時期各地的建築期刊出版情況，既可以讓讀者總覽民國時期我國建築期刊的风貌，亦可爲研究民國時期乃至近代中國的建築發展歷史提供新的資源庫。

《民國建築工程期刊匯編》主要具有以下特點：

一、本書以影印整理的方式爲學界重現了民國時期的建築工程類期刊，所收期刊的時間跨度較大，完整地反映了當時建築工程領域的先進思想與成果，以及民國時期建築工程的發展歷程，於今而言，是彌足珍貴的近、現代建築史資料。

二、本書涉及的建築期刊地域覆蓋面較廣，不僅收録了民國時期期刊領域較爲發達開放的沿海城市出版的期刊，如廣東土木工程師會會刊《工程季刊》以及廣州土木工程師會會刊《工程季刊》，還有中國工程師學會不同分會的年會特刊，如中國工程師學會廣州分會出版的《工程特刊》，又如中國工程師學會衡陽分會出版的《工程年會特刊》等；此外，還收録非沿海地區出版的建築工程類期刊，如《河北省工程師協會月刊》等，研究者亦可總覽民國時期全國各省市的建築發展歷史。

三、本書收録的期刊内容除建築工程專業領域以外，還涉及其他多個方面，内容覆蓋面較廣，不同時期及不同地區的建築期刊反映了不同階段不同地域的民族文化及歷史文化，研究者不僅可以通過這些建築工程類期刊研究當時的自然地理資源和土地環境資源等問題，還可以對我國不同地區的地域文化差異展開更深層次的研究。

爲方便研究者查閲、檢索、記録和引用，本書同種期刊按照出版時間進行排序；分册目録依次著録所收期刊的刊名、出版時間及卷數、期數等信息；刊名相同出版者不同的期刊均在刊名後備注出版者信息；此外，本書總目録列有每一册所收期刊的出版日期及卷數區間，方便讀者的使用。

本書再現了民國時期建築工程的發展歷程，具有極高的文獻價值，爲中國近代建築工程發展之研究者及建築工程從業人員提供了大量史料依據，對當今中國建築工程事業的發展有所助益。

本書編者

二〇二〇年二月

總目錄

第十八册

第十九册

第二十册

第二十一册

第二十二册

第二十三册

第四十冊

第四十一冊

第四十二冊

第四十三冊

第四十四冊

第四十五冊

第四十六冊

第四十七冊

第四十八册

第四十九册

第五十册

第五十一册

第五十二册

第五十三册

第五十四册

第五十五册

第五十六册

第五十七册

第五十八册

第五十九册

第六十册

第六十一册

第一册目録

復旦土木工程學會會刊

會刊
1933

目　　錄

復旦大學土木工程

系全體攝影 一九三三年春 啟昌攝
上海啟昌攝

復旦大學土木工程學會全體執監委員攝影
一九三三年春
啟昌攝

發　刊　詞

金　通　尹

復旦設土木工程學系，自民國十四年始有畢業生，至二十一年止，共有百五十八人。其中不幸短命亡死者五人，餘皆散在各省市，分任公路，鐵路，水利，市政，房屋等工程，亦有游學歐美者。本學期肄業者百二十九人。在校求學識，出則任工作。積年累月，勤勤懇懇，以有相當之成績，尚不爲社會所鄙棄，而自顧歉然，未敢求聞於世。土木工程系同學嘗與理學院各系同辦刊物二次。其後屢有獨出刊物之議，予以諸同學學未成，管窺之見，蠡測之詞，雖不足稱道，而砥勵觀摩，刊物誠有裨補。畢業諸同學服務所得，往往在講室課本討論範圍之外。實際工作，舉以告肄業同學，足以發明學理，增進興趣；即在校同學，濡筆有所譯述，溫故知新，爲益亦復不尠，故樂贊其成。諸同學鄭重考度，未遽付實行，今年六月，始蒐集成編。對於社會不足言貢獻，而本系畢業同學服務之勞，與在校同學研究之勤，略可見一班。自今以往，將繼續不斷，以就正於當世，企予望之。

發刊詞

金通尹

復旦大學土木工程學系，自民國十四年始有畢業生，至三十一年止，共計有五十八人，其中不幸逝世者已有五人，散處全各省市，分任公路、鐵路、港灣、市政、水利等工程，亦有從事教育者。本學期肄業者有二十九人，今秋又畢業，出則任工作。[illegible]

[illegible]會[illegible]，[illegible]以[illegible]正常發展，此予所望也。

中國歷代建築的鳥瞰

楊哲明

建築是「造形藝術」，在藝術史上佔極重要的地位。此種造形藝術，可以分兩部分來講：一部是屬於橫廣的建築；一部是屬於縱長的建築。橫廣的建築，形態是很莊嚴的。中國的建築，以此種爲最擅長；縱長的建築，在中國也有，如隧道，運河，長城等等，都是屬於縱長建築的。茲將中國歷代的建築，來鳥瞰一下。

我們要述及中國歷代的建築，當然要以歷史上的記載以及歷代的關於建築記載的典籍爲根據，故從中國最古的有巢氏構木爲巢說起。

有巢氏構木爲巢的工作，實開中國建築的先河。不過有巢氏的工作的目的，是專爲避免禽獸襲擊用的，制度極其簡單，結構亦極其簡陋。至於伏羲氏的城垣，雖然在當時的功用可以使敵人不能長驅直入，但是當時的城垣，實和現在的短牆一樣。

軒轅氏黃帝，憑着他的戰術，征服了背叛中央的蚩尤，於是八方進貢，萬國來朝，中國的政治便從部落酋長的制度一變而爲國家君主的政治。黃帝欲表示天子的尊嚴，大興土木，建築宮殿，朝見海內的諸侯。黃帝時的宮殿，雖土垣茅蓋，但在當時已經是進步了。黃帝當國時，諸侯常以擴張個人地盤爲主旨。自相征伐，以致海內無甯日。黃帝乃創造高城及護城河——即城濠的制度，高城建築的材料，也是土的，但較伏羲氏的城垣要高大得多。此種高城及護城河的建築，就開了近代國防建築的張本。

黃帝崩，左徹刻木像，面目酷肖黃帝，衣冠几杖如生人，另做一宮，南面而朝諸侯，諸侯均臣伏，不敢有貳心。此種形式，就是後來宗廟建築的發端。

堯舜時的建築，雖有樓台亭閣的分別，但是土炭茅堦。後世有人讚美唐虞兩代的儉樸美德，如果以科學的立場來說，實在是堯舜時的建築絲毫沒有進步。

磚瓦的發明，到了夏朝時才有的。烏曹作磚，昆吾作瓦，可知烏曹及昆吾二人，爲中國的磚瓦發明家。太甲以石築堤，夏朝的建築進步，着實可觀，因爲一變土垣建築時代而爲磚石建築時代，這不能不說是中國的建築史的一大進步。到了夏桀，作宮室，飾瑤台，這便是後來高樑大廈，華美裝設的嚆矢。

由夏而至商，中間又經過了幾百年，建築的進展，又經過了幾百年的改善。到了商紂，建築鹿台，廣三里，高千尺，邯鄲朝歌之間，離宮別館，玉門瑰室，到處皆有。則商朝的建築，是秉承夏朝的作風，發揮而光大之。此時如與軒轅時代的建築相較，眞有霄壤之別了。

周朝的建築，可以分爲兩部分來敍述：一部分是都市建築；一部分是宮室宗廟建築。我們從歷史上知道，周朝的版圖遼闊，政治以及其他各種學術亦大有進步，建築的進步，也是當然的趨勢。從詩經大雅文王之什綿篇中，有下列的一段記載：

「綿綿瓜瓞。民之初生。自土沮漆。古公亶父。陶復陶穴。未有家室。古公亶父。來朝走馬。率西水滸。至於岐下。爰及姜女。聿來胥宇。周原膴膴。堇荼如飴。爰始爰謀。爰契我龜。曰止曰時。作室於茲。迺慰迺止。迺左迺右。迺疆迺理。迺宣迺畝。自西徂東。周爰執事。乃召司空。乃召司徒。俾立室家。其繩則直。縮版以載。作廟翼翼。捄之陾陾。度之薨薨。築之登登。削屢馮馮。百堵皆興。鼛鼓弗勝。迺立皐門。皐門有伉。迺立應門。應門將將。迺立冢土。戎醜攸行。…………」

我們這一段記載中，可以知道周朝都市建築的梗概。所謂『迺左迺右，』『其繩則直，』『縮版以載，』『百堵皆興』等等，已將當時的都市建築的情形，說得很清楚。又據考江記所載，有下列一段文字：

『匠人建國。水地以縣。置槷以縣。眡以景。爲規。識日出之景。與日入之景。晝參諸日中之景。夜考之極星。以正朝夕。匠人營國。方九里。旁三門。國中九經九緯。經涂九軌。左祖。右社。面朝。後市。市朝一夫。』

我們從這一段文字中，可知周代的都市建築，已備天文氣象觀察的規模。從文字的前一半看來，爲『匠人建國。』從後一半看來，爲『匠人營國。』據宋代林希逸的解釋，則爲『建國之城也，』『營業之宮室也。』則周代都市及宮室的建築，均詳於上一段文字中了。

『國中九經九緯。經涂九軌。』這兩句話，據考工記的著釋如下：

『國中。城內也。經。縱也。南北之涂也。緯。橫也。東西之涂也。涂。路也。軌。車轍迹也。經緯各有路九條。每一經路之廣。可容車九乘往來。蓋車六尺六寸。兩旁各加七寸。（輻內二寸半。廣三寸。綆三分寸之二。金轄之間三分寸之一。是謂旁加七寸也。）凡八尺。九車共七十二尺。則此涂廣有十三步（司馬法六尺爲步）也。不言緯涂者。省文也。』

從這一段的文字中，則周代都市的交通建築，更覺可觀了。茲將考工記所載的王國經緯涂軌圖列後，以供參閱。

周代的都市建築情形，已如上述，茲更述周代宮室家廟的建築情形。據考工記所載：

『周人明堂。度九尺三筵。東西九筵。南北七筵。堂崇一筵。五室凡室二筵。室中度以几。堂上度以筵。宮中度以尋。野度以步。涂度以軌。廟門容大扃七個。闈門容小扃三個。路門不容乘車五個。應門二徹三個。內有九室。九嬪居之。外有九室。九卿朝焉。九分其國以爲九分。九卿治之。王宮門阿之制五雉。宮隅之制七雉。城隅之制九雉。』——六尺而步，五步而雉，六十雉而里，里三百步。

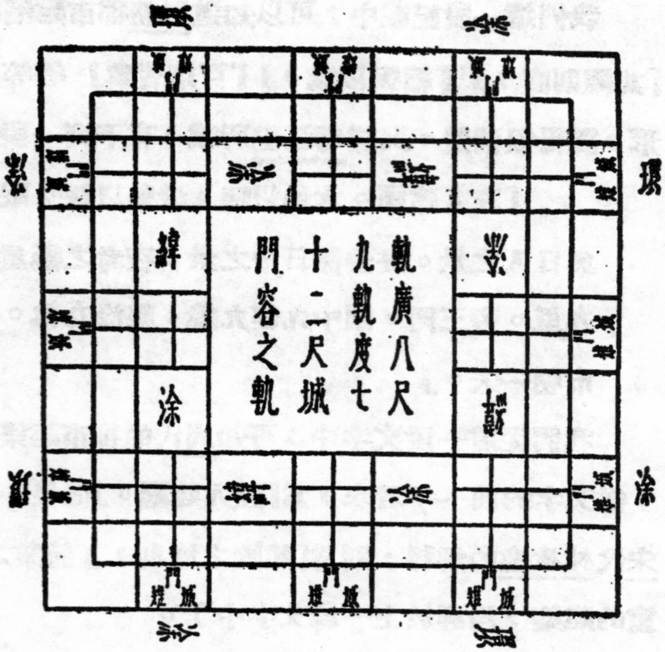

王國經緯涂軌圖

孟子也說過：『夫明堂者，王者之堂也。』據禮記上的記載如下：

『昔者周公朝諸侯于明堂之位。天子負斧依。南鄉而立。三公。中階之前。北面東上。諸侯位阼階之東。西面北上。諸伯之國。西階之西。東面北上。諸子之國。門東。北面東上。諸男之國。門西。北面東上。九夷之國。東門之外。西面北上。八蠻之國。南門之外。北面東上。六戎之國。西門之外。東面南上。五狄之國。北南之外。南面東上。九悉

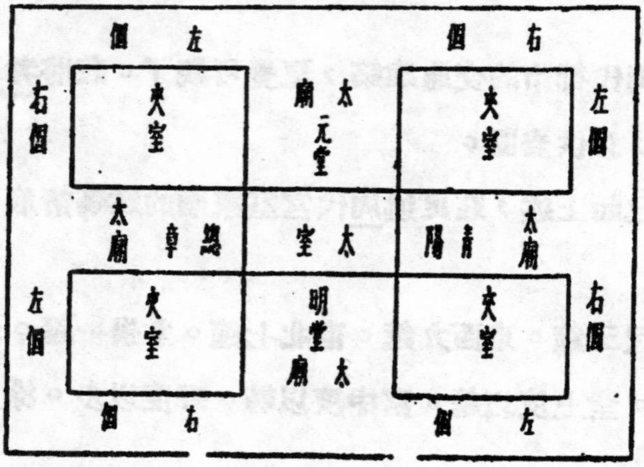

考工記圖所載明堂之圖

二十戶四十牖九階與世室同

之闔。應門之外。北面東上。四塞世告至。此周公明堂之位也。明堂也者。明諸侯之尊卑也。』

玆特將考工記中所載的明堂圖，及三禮記中所載的明堂之圖並舉於左，以資對照。周代建築的進步，可以供參考的材料很多，就以『明堂』而論，則討論及考證明堂的專書，舉其大要，有下列數種：(1)明堂制度論——後魏李謐著。(2)明堂大道錄——清惠棟著。(3)明堂禮通故——清黃以周著。(4)明堂論——清毛奇齡著。(5)明堂廟寢通考——王國維著。以限於篇幅，不能備舉。

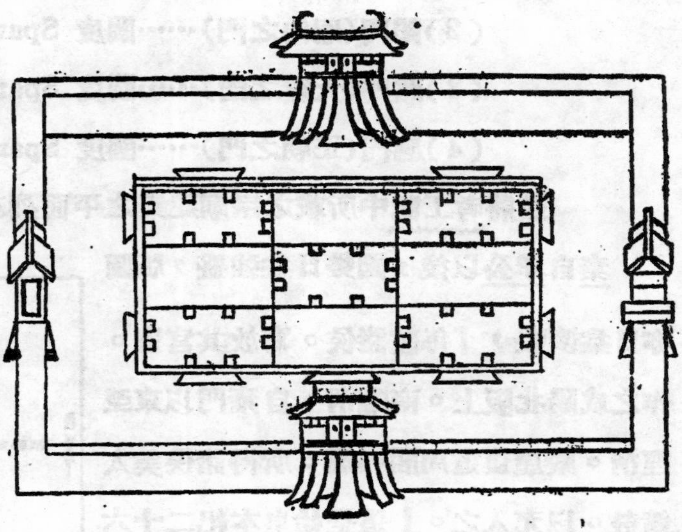

周代的宮室建築情形，上面已約略介紹。現在所欲述的，就是周代的宗廟建築了。根據考工記的記載，有下列的一段文字：

『廟門容大扃七個。闈門容小扃三個。路門不容乘車之五個。應門二徹三個。』

這是記載宗廟寢建築的規模的。在考工記的解中，解釋這一段文字很淸楚：

『廟門。宗廟之門也。扃。貫鼎耳以鼎之木也。(中略）大扃。牛鼎也。個枚也。大扃每個長三尺。廟門而能容大扃七個。是闊二丈一尺也。闈門。廟內之門。郎廟內相通之小門也。小扃。腳鼎也。每個長二尺。闈門而能容小扃三個。是闊六尺也。路門。大寢之門也。乘車廣六尺六寸。五個則有三丈三尺。大寢之門而不能容此。必兩門乃容之。是此門容五個之一半。止有一丈六尺五寸也。應門。正朝之門。徹。轍也。二徹之內有八尺。二個則二丈四尺。正朝之門而容此。是其闊亦二丈四尺也。』

我們根據上列的一段解釋，可知宮寢宗廟各門建築的尺寸，列舉如此：

(1)廟門(宗廟之門)……闊度 Span ………二丈一尺

(2)闈門(廟內之門)……闊度 Span ………六尺

(3)路門(大寢之門)……闊度 Span ………一丈六尺五寸

(4)應門(正朝之門)……闊度 Span ………二丈四尺

茲將考工記中所載之宗廟建築之平面列左，以供參考。

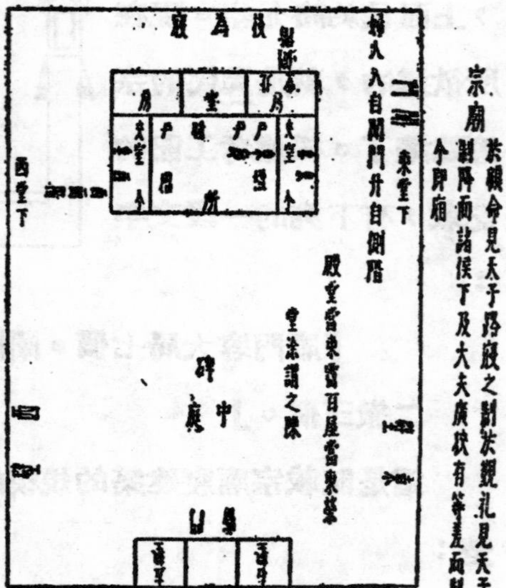

考工記所載的宗廟平面圖

秦自孝公以後，國勢日益強盛，版圖亦日益擴張，『每破諸侯。寫放其宮室。作之咸陽北阪上。南臨渭。自雍門以東至涇渭。殿屋複道周閣相屬。所得諸侯美人鐘鼓。以充入之。』這是始皇本紀二十六年的記載。因此關中的宮室三百，關外的宮室又三百。這許多宮室之中，要以阿房宮為最大。阿房宮東西凡五百步，南北凡五千丈，宮樓上可以容萬人，下面院落可以建五丈的大旗。故在當時有『車行酒，騎行炙，千人唱，千人和。』及『堂皇富麗，儀態萬方。』一類的評語。又三輔黃圖文中，對於始皇的建築宮殿及城池。亦有下列一段的記載：

『始皇窮極奢侈。築咸陽宮。因北陵營殿。端門四達。以制紫宮。象帝居。引渭水灌都。以象天漢。横橋南度。以法牽牛。橋廣六丈。南北二百八十步。六十八間。八百五十柱。二百一十二梁。橋之南北隄繳。立石柱。咸陽北至九嵕甘泉。南至鄠杜。東至河。西至汧渭之交。東西八百里。南北四百里。離宮別館。相望聯屬。木衣綈綉。土被朱紫。宮人不移樂。不改縣。窮年忘歸。猶不能徧。』

我從上一段文字中。可以知道秦朝宮殿的壯麗。又據始皇本紀三十五年的記載，關於經營建築阿房宮的工程概況者，擇錄如下：

『除道道九原抵雲陽。斬山堙谷。直通之。於是始皇以爲咸陽人多。先王之宮庭小。吾聞周文王都豐。武王都鎬。豐鎬之間。帝王之都也。乃營作朝宮渭南上林中。先作前殿阿房。東西五百步。南北五十丈。上可以坐萬人。下可以建五丈旗。周馳爲閣道。自殿下直抵南山。表南山之顛以爲闕。爲復道。自阿房渡渭。屬之咸陽。以象天極閣道絕漢抵營室也。阿房未成。成欲更擇令名名之。作宮阿房。故天下謂之阿房宮。』

始皇未能親自覩此大建築工程落成的典禮就死了，他的次子胡亥即位，仍繼續乃父之志以努力於宮殿的完成。在二世皇帝元年的記載，爲

『二世還至咸陽日。先帝爲咸陽朝廷小。故營阿房宮。爲堂室未就。會上崩。罷其作者。復土酈山。酈山大事畢。今釋阿房宮弗就。則是章先帝舉事過也。復作阿房宮云云。』

秦代的建築工程，除了阿房宮以外，就要推到萬里長城了。此種大工程的國防建築，到現在猶稱道不衰呢。考秦始皇在北方國防上留下一種最大的建築物，就是萬里長城。此長城東起山海關，西至嘉峪關，中經直隸（現在的河北），山西，甘肅，陝西四省的北部。始皇建築萬里長城的目的在防止匈奴南犯。其實，此種建築工程，在人類進化的歷史上，實不多見呢。

由秦以至漢，當略述漢代的建築了。玆先述漢代對於都市的建築。根據三輔黃圖卷一所載的關於漢代都市建築的情形，採錄如下：

『漢之故都。高祖七年。方修長安宮城。自櫟陽徙居此城。本秦離宮也。初置長安城。本狹小。至惠帝更築之。按惠元年正月。初城長安城。三年春發長安六百里內男女十四萬六千人。三十日罷。城高三丈五尺。下闊一丈五尺。六月發徒隸二萬人。常役至五年復發十四萬五千人。三十日乃罷。九月城成高三丈五尺。下闊一丈五尺。上闊九尺。雉高三坂。周回六十五里。城南爲南斗形。北爲北斗形。至今人呼漢京城爲斗城是也。漢舊儀日。長安城中。經緯各長三十二里十八步。地九百七十二頃。八街九陌三官九府三廟十二門九市十六橋。地皆黑壤。今赤如火。堅如石父老傳云。盡鑿龍首山士爲城。水泉深二十餘丈。樹宜槐與榆松柏茂盛焉。城下有池周繞廣三丈深二丈。石橋各六丈與街相直。』

漢代的都市建築，都城凡十二門，東西南北四面，各有三門。玆將十二門的名稱列左：

（1）東面的三門：(一)霸城門，(二)淸明門，(三)宣平門。

（2）西面的三門：(一)光華門，(二)直城門，(三)雍門。

（3）南面的三門：(一)覆盎門，(二)西安門，(三)鼎路門。

（4）北面的三門：(一)洛城門，(二)廚城門，(三)横門。

霸城門。塗以靑色，故又名爲靑城門或靑綺門，門外則外郭。覆盎門外有橋，建築爲工巧。門內則爲長樂宮。西安門，又稱爲便門，門外之橋爲便橋，門內爲未央宮。光華門，又稱爲章門。直城門上鑄有銅龍，故又稱爲龍樓門。横門外有横橋。統計此十二門，各門皆設有門衞。可知漢代都市的建築，完整莊嚴，實爲中國建築史上的新紀錄，要亦繼續秦代的建築有以成之。此十二門經王莽篡位以後，卽改爲下列的各名稱：

霸城門——仁壽門無疆亭

清明門——宣德門布恩亭

宣平門——春王門正月亭

覆盎門——永清門長茂亭

鼎路門——光禮門顯樂亭

西安門——信平門誠正亭

章城門——萬秋門億年亭

直城門——直道門端路亭

西城門——章義門著義亭

廚城門——建子門廣世亭

以上十二門各通以經緯九條的道路。根據三輔黃圖卷一所載：

『長安城面三門。四面十二門。皆通達九道。以相經緯。衢路平正。可並列車軌。十二門三涂洞闢。隱以金椎。周以林木。左右出入。爲往來之經。行者升降。有上下之別。』

漢代都市的建築，不獨對於井區之佈置，井井有條；就是對於街道交通的管理，亦完美可觀。從『左右出入。爲往來之經。行者升降。有上下之別。』這幾句記載，可以探索市街交通管理之得法。從『八街九陌』這一句的記載中，可以知道街道建築之整齊。至於市區的建築概況，根據三輔黃圖卷二，擇錄如下：

『廟記云。長安市有九。各方長二百六十六步。六市在道西。三市在道東。凡四里爲市。致九州之人。在突門夾橫橋大道。市樓皆重屋。又曰旗亭。樓在杜門大南道。又有當市樓。有令署。以察商賈貨財買賣貿易之事。三輔都尉掌之。直市在富平津西南二十五里。卽秦文公造。物無二價。故以直市爲名。張衡西京賦云。郭開九市。通闤帶闠。旗亭重立。俯察百隧是也。又案郡國志。長安大使黃子夏居柳市。司馬季主卜於東市。晁錯朝服執於東市。西市在醴泉坊。』

漢代的建築，除都市的建築以外，其次則為宮殿。宮殿之最著名者為未央宮建章宮及甘泉宮。據史記高祖本記所載，有：

『蕭丞相營作未央宮。立東闕北闕前殿武庫太倉。高祖還見宮闕壯甚。怒謂蕭何曰。天下匈匈。苦戰數歲。成敗未可知。是何治宮室過度也。蕭何曰。天下方未定。故可因遂就宮室。且夫天子以四海為家。非壯麗無以重威。且會後世有以加也。』根據西京雜記（劉歆著）所載：有

『漢高帝七年。蕭何相國。營未央宮。因龍首山。製前殿。連北闕。未央宮周迴二十二里九十五步五尺。街道周迴七十里。臺殿四十三。其三十二在外。其十一在後宮。池十三。山六。池一山一亦在後宮。門闥凡九十五。』

從上列的兩段記載中，則未央宮建築的壯麗，已可想而知。至於『臺殿四十三，各殿宮的名稱，均詳於西京雜記，不能備述。建章宮的建築規模，較之未央宮則更為壯麗。根據三輔黃圖所載，採錄如下：

『武帝太初元年柏梁殿災。粵巫勇之曰。粵俗有火災卽復起大屋以厭勝之。帝乃作建章宮。度為千門萬戶。宮在未央宮西長安城外。帝於未央宮營造廣。以城中為小。乃於宮西跨城池作飛閣。通建章宮。構輦道以上下。宮之正門曰閶闔高二十五丈。亦曰璧門。左鳳闕高二十五丈右神明臺。門內北起風闕高五十丈。對時井幹樓高五十丈。輦道相屬焉。連閣皆車罘罳。前殿下視未央。其西則廣中殿受萬人。』

上述的記載，為建章宮建築的方式。至於建築的面積及其他設備，則有下列的兩段記載，可為佐證。

『建章周回三十里。東起別風闕。高二十五丈。乘高以望遠。又於宮

門北起圓闕。高二十五丈。上有銅鳳凰。』鳳凰闕。漢武帝造。高七十五丈五尺。鳳凰闕亦名別風闕。』

『建章宮南有玉堂。璧門三層臺高三十丈。玉堂內殿十二門。階陛爲玉爲之之。鑄銅鳳高五尺。飾黃金棲屋。上下有轉樞。向風若翔。椽首薄以璧玉。因曰璧門。建章有駘蕩，馺娑，枍詣及天梁，奇華，皷簧等宮又有玉堂，神明堂，疏圃，鳴鑾，奇華，銅柱，函德二十六殿。太液池，唐中池。桂宮。漢武造。周回十餘里。』

至於甘泉宮的建築工程概况。根據漢書郊祀志所載，有：

『建元三年（西歷紀元前一三八年）。武帝因齊人少翁言。作甘泉宮。』

這是『甘泉宮』建築的動機。三輔黃圖所載，有：

『林光宮。一曰甘泉宮。秦所造。在今池陽縣西。故甘泉山。宮以山名。宮周匝十餘里。漢武帝建元中增廣之。周十九里。去長安三百里。望見長安城。』

武帝晚年，信方士之言，求長生不老藥，起神屋，希冀自己與神相會。神屋中分甲乙二帳，甲帳居神，乙帳爲武帝自居，當時對於武帝起神屋的記載——記載神屋的建築工程，爲『神屋鑄銅爲柱，黃金塗之。赤玉爲階椽，以金刻玳瑁爲禽獸，以薄其上。椽首皆作龍頭銜鈴，流蘇懸之。鑄銅爲竹，以白赤石脂爲泥泥，椒汁和之。以火齊薄其上。扇屏悉以白琉璃作之。光照洞徹，以白珠爲簾箔，玳瑁壓之。以象牙爲牀，珍寶錯雜其上，前庭植玉樹，珊瑚爲枝，碧玉爲葉，或靑或赤，悉以珠玉，爲子皆空其中，如小鈴鎗鎗有聲。』則武帝時的建築，其裝飾之富麗可知。

此外，則宮苑臺榭的建築工程，在漢代亦有特殊的進步。玆將三輔黃圖所載及班固的西都賦中的文字擇錄之。

「漢上林苑。卽秦之舊苑也。漢書云。武帝建元三年（西歷紀元前一三八年）。開上林苑。東南至藍田宜春鼎湖御宿昂吾。旁南山而西至長楊五柞北繞黃山。瀕渭水。而東周表三百里。離宮七十所皆容千乘萬騎。」

這是說明漢代宮苑臺榭建築工程的浩大。

「西郊則有上囿禁苑。林麓藪澤陂池連乎蜀漢。繚以周牆四百餘里。離宮別館三十六所。神池靈沼往往而在。其中乃有九眞之麟。大宛之馬。黃支之犀。條支之鳥。踰崐崙。越巨海。殊方異類。至於三萬里。其宮室也。體象乎天地。經緯乎陰陽。據坤靈之正位。倣大紫之圓方。樹中天之華闕，豐冠山之朱堂。因瓌材而究奇。抗應之虹梁。列棼橑以布翼。荷棟桴而高驤。雕玉瑱以居楹。裁金壁以飾璫。發五分之渥彩。光燭朗以景彰。於是左城右平。重軒三階。閨房周通。門闥洞開。列鐘虡於中庭。立金人於端闈。仍增崖而衡閾。臨峻路而啓扉。」這是說明宮苑臺榭建築佈置的整嚴。

至漢明帝時，有一種特創的建築物誕生。此種特創的建築物，就是白馬寺。爲中國寺院建築的首創者。在白馬寺未建築以前，中國的建築物中。是尋不出寺院建築的。自此以後，中國建築的重心，已由帝皇的建築——宮殿的建築移到僧的建築——寺院建築了。

白馬寺在今河南洛陽縣東。東漢明帝永平十一年，印度僧摩騰法蘭二人，用白馬馱經像入洛陽。十二年，明帝下詔建寺居高僧，即以白馬爲寺的名稱。白馬寺雖迭遭兵燹，到現在仍然是存在的。

江南有寺塔，從吳大帝始。在南京聚寶門外，名福建寺。至梁武帝改名爲長干寺。前人的詩句，有『南朝四百八十寺，多在樓臺烟雨中』。我們從這兩句詩中，可以玩味當時建築的偉大。

劉宋臨川王義慶在羅公洲（洲在南京燕子磯西江上）建築永康禪院，殿壁皆爲雲南大理石，費國帑三百萬。這也可以算是建築的一種大工程。後來被梁侯景焚去了。義慶又在松滋縣東，丘家湖中小嶼上，建築一所道觀，工程亦很大，但祗用一柱，故特稱之爲一柱。這種一柱觀，在中國的建築界中，也是一種新的創建和進步。

到了南北朝，則寺塔的建築很多，北魏靈太后胡氏，還覺得不甚壯觀。熙平元年乃大興土木，建築永甯寺。永甯寺在洛陽東門，偉大無匹。寺中有九層的浮屠一所，架木而成，高九十丈。塔上有剎，供如來三世佛，又高十丈，去地一千尺。在洛陽百里外，就可以看見這一座塔。剎上有金寶瓶，容二十五石。瓶下有承露盤三十重，金碧煇煌。塔四圍懸金鈴，高風永夜，寶鐸和鳴，鏗鏘之聲，聞於十餘里外。西域沙門達摩，是印度二十八祖，中國佛教的始祖，自歎在印度未曾見過此種高大華麗的寺塔，可見此時中國的寺塔築建的進步，已駕印度而上之了。

到了永熙三年二月，永甯寺被火所焚，經三月而不滅，地上柱周年猶有烟氣上冲。後來以無人能重建此寺，至今則遺蹟猶存。

至隋代，建築的作風，又由寺觀的建築，移轉到帝皇宮殿的建築了。故當時宮室復興，文帝開皇十三年，在岐州建築仁壽宮，使楊素封德彝爲監督，夷山堙谷，崇臺累榭。煬帝大業年間，自洛陽至江都，二千餘里，每一百八十里，建一行宮，共計行宮四十餘處，又在東京命楊素封德彝等建築顯仁宮，發役丁三萬餘人，歷三年之久，此種工程始告落成。則隋代的宮室建築的工程，在漢以後，要算是首屈一指了。

隋煬帝幸揚州，在雷塘橋龍尾田之間，建築迷樓一所，千門萬戶，布置新奇，歷一月之久，此項建築之工程始告完事。迷樓雖高大不及秦之阿房宮，漢之未央宮，建章宮，以及甘泉宮，但誤入其中，則輾轉曲折而不能得出。煬帝乃賜迷樓築建的工程師（在當時稱爲土木監）項昇萬金。後項昇又建議在迷樓外建築橋樑二十四座，此即後世詩句中的『二十四橋明月夜』的二十四橋也。揚州經煬帝的經營建築以後，則綠楊城郭，十里珠簾，畫舫笙歌，金迷紙醉，已成功了極繁華的都市了。

煬帝幸江都，對於建築工程上，又有極大的創舉，雇役夫萬人，開鑿運河，通吳王夫差的古邗溝，此種大工程的交通建築，在中國的建築史上，實堪與秦之萬里長城齊名。

運河爲煬帝時的交通建築，但對於國防建築，亦有驚人的貢獻。當時因突厥常常東侵，爲便於防禦起見，乃於燉煌一帶，建築烽火臺，臺高約九十丈。烽火臺的建築材料，完全爲巨石堆成。可知當時的建築物，是以石爲中心的材料了。煬帝烽火臺的建建工程，遠非漢武帝建築的甘泉臺所能夠比得來的呢。

根據歷史的建築事實，追求中國建築物的重心，我們所講過的，爲漢代的宮室建築——帝皇建築工程最爲偉大；自漢明帝建築白馬寺以後，降而至南北朝，寺塔建築的工程，亦甚不弱，於是中國建築的重心，便由宮室建築——帝皇建築，一變而爲寺院建築——僧道建築了。至隋，則重心又爲之一變，宮室的建築勃興，一洗宗教建築的故態。到了唐朝，則寺院道觀的建築又興，於宗教建築，便在唐代的建築上佔了首席的地位。

唐高祖武德三年，晉州人吉善行自稱在羊角山見老子，高祖信其言，詔子孫不得違祖宗的成例，世世宜立廟祀老君，於中國的道觀建築，在各處便如雨後春筍的蓬蓬勃勃的產生了，統計李唐一代建築道觀的數目，共有一千六百八十七所之多。

至藩鎮叛國，唐代乃亡，佛教復興，吳越廣建寺塔，錢武肅王所造的浮圖，倍於燕蜀荊南諸國。計杭州一隅，已有八十八所。如合吳越十四州以統計之，爲數當更覺可觀。錢武肅王宮中，嘗以烏金爲瓦，繪梵文故事，用金塗其上，合而成爲塔，如現在西湖所存的昭慶律寺，保叔塔，瑯隱寺，上天竺寺，烟霞寺，六和塔等等，均爲五代時的建築物。至於塔的形態，和塔的裝飾，雖屢遭兵燹，迭經重修，但武肅王當時的影子。仍然是存在的。

宋朝的建築物，以寺塔及宮室的建築爲多。最足令人紀念不能忘的，就是一部營造法式。這一部書，是中國建築學的專書，是藝術界的專書，宋通直郎試將作少監李誡敕奉撰。此書由熙甯元年至元祐六年，第一次成書，至紹聖四年，李誡復考研羣書，並實地調查建築狀況，分門別類，元符三年復修一次。崇甯二年始以小字鏤板頒行，天下稱便。這一部中國營造法式編輯的體裁，是記載文，內容分壕作制度，大木作制度，石作制度，小木作制度，旋作制度，雕作制度，竹作制度，鋸作制度，瓦作制度，磚作制度，窰作制度，泥作制度，采畫作制度，以及各作制度的功限。料例，圖樣，規矩尺度，均詳細精確，實爲中國建築史料的唯一的專書。

宋代以後，便是胡元。元代的事業，差不多專門致力於武功上面，故當時中國的版圖擴充到歐洲，爲中國版圖最大的時期。但享國不久，故對於建築沒有什麼成績。所以敍述中國建築史，到了元代，差不多沒有什麼值得敍述的。

朱明繼元之末以建國，對於建築事業，則規定有專門的制度。太祖禁例，九五間數。不準宮外建造。至英家則略變祖制，架多而間少，間多而架多，悉聽人們自便，但九五間數，仍爲皇帝所專有。考太祖定建築的制度，親王府，分前後三宮。計三十殿：(一)承運殿，(二)圜殿，(三)存心殿。公主第，無殿，九間十一架。不用金。公侯第七門九架，不用綠油，與公主別。一二品官第，屋脊用瓦獸，青碧繪飾，與下級官別，五品以下官第三間七架。或五間七架。或黑油，或土黃，以與民間區別。庶民房屋，只許三間五架，門首不準用華壁及石鼓，違者犯罰，得禁止之。則明代建築制度的敍述，至於建築物著名的很多，不必一一備舉了。

清代崛起於關外，入主華夏，明代的制度，一概廢除。至清高宗則更變本加厲，屋宇的高低，牆壁的厚薄，在在均有定規。此實爲專制帝王的淫威，在中國的建築史上，實毫無價値的可言。

清代的宮室，因明代的舊制，在聖祖世祖高宗時代，建築的樓閣殿臺很多。雍和宮建築的最精緻，內供大歡喜佛，不准人入內參觀。西外西直門外的建築，最著名的，則有暢春園。暢春園之北，又有圓明園。咸豐十年，圓明園被英法聯軍焚燬。圓明園的西邊，又有靜明園，在玉泉山下。香山寺在香山半山中。寺西又有靜宜園。德宗時代，慈禧太后那拉氏專政，以海軍費八十萬，重修圓明園，改名爲頤和園。此時中國的海禁大開，中西交通，外人來中國通商，教士來中國傳教，足跡遍中國，於是西洋建築的作風，已輸入中國，中國建築的方式，已隱隱的受了西洋建築方式的洗禮了。我們看頤和園的建築，有許多地方，就是模仿西洋建築方式的，這不是中國建築式歐化的鐵證嗎？

在京外的建築物則有熱河的避暑山莊，風景有三十六，鈎心鬥角，花樣翻新，也是清代有名的一種建築工程。

至於現代中國建築之趨勢，暇當另爲文以述之。

公路橋樑之計畫

吳 煥 綍

兄弟今天由金先生請到母校這裏來與工程科幾位同學談談，因爲沒有充足時間預備，又因爲兄弟所有能值得與諸位討論之材料皆在北平，想不到好的題目，祗得將兄弟在美時在威斯康辛省公路局（Wisconsin Highway Commission）任四年橋樑設計工程師時，關於橋樑設計之經驗之大概情形來與諸君談一談。

凡設計橋樑，其第一要先決定者，爲橋樑橋孔之長短（Spanlength），與橋樑之式樣（Bridge type）。橋孔之長短須與下列三條件符合：(一)美觀，(二)須有充分的排水面（Area of Weterway），(三)最經濟。經濟之定例如下：『若橋上各部，因橋孔之長短而變更其價值。其變更各部之總值與橋下建築費相等時，始爲最經濟之建築，而其橋孔之長度亦爲最適當。』(If the span lengths are such that the total cost of variable portion of the superstructure is equal to that of the substructure, a most economical structure is obtained.）橋樑之式樣甚多，選擇時須留心下列條件：(一)經濟，(二)美觀。橋樑之式樣有下列數種：(一)木質橋樑，此種橋樑，以樑式(Beam Type))爲最多。橋孔長度，最佳不過二十呎至二十五呎。(二)磚石橋樑，以拱式爲最多，以其美觀，宜建於公園中或風景美麗之處。孔大爲八十至九十呎。(三)混合土橋樑(Concrete Bridges)種類甚多。如平版式(Flat Slab Type），最大不過十至二十呎。樑式（Deck Girder Type)，五十至六十呎。堅架式（Rigid Frame Type）九十至一百呎。拱式（Arch Type）五百呎。(四)鋼質橋樑（Steel Bridges），有工字鋼樑式（I-beam Spans)

。美國之鋼鐵公司，現製造有三十六吋高之工字鋼。此種材料可用至六十至七十呎寬之孔。鋼飯梁式 (Plate Girder)，長度爲九十至一百呎。低架式 (Low Truss) 長度爲八十至九十呎。高架式 (High Truss)，長度可隨意。此外有拱式 (Arch Type)，懸臂式 (Cantilever Type)，懸掛式 (Suspension)，連環式 (Continuous Truss) 數種。此數種橋樑之長度以過二百呎或三百呎者爲最經濟。

以上數種橋樑若以力學上分析，可分爲二種。一爲簡單式 (Statically Determinate Structures) 屬於此種者爲平版式，樑式，工字樑式，簡單之架式 (Simple Truss)，懸臂式等等。一爲複式 (Statically Indeterminate Structures) 屬於此種者爲無節拱式(Hingeless Arches) 堅架式，連環架式等等。簡單式之橋樑，不需上等之基礎 (Foundation)。但複式橋樑則不然。若基礎不佳，而使建築物有不平均之下沉，則橋之本身各部所受之拉壓力，亦因之而極大增加。三四年前，兄弟在美京華盛頓時候，看見數拱式橋，建築於濕地 (Marsh) 上，吾想此數橋樑，不出數年，必致裂毀。

橋架 (Truss)，有橋下架 (Deck Truas) 與橋上架 (Through Truss) 之分。橋下架有下列幾個利益：(一)路面下之橫樑之重量 (Wejght of Floorbeam) 因橋架距離之關係較橋上架式橫樑之重量爲輕。(二)將來橋面易於加寬。(三)減少基礎建築費 (Cost of substructure)。但是有時因爲淨高 (Clearance) 關係或有其他關係不得不用橋上架式。

現在講到橋上路面寬度 (Width of Roadway) 兄弟意思在國道及省道上之橋樑，其路面至少有二十呎之寬度。如此則十呎寬之路位二行 (2-10 ft. Traffic Lines)。若在次緊要之路上則至少十八呎。若橋樑在城市中或城市附近，則至少四十呎或六十呎。兄弟以爲橋樑愈大，其路面應愈比目下或預測之將來情形而定之路面爲寬。路面旁之人行道 (Sidewalk) 在鄉間之橋樑上可不必須要。但在城市或城市附近則不可少。寬須度由五呎起至十五呎。人行道須高出路面九吋至十二吋。若太低車輛易駛上人行道上，危及行人。電燈桿（Lamp Post）須在人行道之外邊。若此可免為車輛撞損。橋樑上之坡度至大不得過於六分（6%）。二坡交接處須以圓彎接起。此圓彎至少須有五百至六百呎之視線。（Sight Distance）。

以上所講，俱關係橋上部分（Superstructure）。至於其他屬於樑之建築之計畫，若基礎（Substructure），擋土牆（Retaining wall）路面（Surfacing），導水溝（Drains），欄杆（Railing），詳細計畫（Detailing）等等，皆因時間關係，今日不能一一述及。待他日有暇時再與諸君討論可也。

南京市政府鐵筋混凝土地窖工程紀錄

陳 鴻 鼎

暴日不顧公理，擅動干戈，前年之九一八，去年之一二八，相繼侵略不已，今年且變本加厲，意圖奪取平津，故吾人除堅強抵抗外，實無他道。當去年一二八上海慘案發生後，首都恐受威脅，而國府及各機關俱遷往洛陽。惟市府以維持交通，保護市民起見，不能遷徙。爲保護重要案卷，使不致毀於火患，故有鐵筋混凝土地窖之建築。因余爲該工程之主辦人，對於工程進行前後始末，頗知詳細，故記出之。

(一)招工開賬

無論何種工程，若在時局不靖時開工，每發生重大影響。地窖工程當然亦不能例外。因承包人以該時材料運輸困難，及工款未必有着，故相率不前。其結果僅有裕慶公司及管萬興營造廠兩家開賬，且爲曉以大義之結果，並非承包人之本意也。所有工程總價爲3099.16元，選裕慶公司承包，惟土方部分則派工務局工隊開掘，以省包價，其詳細賬目如下：

鐵筋混凝土	35.92	立公	@	62.1	元=	2230.62元
水泥混凝土	2.4	立公	@	40	元=	96.00元
油毛毡	80	平公	@	5.5	元=	440.00元
出氣洞	4	個	@	20	元=	80.00元
木料	1.27	立公	@	73.13	元=	92.88元
26號白鐵	24.9	平公	@	3.5	元=	87.15元
木蓋	5	平公	@	6.5	元=	32.50元
木門	1	扇	@	36	元=	36.00元

鋪碎磚工　8　工 @ 0.5 元＝　4.00元

3099.16元

(二)擇定地點

起初擇一地點，係在市府內飛虹橋附近，惟掘土尙未及一公尺深，即發現水源，始用人力抽水機抽水，以力量過小，抽出之水尙不及流入之水多，乃改用二匹馬力發動機抽水，其結果亦不敷用。此時始決定更改地點，以免工程進行不易，由是決定在距離明遠樓二十公尺左右開掘，此處地位比較稍高，及離橋稍遠，可免橋水浸入，惟開掘不深處，亦發現古井一口，雖有井水及通入井內之泉水，但爲量不多，使用二匹馬力抽水機抽水，足能敷用。不過無論日夜，每間隔三十分鐘，需抽水一次。

(三)工程進行

土方全部約三百餘立公，日夜由工務局工隊開掘，約一星期時間始竣。第一步先築碎磚基，後築地面，再爲牆壁，最後爲頂蓋，其工程之進行，頗爲迅速。混凝土之成分爲1：2：4。所用之水泥，規定爲象牌與馬牌兩種。石子須用大小均勻，質地堅硬，不含雜物者爲合格。如含有泥沙雜物，須用水洗淨。其大者不得過三公分，小者不得過六公厘，沙則以勻淨色黃粒粗角銳不含有機物者爲合格，所含泥土，不得過沙百分之三。如遇有不潔淨時，須用水洗淨後方可使用。所用之水，不得含有泥土油質酸性鹵性鹽分，及其他雜質者爲合格。鐵筋須用上等竹節鋼料，用時應將銹擦淨。混凝土內須加石灰少許，其分量比例爲水泥百分之八。此石灰先化成石灰水，以備應用。混凝土內加入此項材料，使可減少滲漏性，又底層及週牆壁，均用一潑來油毛毡三層，以熱地瀝靑澆鋪。未鋪之前，須將混凝土地掃刷乾淨光滑。每層澆鋪時，其中間不得有空隙及不平之弊。鋪好後須將蔴袋遮蔽保護。本工程以時局緊急，除掘土之時間不計外，規定在十天內完工。後承包人以期限短促，曾日夜趕工，重要部分，俱在期內完成。所有工程進行情形，可參看第一圖至第四圖，當能更爲明瞭。

(四)完工後設備

地窖內之鐵梯，以時間有限，不及定造，後由工務局木工隊配成前後門兩木梯，此外以地窖內黑暗，上下不便，另僱五金店裝設電燈六盞，所有電線，全用包有鉛皮的，以免受潮濕。至電料及裝工兩項，約費洋三十餘元。

第一圖 紮鋼筋

第二圖 三和土工程完成一部分時

第三圖 油毛毡鋪好後填土

(五)抵抗炸彈力量

第四圖 完工後填土

本地窖鐵筋混凝土頂蓋，計厚爲三十公分，故化作十二英寸厚計算，

$$Mc = bd^2K = \frac{Pl}{4} \times 12，P = \frac{4 \times bd^2 \times 88.9}{12 \times 1} = \frac{4 \times 12 \times 12^2 \times 88.9}{12 \times 6.5} = 7,880\#$$

(Mu 以數量有限，可不必注意) 又頂蓋上填土計一公尺厚，照築城學上所說，一公尺之土，約等十公分鐵筋混凝土，(比例爲10：1) 故化作四英寸計算，$P = \frac{4 \times bd^2 \times 88.9}{12 \times 1} = \frac{4 \times 12 \times 4^2 \times 88.9}{12 \times 6.5} = 875\#$，總共 $P = 7880 + 875 = 8,755\#$。所以假定有數百磅炸彈，再加上加速度力量，及炸彈爆炸力等，以本地窖可抵抗 8,755#之力量，是爲非常充分的。

(六)結論

余自主辦南京市政府地窖工程後，覺有數點應須注意，今姑誌之，以留爲他人參考之用：(甲)建築地窖時，擇定地點要注意，最好能在地位稍高處開掘，以免地中水浸入，使工作進行不易，致受另外損失。(乙)水泥內所加之石灰，當預先化成石灰水，並須濾過兩三次，使未化之石灰粒，不參雜在混凝土內，以免此小粒膨漲，使所粉之泥漿剝落。因京市府內所建築之地窖，在築建成二三個月後，即發生此種現象，故應堪注意。(丙)地窖頂蓋上之土，可隨時增加，以便增加抵抗之力量，故遇有地窖頂蓋上抵抗力不足時，可採此法以爲補救之用。

南京市政府工務局
擬築北河口至上新河防水堤計劃書

余　西　萬

第一章　　起案原委

査北河口至上新河一帶土地，係屬江蘇江甯縣治，在首都之東北隅，緊靠揚子夾江。全區計有灘田二千餘畝，土質肥沃，可供耕種，人口約二千餘戶。惟以該區地勢低窪，沿江岸又無防水堤之設備，每逢春夏兩季長江水漲，農作物及房屋，即被水淹沒，居民流離失所。前年國民政府救濟水災委員會工賑局舉辦工賑，曾由該局撥款，將該區兩端防水堤次第建成，獨北河口至上新河一段，因建堤基地發生糾紛，築在外灘，則有簰木商停泊木排，堅決反對，築在內灘，則占用惠甯實業公司田地太多，又持異議；以致不能在工賑期中興建。嗣由南京市工務局江甯縣政府招集木商及惠甯實業公司代表將築堤基地解決：於木簰路中心點起十六丈七尺以外，在惠甯公司地段內建築，並派員測量釘立木樁，造具預算，函請工賑局撥款修築。不料此項賑款，自水災會工賑局結束移交全國經濟委員會接管後，已由該會劃充他項工程

第　一　圖

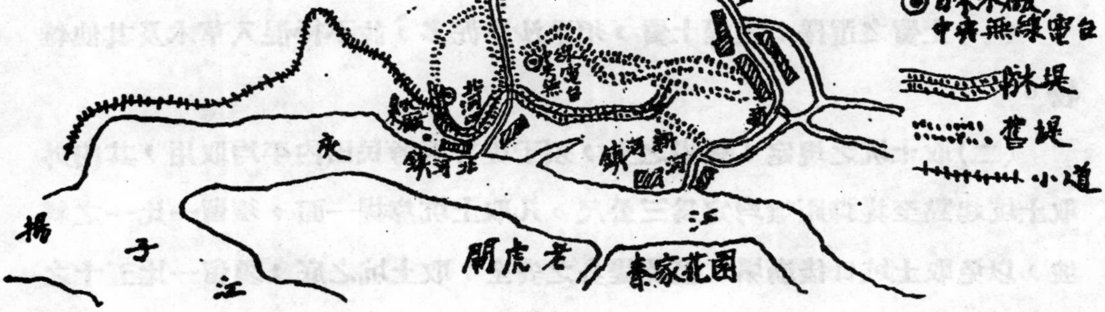

經費，無款可撥，遲延迄今，尚未興工。刻下雨季已屆，江水漸漲，附近農田居民，危險堪虞，且以中央廣播無線電台及南京市工務局所屬自來水廠均在該城內，亟應築堤與前工賑局所築兩端土堤相含接，以策安全。

（參看第一圖）

第二章　　工程摘要

全堤總長三千四百八十四公尺，分新築及培修（加高培厚）兩種，由零點至一二九七公尺及二七〇〇公尺至三一五〇公尺兩段爲新築工程；由一二九七公尺至二七〇〇公尺及三一五〇公尺至三四八四公尺兩段爲培修工程。全堤無論新築或陪修，其堤頂高度均修平至二十年度最高洪水位五四·七再加高一公尺計五五·七公尺，堤頂寬兩公尺，內外坦坡均爲一比二，全部土方計七二，二〇四立公。每填土方一立公連硪工在內，單價洋二角七分，共需洋一九，四九五元。（參看第二圖）

第　二　圖

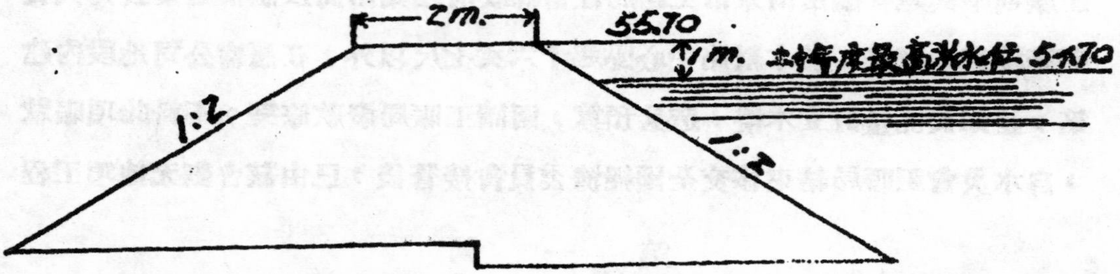

第三章　　施工方法

（一）土質之選擇：築堤土質，須求沙少泥多，並不得混入草木及其他雜物。

（二）取土坑之規定：築堤之土，須于堤身兩旁民田內平均取用，其內外取土坑起點至堤脚距離均定爲三公尺。凡取土坑靠堤一面，須留一比一之斜坡，以免取土坑口後崩塌，礙及堤身之安全；取土坑之底，須留一比五十之

斜坡，向堤外傾斜，以免堤脚附近留有積水。（參看第三圖）取土坑無論在堤

第　三　圖

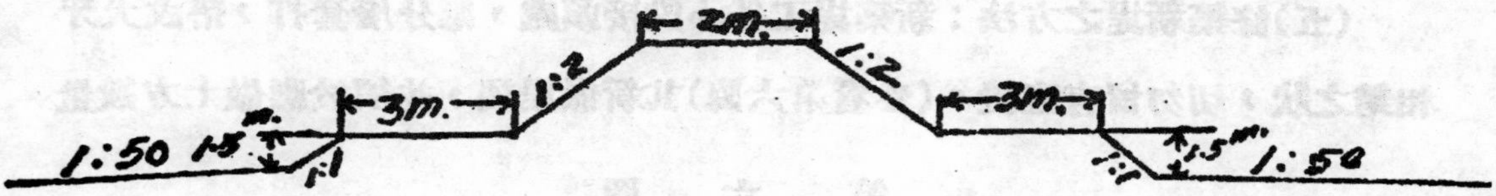

內或堤外，俱需另留格堤，每隔十公尺長留寬一公尺之格堤，以通行人，並免挖成順堤河。取土坑之深度，最深以一公尺半爲限。（參看第四圖）

第　四　圖

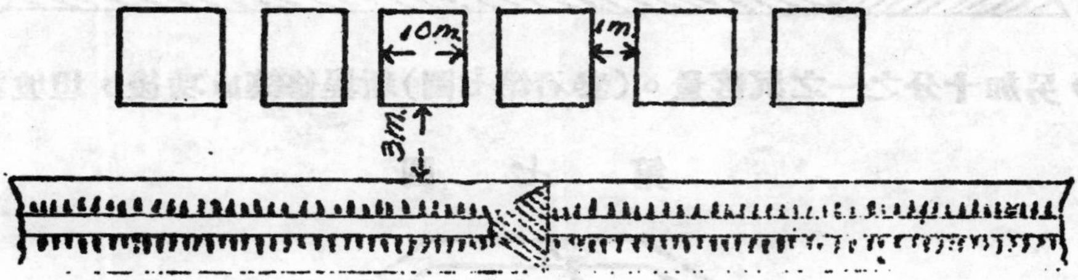

（三）工場之掃除：堤址界內之一切草皮樹根及墳墓，於開工時均須剷除淨盡或遷移他處，用土填平築實後，方加土壤；如堤址界內有獾洞鼠穴，須將該有害動物先行除去，再以好土填塞洞穴，幷以木硪築實爲要。

（四）培修舊堤之方法：如係就舊堤加高培厚，須將舊堤內外坦坡堤頂及內外堤脚舊土腐草一律剷除，削成階層，逐層加填土坯，每層土階高三十五公分，每層土坯厚五十公分，加硪三次後，實厚三十五公分，再刨鬆其面，

第　五　圖

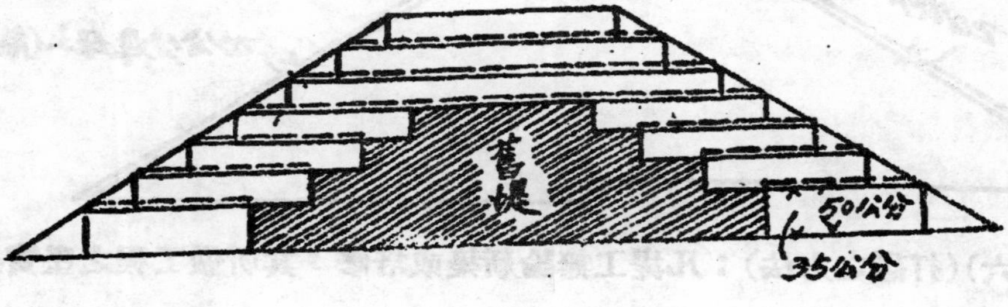

加新土坯，堤成之後，務使新舊兩部渾合如一，不致圯裂爲要。（參看第五圖）

（五）修築新堤之方法：新築堤工各小段接頭處，應分層套打，搭成犬牙相錯之狀，切勿留有直縫。（參看第六圖）其新做堤埂，並須於應做土方數量

第　六　圖

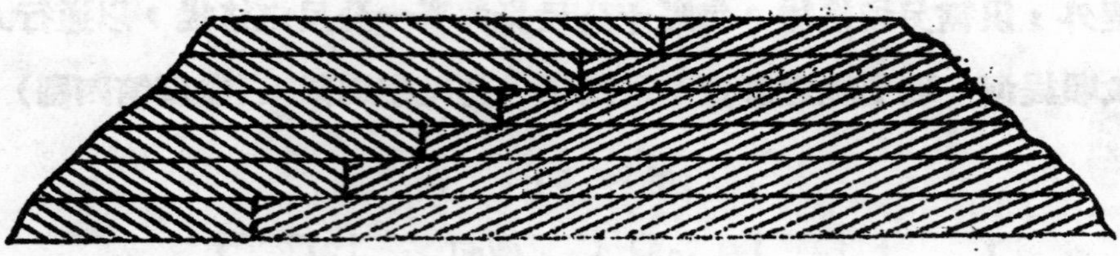

以外，另加十分之一之沉落量。（參看第七圖）新堤修築成功後，坦坡表面須

第　七　圖

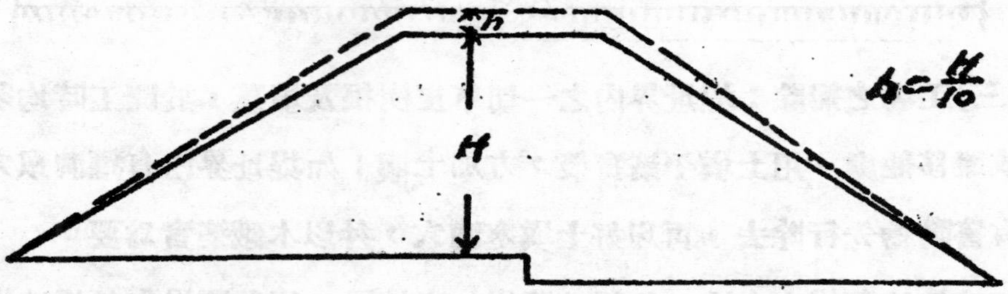

敷以母土（能長草之土）厚二十公分，加面硪套打光平。（參看第八圖）

第　八　圖

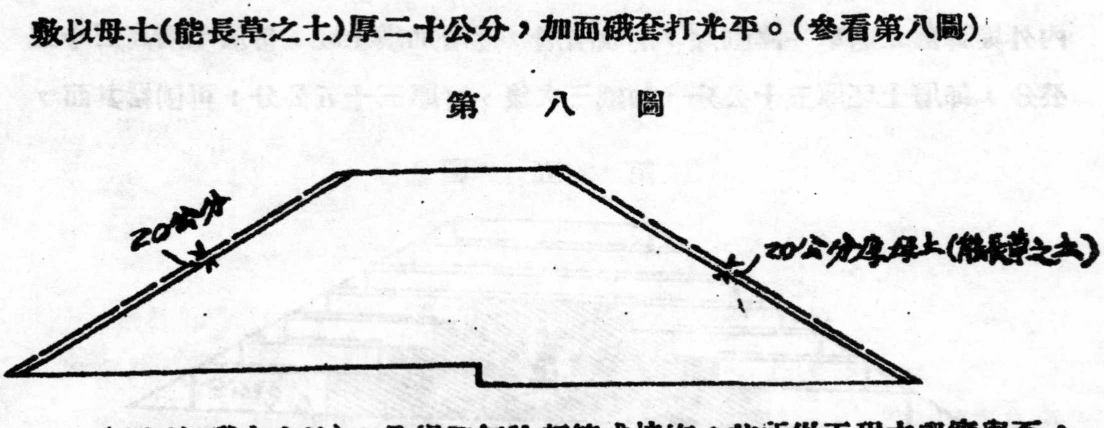

（六）（打硪之方法）：凡堤工無論新築或培修，其所做工程之堅實與否，

全賴打硪得法，故所做每層土坯，須由硪夫先行打細檢平，方可行硪，逐層硪實打硪之方法，須同起同落，平起平放，如用百斤以上之硪，須高舉齊眉；百斤以下之硪，須高舉過頂，再每層土坯，在行硪以先，須由監工員將土坯厚度切實較準，并用石灰劃記，俟行硪三遍後，如土坯厚度，驗與規定相符，方准再加次層土坯。

(七)跨堤道路修築法：若設道路跨堤，則路坡不能與堤線成直角，宜斜迤而下，若濱河坡之下降方向，宜與水流方向平行。(參看第九圖)

第九圖

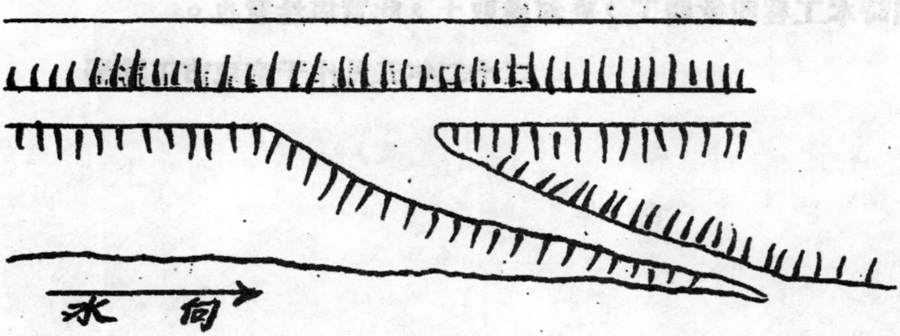

(八)監工應注意事項：監工員須留心監視堤工，不得有戴帽（僅加堤頂穿鞋(僅加堤脚)及螳腰等弊。其新成堤工，若遇天雨初晴之後，應由監工員全部察看一次，若遇有水溝，須即時塡土加硪做好。再土坯打硪，如遇雨後，其所做土坯含水過多時，監工員應嚴令硪工，不得行硪。

(九)驗收應注意事項：堤成之後，用鐵籤錐驗灌水，其所灌入之水流入錐孔，以能不卽刻滲乾爲合格，但鐵籤插下時，切不可將鐵籤旋轉或搖動之。收方時係由取土坑算方，概用公尺計算。

(十)硪工與土工之分配：每挑土工人一百名，須有硪兩具，每硪應有硪夫八人或四人。

第四章　　工程費之籌措

查我國自二十年度起應付荷蘭庚款，在國府與荷使於本年正式換文以後，即按年退還我國，並指定以百分之六十作爲南京市水利經費。本工程建築費洋一九四九五元，擬分由中央廣播無線電台及惠甯實業公司担任一部外，其餘不足工款，由南京市工務局轉請市府於荷蘭退還庚款劃充南京市水利工程金額內，如數撥用，以利進行。

第五章　結　論

本工程因係防水設備，含有時間性質，如工程經費能即籌撥，擬於本年度秋汛以前，趕築完成，否則江面水漲，田地淹沒，匪獨該區內居民身蒙其害，屆時本工程即欲興工，亦無處取土，此實堪注意也。

二十二年五月作于南京市工務局

房屋工程設計之應有常識

陳 鴻 鼎

初由學校工科畢業之學子，一旦進入社會，無論遇到何種工程設計，每覺得無所適從，毫無半點頭緒，且用何種書籍爲參考，尙不甚明瞭，卽使成竹在胸，亦未能覓得相當參考書，事實俱在，非敢姑作狂言也！余離母校數載於玆矣，對於房屋工程設計，略有研究，今不揣冒味，將個人所知之一切，擇其要者述之，以爲後學參考之用，惟以時間短促，及公餘無暇，致間有不妥處，亦希諸同學有以原諒焉！

(一)經濟預備

無論要興何種工程，第一步卽需籌款，看款所籌之多少，而後始能定工程之範圍，使不致所設計之圖樣，因款不敷，而望洋興嘆。反之，則以前之設計，或許間有不滿意之處，故須將所應用之款項，先行預備，作爲某工程建築之用，則設計之工程師，自可採用何種建築法，及用何種材料，以便一分貨賣一分錢。故凡爲工程師者，在未設計之先，當問明所預備之款項數目，然後進行設計，否則心勞力竭，尙且無濟於事也，宜注意之！今余以房屋所佔之面積計算，列成各種普通房屋價值表以爲估計者參考之用，惟地皮之價，係不包括在內，此點應當明瞭也。

各種普通房屋價值表

種類	單位	單價	備考
平房	英方	由100元至120元	每英方卽指 100 平方英尺之地盤
高平房	英方	由160元至200元	

矮樓房	英方	由220元至250元	
二層樓	英方	由300元至400元	
假三層	英方	由420元至480元	
三層樓	英方	由280元至550元	

(二)圖樣設計

房屋設計時，有數點當行注意，不可輕率從事，貽無窮之後悔。因工程完竣後，諸事不易更改，卽使勉強更改，亦損失不貲。身爲工程師者，切不可自作聰明，不細心思索，致自已前途亦生莫大影響，幸三思之！其應行注意各點如下：

(甲)繪圖要工整　所繪之圖樣，雖與設計及施工關係極少，但他人每以此作爲初步之批評。因其爲工程師自身技術之一，故須勤爲練習。其構造上各部分：如門，窗，樓梯，底脚，牆壁，屋頂，地板，擱柵，梁，柱，等，應當明瞭如何繪法？及如何連接法？所以初學房屋工程設計之人，須多看多繪多描摹！

(乙)確定方向　房屋之方向，不可隨便亂定，因太陽係東上西下，對於冷煖極有關係。故房屋最好朝南，次則朝東南，再次爲朝東，其餘朝北朝西等方向，俱爲不佳，須當避免。但臨公路之市房，其不佳之方向，無法更改時始用之。

(丙)劃間問題　房間之種類，有會客室，起居室，自修室，膳堂，臥室，浴室，廚房，伙食間，僕役室，儲藏室，便室，等，故何種房間，應劃在何處？其位置俱當研究。如會客室須劃在前面，以便客人到時應接便利，廚房浴室便室等，應劃在後面，以便應用適宜。其餘如臥室自修室膳堂等，亦俱須位置劃定適宜，以連絡妥善，使應用便利。又各房間之大小，亦切須注意，因其用途不同，故大小亦異，太小則不夠用，太大則不適用，所謂過猶不及也。此外對於各門窗之位置，在劃間時亦須同時顧及。

(丁)光線與通氣　各房間中之光線，須有十分充足始可。其窗之面積，不得小於房間內地盤面積十分之一。因日光不但能殲滅黴菌之效用，且為起居操作所必需，故非注意不可！又空氣之於人生，不能須臾或離，其重要可等於人之飲食，因新鮮空氣，可使人益壽延年，否則房間內空氣如為污濁，對於吾人身體上之發育，必生莫大影響。故當窗戶關閉時，亦應設法使之通氣，如牆壁上開通氣洞，門窗上裝通氣鉛絲紗等。所以房間內通氣問題，亦不容忽略之！

(戊)防火與材料　在城市排立之住宅，火患較多，如牆壁過於接近鄰居，以少開窗為妙。設有以光線關係，不得已須開啓時，則當用鐵製之窗框，配以鉛絲玻璃，或外另附鐵窗一道，以備火患時關閉之用。廚房上面，如仍有房間時，最好用水泥樓板，或泥粉平頂。其各房間分隔，應用至少五吋厚磚牆，以免遇有火患時即時蔓延，使求救不及。又對於房屋內之太平門，須妥為佈置，此為防火上之一要素，不可不注意！此外住宅建築材料之選擇，甚為重要；設計者應深悉各種材料之產地價目性質，及價值之比較，應以最低廉之價值，而得最合式最優美之材料。且當按房屋之等次，而定用材料之高下，如高等住宅，應用上等材料，中等住宅，應用普通材料，則各得其宜，而合於經濟之原則矣！

(三)預算參考

圖樣繪成後，則總預算繼之，惟總預算係由各部分預算合計之結果。故今將南京市工務局建築浦口小學校校舍單位價目表，擇其重要部分者略出之以作為參考之用。

建築浦口小學校校舍單位價目表					
種　類	單位	單　價	種　類	單位	單　價
挖土方	立公	0.6元	紅瓦屋面	平公	4.1元
碎磚三和土	立公	5.2元	水泥大料	立公	58.0元
50公分厚大方脚牆	平公	7.6元	水泥樓板	立公	63.0元
38公分厚大方脚牆	平公	5.7元	屋架及洋松大料	板尺	0.12元
25公分厚大方脚牆	平公	3.8元	雙扇玻璃洋門	堂	30.0元
25公分厚磚牆	平公	4.0元	單扇玻璃洋門	堂	16.0元
13公分厚磚牆	平公	2.1元	洋松大扶梯	架	80.0元
水泥地	平公	2.1元	水泥踏步	只	30.0元
38公分厚磚墩子牆	平公	6.1元	雙扇玻璃窗	堂	16.0元
13公分厚條子板牆	平公	2.1元	天溝	公尺	0.6元
洋松樓板(連擱柵)	平公	3.6元	水落管	公尺	0.6元
泥滿平頂	平公	1.1元	水泥明溝	公尺	0.5元

(四)常用公式

建築房屋時，承重之部分，俱須計算，以定所用材料之大小，故爲工程師之人，非有愼密之計算不可。否則或所用之材料不經濟，或以材料所用不足，因之發生危險，此點當極端注意！不可貪省一時之光陰，致生無窮之後悔，且爲道德上所不許，此種之人，乃爲工程界之敗類，須受良心上制裁，吾人當鳴鼓而攻之，以免國人對工程界中份子，發生不信任。其影響於吾人之大，可想而知，余希諸同學三致意焉！今將房屋建築上各常用公式略爲摘出，以備爲熟讀之用，至下列多數公式，係略自 Reinforced Concrete Construction Hool Vol. I，如有對於某公式有不明白時，請自行檢討之。

$M=\frac{wl^2}{8}\times 12''$#，$M=\frac{wl^2}{10}\times 12''$#，$M=\frac{wl^2}{12}\times 12''$#，$M=\frac{pl}{4}\times 12''$#，$D''=2.17\sqrt[3]{\frac{M}{S}}$（圓木直徑），$bd^2=\frac{6M}{S}$（長方木），$bd^2=\frac{M}{K}$，$As=\frac{M}{fsjd}$，$M=\frac{wl^2}{2}\times 12''$#，$P=fcA[1+(n-1)p]$，$P=\frac{2\overline{w}h}{s+1}$，$v=\frac{V}{bjd}$，$M=\frac{w}{2}(a+1.2c)c^2$，$V=w[L^2-(a+2d)^2]$，$v=\frac{V}{4(a+2d)jd}$，$u=\frac{w(ac+c^2)}{\sum ojd}$，$S=\frac{M}{f}$。

（五）附言

余開始編述本題之動機，乃以房屋工程設計，範圍至廣，使初離學校之人，每望之生畏，而不得叩其門而入，致前途因之發生無數障礙，良用爲嘆！是篇之作，雖不能在技術上稍有貢獻，但亦可予後學者以些微常識也！

十二䆊空腹砂石拱橋設計

胡嘉誼

序論

現今之道路建設，其於橋梁種式之選擇無論在鐵路上或公路上，拱橋皆已佔有最重要之地位；其故卽因其適合永久，堅固及經濟各條件，而其建築完畢後，絕少復需修補工作亦爲其能盛行之重大理由。歐美多用鐵筋混凝土建築，以其施工及運材便且簡故。我國各大都市中亦採取之，惟各公路上則多採用石拱橋；究其因有二：(甲)鐵筋混凝土拱橋雖較堅久工簡，然因內地運輸費巨且艱，各種應用材料多不齊備，施工時每感乏此少彼之困難，(乙)我國各地多石山，公路通過必施開劈，故皆多利用此開採之石材以建石橋，以其運輸費小而工亦較簡易也。

石分青石及紅石二種，其所受之力應因其質異而相差亦至巨，施工時取用石材宜愼加選擇，當以質均音清者爲上。拱橋亦分二式爲實腹（Filled Spandrel）及空腹（Open Spandrel），本文所述卽擇最佳之紅石用以建一十二䆊之空腹拱橋。

拱橋設計每以彈性說（Elastic Theory）爲正法，然此多應用於等布載重（Uniform Load）計算。本文係因拱上之靜載重及動載重均爲集中載重，故採用感應線法（Influence Line Method）計算。橋式因橋之高闊均加以限制故採用拋物線式，所受動載重係採取江西公路處規制最重之 H_{15}（卽載重十五公噸，前輪三，後輪十二）乃數度試算後，得知此拋物線式不適用於此甚巨之載重，適七省公路會議開幕與全國經濟會議公定以 H_{10}（卽載重十公噸，前輪二，後輪八）爲計算永久橋梁之標準，故僅於計算稍加變更遂得告成，此實一初稿耳，錯舛之處正多，望閱者指責更正則感甚矣。此橋計算及施工方法，多特異點，希加注意。

設　計

規定：

式樣　　空腹

材料　　砂石

跨度(依中軸直距定) 12^m 　(即跨度爲 11.24^m)

中軸直距(Rise from the neutral axis) 3^m

動載重　　H_{15} 　(後修改爲 H_{10})

砂石應壓力　　$3.000\ \frac{Tons}{m^2}$

砂石重量　　$2.4\ \frac{Tons}{m^3}$

計算：

拱橋中軸線之擬定——

依 1930 年 G. P. Manning 所定公式：

$$y=\left\{\mu\left(\frac{X}{S}\right)^2+(l-\mu)\left(\frac{X}{S}\right)^3\right\}f$$

$$\operatorname{Tan}\varphi=\frac{dy}{dx}=\left\{2\mu X+3(l-\mu)\left(\frac{X}{S}\right)^2\right\}\frac{f}{s}$$

$$\operatorname{Sec}\varphi=\frac{ds}{dx}=\sqrt{1+\left(\frac{dy}{dx}\right)^2}$$

內 $S=\frac{1}{2}l$ (即拱橋跨度之半)

$f=$ 中軸直距

$\mu=$ 係數，普通自〇至 +1 止

又 $$\frac{1}{I}=\frac{dx}{ds}\left[1+\beta\frac{X}{S}\right]\frac{1}{Ic}$$

內β=係數，普通自〇至－1止

又 拱頂厚度(Crown)…………$d=\frac{1}{4}\sqrt{p+\frac{1}{2}S}+0.2$(英國制公式)

內 p＝拱頂石內面(Intrados)之半徑

S＝拱橋跨度

假定 $p=14^{ft}$， $\therefore d=\frac{1}{4}\sqrt{14+\frac{1}{2}\times 40}+0.2=1.66^{ft}$

∴ 拱項厚度用 $0.6^{m.}$

拱足厚度(Springing)…………$l=d\sec\alpha$

內α=在拱足之拱軸線與垂直線所成之角

已知$\alpha=40°$，$d=0.6^{m}$ $\therefore l=0.6\operatorname{Sec}40°=0.98^{m}$

∴ 拱足厚度用 1.0^{m}

拱橋中軸線之決定——

假定 $\mu=0.6$

$\beta=-0.07$

拱項厚度 $t_c=0.6^{m}$

$f=3.0^{m}$

$$Y=\left\{0.6\left(\frac{X}{6}\right)^2+(1-0.6)\left(\frac{X}{6}\right)^3\right\}3.0$$

$$=X^2(0.05+0.0055X)$$

$$\operatorname{Tan}\varphi=\frac{dy}{dx}=\left\{2\times0.6\times+3\ (1-006)\left(\frac{X}{6}\right)^2\right\}\frac{3}{6}$$

$$=0.6\times+0.0167\times^2$$

又 $$\frac{1}{I}=\frac{1}{\frac{bt^3}{12}}=\frac{1}{\operatorname{Sec}\varphi\left[1+\beta\frac{X}{S}\right]\frac{bt^3}{12}}$$

$$\frac{12}{t^3}=\frac{1}{\mathrm{Sec}\,\varphi}\left[1+0.07\left(\frac{X}{6}\right)\right]\frac{12}{0.6^3}$$

$$=\frac{12\left[1-0.01167\times\right]}{0.216\,\mathrm{Sec}\,\varphi}$$

$$tx=\sqrt[3]{\frac{0.216\,\mathrm{Sec}\,\varphi}{1-0.01167\times}}$$

第一表

X	0	0.5	1.0	1.5	2.0	2.5	3.0	3.5	4.0	4.5	5.0	5.5	6.0
Y	0	0.013	0.056	0.131	0.244	0.398	0.599	0.848	1.152	1.514	1.938	2.428	3.000
Tan φ	0	0.342	0.617	0.937	1.267	1.604	1.950	2.304	2.667	3.038	3.417	3.805	4.301
Sec φ	1	1.007	1.175	1.369	1.613	1.889	2.191	2.510	2.847	3.200	3.562	3.935	4.318
t_x	0.600	0.613	0.636	0.670	0.7095	0.7505	0.792	0.826	0.864	0.9004	0.935	0.9684	1.000

自圖中量得每半拱軸之長 $= 7.00^m$

Ix	0.180	0.192	0.214	0.250	0.298	0.352	0.414	0.469	0.537	0.607	0.681	0.756	0.833

各部重靜重：——以一粎爲單位

A 點集中靜載重 $=2(0.075+0.125)2{,}400+0.164\times 1{,}760=1{,}250^{kg}$

B 點集中靜重重 $=2(0.090+0.208)\,2{,}400+0.32\times 1{,}760=1{,}990^{kg}$

C 點集中靜重重 $=2(0.095+0.250)\,2{,}400+0.45\times 1{,}760$

$$+(0.45+0.76)\frac{1}{2}\times 0.5\times 2{,}400=3{,}180^{kg}$$

第一段拱石靜載重 $=\frac{1}{2}(0.6+0.66)\times 1.4\times 2{,}400 \qquad =2{,}120^{kg}$

第二段拱石靜載重 $=\frac{1}{2}(0.66+0.76)\times 1.4\times 2{,}400 \qquad =2{,}380^{kg}$

第三段拱石靜載重$=\frac{1}{2}(0.76+0.85)\times1.4\times2,400$ $=2,710^{kg}$

第四段拱石靜載重$=\frac{1}{2}(0.85+0.93)\times1.4\times2,400$ $=2,990^{kg}$

第五段拱石靜載重$=\frac{1}{2}(0.93+1.00)\times1.4\times2,400$ $=3,240^{kg}$

每半拱之全部載重 $=19,860^{kg}$

各部動載重：——以一粎爲單位

汽車載重＝H_{15}每後輪載重$=6,000^{kg}$

每前輪載重$=1,500^{kg}$

前後輪距離$=3.17^{m}$

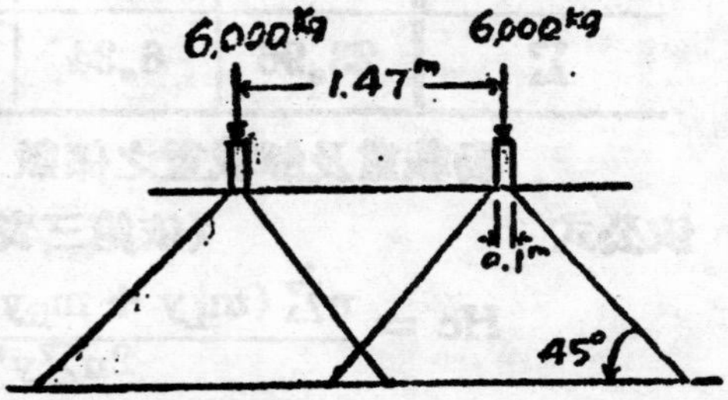

(1) (後輪)A點載重$=6,000/(0.1+2\times0.83)=3,400^{kg}$
(前輪)C點載重$=1,500/(0.1+2\times2.12)=346^{kg}$

(2) (後輪)B點載重$=6,000/(0.1+2\times2.12)=2,480^{kg}$

(3) (後輪)C點載重$=6,000/(0.1+2\times3.12)=1,380^{kg}$
(前輪)A點載重$=1,500/(0.1+2\times0.83)=850^{kg}$

第 二 表

點	X	Y	X^2	Y^2	
1	0.17	0.00	0.029	0.000	
2	0.51	0.01	0.260	0.000	$2n=20$
3	0.89	0.04	0.792	0.002	
4	1.31	0.09	1.716	0.008	$2n\sum y-2^2-2(\sum y)^2$
5	1.79	0.19	3.204	0.036	$=123.850$

6	2.35	0.34	5.522	0.116	
7	3.01	0.60	9.060	0.360	$2\sum X^2=173.664$
8	3.77	0.99	14.213	0.980	
9	4.62	1.60	21.344	2.560	
10	5.54	2.43	30.692	6.150	
$\sum$	23.96	6.34	86.832	10.212	

勵載重及靜載重之係數：——

依公式 （依第三表）

$$Hc = \frac{n\sum(m_L y + m_R y) - \sum(m_L + m_R)\sum y}{2n\sum y^2 - 2(\sum y)^2}$$

$$Vc = \frac{\sum m_L x - \sum m_R x}{2\sum x^2}$$

$$Mc = \frac{\sum m_L + \sum m_R - 2Hc\sum y}{2n}$$

得

勵載重

A 點載重

$$Hc = \frac{10\times 23.215 - 17.28\times 6.34}{123.850} = +0.991$$

$$Vc = \frac{69.085}{173.664} = 0.398$$

$$Mc = \frac{17.28 - 2\times 0.991\times 6.34}{20} = +0.236$$

B 點載重

$$Hc = \frac{10\times 13.061 - 7.34\times 6.34}{123.850} = +0.679$$

$$Vc = \frac{34.653}{173.664} = 0.200$$

$$Mc = \frac{7.34 - 2\times 0.679\times 6.34}{20} = -0.635$$

C 點載重

$$Hc = \frac{10\times 3.791 - 166\times 6.34}{123.850} = +0.223$$

$$Vc = \frac{8.856}{173.664} = 0.051$$

$$Mc = \frac{1.66 - 2\times 0.223\times 6.34}{20} = -0.058$$

係 數 表

點	集中動載重 $\begin{pmatrix} m_R = 0 \\ m_R x = 0 \\ m_R y = 0 \end{pmatrix}$ 及集中靜載重 $\begin{pmatrix} m_R = m_L \\ m_R x = m_L x \\ m_R y = m_L y \end{pmatrix}$									等布		
	A			B			C			第一段		
	m_L	$m_L x$	$m_L y$	m_L	$m_L x$	$m_L y$	m_L	$m_L x$	$m_L y$	m_L	$m_L x$	$m_L y$
1												
2												
3	0.14	0.125	0.006							0.19	0.169	0.008
4	0.56	0.734	0.050							0,61	0.799	0.055
5	1.04	1.862	0.198							1.09	1.951	0.027
6	1•60	3.760	0.544							1.65	3.877	0.561
7	2.26	6•803	1.356	0.61	1.836	0.366				2.31	6.953	1.386
8	3.02	11.385	2.990	1.37	5.165	1.356				3.07	11.594	3.039
9	3.87	17.879	6.192	2.22	10.256	3•552	0.37	1.709	0.592	3.92	18.110	6.272
10	4.79	26.537	11.879	3.14	17.396	7.787	1.29	7.147	3.199	4.84	26.814	12.003
Σ	17.28	69.085	23.215	7.34	34.653	13•061	1.66	8.856	3.791	17.68	70.247	23.531

第　三　表

静　載　重			($m_L = m_R$,		$m_Lx = m_Rx$,		$m_Ly = m_Ry$)				
第二段			第三段			第四段			第五段		
m_L	m_Lx	m_Ly	m_L	m_Lx	m_Ly	m_L	m_Lx	m_Ly	m_L	m_Lx	m_Ly
0.29	0.681	0.099									
0.95	2.859	0.570									
1.71	6.447	1.693	0.43	1.621	0.426						
2.56	11.827	4.096	1.28	5.914	2.048	0.10	0.462	0.160			
3.48	19.279	8.630	2.22	12.299	5.506	1.02	5.651	2.530	○	○	○
8.99	41.093	15.088	3.93	19.834	7.980	1.12	6.113	2.690	○	○	○

靜載重

第一段載重

$$H_c=\frac{10(23.531+23.531)-(17.68+17.68)6.34}{123.850}=+2.000$$

$$V_c=\frac{70.247-70.247}{}=0$$

$$M_c=\frac{17.68+17.68-2\times 2.00\times 6.34}{20}=+0.500$$

第二段載重

$$H_c=\frac{10(15.088+15.088)-(8.99+8.99)6.34}{123.850}=+1.513$$

$$V_c=\frac{41.093-41093}{173.664}=0$$

$$M_c=\frac{8.99+8.99-2\times 1.513\times 6.34}{20}=-0.360$$

第三段載重

$$H_c=\frac{10(7.980+7.980)-(3.93+3.93)6.34}{123.580}=+0.886$$

$$V_c=\frac{19.834-19.834}{173.664}=0$$

$$M_c=\frac{3.93+3.93-2\times 0.886\times 6.34}{20}=-0.168$$

第四段載重

$$H_c=\frac{10(3.690+2.690)-(1.12+1.12)6.34}{123.850}=+0,320$$

$$V_c=\frac{6.113-6.113}{173.664}=0$$

$$M_c=\frac{1.12+1.12-2\times 032\times 6.34}{20}=-0.091$$

第五段載重

$$H_c=\bigcirc=0$$

$$V_c=\bigcirc=0$$

$$M_c=\bigcirc=0$$

A點載重

$$H_c=\frac{10(23.215+23.215)-(17.28+17.28)\times 6.34}{123.085}=+2.000$$

$$V_c=\frac{69.085-69.085}{173.664}=0$$

$$M_c=\frac{(17.28+17.28)-2\times 2.000\times 6.34}{20}=+0.460$$

B 點載重

$$\begin{cases} Hc=\dfrac{10(13.061+13.061)-(7.34+7.34)6.34}{123.850}=+1.349 \\ Vc=\dfrac{34.653-34.653}{173.664}=0 \\ Mc=\dfrac{(7.34+7.34)-2\times1.349\times6.34}{20}=-0.121 \end{cases}$$

C 點載重

$$\begin{cases} Hc=\dfrac{10(3.791+3.791)-(1.60+1.66)6.34}{123.850}=+0.446 \\ Vc=\dfrac{8.856-8.856}{173.664}=0 \\ Mc=\dfrac{1.66+1.66-2\times0.442\times6.34}{20}=-0.114 \end{cases}$$

勵載重及靜載重所生之應力：——

勵載重

(後輪) A 點載重時

$$\begin{cases} Hc=+0.991\times3,400=+3,370^{kg} \\ Vc=\ 0.398\times3,400=\ 1,350^{kg} \\ Mc=+0.236\times3,400=+\ 800^{kg} \end{cases}$$

(前輪) C 點載重

$$\begin{cases} Hc=+0.223\times346=+770^{kg} \\ Vc=\ 0.051\times346=\ 20^{kg} \\ Mc=-0.058\times346=-\ 20^{kg} \end{cases}$$

(後輪) B 點載重時

$$\begin{cases} Hc=+0.679\times2,480=+1,690^{kg} \\ Vc=\ 0.200\times2,480=\ 490^{kg} \\ Mc=-0.635\times2,480=-5,580^{kg} \end{cases}$$

(後輪) C 點載重時

$$\begin{cases} Hc=+0.223\times1,380=+\ 310^{kg} \\ Vc=\ 0.051\times1,780=\ 70^{kg} \\ Mc=-0.058\times1,380=-\ 80^{kg} \end{cases}$$

(前輪) A 點載重

$$\begin{cases} Hc=+0.991\times850=+840^{kg} \\ Vc=\ 0.398\times850=\ 340^{kg} \\ Mc=+0.236\times850=+200^{kg} \end{cases}$$

靜載重

第一段載重

$Hc = +2.000 \times 2,120 = +4,240^{kg}$

$Vc = 0 \times 2,120 = 0^{kg}$

$Mc = +0.500 \times 2,120 = +1,060^{kg}$

第二段載重

$Hc = +1.513 \times 2,380 = +3,620^{kg}$

$Vc = 0 \times 2,380 = 0^{kg}$

$Mc = -0.060 \times 2,380 = -140^{kg}$

第三段載重

$Hc = +0.886 \times 2,710 = +2,400^{kg}$

$Vc = 0 \times 2,710 = 0^{kg}$

$Mc = +0.168 \times 2,710 = -460^{kg}$

第四段載重

$Hc = +0.320 \times 2,990 = +960^{kg}$

$Vc = 0 \times 2,990 = 0^{kg}$

$Mc = -0.091 \times 2,990 = -270^{kg}$

第五段載重

$H2 = 0 \times 3,240 = 0^{kg}$

$Vc = 0 \times 3,240 = 0^{kg}$

$Mc = 0 \times 3,240 = 0^{kg}$

拱本身靜載重得

$\sum Hc = +11,220^{kg}$

$\sum Mc = +190^{kg}$

A 點載重

$Hc = +2.000 \times 1,250 = +2,500^{kg}$

$Vc = 0 \times 1,250 = 0^{kg}$

$Mc = +0.460 \times 1,250 = +580^{kg}$

B 點載重

$Hc = +1.349 \times 1,990 = +2,680^{kg}$

$Vc = 0 \times 1,990 = 0^{kg}$

$Mc = -0.121 \times 1,990 = -240^{kg}$

C 點載重

$Hc = +0.446 \times 3,180 = +1,410^{kg}$

$Vc = 0 \times 3,180 = 0^{kg}$

$Mc = -0.114 \times 3,180 = -360^{kg}$

拱上靜載重

得

$\sum Hc = +6,590^{kg}$

$\sum Mc = -20^{kg}$

離心距離之研究：——

——約分爲四種情形分別討論之——

(甲)拱本身及拱上之靜載重(無動載重時)：

拱本身靜載重之 $\sum Hc = +11,220^{kg}$ $\sum Mc = +190^{kg}$

拱上靜載重之 $\sum Hc = +\ 6,590^{kg}$ $\sum Mc = -\ 20^{kg}$

半拱之全靜載重 $\sum Hc = +17,810^{kg}$ $\sum Mc = +170^{kg}$

$$\therefore 離心距離 = \varsigma = \frac{\sum Mc}{\sum Hc} = \frac{+170}{+17,810} = +0.0095^{m}$$

(乙)全靜載重及後輪在A點時之動載重之合：

半拱之全靜載重之 $\sum Hc = +17,810^{kg}$ $\sum Mc = +170^{kg}$

後輪在A點之動載重之 $Hc = +\ 3,370^{kg}$ $Mc = +800^{kg}$

前輪在C點之動載重之 $Hc = +\ 770^{kg}$ $Mc = -\ 20^{kg}$

半拱之總載重之 $\sum Hc = +21,950^{kg}$ $Mc = +950^{kg}$

$$\therefore 離心距離 = \frac{+950}{+21,950} = +0.0433^{m}$$

(丙)全靜載重及後輪在B點時之動載重之合：

半拱之全靜載重之 $\sum Hc = +17,810^{kg}$ $\sum Mc = +170^{kg}$

後輪在B點之動載重之 $Hc = +\ 1,690^{kg}$ $Mc = -1,580^{kg}$

半拱之總載重之 $\sum Hc = +19,500^{kg}$ $\sum Mc = -1,410^{kg}$

$$\therefore 離心距離 = \frac{-1,410}{+19,500} = -0.0723^{M}$$

(丁)全靜載重及後輪在C點時之動載重之合：

半拱之全靜載重之 $\sum Hc = +17,810^{kg}$ $\sum Mc = +170^{kg}$

後輪在C點之動載重之 $Hc = +\ 310^{kg}$ $Mc = -\ 80^{kg}$

前輪在A點之動載重之　Hc＝＋　840^{kg}　Mc＝＋200^{kg}

半拱之總載重之　$\sum$Hc ＝＋18.960^{kg}　$\sum$Mc＝＋290^{kg}

$$\therefore \text{離心距離}=\frac{+290}{+18,960}=+0.0153^{m}$$

壓力線之研究：——

——亦依上述之四種情形分別用圖線研究之——

(甲)半拱之全靜載重：

第一段拱石載重	＝2,120^{kg}
拱上A點集中載重	＝1,250^{kg}
第二段拱石載重	＝2,380^{kg}
拱上B點集中載重	＝1,990^{kg}
第三段拱石載重	＝2,710^{kg}
拱上C點集中載重	＝3,180^{kg}
第四段拱石載重	＝2,990^{kg}
第五段拱石載重	＝3,240^{kg}
半拱之全靜載重	＝19,860^{kg}

(乙)半拱之全靜載重及後輪在A點時之動載重：

第一段拱石載重		＝2,120^{kg}
拱上A點集中載重	靜	＝1,250^{kg}
	動	＝3,400^{kg}
第二拱石載重		＝2,380^{kg}
拱上B點集中載重		＝1,990^{kg}
第三段拱石載重		＝2,710^{kg}

拱上C點集中靜載重	$=3,180^{kg}$
動	$=350^{kg}$
第四段拱石載重	$=2,990^{kg}$
第五段拱石載重	$=3,240^{kg}$
半拱之總載重	$=23,610^{kg}$

(丙)半拱之全靜載重及後輪在B點時之動載重：

第一段拱石載重	$=2,120^{kg}$
拱上A點集中載重	$=1,250^{kg}$
第二段拱石載重	$=2,380^{kg}$
拱上B點集中靜載重	$=1,990^{kg}$
動	$=2,480^{kg}$
第三段拱石載重	$=2,710^{kg}$
拱上C點集中載重	$=3,180^{kg}$
第四段拱石載重	$=2,990^{kg}$
第五段拱石載重	$=3,240^{kg}$
半拱之總載重	$=22,340^{kg}$

(丁)半拱之全靜載重及後輪在C點時之動載重：

第一段拱石載重	$=2,120^{kg}$
拱上A點集中靜載重	$=1,250^{gk}$
動	$=850^{kg}$
第二段拱石載重	$=2,380^{kg}$
拱上B點集中載重	$=1,990^{kg}$
第三段拱石載重	$=2,710^{kg}$
拱石C點集中靜載重	$=3,180^{kg}$
動	$=1,380^{kg}$

第四段拱石載重 $=2,990^{kg}$

第五段拱石載重 $=3,240^{kg}$

半拱之總載重 $=22,090^{kg}$

在上圖依次作壓力線，得(甲)種情形時（即無動載重時），其壓力線之經過處，幾全密合於載橋中軸，因在中三分之一段內（Middlethird）故全部安全，惟在(乙)種情形時，其壓力線至全橋之四分之一長時，已超出其拱厚之三分之一線外，故得知H_{15}載重過重，不適用於此拋物線形之拱橋，玆再試研究H_{10}之結果如何：

H_{10}汽車載重：每後輪載重 $=4,000^{kg}$

每前輪載重 $=1,000^{kg}$

即＝H_{15}之$\frac{2}{3}$倍

得

(1)
- (後輪)A點載重時 $=3,400\times\frac{2}{3}=2,270^{kg}$
- (前輪)C點載重時 $=346\times\frac{2}{3}=230^{kg}$

(2) (後輪)B點載重時 $=2,480\times\frac{2}{3}=1,650^{kg}$

(3)
- (後輪)C點載重時 $=1,380\times\frac{2}{3}=920^{kg}$
- (前輪)A點載重時 $=850\times\frac{2}{3}=570^{kg}$

得

(1) (後輪)A點載重時
- $Hc=+3.370\times\frac{2}{3}=+2,250^{kg}$
- $Vc=1.350\times\frac{2}{3}=900^{kg}$
- $Mc=+800\times\frac{2}{3}=+530^{kg}$

(前輪) C點載重時

$$H_c = +\ 770 \times \frac{2}{3} = +\ 510^{kg}$$

$$V_c = \ 20 \times \frac{2}{3} = +\ 510^{kg}$$

$$M_c = \ 20 \times \frac{2}{3} = -\ 13^{kg}$$

(2) (後輪) B點載重時

$$H_c = +1{,}690 \times \frac{2}{3} = +\ 1{,}130^{kg}$$

$$V_c = \ 490 \times \frac{2}{3} = \ 330^{kg}$$

$$M_c = -1{,}850 \times \frac{2}{3} = -\ 1{,}050^{kg}$$

(3)

(後輪) C點載重時

$$H_c = +\ 310 \times \frac{2}{3} = +\ 210^{kg}$$

$$V_c = \ 70 \times \frac{2}{3} = \ 47^{kg}$$

$$M_c = -\ 80 \times \frac{2}{3} = -\ 53^{kg}$$

(前輪) A點載重時

$$H_c = +\ 840 \times \frac{2}{3} = +\ 560^{kg}$$

$$V_c = \ 340 \times \frac{2}{3} = \ 230^{kg}$$

$$M_c = +\ 200 \times \frac{2}{3} = +\ 130^{kg}$$

離心距離研究：——

(乙)種情形——

半拱全靜載重之	$\sum H_c = +17{,}810^{kg}$	$\sum M_c = +\ 170^{kg}$
後輪A點動載重之	$H_c = +\ 2{,}250^{kg}$	$M_c = +\ 430^{kg}$
前輪B點動載重之	$H_c = +\ 510^{kg}$	$M_c = -\ 13^{kg}$
半拱總拱重之	$\sum H_c = +20{,}570^{kg}$	$M_c = +\ 687^{kg}$

$$\therefore 離心距離 = \frac{+687}{+29{,}570} = +0.0334^{m}$$

(丙)種種情形——

半拱全靜載重之	$\sum Hc = +17,810^{kg}$	$\sum Mc = +\ 170^{kg}$
後輪B點動載重之	$Hc = +\ 1,130^{kg}$	$Mc = -1,050^{kg}$
半拱總載重之	$\sum Hc = +18,940^{kg}$	$Mc = -\ 880^{kg}$

$$\therefore 離心距離 = \frac{-880}{+18,940} = -0.0464^{m}$$

(丁)種情形——

半拱全靜載重之	$\sum Hc = +17,810^{kg}$	$\sum Mc = +170^{kg}$
後輪C點動載重之	$Hc = +\ 210^{kg}$	$Mc = -\ 53^{kg}$
前輪A點動載重之	$Hc = +\ 560^{kg}$	$Mc = +130^{kg}$
半拱總載重之	$\sum Hc = +18,580^{kg}$	$\sum Mc = +247^{kg}$

$$\therefore 離心距離 = \frac{+247}{+18,580} = +0.0133^{kg}$$

壓力線研究：——

(甲)種情形：

半拱之全靜載重 $=19,860^{kg}$

(乙)種情形：

半拱之全靜載重	$=19,860^{kg}$
A點集中動載重	$=\ 2,270^{kg}$
C點集中動載重	$=\ 230^{kg}$
半拱之總載重	$=22,360^{kg}$

(丙)種情形：

半拱之全靜載重	$=19,860^{kg}$
B點集中動載重	$=\ 1,650^{kg}$
半拱之總載重	$=21,510^{kg}$

(丁)種情形：

半拱之全靜載重 $=19,860^{kg}$

C點集中動載重 $=\quad 920^{kg}$

A點集中動載重 $=\quad 570^{kg}$

半拱之總載重 $=21,350^{kg}$

在壓力線圖中，得知結果全部安全，其最危險點 (Critical point) 仍在(乙)種情形。

厚度研究：——

規定砂石應壓力 $=3,000\frac{\text{Tons}}{\text{m}^2}$

依公式：關於水平壓力(Horizontal Thrust)：

$$\text{應壓力 } fc=\frac{Hc}{A}$$

關於旋羃(Moment)：

$$\text{應壓力 } fc=\frac{Mc}{I}$$

拱頂(Crown)：

$$\text{關於水平壓力 } fc=\frac{+2.250+4.240}{0.36\times1.00}=+10,800\frac{kg}{m^2}\text{或 }+10.80\frac{tons}{m^2}$$

$$\text{關於旋羃 } fc=\frac{+530+1.060}{0.180}=+\ 8,900\frac{kg}{m^2}\text{或}+8.90\frac{ton}{m^2}$$

得 在拱頂時 (Extrados) $\sum fc=+10.80+8.90=+19.70\ \frac{ton}{m^2}$

在拱底時 (Intrados) $\sum fc=+10.80-8.90=+1.90\frac{ton}{m^2}$

拱軸四分之一點 (Quarter Point)

$$\text{關於水平壓力 } fc=\frac{+2,250+4,240+3620+2,500+2,680}{0.792\times1.00}$$

$$=+19,100\frac{kg}{m^2}\text{ 或}+19.10\frac{ton}{m^2}$$

關於旋冪 $fc=\dfrac{+530+1,060-140+580-240}{0.414}=+4,320\dfrac{kg}{m^2}$

或 $+4.32\dfrac{ton}{m^2}$

得 在拱頂時 $\sum fc=+19.10-4.32=+23.42\dfrac{ton}{m^2}$

在拱底時 $\sum fc=+19.10-4.32=+14.78\dfrac{ton}{m^2}$

拱足(Springing)：

關於水平壓力

$$fc=\frac{+2,250+510+4,240+3,620+2,400+960+2,500+2,680+1,410}{1.000\times1.00}$$

$$=+20,570\frac{kg}{m^2}\text{或}+20.57\frac{ton}{m^2}$$

關於旋厚 $fc=\dfrac{+530-13+1,060-140-460-270+580-240-360}{0.833}$

$$=+820\frac{kg}{m^2}\text{或}+0.82\frac{ton}{m^2}$$

得 在拱頂時 $\sum fc=+20.57+0.82=+21.36\dfrac{ton}{m^2}$

在拱底時 $\sum fc=+20.57-0.87=+19.75\dfrac{ton}{m^2}$

小拱厚度研究：——假定厚度 $=0.2^m$

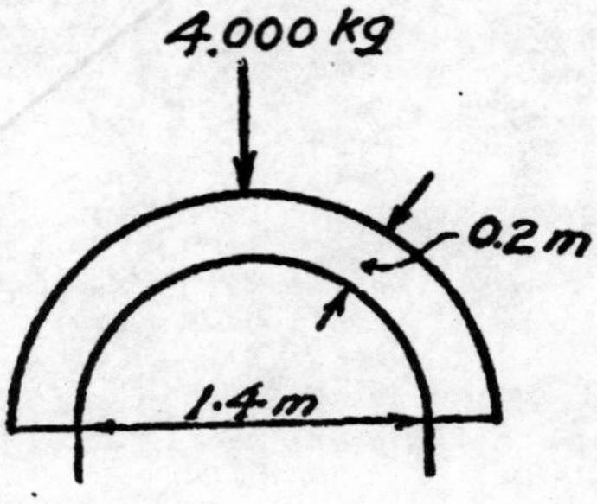

假定 $H=\dfrac{1}{3}V$

$=\dfrac{1}{3}\times4.000=1,330^{kg}$

$fc=\dfrac{1,330}{0.2\times1.0}=6,700\dfrac{kg}{m^2}$ 或 $6.70\dfrac{ton}{m^2}$

爲安全計，另加 0.05^m 使全拱厚度皆爲 0.25^m

重定拱橋之內外面曲線：——

(Rectification of the curves of the extrados and the intrados of the arch)

爲築橋時施工簡便起見，將橋拱之內外曲線依原設計之拋物線略加變換，使成一複曲線。

橋拱之內面曲線(Curves for lntrados)：

自圖，用漸試法(Trial and Error method)，量得全拱曲線形與6.5^m半徑之圓弧甚爲接近，故決定橋拱之內面曲綫形用 6.5^m之半徑。

橋拱之外面曲線(Curves for Extrados)

自圖，量得第一段拱石曲線，用13.0^m半輕

第二段拱石曲線，用 5.8^m半輕

第三段拱石曲線，用 3.1^m半輕

第四段拱石曲線，用 8.1^m半輕

自第四段末起，作一切線，直至橋礎，

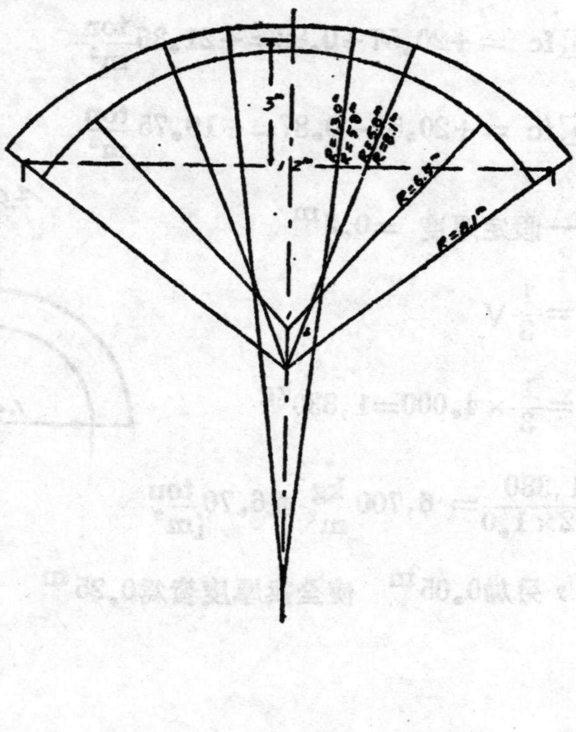

礄礎設計：——

礎上石柱之靜載重(以一糎爲單位)$=2(0.095+0.324)2{,}400$

$$+0.81\times1{,}760+\frac{1}{2}(1.84+2.68)\times1.0\times2{,}400$$

$$=8{,}860^{kg}$$

礎上石柱之動載重(假定一汽車後輪)$=4{,}000^{kg}$

礄足(Springing)所受最大壓力爲乙種情形，其合力$R=30{,}200^{kg}$

用圖解法，求得總合力及其方向

總合力$=R=40{,}500^{kg}$

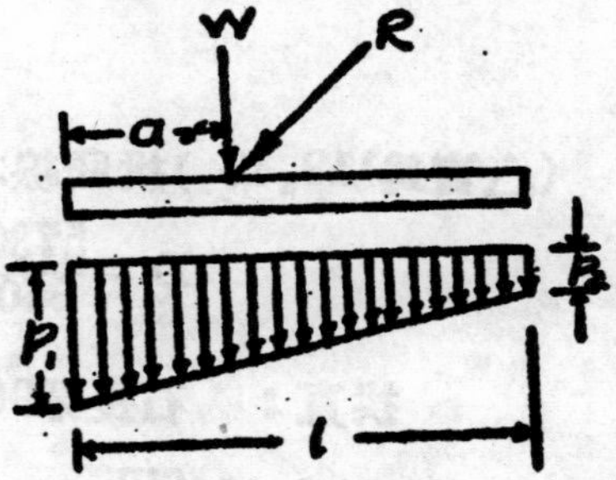

依公式 $P_1=(4l-6a)\dfrac{w}{l^2}$

$P_2=(6a-2l)\dfrac{w}{l^2}$

規定土壤所受之容許壓力 $=22{,}000\dfrac{kg}{m^2}$

假定 $a=\dfrac{1}{3}l$，$P_1=22{,}000\dfrac{kg}{m^2}$

已知 $w=8{,}860+4{,}000+22{,}360=35{,}220^{kg}$

$22{,}000=(4l-6\times\dfrac{3}{1}l)35{,}220/l^2$

$=70.449/l^2$

$\therefore l=3.2^{m}$

玆將礄礎各部尺寸如假定如圖，然後研究之：

礄礎重量$=[0.71\times1.29\times1\times\dfrac{1}{2}+(1.47+3.20)\dfrac{1}{2}\times1.83\times1]2.400$

$=11{,}350^{kg}$

再用圖解法，求得全部總合力 $=50{,}800^{kg}$

$\therefore P_1=(4\times3.2-6\times1.58)\dfrac{35{,}220+11{,}350}{(3.2)^2}=15{,}100\dfrac{kg}{m^2}$

$$P_2=(6\times1.58-2\times3.2)\frac{35,220+11,350}{(3.2)^2}=14,000\frac{kg}{m^2}$$

實施修改：——將礎礎改為水平，礎底寬3.^{m}0.高1.^{m}6

全橋石材統計：——

大拱——

拱長：　石寬 30.^{cm}6者43枚，共長1,315.8^{cm}

接縫44個，每個寬1^{cm}共長　44^{cm}

總長　1,359.8^{cm}

(△實為113.48,)拱底線之大約計算長：　△約=120°，R =650^{cm}

$$D=\frac{5730}{650}=8.815°，\therefore L=\frac{120}{8.815}\times100=1361.^{cm}4$$

拱寬：　石長分96^{cm}及48^{cm}二種，數目臨時決定

小拱(半徑100^{cm})——

拱長：　石寬34^{nm}者9枚，　共長306^{cm}

接縫10個，每個寬1^{cm}共長10^{cm}

總長　316^{cm}

拱底線之計算長：　R = 100^{cm}

$$L=3.1416\times100=314.16^{cm}$$

拱寬：

(1)
- 石長94^{cm}者7枚，　共長658^{cm}
- 石長47^{cm}者2枚，　共長 94^{cm}
- 接縫8個，每個寬 1^{cm} 共長8^{cm}

總長 760^{cm}

或(2)
- 石長94^{cm}者8枚，共長752^{cm}
- 接縫7個，每個1^{cm}共長 7^{cm}

總長 759^{cm}

規定拱寬　＝　760^{cm}

每拱所需石材數目：

$$\text{長}94^{cm}\text{者}=(9\times7+9\times8)\frac{1}{2}=67\text{枚}$$

$$\text{長}47^{cm}\text{者}=(9\times2)\frac{1}{2}+1=10\text{枚}$$

共二拱，共計長94^{cm}者 134 枚

長47^{cm}者 20 枚

〔覆核：假完全石材
皆長 $96.^{cm}$ $9\times8\times2=144$枚〕

小拱（半徑70^{cm}）——

拱長：石寬24^{cm}者 9 枚共長 216^{cm}

接縫10個，每個寬 1^{cm}共長10^{cm}

總長＝ 226^{cm}

拱底線之計算長：　$R=70^{cm}$

$$L=3.1416\times70=219.912^{cm}$$

拱寬：　與半徑 100^{cm}之小拱同

每拱所需石材數目：

與半徑 100^{cm}之小拱同

共約六拱半（連拱背小拱在內）

共計長94^{cm}者436枚

長47^{cm}者 65枚

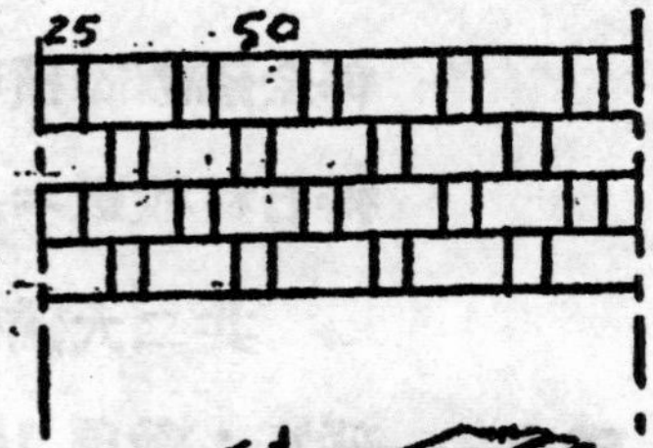

小礄礅——

礅寬：50
（1）{ 石長25^{cm}者2枚，共長 50^{cm}
接縫寬 1 個　1^{cm}

共寬　51^{cm}

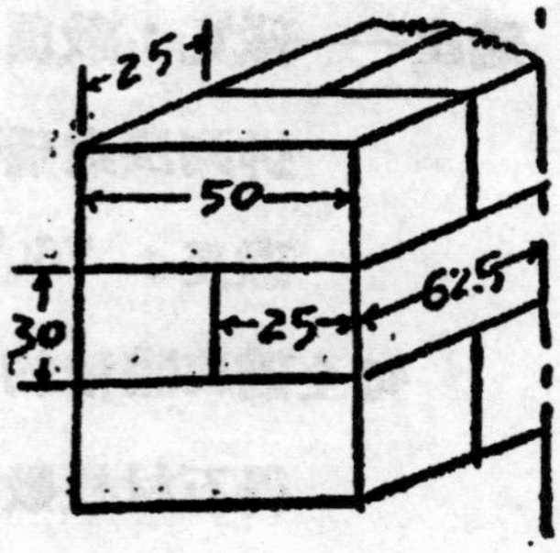

或　（2）　石長50^{cm}者1枚

墩長：760^{cm}，石材尺寸均用$50\times25\times30$

每枚體積$=37{,}500^{cu.\ cm}$或$0.0375^{cu.\ m}$

每全橋墩體積約 $=3.0^{cu.\ m}$

得石材枚數$=\dfrac{3.0}{0.0375}=$約80枚

共二小橋墩共約 160 枚

大橋墩——

墩寬：　100^{cm}

(1) 石長50^{cm}者 1 枚，共長50^{cm}
　　石寬25^{cm}者 2 枚，共長50^{cm}
　　接縫每個寬 1^{cm} 2 個長 2^{cm}

總寬　102^{cm}

或(2)　石長50^{cm}者 2 枚共長 100^{cm}
　　接縫 1 個　1^{cm}

總寬　101^{cm}

墩長：760^{cm} 石材尺寸與小墩同

每全橋墩體積約$=19.5^{cm}$

得石材枚數$=\dfrac{19.5}{0.0375}=$約520枚

共二大橋墩共約1,040 枚

橋座——墩寬：墩頂 100^{cm}　墩底 250^{cm}

排列法與橋墩同

墩長：760^{cm} 石材尺寸與橋墩同，

每全橋座體積約$=50.0^{cm}$

得石材枚數$=\dfrac{50.0}{0.0375}=1{,}334$枚

共二橋座共約 2,664 枚

橋礎——礎寬：底寬 390^{cm} 高 160^{cm} 長 760^{cm}

石材尺寸與橋墩同

每全橋礎體積約 $=42.0^{cu.m.}$

得石材枚數 $=\frac{42.0}{0.0375}=$ 1,150枚

共二橋礎共約2,300枚

石欄杆——石材尺寸分60×30×30及60×40×20及60×30×20三種

每全欄杆體積約 $=6.0^{cu.m.}$

每種石材約佔全體積之 $\frac{1}{3}$

石材統計

各部		大拱	小拱 100半徑	小拱 70半徑	小橋墩	大橋墩	橋座	橋礎	石欄杆	總計
各種形狀之枚數	cu.cm. 30.6×62×94	460								枚 460
	30.6×100×94	130								枚 130
	34×30×94		160							枚 160
	24×25×94			490						枚 490
	30×25×50				80	530	2,670	2,310		枚 5,590
	30×30×60								80	枚 80
	40×20×60								80	枚 80
	30×20×60								90	枚 90
	60×30×90								4	枚 4
體積 cu.m		124	16	28	6	40	100	85	11	cu.m. 410

亂石加百分之十

石材總體積 $450^{cu.\ cm.}$

附註： 如礎基爲石質，則可將礄礎改爲缺齒式如礎基爲沙泥，則在礄礎下，加30^{cm}厚足 1：3：6混凝土，於必要時再加木樁（直徑20^{cm} 間隔80^{cm} 及76^{cm}）數排，

礄礅設計：——假定礅寬3.00^{m}

礄礅之靜載重$=2(0.095+0.324)2,400+1.26\times 2,000$

$+[1(2.24\times 2.20)\ 1\ (2.24+3.00)\frac{1}{2}\times 1.00$

$+1(3.00\times 2.50)]2,400-1\times 0.625\times 2,400$

$=39,150^{kg}$

礄礅之動載重$=\ 4,000^{kg}$ （假定汽車後輪）

礄礅之總載重$=43,150^{kg}$

礄足所受之最大壓力爲乙種情形，$R=30,200^{kg}$

用圖解求得總合力

$R=88,600^{kg}$

假定 $l=3,00^{m}$

$$P_1=P_2=\frac{w}{1\times l}=\frac{88,609}{3.00}=29,530\frac{kg}{m^2}$$

實施脩改：——施Ⅰ時於礅下再加0.10^{m}厚之1：3：6 混凝土一層寬4.00^{m}

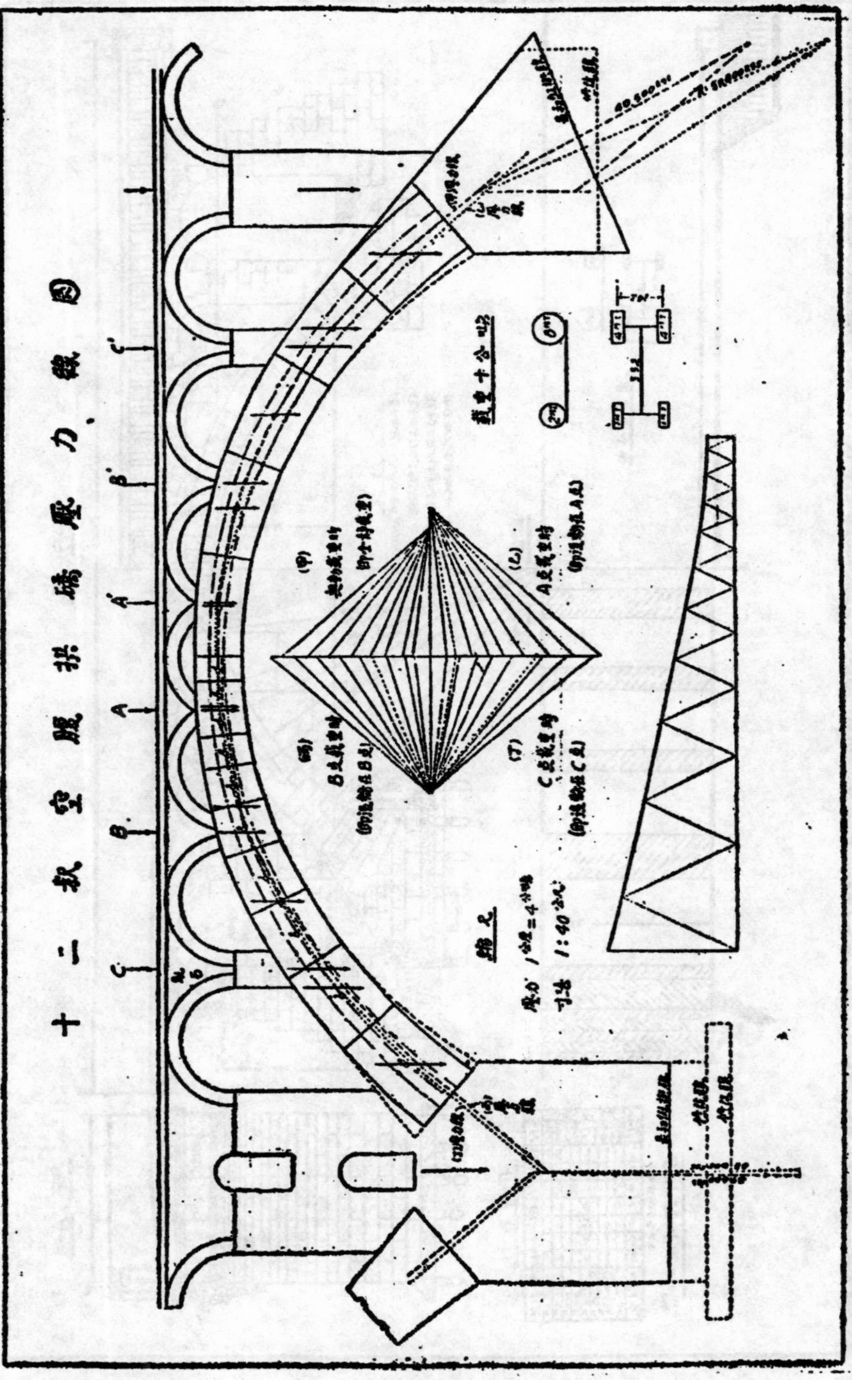
十二孔空腹拱橋壓力綫圖

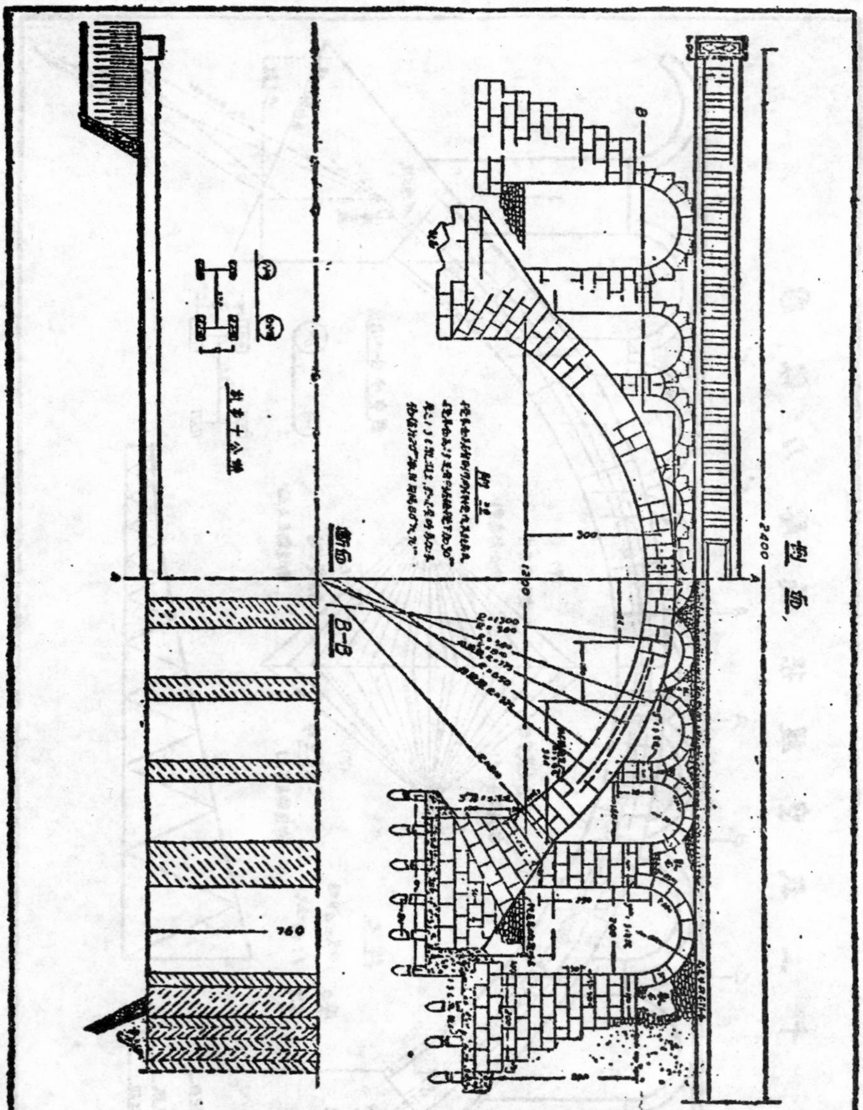
斷面 A-A
斷面 B-B
2400
1200
760
300

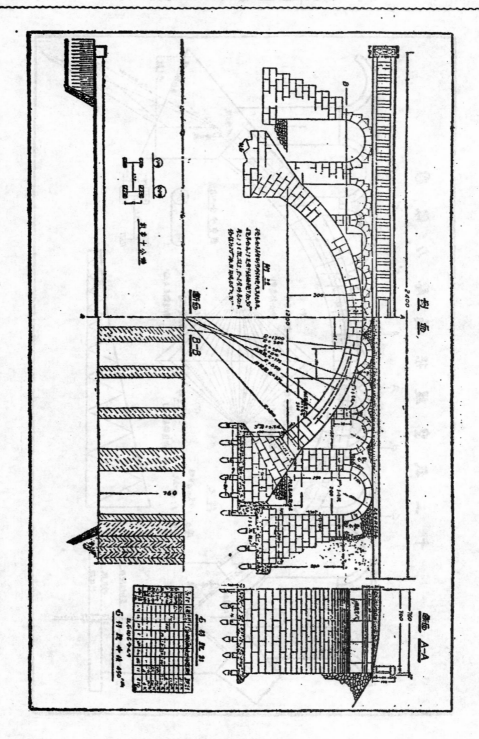

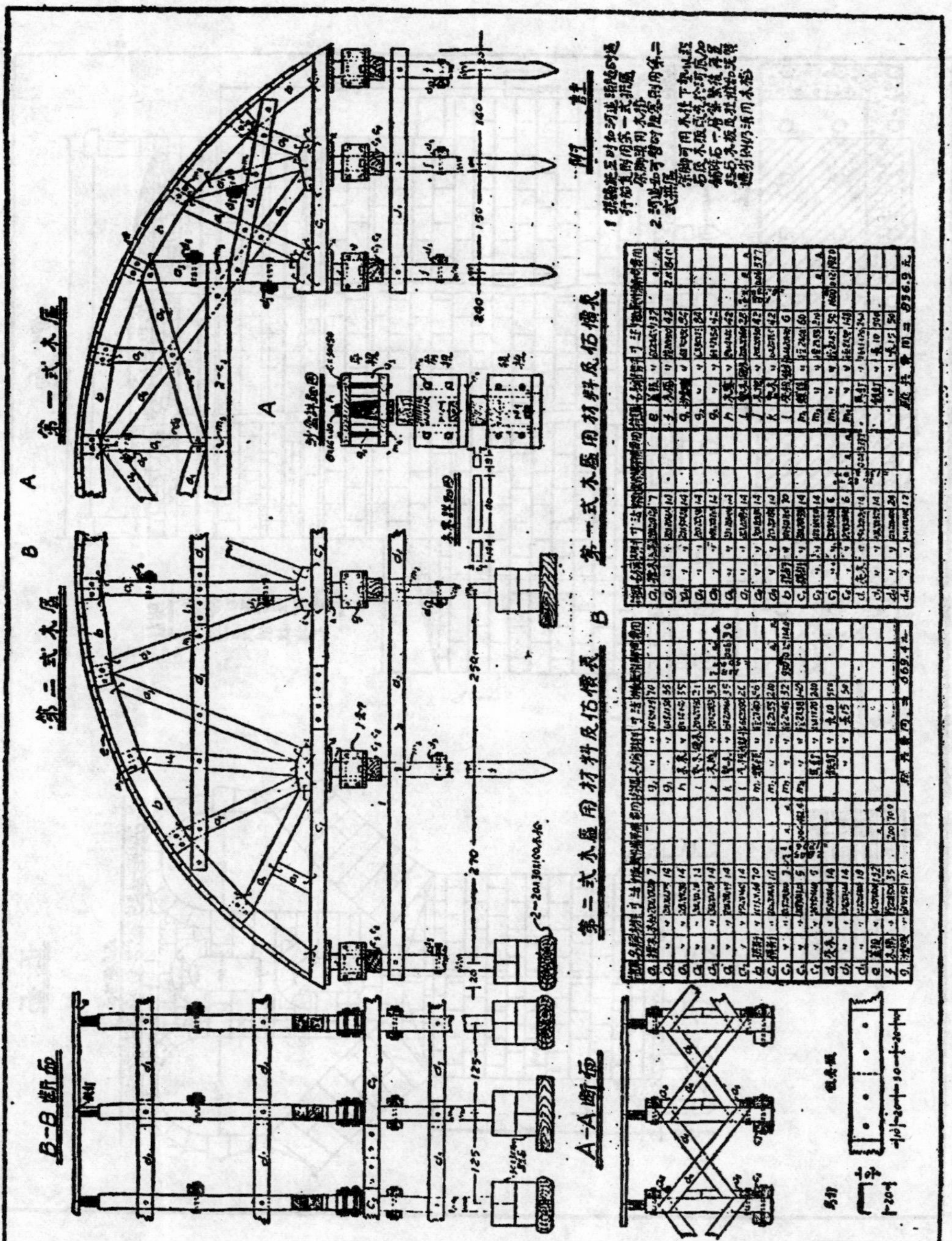
B-B断面
A-A断面

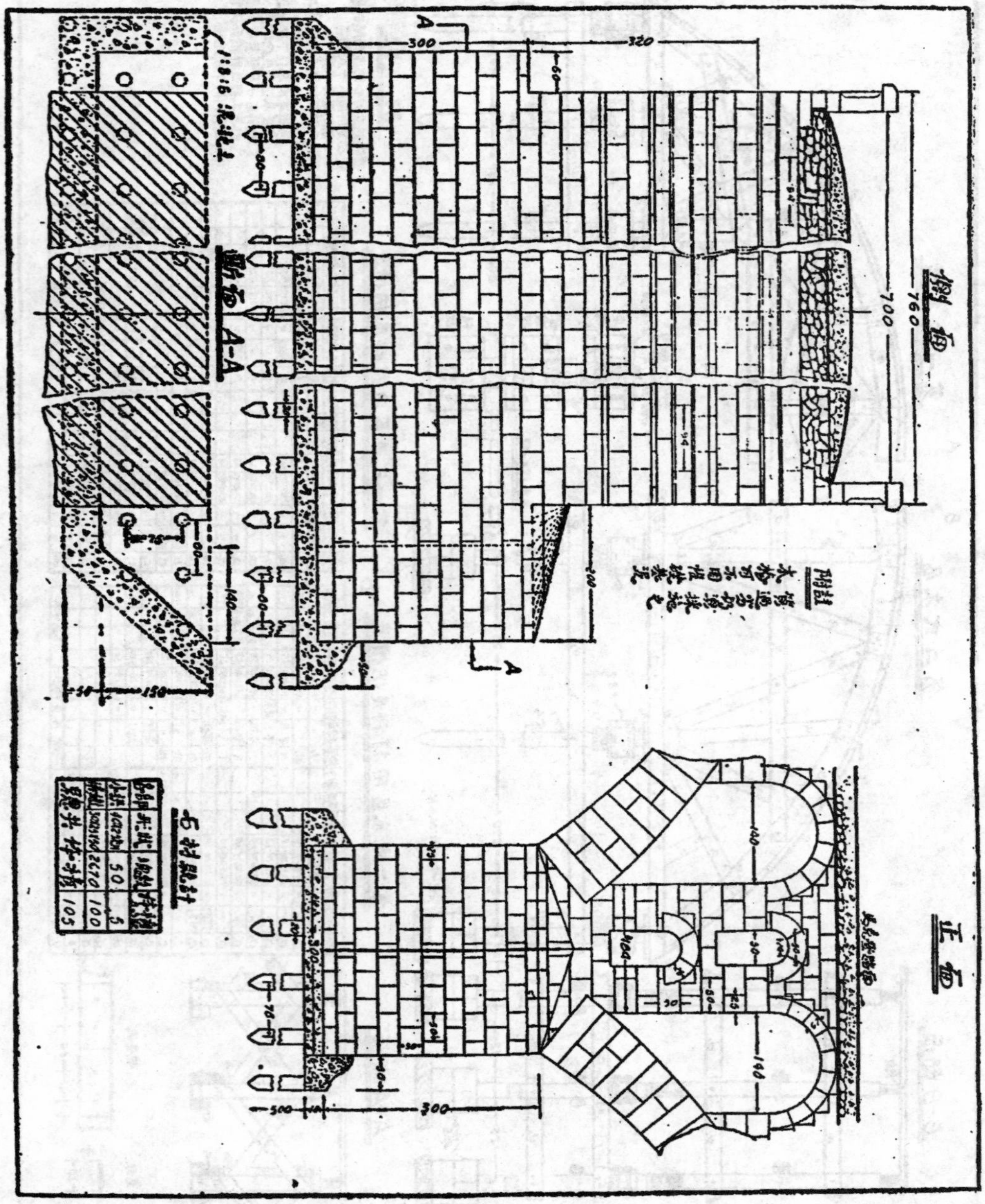
側面
正面
斷面 A-A
300
320
760
700
140

附建築石拱橋施工章程

總章

一、本章程所用尺寸均以公尺(即米)爲標準

二、本工程施工時必須依照設計圖樣切實施行之

第一章 掘基

第一條 橋工開始時應請監督人員先定橋梁位置以便掘基

第二條 掘基時須按照橋脚尺寸外週加大以便工作近水方面須打樁圍岸並將圍岸內積水隨時抽出勿任浸潤如水深一公尺以上并須加築板墻近岸方面亦須立板撑木以防傾陷

第二章 基礎

第三條 橋座橋墩之基礎視河底地質爲區別如爲石質可先將表面鑿成有規則之凹凸形狀(齒狀)仰就其上鋪砌石塊如爲土質則須先行打樁樁數及其長度視地質軟硬決定之樁頭部分應照圖填築碎石混實後再打一：三：六混凝土基礎

第四條 木樁應用生松木以堅硬耐久正直無節并無腐蝕者爲合格其灣曲之程度應以不超過直徑之十分之一爲限

第五章 混凝土施工後七日方可施行上部砌石工程

第六章 木樁施工法必須依照本處木樁施工章程施行之

第三章 石工

第七章 所用石材須以堅硬緻密者爲合用監督人員應精密檢查之

第八條 石材尺寸須依照圖樣裁鑿除外表一面或兩面須特別過細鏨鑿外其餘面均須鏨鑿平正至拱圈取用石材並須照圖打成扇形

等九條　橋座橋墩內部如得監督人之許可可用大小不一之石塊堆砌

第十條　石材須先揩刷清潔並須以清水澆濕然後施行堆砌砌成當時不得再用大鎚重敲

第十一條　石材砌縫處須用一：三膠泥膠接厚約一公厘各拱石與墩礎接洽處膠泥須厚約三公厘

第十二條　各石材排列每層係用錯列法使直縫相間隔其垂直接縫亦須平直

第四章　填土及其他

第十三條　橋座背面及橋側填土須兩端同時動工用同一速度并須依照水平面層層填起每層約厚〇•五〇公尺即須夯實然後再填直達圖中所示高度爲止

第十四條　石工竣工後十日木盔方可除去并須先得監工人員許可

附木盔施工細則

第一條　各木材尺寸均須依照設計圖樣製作

第二條　拱桁之背須附以相當拱形必須符合圖樣所示之半徑

第三條　橫桁之接觸板面須刨削使平以無節目及其他缺點爲合用其他各部之木材無須刨光惟其接合則須略加斧鑿使得垂直或水平爲可

第四條　盔架須用木材支撐至須用木柱或木樁則依圖中所示施行之

第五條　除卸木盔時必先將拱桁上之螺絲旋下再將撐木兩端之馬釘除去然後拔去沙盒之木塞則盒中之沙散失而盔架全部下矣

第六條　木盔卸落後其橫桁須即拔去釘類并鏟除膠泥渣屑等粘着物然後合其餘各材料一併收存以備重用

道路設計的要略

季　偉

概說

吾國積弱，交通阻滯，實爲主因。一國之交通，譬如人身之血脈，血脈流動靈活，身心必強，反是則病。試觀歐美列強，交通方法，莫不敏捷靈便者。吾國路政不修，行旅困難，以致工商業末由發展，鄉居小民，庸瞶無知，全國政局，時現崩裂，此產業落後，民智低下，政局不安三者，輾轉相因，吾國遂日漸貧弱，補救方法，非發展交通不爲功，欲發展交通，則建築道路，實屬刻不容緩，玆將建築道路之步驟，略述如下。

道路測量

築路第一步，卽爲測量路線，路線既定，然後開始築路工作。欲築一完善之道路，必須愼擇路線，因道路種類不一，各地情形不同，故測量方法，亦宜斟酌情形而定之。

(一)査勘路線　此爲測量路線初步工作，譬如甲地至乙地，欲築一道路，須視察沿線地勢及工商業等大概情形，而選一最適當之路線，以爲將來實測時之根據，並約略測定路線之長度，方向，沿途之地形，及其他計劃上當知之一切問題，以得一初步之計劃及預算。

査勘路線時之人員及應用器具　査勘路線，須擇經驗學識豐富者任之，因此步工作，對於將來路之適當與否，經濟與否，有極大之關係。査勘時，可隨帶助手二三人。所用器具，如羅盤針，皮尺，氣壓表，手攜水準器等。

(二)實測路線　査勘路線完畢後卽爲實測路線之開始。

實測路線時應注意之點　距離要最短，曲線宜少而不可過急，坡度愈小愈好，土工不可過多，洩水便利，地質穩固，在洪水時，須使道路不致受浸水之患，橫斷河流時，不可太斜，以成直角爲最善，橋樑位置須擇其水流無甚變化之處，其他如岸壁，暗溝，及各種建築物等，均須慎擇適宜地點而設置之。

測量隊之組織 隊長一人，負測量路線全部之責任，司經緯儀者一人，司水準儀者一人，司平板儀者一人，及曾受訓練之測夫工役若干人組織之。

實測路線時應用之器具 經緯儀一，水準儀一，平板儀一，手搖水準儀一，鋼捲尺或皮尺四，標尺四，標竿十，其餘如大小木樁，紅旗，鐵錘，計算尺，繪圖儀器，地圖，表册，紀錄簿等。

路線測量 由隊長於先一日決定儀站地點(經緯儀安置之處)，並加以標誌，儀站既定後，開始導線測量，由司經緯儀者任之。導線每距一百呎打小木樁一個，入土宜牢固，樁上標明樁位，(如0+00,1+00,2+00, 2+56, 3+00以下類推)儀站處應打大木樁，須用三個距離，或二個距離，一個角度表明之。導線應完全依循將來應取路線之中心綫，曲綫之始末及定線點，亦須實地測量，並打大木樁標誌之。同時繪製地形圖，即在圖上，計劃新路線，而後進行定線測量，司經緯儀者，測量角度，定弧線，至於打樁，丈量距離，可指揮測夫爲之。

縱斷面測量 根據水準標之高度，其始點可假定一數目，此後即根據此數目而測算之。儀站及導線上各點之高度，橫過河流之縱斷面，及河流之高水位與低水位等，均須依次測量之，例如已知第一站之高度，欲求第二站之高度，其法如下，假定A點(圖一)之高度爲1000呎，則B點之高度＝1000＋x－y。

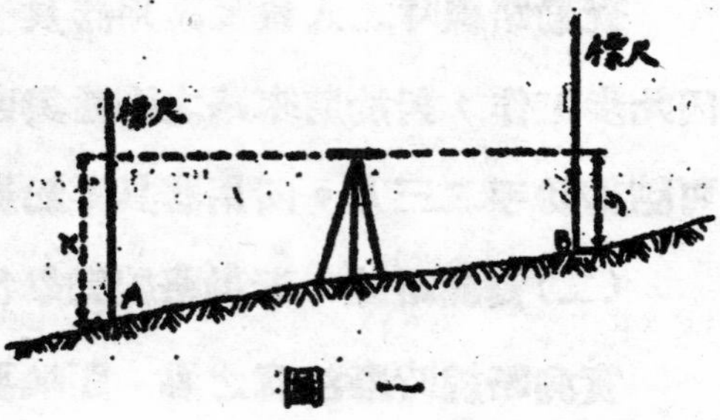

圖一

橫斷面之測量 橫斷面應與導線成

一直角，用手攜水準器及皮尺以測之。等高線之距離普通以五呎為標準。在地勢平坦處，可每隔一百呎測量一次，在起伏太甚之處，須多測幾次。其兩旁範圍，應測至一百呎左右，視各地情形而定奪。

地形測量　地形測量，可用平板儀，或用經緯儀。其目的在測定路線兩旁各種地形，如一切建築物，現有小路，叉路，鐵道，河流，湖沼，山嶺，電線木，樹林，田畝，及坟墓等，以備路線計劃時之參考，其範圍普通以路線兩旁各一百呎左右。

河流洩水等測量　何處須架橋樑，何處須築涵洞，河流之高水位低水位，流量，水流方向，受水面積，河身橫斷面，河床地質等，均須詳細查明。

製圖

測量完畢後，即為製圖，將所得測量之結果，完全繪註圖上，俾於計劃時，一目瞭然，繪圖須精確，不可草率，繪圖普通所用之記號，大概如右。(圖二)

圖二

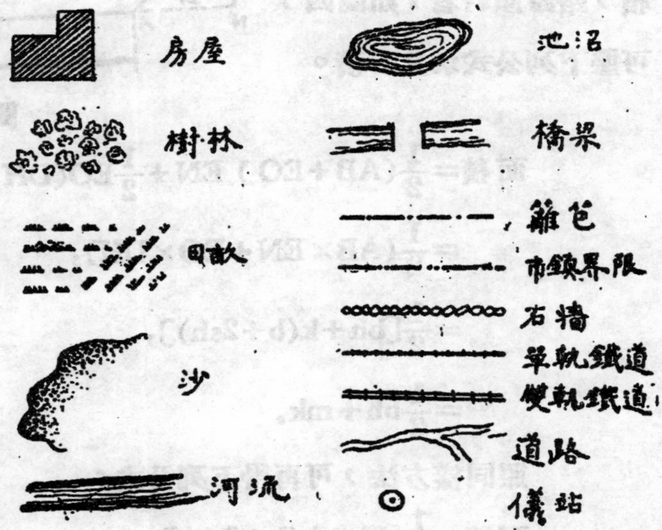

計劃

路線計劃時，須視各地情形及地勢，慎為選擇，如所測路線，應加改良之處，則可移動之，路線決定後，計劃新路線之傾斜度。例如路線原有之傾斜度如A線(圖三)，高低不平，車輛難於行走，應改為平直之傾斜度，如B線，俾車輛經過時，不致發生危險與困難，同時須注意何處應填高，何處應剷削，最好使挖土與填土之數量相等，其搬運工程愈少愈好，至於路之傾斜度，每有定例，設一路長一百呎，兩端高低相差，不得過六呎。

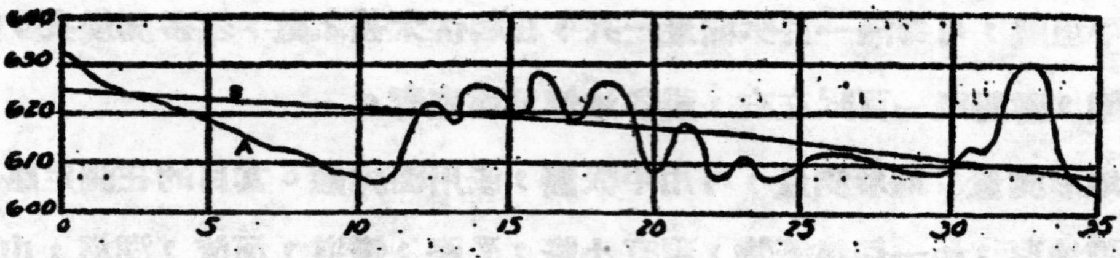

圖 三

計算土方

先繪每站之橫截面圖，然後每計算每站橫截面面積，道路之寬度，視道路之種類與需要爲定。如路面平直的，可照梯形求其面積，路面傾斜者，如圖四，可照下列公式求其面積。

圖 四

$$面積=\frac{1}{2}(AB+EO)\ EN+\frac{1}{2}EO(DH-EN),$$

$$=\frac{1}{2}(AB\times EN+EO\times DH),$$

$$=\frac{1}{2}[bh+k(b+2sh)],$$

$$=\frac{1}{2}bh+mk.$$

照同樣方法，可再得下列公式：

$$面積=\frac{1}{2}[bk+h(b+2sk)]$$

$$=\frac{1}{2}bk+nh$$

圖 五

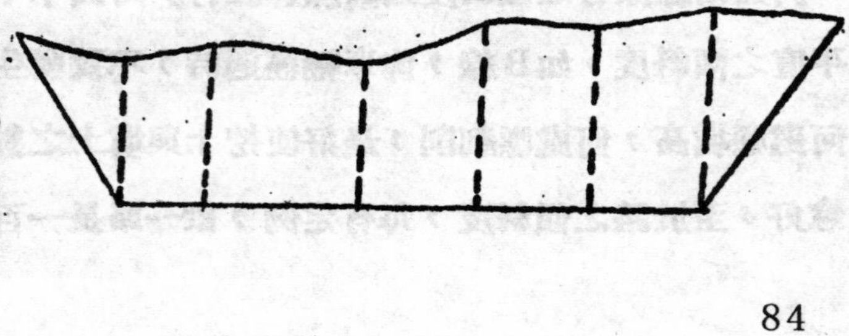

如路面甚爲起伏不平者，如圖五，可分若干部份求之，每站面積算完後

，可用下列公式求二站之間所剷削或填滿之土方。

$$V=\frac{100}{27\times 2}(A_1+A_2)\text{立方碼}$$

（A_1－第一站之面積，A_2＝第二站之面積）

計算土方時，可填入一定表格內，例如

站位	中點高度	土方（立方碼） 挖土	填土	泥土收縮性之百分率	總數（立方碼）
0	+7.3				
+30	+5.0	155	………	………	+ 155
+90	+3.3	199	………	………	+ 354
1	+2.6	34	………	………	+ 388
+40	0	66	………	………	+ 454
2	−1.8	………	48	8	+ 402
3	−2.3	………	156	8	+ 233
4	−3.4	………	220	8	− 5
5	−5.4	………	382	8	− 418

附註：泥土收縮性之百分率，須視各種泥土情形而定之，表上之＋號，表示挖土，－號表示填土。

土方算完，然後繪土方曲線，並誌明何處所剷削之土，應移至何處填高，何處須借土，何處所剷削之土須廢棄之，例如圖六，土方工作完結，然後開始築路。

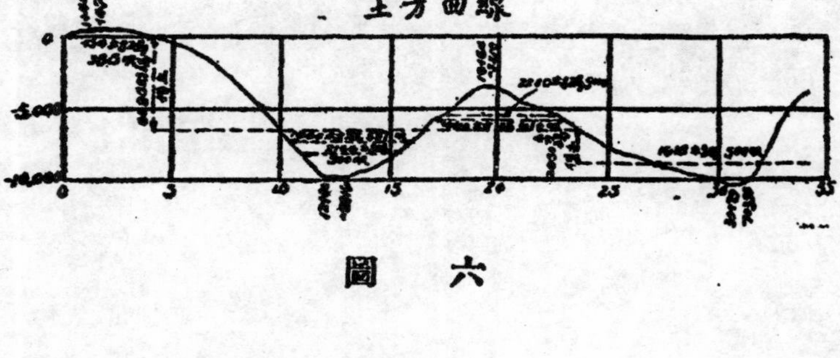

圖 六

圍堰(Cofferdam)之設計

周 志 昌

一 概論

任何建築物底基礎，都應該十分牢固；因爲基礎一經破損，或低陷，整個的建築物，就要隨着崩潰了。平常在地面上建築，還不致發生多大困難，倘若施工的地方，是在水裏，或在地面以下若干尺，那就要感到許多的不便了。

被淹沒在水裏的工程，首先應該使其出水；在其四周，更應該用相當的防禦物，來抵擋水的由外浸入；在地底(地面以下)建築時，應該先行挖掘，再用相當的防禦物，來抵禦泥土的瀉入。雖然，防禦物並不止一種，可是，在水底深度，或挖掘的土坑底深度爲二十呎至三十呎時，則以用圍堰爲最適宜而最經濟。

圍堰常在需用時就地建築，牠底大小，也依着工作處所底大小不同而有差異。牠底構造，雖有各種不同的形式，可是，在牠底兩旁，常有標樁(guide pile)，中間常有支柱，支持着牆，以抵禦外來的旁壓力。

倘若，用牠來防止水底由外浸入，那必先要使牠本身不透水。不過，圍堰自身，也不見得絕對地連一滴水都不能滲入，所以常在內部塗一層薄薄的三和土；等待三和土堅實時，再開始將圍堰裏底餘水，逐漸地抽盡。

在設計時，最要注意的，是必須使其，總費用——包括圍堰建築費，抽盡餘水費，暨工資等——爲最少。當水底深度爲二十呎至三十呎時，用圍堰法來建築橋脚及橋墩等爲最經濟，不過，當水底深度大於三十呎時，圍堰就不常用到了；因爲，水壓力很大，用圍堰來抵禦牠，不如用別種方法經濟。

就其建築的形式與種類的不同，約分圍堰爲五種：(一)泥土圍堰；(二)板樁圍堰；(三)箱式圍堰；(四)可移動之圍堰；(五)兩種或多種不同的質料築成的混雜圍堰。

二　設計之規範

應用于建築基礎的圍堰，純依着學理來設計，往往不能得到優美的結果；因爲，圍堰不是僅用以抵禦水力的，倘有各種浮物——如船等，——及冰之衝力，水汜濫時底水力；及建築于圍堰中的建築物，所給圍堰吃的壓力等，對于圍堰的安全與否，都是很有密切關係的。

泥土圍堰，常因水底滲入，逐漸地使漏洞擴大，而倒塌。所以，泥土圍堰，必須要隨時留心，一經發現有了小的漏洞時，應即迅速地去修好或填塞牠。假使用細沙和泥土，混合起來，築成圍堰，同時牠底頂部更至少有三呎寬，兩面底傾斜，更和其質料本身底自然斜度 (nature slope) 一樣，就非常的安全與穩固了。

有樁的單牆板樁圍堰(single wall sheet pile cofferdam) 底頂上和下底，倘是俱有穀板 (wales) 板樁的作用，就可以和簡單橫樑一樣地看待了。牠所吃底壓力，隨着高度的不同而有差異；在水面上的爲O；d 呎深處；每方呎爲Wd 磅(這裏所用的W，是指水每立方呎的重量而言，)穀板所受到的力量，是板樁底反應力；更局部地將牠傳送到橫樑及標樁 (guide pile)。至于穀板的設計，工程師們，普通都把牠當做和簡單橫樑一樣，所用的公式將在下面討論到。如果，一根支柱也不用，標樁底設計，應和肱木樑 (cantilever beam) 一樣。其所吃的重力，是從穀板傳來的。其最大的動力 (moment) 發生，正在mud line 上，或稍下於 mud line 假若，在圍堰底頂部，有堅固的支柱在橫互着，那末，標樁底設計，最好把牠當做和簡單橫樑一樣計算。

有樁的雙牆板樁圍堰(double-wall sheet-pile cofferdam.)底設計法，和

上邊底相彷，不過，應該注意到的，是外牆外受水力，內受土壓。往往，同等高度的塡塞物，所發生的壓力，比較水所發生者爲大；因此，在用以連接兩牆的柱上，常吃着壓力。內牆底設計，則視建築于圍堰中的建築物而定。

板樁建築在架子或其他支持物上底圍堰，其所吃的力，在設計時，所算進去的，祗有外來的壓力；更將板樁當做和橫排之間底橫樑一樣；後者，却當作了撐木之間底橫樑。下面，所舉的例題，就是這種形式的設計。

板樁建築在箱籠上底圍堰，在設計時，必須保持這箱籠底不傾覆與不滑轉。欲使其不致滑轉，必使箱籠本身底重量，加塡塞其中底塡空物每呎長底重量的和，乘以箱子及磐石間底阻力係數，大于$\frac{Wd2}{2}$。欲使其不傾覆，每呎長度重量(連塡塞物包括在內)乘以寬度底一半，必大于$\frac{Wd3}{6}$。

三　設計之題例及所用到底公式

A　公式

欲使形式如下圖的圍堰底設板，所吃的壓力相等，牠底距離，可用下列公式來計算。

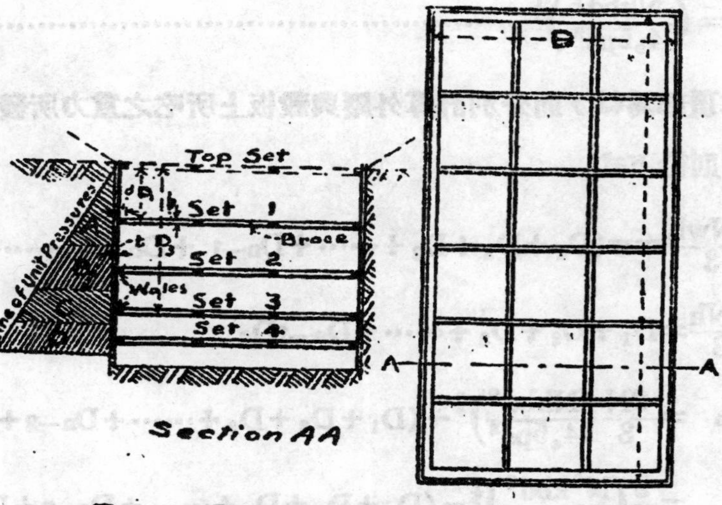

Plan, Section and Outside Pressure Diagram of Single-Wall Cofferdam

$$D_n = 0314\left(\frac{k^{\frac{1}{2}}b^{\frac{1}{2}}d}{p^{\frac{1}{2}}s}\right)\left[N^{\frac{3}{2}}-(N-1)^{\frac{3}{2}}\right] \cdots\cdots\cdots\cdots (1)$$

p ＝每方呎的壓力其單位爲$\frac{\text{磅}}{\text{方呎}}$

S ＝兩榖板間之距離其單位爲呎

b ＝榖板底寬度其單位爲吋

d ＝榖板底厚度其單位爲吋

D ＝外緣與榖板間底距離其單位爲呎

N ＝榖板底排數(頂排榖板不算入)

因爲頂部並不吃力，所以頂排榖板無須算入。第一排榖板所吃之總壓，爲A，第二排爲B，第三排爲C等；(請參看上圖)又因各榖板所吃之力相等，故A＝B＝C＝D＝……

設以W＝每塊榖板所可擔負的力量

h＝高度

則 $$\frac{ph^2s}{2}=Nw=\frac{Nkbd^2}{9s} \cdots\cdots\cdots\cdots (2)$$

$$h=\left(\frac{Nkbd^2}{4.5ps^2}\right)^{\frac{1}{2}} \cdots\cdots\cdots\cdots (3)$$

設以其頂部爲軸，而分別計算外壓與榖板上所吃之重力所發生底動力並使其相等；則得下式

$$\frac{2Nwh}{3}=w(D_1+D_2+D_3+\cdots\cdots+D_{n-1}+D_n) \cdots\cdots\cdots\cdots (4)$$

$$\frac{2Nh}{3}=D_1+D_2+D_3+\cdots\cdots+D_{n-1}D_n$$

$$D_n=\frac{2N}{3}\left(\frac{Nkbd^2}{4.5ps^2}\right)^{\frac{1}{2}}-(D_1+D_2+D_3+\cdots\cdots+D_{n-2}+D_{n-1})$$

$$=\frac{2}{3}\left(\frac{N^3kbd^2}{4.5ps^2}\right)^{\frac{1}{2}}-(D_1+D_2+D_3+\cdots\cdots+D_{n-2}+D_{n-1}) \cdots (5)$$

$$D_{n-1}=\frac{2}{3}\left[\frac{(N-1)^3kbd^2}{4.5ps^2}\right]^{\frac{1}{2}}-(D_1+D_2+D_3+\cdots\cdots+D_{n-3}+D_{n-2}\cdots\cdots)\quad(6)$$

將第6式代入第5式中則

$$D_n=\frac{2}{3}\left(\frac{N^3kbd^2}{4.5ps^2}\right)^{\frac{1}{2}}-\left\{D_1+D_2+D_3+\cdots\cdots+D_{n-2}+\frac{2}{3}\left[\frac{(N-1)^3kbd^2}{4.5ps^2}\right]^{\frac{1}{2}}-(D_1+D_2+D_3+\cdots\cdots+D_{n-2})\right\}$$

$$=\frac{2}{3}\left(\frac{(N^3kbd^2)}{4.5ps^2}\right)^{\frac{1}{2}}-\frac{2}{3}\left[\frac{(N-1)^3kbd^2}{4.5ps^2}\right]^{\frac{1}{2}}=\frac{2}{3}\left[\frac{kbd^2(N^3-\overline{N-1}^3)}{4.5ps^2}\right]^{\frac{1}{2}}$$

$$=\frac{2k^{\frac{1}{2}}b^{\frac{1}{2}}d}{3(4.5)^{\frac{1}{2}}p^{\frac{1}{2}}s}\left[N^{\frac{3}{2}}-(N-1)^{\frac{3}{2}}\right]$$

$$=0.314\cdot\frac{k^{\frac{1}{2}}b^{\frac{1}{2}}d}{p^{\frac{1}{2}}s}\left[N^{\frac{3}{2}}-(N-1)^{\frac{3}{2}}\right]\cdots\cdots\cdots\cdots\cdots\cdots\cdots\cdots(1)$$

"$[N^{\frac{3}{2}}-(N-1)^{\frac{3}{2}}]$" 底值，因為N底值底不同，而有所差異：今為便于計算起見，列下表以表明之：

N	1	2	3	4	5	6	7	8	9	10
$[N^{\frac{3}{2}}-(N-1)^{\frac{3}{2}}]$	1.00	1.83	2.37	2.80	3.18	3.52	3.82	4.11	4.37	4.62

假設以板樁底作用當做和兩彀板間之簡單橫樑一樣；頂部彀板亦算入，則其吃力最重處，當在第一排與第二排彀板之間。

設圍堰用以抵禦水力，且為木質所製成，（因木質每方吋僅可吃力1500磅）第一式應寫作

$$D_n=0.314\,\frac{(1500)^{\frac{1}{2}}b^{\frac{1}{2}}d}{(62.5)^{\frac{1}{2}}s}\left[N^{\frac{3}{2}}-(N-1)^{\frac{3}{2}}\right]$$

$$=1.538\left(\frac{b^{\frac{1}{2}}d}{s}\right)\left[N^{\frac{3}{2}}-(N-1)^{\frac{3}{2}}\right]\cdots\cdots\cdots\cdots\cdots\cdots\cdots(7)$$

設用以抵擋土壓，其原料亦為木質，第一式則應寫作

$$D_n = 0.314\left[\frac{(1500)^{\frac{1}{2}}b^{\frac{1}{2}}d}{(30)^{\frac{1}{2}}s}\right]\left[N^{\frac{3}{2}} - (N-1)^{\frac{3}{2}}\right]$$

$$= 2.22\left(\frac{b^{\frac{1}{2}}d}{s}\right)\left[N^{\frac{3}{2}} - (N-1)^{\frac{3}{2}}\right] \cdots\cdots\cdots(8)$$

每根撐木應吃之力為

$$l = \frac{kbd^2}{ps}$$

B. 實例

有一30呎高之木質圍堰，用以抵禦水力。其穀板為12吋×12吋，撐木間之離離為8呎，試設計之。

從第6式先算出各穀板間的距離。

(1) $N = 1$

從上表檢得 $\left[N^{\frac{3}{2}} - (N-1)^{\frac{3}{2}}\right] = 1$

$$D_1 = 1.538 \times \frac{12^{\frac{1}{2}} \times 12}{8}[1] = 8\text{呎}$$

(2) $N = 2$

從上表檢得 $\left[N^{\frac{3}{2}} (N-1)^{\frac{3}{2}}\right] = 1.83$

$$D_2 = 1.538 \times \frac{12^{\frac{1}{2}} \times 12}{8} \times 1.83 = 14.6\text{呎}$$

依同理可以求得：

$N=3$, $D_3=19.0$呎；

$N=4$, $D_4=22.4$呎；

$N=5$, $D_5=25.4$呎

$N=6$, $D_6=28.2$呎。

(3) 板樁上所吃之最大勵力為

$$\text{Mmax.}=\frac{62.5\times11.3\times6.6^2\times12}{8}=46100\text{吋磅}$$

(a)假若所用之樁爲木質，則

$$\frac{1500\times12t^2}{6}=46100\ t$$

$$t=3.92\text{吋}$$

所以，這圍堰，以用4吋的木樁爲最適宜。

(b)假若所用之樁爲鋼質，其橫面每呎所須要之 section modulus 爲 "$\frac{461000}{16000}=2.88$" 更從 Structure Hand Book 中，選擇一大小適宜的尺寸。

(4)每根撑木所吃之力，爲：

$$\frac{1500\times12\times12^2}{9\times8}=36000\text{磅}$$

首先，應假設其最小之直徑爲6吋，再從 $k\left(1-\frac{1}{0.6\,d}\right)$ 中算出，每方吋可吃之重力爲 "$1500\left(1-\frac{1}{0.6\times6}\right)=1100$磅"

$$\frac{36000}{1100}=32.7\text{方吋}$$

所以，撑木之大小，以6吋×6吋者爲適宜。

樑撓曲度之簡易求法

姚 邦 華

樑因載重而生撓曲。其撓曲度 (Doflection) 之計算，每因載重量方式之不同，而成爲繁複問題，在工程書籍中所能供吾人應用之公式，亦僅幾種普通之載重方式而巳。如遇特殊或較繁複之載重時，則須用二次微分公式去求得，此項公式爲——

$$\frac{d^2y}{dx^2}=\frac{M}{EI}$$

M＝撓幾(Bending Moment)

E＝彈率(Modulus of Elasticity)

I＝複幾(Momenf of Inertia)

上法計算時旣費時甚久，而尤令人感覺厭煩，殊不便於通常應用，

玆篇特述一簡便方法，無論爲單樑，固定樑或接續樑，無論其載重方式如何，均可用一單集中載重替代假定載於樑之中央而計算之，

此種單純之中央集中載重稱爲「相等之中央載重」(Eguivalant Central Load)，以 Pc 代之，如 Pc 決定，則樑之最大撓度，即可代入下面之簡單公式中求出：——

$$D=\frac{P_c l^3}{48\,EI}$$

D＝最大撓度

l＝樑之兩支柱距離 (in.)

Pc 及應求之常數均照「撓幾面積法」(Methods of Moment Area) 求得，爲免却麻煩起見，假定樑之最大撓度均在中央，固然不對稱之載重之撓度決不在樑之中央，但相差亦極微極微，忽略之無多大防礙。

單 樑 (Simple Beam)

設單樑AB，載重P距B端爲 b, $b=kl$，l爲樑之二支柱間之距離，(圖一)

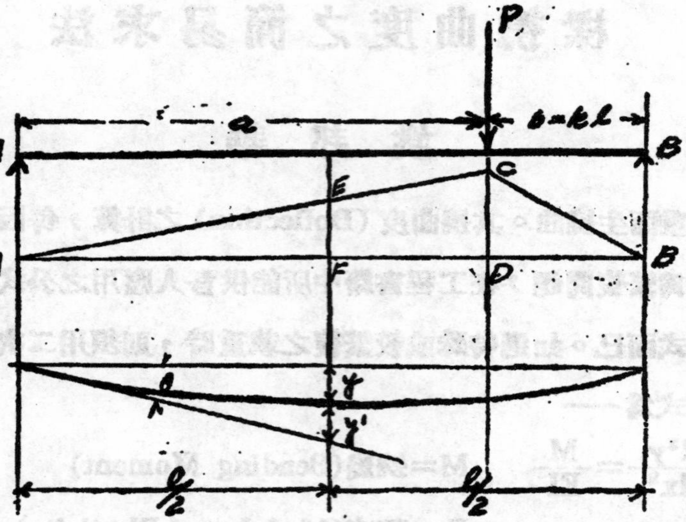

(圖一)

其在左支點處彈曲線(Elastic Curve) 之切線 (Tangent) 等於$\frac{1}{EI}$乘撓幾面積ADBC乘其重心至B點距離之積，

$$ADC=\frac{Pa^2b}{2l}, \qquad \bar{x}_1=\frac{a}{3}+b$$

$$CBD=\frac{pa^2b}{2l}, \qquad \bar{x}_2=\frac{2}{3}b$$

因θ為極小角度，故Tanθ可寫為θ，則樑之撓度應為：——

$$l\,\theta=\frac{-Pab^2}{EI\,l}\left(\frac{a}{6}+\frac{ab}{2}+\frac{b^2}{3}\right)$$

或 $\theta=\frac{-Pab}{bEI\,l^2}(a^2+3ab+2b^2)$

因數分解 $a^2+3ab+2b^2=(a+b)(a+2b)$

而 $a+b=l$

$$\therefore\ \theta=\frac{-Pab}{6EI\,l}(a+2b)$$

樑中央之撓度y'離開左端切線，為$\frac{1}{EI}$乘AEF之面積對於E之撓度，

AEF重心至E之距離為$\frac{l}{6}$

$$\therefore\ y'=\frac{Pbl^2}{8EI\,l}\times\frac{l}{6}=\frac{Pbl^2}{48EI}$$

則樑中之總撓度爲

$$y=\frac{l}{2}\Theta+y^{1}$$

於是 $$y=-\frac{Pab\frac{l}{2}}{6EI\,l}(a+2b)+\frac{Pbl^{3}}{48EI}$$

$$=\frac{-4Pab(a+2b)+Pbl^{3}}{48EI}=\frac{-Pb[4(a^{2}+2ab)-l^{2}]}{48EI}$$

$$4(a^{2}+2ab)=4l^{2}-4b^{2}$$

$$\therefore\quad y=\frac{-Pb(4l^{2}-4b^{2}-l^{2})}{48EI}=-\frac{Pb}{48EI}(3l^{2}-4b^{2})$$

因 $b=kl$

故： $$y=\frac{-Pl^{3}}{48EI}k\ (3-4k^{2})$$

照上面求得之公式，吾人可令一中央集中重 $Pc=Pk(3-4k^{2})$ 代入此公式中，而求得樑之撓度爲：——

$$D=\frac{-Pcl^{3}}{48EI}\qquad\text{(公式一)}$$

如遇樑上所載爲若干集中載重時，可一一求得每一載重之相當Pc，而計其相加之和，此時之Pc應爲：——

$$Pc=\sum Pm\qquad\text{(公式二)}$$

$$m=k(3-4k^{2})\qquad\text{(公式三)}$$

m 稱爲變換因數，其數值視K之不同而各異，k 與 m 之數值，均列於本文第一表中。

固定樑 Full Restraind Beam

假定第一圖所示之樑爲固定樑時，其兩端之撓幾應爲負號，設在左端之撓幾爲 $(-m_{1})$，照上面同一方法，此負撓幾所致之撓度亦可用一負號 Pc 代替求之Pc爲 $\frac{3M_{1}}{l}$，而樑之他端亦有一負撓幾 $(-m_{2})$，故，

$$Pc=\frac{3(M_{1}+M_{2})}{l}$$

總合集中重與負撓幾，其相等之中央載重爲：——

$$Pc = \sum Pm + \frac{3(M_1 + M_2)}{l} \qquad \text{(公式四)}$$

（注意 M_1 M_2 之正負號）　　M_1 爲樑左端之負撓幾

M_2 爲樑右端之負撓幾

如遇特殊情形，固定樑上僅載集中重P則

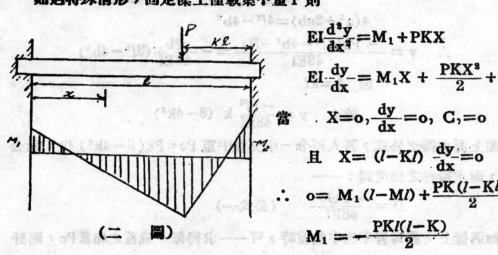

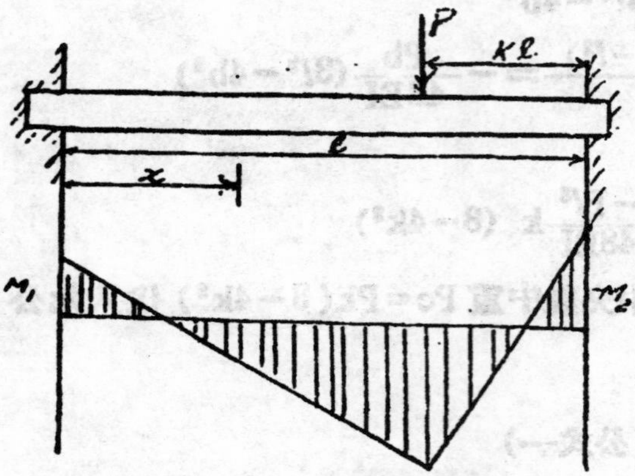

（二　圖）

$$EI\frac{d^2y}{dx^2} = M_1 + PKX$$

$$EI\frac{dy}{dx} = M_1X + \frac{PKX^2}{2} + c,$$

當　$X = o,\ \frac{dy}{dx} = o,\ C, = o$

且　$X = (l - Kl)\ \frac{dy}{dx} = o$

$$\therefore\ o = M_1(l - Ml) + \frac{PK(l - Kl)^2}{2}$$

$$M_1 = -\frac{PKl(l - K)}{2}$$

$$EI\frac{d^2y}{dx^2} = M_2 + P(1 - K)X$$

$$EI\frac{dy}{dx} = M_2X + \frac{P(1 - K)X^2}{2} + c,$$

當　$X = o,\ C, = o,\ \frac{dy}{dx} = o$

且　$X = Kl,\ \frac{dy}{dx} = o,$

$$o = M_2Kl + \frac{P(1 - K)K^2 l^5}{2}$$

$$M^2 = -\frac{PKl(l - K)}{2}$$

$$M_1 + M_2 = -\frac{PKl(l - K)}{2} - \frac{PKl(l - K)}{2}$$

或 $= PKl(K - l)$

$$yc = \frac{PK\ell(K-1)3}{\ell} + PK(3-4K^2)$$

$$= PK(3-4K^2+3K-3)$$

$$= PK^2(3-4K)$$

$$Pc = PK^2(3-4k) \qquad (公式五)$$

令n爲變換因數，$n=k^2(3-4k)$，列於第二表中。

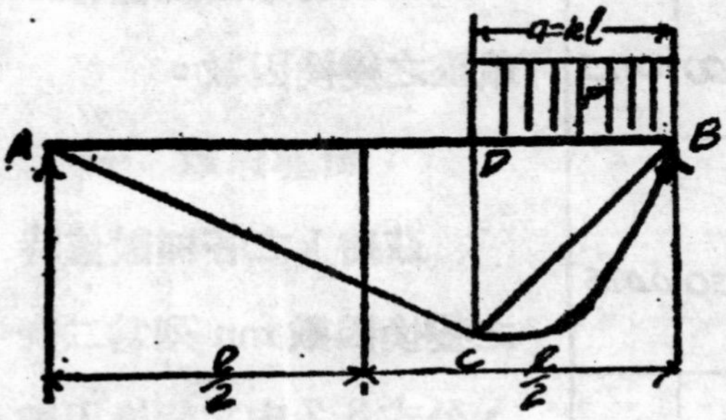

（三　圖）

均佈載重 (Uniformly Distributed Load)

一均佈載重 P，分布於樑之一部如圖三，$a=kl$，如用一相等某中載重代替之以求撓度。則可求得

$$Pc=PK(1.5-K^2) \quad (公式六)$$

其變換因數爲：——

$$m=K(1.5-K^2) \qquad (公式七)$$

m 之數值列於第一表中之第二行。

設此樑之B端固定，則變換因數爲：——$n=K^2(1-K)$（公式八）

n 之數值列於第二表中之第二行。

如均佈載重P(圖二）未分佈至樑之支點時，仍可先假定其分布至支端，再從其所得之撓度中減去所加重之比例撓度。又如均佈載重P伸過樑之中點時，則須分開計算，其相加之和，卽爲最大撓度。

其他載重

關於求得樑上其他不規則或繁複載重之撓度，此法極爲便妥，例如一樑載一分布重，一端由零磅或少許重量漸漸增加至他端者（如圖表中之最上一稀）其變換因數與一相等之全均佈載重相同，可立刻從表中檢出而代入公式中卽一得。

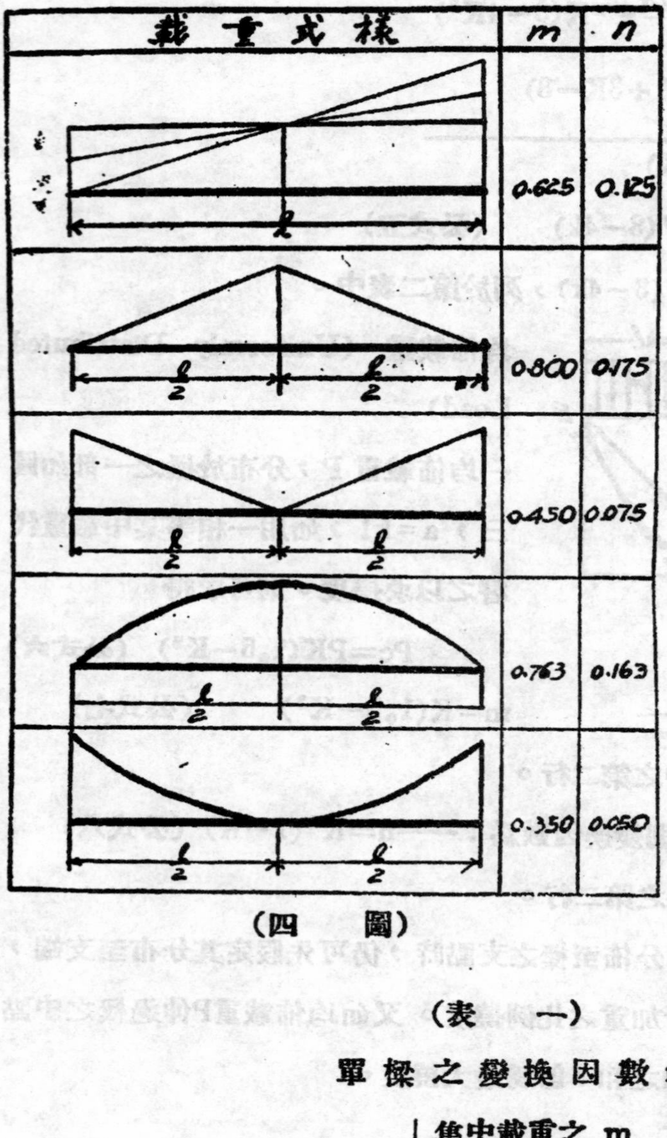

載重式樣
m
n
0.625
0.125
0.800
0.175
0.450
0.075
0.763
0.163
0.350
0.050

(四 圖)

又設因重量不規則或其分佈部位不一律，可將總載量分爲若干集中重或佈重，置於相當部位，依上法求之，

右表特示出幾種特殊載重之變換因數。

計算係數

玆將k之各種數值時之變換因數mn列爲二表，公式3.7中之變換因數m列於第一表中，上行爲集中重替換用下行爲分佈重替換用，公式5.8中之變換因數n列於第二表中，k爲載重至較近一端之距離與樑長之比率。

(表 一)

單樑之變換因數m

集中載重之m
均佈載重之m

k	0	0.01	0.02	0.03	0.04	0.05	0.06	0.07	0.08	0.09
0.00	0.000	0.030	0.060	0.090	0.120	0.150	0.179	0.209	0.238	0.267
	0.000	0.015	0.030	0.045	0.060	0.075	0.090	0.105	0.120	0.134

(一 表)

k										
0.10	0.296	0,325	0.353	0.381	0.409	0.437	0.464	0.490	0,517	0.543
	0.149	0.164	0.178	0.193	0.207	0.222	0.236	0.250	0.264	0.278
0020	0.568	0.593	0.617	0.641	0.665	0.688	0.711	0.731	0.752	0.772
	0.212	0.306	0.319	0.333	0,346	0.359	0.372	0.385	0.798	0.411
0.30	0.792	0.811	0.829	0.046	0,863	0.879	0.893	0.907	0.921	0.933
	0.423	0.435	0.447	0.459	0.471	0.483	0.493	0.504	0.515	0.526
0.40	0.944	0.954	0.964	0.972	0.979	0.986	0.991	0.995	0.998	0.999
	6.536	0.546	0.556	0.565	0.575	0.584	6.593	6.601	0.609	0.617
0.50	1.000									
	0.625									

(二 表)

固定樑之變換因數n

集中載重之n
均佈載重之n

k	0.00	0.01	0.02	0.03	0.04	0.05	0.06	0.07	0.08	0.09
0.00	0.000	0.000	0.001	0.003	0.005	0.007	0.010	0.013	0.017	0.021
	0.000	0.000	0.000	0.001	0.002	0.002	0.003	0.005	0.006	0.007
0.10	0.026	0.031	0.036	0.042	0.048	0.054	0.060	0.067	0.074	0.081
	0.009	0.011	0.013	0.018	0.017	0,017	0.022	0,024	0.027	0.029
0.20	0.088	0.095	0.103	0.110	0.118	0.125	0.133	0.140	0.147	0.155
	0.032	0.035	0.038	0.041	0.044	0.047	0.050	0.053	0.056	0.060
0.30	0.162	0.169	0.176	0.183	0.190	0,196	0.202	0.208	0.214	0.219
	0.063	0.066	0.070	0.073	0.076	0.080	0.083	0.086	0.090	0.093
0.40	0.224	0.229	0.233	0.237	0.240	0.243	0.245	0.247	0.249	0.250
	0.096	0.099	0.102	0.105	0.108	0.111	0.114	0.117	0.120	0.123
0.50	0.250									
	0.125									

例題一

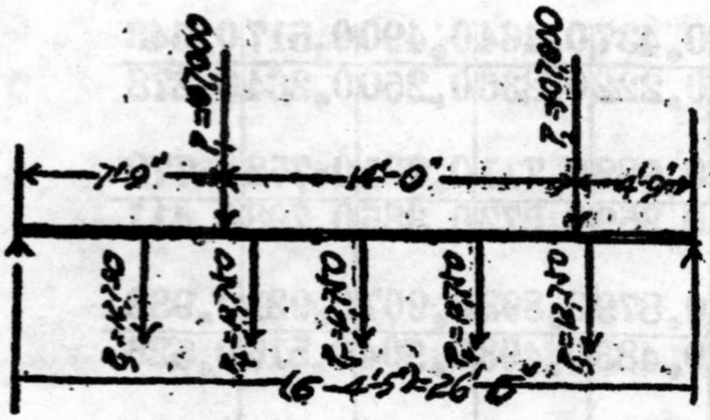

(五 圖)

一鋼板樑 (Steel Plate Girder)

兩端活置於支柱上，長二十六呎六吋，其橫斷面如下圖：——

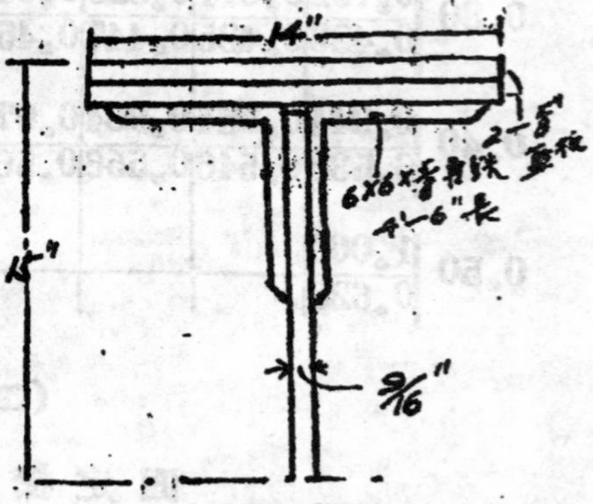

(六 圖)

此樑對於其橫軸之複幾(除去釘孔)為

$I = 14.885$ in.4

其相等之集中載重計算如下：——

$P_1 = 107,000 \quad k_1 = \frac{7.75}{26.5} = 0.29 \quad m_1 = 0.772 \quad P_1m_1 = 82,604$

$P_2 = 107,000 \quad k_2 = \frac{4.75}{26.5} = 0.18 \quad m_2 = 0.517 \quad P_2m_2 = 55,319$

$2P_3 = 25,500 \quad k_3 = \frac{4.42}{26.5} = 0.17 \quad m_3 = .490 \quad 2P_3m_3 = 12,495$

$2P_4 = 25,500 \quad k_4 = \frac{8.83}{26.5} = 0.33 \quad m_4 = 0.846 \quad 2P_4m_4 = 21,495$

$P_5 = 12,750 \quad k_5 = \frac{13.25}{26.50} = 0.50 \quad m_5 = 1.00 \quad P_5m_5 = 12,750$

$Pc = \sum Pm = 184,741$

故樑之最大撓度為，

$$D = \frac{Pcl^3}{48\,EI}$$

$$= \frac{184,741 \times 26.5^3 \times 12^3}{48 \times 29,000,000 \times 14,885} = 0.286 \text{ 吋}$$

例題二

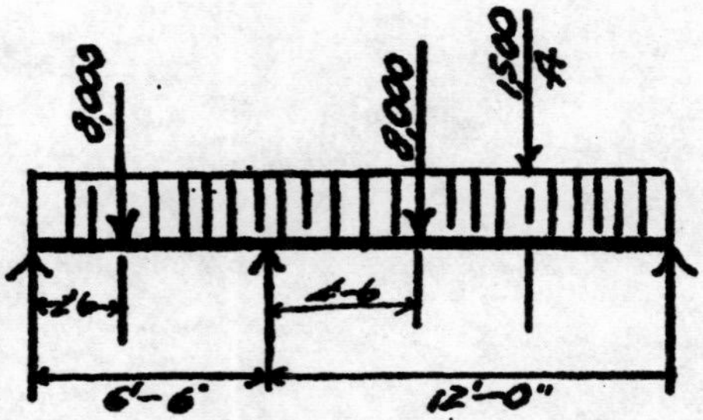

(六 圖)

一接續樑支於三支柱間，爲二24 in. 80－lb. 工字形鋼樑所合成，長十八呎六吋，其載重與各柱部位如圖六

在中支柱上之負撓幾爲－35,200呎磅對於橫軸之複幾爲：——

$$I = 2087.2 \text{ in.}^4$$

在兩支柱距離十二呎間之相等中央載重之計算法如下：——

集中重＝8,00016. $K=\frac{4.5}{12.0}=0.38$ $m=0.921$

$Pm = 7.368$

均佈重＝18,000 磅 $m=6625$

$Pm=11.250$

$\sum Pm=18.618$

應減去之負撓幾爲 $\frac{3M}{l}=\frac{3\times-35,200}{12}=8,800$

$$Pc = 18.618 - 8800 = 9818$$

則最大之撓度爲：——

$$D=\frac{9,818\times12^3\times12^3}{14\times29,000,000\times2,087.2}=0.011 \text{ 吋}$$

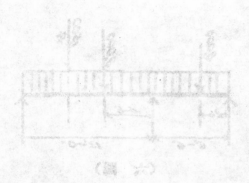

測量儀器校準法

王壯飛

測量這一件工作，在工程界裏占有很重要的位置，是不可忽略而輕視的。譬如建築鐵道，公路，堤岸；或者開挖河道，疏濬水流等工程；在它們着手建築以前，必需要經過測量的一個步驟。由測量的結果，繪圖設計，才能獲得建築的導線，以便就測定的路線，依樣工作。至於在國防上，軍事佈置等，測量工作，格外表現出它的重要。因爲最重要的軍用地圖——註明着山勢河流，城市鄉村的一切形勢，有賴乎測量者精密的工作。

測量是一件很簡單的工作，它所需要的手術並不多，祗要能夠純熟的運用測量儀器，知道淺近的學理，就可以做一位測量員。有許多測量學校，祗要化費幾個月的時間就可以畢業，就是明證。但是初學測量的人，所最感到不滿意的，就是測量的結果，時常有了較大的誤差。譬如測量一個三角形的內角和，結果不是一百八十度，而是一百七十九度若干分，或者是一百八十度另若干分。又如測量水準，二三百公尺的來回線，同是一點，它們的高度却相差了若干公分。這種情形是可能的，但是這種情形是不應該有的。因爲在一個短距離裏，已經有了如許的錯誤，倘若測量一個較大的範圍，結果各部份一定不能符合實際上的情形了。

但是，我們應該用什麼方法才可以避免這種錯誤呢？我們所得到的錯誤，究竟從何而來呢？據我個人觀察所得，不外乎三種原因：(一)觀察錯誤，(二)儀器所安置的地位不準確（這一項在經緯儀，平板儀是有關係的，水準儀則不發生何種影響），(三)儀器本身的不準確。第一項是偶然的錯誤，或者因爲天氣惡劣，風沙太大的緣故。第二項就是垂錘並不正在確定的一點上。改正的方法，就是在木樁上加一釘，使垂錘的尖端，正指在釘頭上就可以了。第三項就比較的難於應付，因為儀器本身倘若有了差誤的時候，必需要加以種種仔細的校準法，才能得到圓滿的結果。

普通的測量儀器，當它初買來的時候，總是準確的。但是因為多用的緣故，或者發生了意外的撞擊，就會失去它原來的狀況，稍為變動它的地位。好的儀器，大約一次校準以後，可維持一月，不致有大變動；但是依然要時常試驗它的準確。在測量水準線的時候，水準儀應該每天檢驗一次，因為儀器愈準確，結果愈精密。

關於儀器的校準法，時常為一般人所忽略，以為錯誤很小，可以不必顧慮。尤其是在學校裏的同學，因為儀器有助教先生的管理，可以不勞費心，也就缺少了校正的機會。但是，在社會上做測量工作，對於儀器的校準法，非有相當的認識不可。本文謹將最普通的測量儀器——經緯儀，水準儀，和平板儀的校準法，寫在下面，以供測量諸君參考。

(一)經緯儀校準法 (Adjustments of the Transit)

經緯儀所應當時常加以注意而校準的，約有五部份，今分述之如下：

(1)板準器之校準 (Adjustment of the Plate-Levels)

目的——使水泡管和刻度盤的平面平行，就是將經緯儀旋轉一週，在任何位置，刻度盤上的水泡是在水泡管的中央。

試驗——(1)將經緯儀放平，使一個水泡管平行於兩對角的準平螺絲 (Leveling Screws)。

(2)將經緯儀旋轉半圈，使此水泡管仍平行於此二對角的準平螺絲。倘若這個時候水泡不在中央，就應該校準。

校準方法——(1)用校準針(Adjusting-Pin)旋轉水泡管二端的絞盤螺絲(Capstan Screw)使水泡回轉一半它的差誤。(2)餘剩的一半差誤，用準平螺絲調節，使水泡回到中央。(3)將此法重複試驗，到經緯儀旋轉半圈時，水泡仍在中央爲止。(4)用同樣方法校準另一只水泡管。(5)最後，將經緯儀旋轉一週，在任何位置，二水泡都應該在水泡管的中央。

原理——最初因爲刻度盤本身不平，所以水泡管平的時候，並不是眞正的平。當經緯緯旋轉了半圈的時候，刻度盤依然是斜的，而水泡管的地位却相反的(如圖一)，就是水泡管和刻度盤的斜度，二倍於實際的差誤。所以校準的時候，祗要將這時候的水泡校準一半，就可以得到準確的地位。

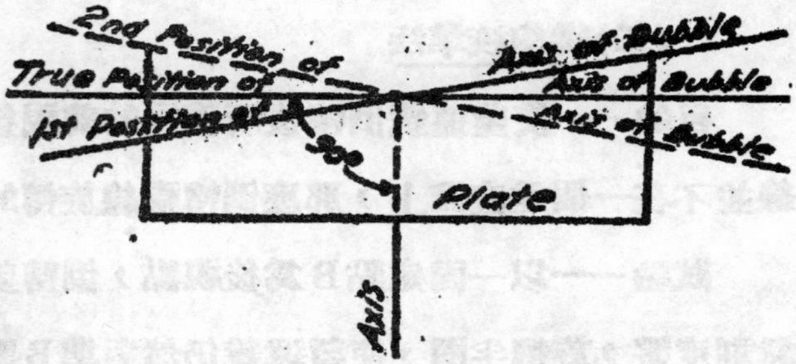

(圖　一)

(2)十字線之校準法(Adjustments of Cross-hairs)十字線的校準，分做二部份：(一)橫線校準法，(二)縱線校準法，今分述之如下：

(一)橫線校準法

目的——使橫線和鏡頭中心在同一平面上。

試驗——(1)在經緯儀附近打一樁，置水準尺其上，加以標的(Target)；記載所讀的高度。(2)在同一方向，距離三百尺的地方，打第二樁，它的高低和第一樁相仿。置水準尺其上，於是並不轉動經緯儀，看第二樁的高度。(3)倒轉望遠鏡，再旋轉半圈，使指定原有方向。將儀器旋緊使仍指第一樁原有高度；再看第二樁。倘若這次所得的高度和第一次不同，就應該校準。

校準方法——將標的(Target)移到第二樁二次所獲得的高度的平均數處，再將望遠鏡上管理十字線的絞盤螺絲放鬆，將下面的旋緊，或者相反；使橫線和標的完全符合。這種校準方法，倘若用二根水準尺，就可以免除搬移之勞。倘若在第一根水準尺上套一個橡皮圈代表標的，在第二根水準尺上套二個橡皮圈，表示二次所得之差；再用第三個橡皮圈套在二圈距離的中間，那麼校準的手術，就可以簡便得多了。

原理——倘若橫線不準確的時候，將望遠鏡倒轉一次，它的誤差就現出了二倍於實際上的。

(二)縱線校準法

目的——使望遠鏡倒轉後所獲得的前視後視，在一個垂直面上。倘若縱線並不在一個垂直面上，那麼倒轉視線旋轉的結果，是一個圓錐面了。

試驗——以一固定點B爲後視點，倒轉望遠鏡，在另一端作一點C。放鬆刻度盤，旋轉半圈，使望遠鏡仍然對準B點。將刻度盤旋緊。再倒轉望遠鏡。倘若縱線和C點不切合，就應該校準。

校準方法——由D到C之間，量一第三點E，其地位在四分之一$\overline{DC}$之距離。然後放鬆及旋緊望遠鏡旁管理十字線的絞盤螺絲，使縱線交在E點。將此校準法重複試驗，到二次倒轉望遠鏡的結果，同在一直線爲止。

原理——從圖二裏面就可以明顯的知道，當第一次倒轉望遠鏡的時候，它的誤差已經是二倍於實際的誤差。在第二次倒轉望遠鏡的結果，使它的誤它更大了二倍。所以我們所獲得的誤差，實際上是四倍於確實的誤差。

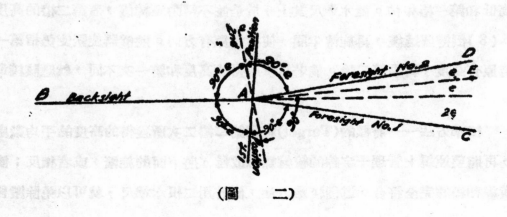

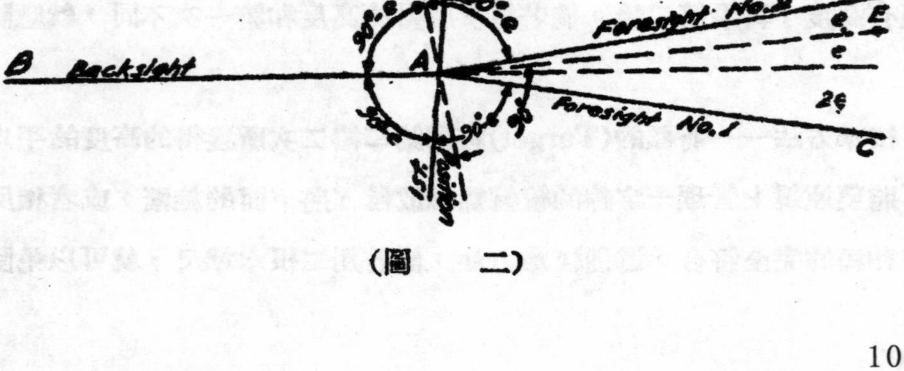

(圖　二)

(3)支架之校準法 (Adjustments of Standards)

目的——使望遠鏡軸的支架和刻度盤平行，就是二支架的高度要相等。

試驗——(1)先將經緯儀放平，將各螺絲旋緊，使望遠鏡對準一地位較高而固定之點。(2)將望遠鏡的視線傾下，另作一點A然後倒轉望遠鏡，再旋轉半圈，使望遠鏡仍對準固定的高點。再將視線傾下，得一B點。倘若B點和A點並不符合，就應該校準。

校準方法——在AB的中點，放一C點。將望遠鏡對準此C點，再向上看高處一點，這時已經不在這條線上。將支架的一端稍爲加高或減低，使高處的固定點也落在縱線上。這方法就是將支架上的較盤螺絲放鬆或旋緊就可以了。重複試驗，到完全準確爲止。

原理——望遠鏡只倒轉一次，所以它的誤差是二倍於實際的。

(4)望遠鏡之水準校準法(Adjustments of Telescope Level) 當經緯儀要用作測量水準，或者求豎角 (Vertical Angle)的時候，這種校準就是必要的了。

目的——使水泡和視線平行

試驗和校準方法——和水平儀的椿正法("Peg" adjustment)完全相同(見水平儀校準法)。

(5)縱圈和遊標之校準法 (Adjustments of Vertical Circle and Vernier)

目的——當視線水平的時候，望遠鏡旁縱圈應當指着○度。

試驗——將望遠鏡放平使它的水泡在水泡管的中央。觀察遊標的○點是否和縱圈的○點相符合。倘若不符合，就是不在一條直線上，就應該校準。

校準方法——將連接在支架上的螺絲旋鬆，然後將遊標移動，使兩處的○點符合爲止。

(二)Y式水準儀之校準法 (Adjustments of Wye-Level) Y式水準儀所需要校準的，約有三部份，今略述之如下。

(1)十字線之校準法

目的——使視線和望遠鏡的鏡軸或者中心相符合。

試驗——(1)將視線對準一個固定點，然後將儀器旋緊。(2)將望遠鏡上的箝器放鬆，再將望遠鏡在Y叉裏自轉半圈。倘若這次所看見的一點，不在十字線上，就應該校準。

校準方法——倘若縱橫二線都不在原來的位置，就應當將它們同時，使十字線回轉一半誤差，就是將校盤螺絲放鬆或旋緊即可。

原理——望遠鏡一次旋轉的結果，它的誤差是二倍於實際的。

(2)水泡管之校準法 (Adjustments of Bubble-Tube) 這裏面又分做二種步驟如下：

(甲) 目的——使水泡管的軸和望遠鏡的軸同在一個豎平面上。

試驗——(1)將水準儀放平，使望遠鏡的方向和二對角準平螺絲的方向相同。(2)將望遠鏡的箝器放鬆，將望遠鏡在Y叉內稍為轉動。倘若轉動後水泡移到一面，不在中央，就應該校準。

校準方法——將水泡管的絞盤螺絲旋轉，使水泡回到中央。

原理——當水泡管在望遠鏡下的時候，因為它的軸並不和望遠鏡軸在同一豎平面上，而是偏向一面的；當望遠鏡旋轉的時候，就可以看出來，如圖三。所以應該全部改正。

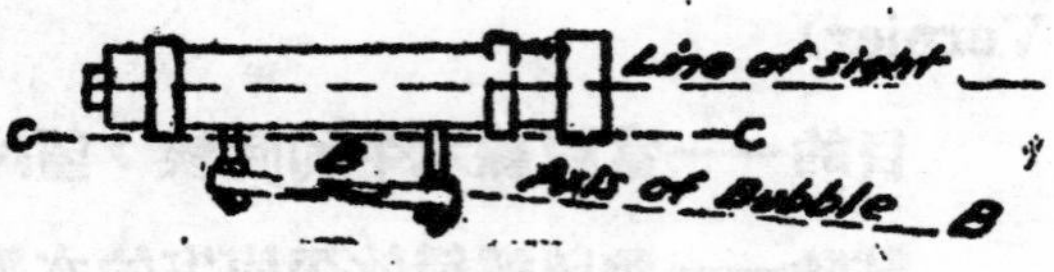

(圖 三)

(乙) 目的——使水泡管的軸和Y叉的底面平行。

試驗——(1)同上，(2)將望遠鏡的箝器放鬆，再將望遠鏡拿出來，倒轉置放。倘若水泡不在中央，就應該校準。

校準方法——將水泡管下的校準螺絲放鬆或旋緊，使水泡回轉一半它的誤差，然後再用準平螺絲使水泡回到中央。將這方法重複試驗，到完全準確爲止。

原理——和經緯儀的校準法相仿，一次倒置的結果，它的誤差是二倍於實際的。不過水準儀的Y叉是固定的，是將望遠鏡拿出後再倒置罷了。

(3)Y式叉之校準法(Adjustmet of the Wyes)

目的——使二Y叉之高度相等。就是當水準儀旋轉一圈的結果，所獲得的視線，都同在一個平面上而且和縱軸垂直。

試驗——(1)將水準儀放平，試水泡確在中央，望遠鏡的方向和二對角準平螺絲相同。(2)將水準儀旋轉半圈，使它的方向與第一次的恰相反。倘若水泡不在中央，就應當將Y叉校準。最後試驗應當將水準儀旋轉一圈而水泡始終都在中央。

校準方法——旋轉水平棍(Level-bar)上的大絞盤螺絲，就可以改變Y叉的高度，使水泡回轉一半誤差。然後用準平螺絲將水泡校準。重複試驗此法，到完全準確爲止。

原理——和他種相同，一次倒轉方向的結果，誤差是二倍。

樁正法(The "Peg Adjustment")

樁正法有二種，其目的在使視線和水泡管的軸平行。

樁正法一：

試驗——(1)打A.B二樁其距離約爲三百尺至四百尺。將水準儀放在AB的中點C。(2)讀A.B二點水準尺的高度R_1，R_2。R_1與R_2之差，d_1，就是AB兩點實際上高度的差，無論儀器是怎樣的不準。將儀器搬到A點的附近，設F點。再讀A.B兩點上水準尺的高度。倘若這次所得二高度之差，和第

一次所得的d_1相同，這儀器就是準確的。如圖四

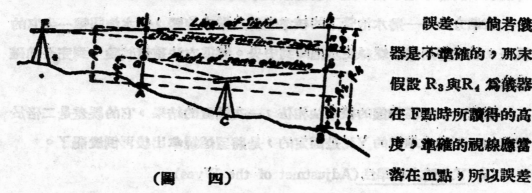

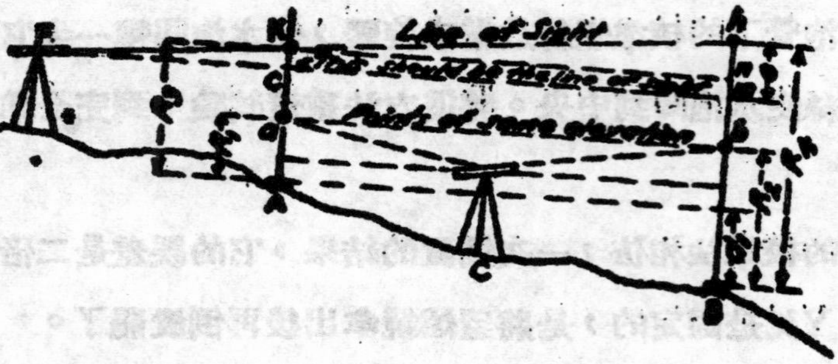

(圖　四)

誤差——倘若儀器是不準確的，那末假設R_3與R_4爲儀器在F點時所讀得的高度，準確的視線應當落在m點，所以誤差是hm=e。在AB二樁距離之內的誤差是 hn。所以 $e=\frac{Fm}{cm}(d_2-d_1)$。

內$d_2=R_4-R_3$，　　$d_1=R_2-R_1$。

校準方法——校準的方法有兩種，一是校準十字線，二是校準水泡管。校準十字線的方法是：先從上面的公式裏求出e的數目，用一個標的放在水準尺上R－e的地位，就是m點。將儀器旋緊，視線依然對準h點。轉動望遠鏡上下管理十字線的絞盤螺絲，使十字線正落在標的上。這時候的視綫，應當在Fm上了。

用水泡管校準法是：(1)同上將標的放在m點。(2)轉動準平螺絲使視線落在m點。這時候水泡管裡的水泡就不在中央了，但是視線是平的。(3)將水泡管一端的絞盤螺絲轉動，使水泡回到中央。

樁正法二：

這種方法並不將水準儀放在二點的中央，而是先將儀器靠近第一點，然後再將儀器靠近第二點，讀A B二點的高度。二次所得的誤差的平均數，就是確實的誤差。

試驗——(1)將儀器放在距 A 點一二尺的地方，使水準儀的對眼鏡(Eye-end) 離開水準尺約一寸左右。(2)從對物鏡 (Object-glass) 一方面倒看A點水準尺的高度。(3)再正看B點的高度，儀器並不轉動。假設這二點

高度之爲差 d_1。(4)用同樣方法將儀器靠近B點讀AB的高度，假設他們高度的差是 d_2。倘若 d_2 和 d_1 不相等，就是視線不平。

校準方法——他們的眞誤差是 $\frac{1}{2}(d_2-d_1)$。將標的放在準確的地位，再用前面所講的二種校準法之一，或者校準十字線，或者校準水泡管，將它校準。

原理——設 R_1 與 R_2 爲第一次所得的二個高度；R_3 與 R_4 爲第二次所得的高度；e是誤差。於是 $R_1-(R_2-e)$ 和 $(R_3-e)-R_4$ 是高度的眞差。但是 $R_1-(R_2-e)=(R_3-e)-R_4$，所以 $e=\frac{(R_3-R_4)-(R_2-R_1)}{2}$。這裏所應該注意的就是 R_1 和 R_4 是A樁的高度，R_2 和 R_3 是B樁的高度。

(三)平板儀之校準法（Adjustments of Plane-table）平板儀的校準法大致和經緯儀，水準儀相彷，所以不必重述了。普通所要校準的部份如下：

(1)水準器　這種校準法和水準儀校準法第二步相似。方法就是將水準器放在平板的中間，然後將水準器的方向倒轉。倘若不準確，就將水泡退轉一半誤差，再用準平螺絲使它到中央。

(2)板平面　目的在使板平面與縱軸垂直。將對準規（Alidade）放在平板上，使水泡到中央。將平板旋轉半圈，倘若水泡已不在中央，就應當將水泡校準一半，其餘一部份誤差是用準平螺絲校正，或者用墊皮塞入平板和它連底脚的臂(Arm)之間，使水泡回到中央。將對準規旋轉90。再用同樣方法試驗而校準之。

(3)望遠鏡，視線，水平，和縱圈的校準法，都和經緯儀相似。

用卷尺丈量圓形弧線法

蔡寶昌

丈量弧線，其法不一；通常所習知者，如偏角法 (Deflection Angle Method)，枝距法 (Offset)，倘若遇儀器使用不便，圓周之中心無法達到，弧線不長等情形，並欲節省時間，迅速工作起見，則以卷尺丈量弧線，實較便捷。是篇略述此種丈量方法，載於美國土木工程師協會所出版之「土木工程」，第二卷第一期，足資吾人參考，爰爲迻譯，以實本刊。

定理　由B點形成之弧線上，見圖一，任何一點P至此點之距離X爲一常數K乘P點至A點（AB之距離爲Z）之距離W。固定點B與A稱引點 Generating Points。此簡明之理可用 Cartesian Coordinate System 以引證之。同時可由觀察而知其所得之公式爲圓周之一已知式。

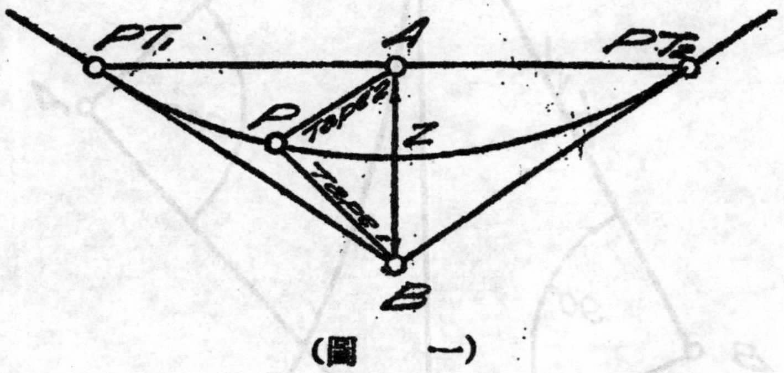

（圖　一）

一　不用經緯儀以定弧線。

在實習時，先定接連圓周之兩切線交點B以及切點 PT_1 與 PT_2。求其弦之中心點A。定木樁於B與A兩點。各樁上鑽一小鐵釘，求得切線與半弦長之比例K。然後以二卷尺，各端扣於木樁上之小鐵釘，向各需求點移動。若自B所量得之距離等於K乘自A量得之距離，則該點必在弧線之上。

若弧線過長，自一固定點至該弧線之距離非一卷尺之長所能及，則分弧線為二部或數部，決定各部之新引點，然後再用此類新引點，分別依照上法求得弧線之各部。

二 定切線

若以自引點A至弧線上任何一點P之距離為W。則自B至P之距離為KW。從B引一線與KW垂直，更自A引一線與W垂直，則兩線之交點Q即在切線之上。

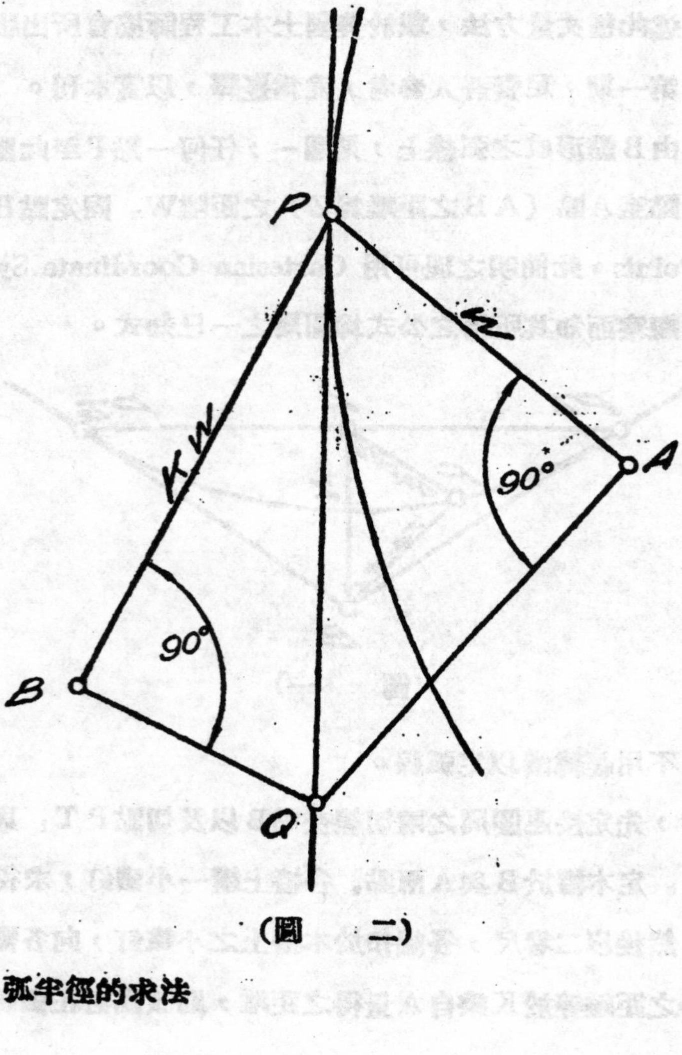

(圖 二)

三 弧半徑的求法

測量弧形地物，往往因不便直接測度，而欲求得其半徑，下述簡法，可解決此中困難：

「量弦長之半自乘，除以升度，再加升度，然後以二除之即得半徑」

例如圖三：

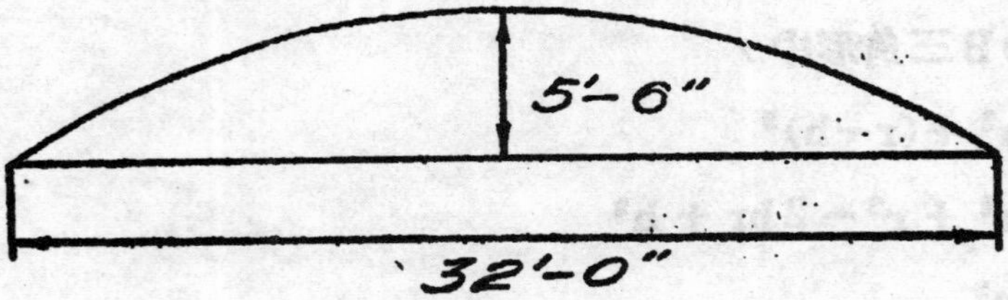

(圖　三)

升度＝5.5呎

弦　＝32 呎

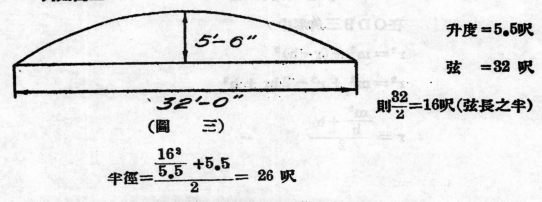

則$\frac{32}{2}$＝16呎(弦長之半)

$$半徑=\frac{\frac{16^2}{5.5}+5.5}{2}=26\ 呎$$

上面方法，係根據淺明之幾何原理，玆述之如下：

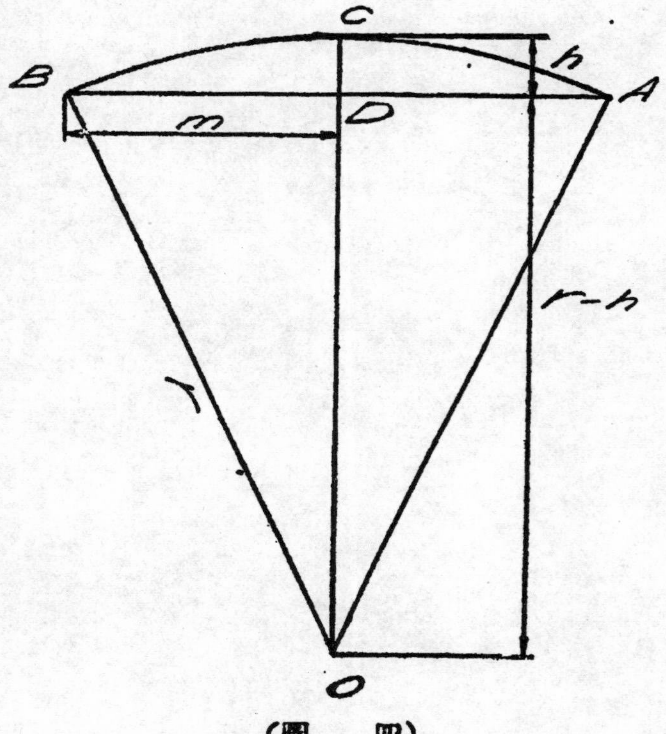

(圖　四)

設：h＝升度

$m=\frac{1}{2}$弦長

r＝半徑

r－h＝半徑與升度之差

在ODB三角形中，

$$r^2=m^2+(r-h)^2$$

$$r^2=m^2+r^2-2hr+h^2$$

$$r=\frac{\frac{m^2}{h}+h}{2}$$

混凝土面着色法

程延昆

混凝土面上，倘若籠罩着一層木壳子油(Form-Oil)或者油煙(Soot)，或者不貼切的物質，或者易於風化的鹽類，那末，着色的結果，决不能滿意，除非這混凝土面上，是先用鋼刷猛烈的刷過，或者用細沙冲過。（這是美國混凝土研究會所給予的警告）

塗色材料

色料用在混凝土裏的，有冷水塗色類(Cold-water Paint)，和硝酸棉漆類(Nitrocellose lacquer)它們的用途是各有限制的，不過有幾種用途較廣普通將它分二大類：(1)無機質，(2)有機質。

油漆的透過性，對於它應用的環境，有重大的關係，這一個問題，現在有二派理論，一派的理論是說：混凝土不可為潮氣所侵入，所以堅持着漆層，應該盡量的達到隔絕的能力，另一派的理論，覺得潮氣常從混凝土沒有漆的一面侵入，所以應當給他發洩的機會，倘若漆層含有微隙，可以使潮氣發洩出來，整個的漆層，就不致於被潮氣所毀壞。

塗色材料中，有混入鹽質溶液的可能性，當鹽質消化結晶後，產生一種力量，將漆層頂去，這種危險，視結晶所在的地位，在漆層外，或漆層內面定。

(1)無機質色料

此種色料，若應用在已塗油漆的混凝土上，除非這油漆已經事先完全除去，不能獲得完善的結果。

(A)冷水色料　這種色料，普通都是以石灰和膠做黏合劑，再加入顏料而成，有時摻入水泥，但是水泥硬的能力，因膠質而減了。此種色料，用在外表面上，不很適宜，尤其是在潮溼的地方，更不能用，因爲膠質易於腐敗，持久性很小。它的應用，只能限於乾燥的內牆，它的透過性，比較水泥爲小，所以混凝土面質鹽的堆積，常使它剝落。

(B)水泥色料　這種色料，普通含有多量水泥和適量的顏料，及其他成分，也有摻入少量石灰的。石灰的効用，是減少持久性，和減少濕水泥的黑暗色，另一方面說，它使水泥容易塗開，和增加水泥的韌韌性，有時加入有機質防水材材，增加其塗佈能力，脂肪的加入，並不減少色料的耐久性；但他種防水有機質的加入，現在還沒有得到完美的結果。

顏色水泥，頗適用於牆之內外，但除游泅池，或他種水池建築外，鮮有用於地板之着色者，此種色層，可增加相當之氣候抵抗力，而不阻止潮溼的透過，所以潮溼的牆，仍照可以發洩潮氣，使他乾燥。即使混凝土中含有風化性的鹽質，也可以通過色層，淤積在表面，而不致損害原有的顏色。

(C)化學處理方法　這種方法是將各色混和的顏料，和其他成分，塗沒混凝土面上的微隙。據說這種方法可以獲得極美觀的結果，但是這大概用在內部是好的，因爲普通顏料受了氣候的影響，顏色將漸次褪去。這種混凝土面潮氣的透過性，大約減少了二分之一，到四分之三。但是這種塗刷的方法，可以使他不致於爲鹽質結晶所產生的力量，或潮氣的侵入所毀壞，混凝土和地面或他種潮溼的地方，倘若不能隔絕，那麼有風化性的鹽質，淤積在混凝土面，常常使它顏色褪去。

(2)有機質色料

此種色料，施用在溫和乾燥的天氣，最爲合宜。

(A)油漆類　這類油漆，普通是用製漆的植物乾燥性油，如胡蔴子油桐油等，和以顏料樹膠等，配合而成，胡蔴子油最容易和混凝土裏面的鹽基類碳化。中國的桐樹，和鹽基類的作用很少，所以普通都是用桐油做製漆的原料，但是胡蔴子油也有優點，就是它抵抗氣候的能力，比桐油較大些。

樹膠的種類很多，如鹽基的樹膠，新鮮的樹膠，石化的樹膠等等，於是他們運用的方法，也就各有不同，有的需要特殊的溶劑將樹膠溶化，然後調入製漆。油漆抵抗鹽基作用和氣候影響能力的大小，常隨樹膠成分的多少而不同，倘若乾油膜透水的能力很小，混凝土一經變溼，整個的油膜，就會脫落下來，若要將混凝土裏面的大孔，統統塗塞，那很困難。

單用鋁粉，或單用顏色，和在油漆裏面，也可以得到滿意的結果，鋁的反射能力，可以減少光對膜的損壞，但是另一方面，有金屬的薄片在裏面，會使混凝土裏面的水氣，不能跑出來。含鋁油漆，現已改進，用做防水混凝土，可以做成華彩的外觀。另有一種相似的做法，就是用植物乾燥油和白砂輪流塗刷成的。

(B)漆　油漆之前，常常用膠質溶液打底，然後再上漆，普通漆裏的材料是綜合的，例如硝酸棉或是醋酸棉等，它們的透水性是很低的，所以用這種漆的結果，整個的漆膜，會被混凝土裏面的水氣，衝落下來。

有一種屬於葡萄藤的膠液，用來塗飾混凝土，已經得到很良好的結果，它可以使混凝土裏面的水氣，蒸發到相當的程度，並且黏在混凝土面上很堅固。但它被光綫晒久之後，容易變黑，也是缺點。

(C)雜漆　要使混凝土面，和膠液黏得緊，可以摻些植物油，或幾種多脂肪的酸類。它們可以增加油漆透進混凝土的功能，可以使油膜緊黏在混凝土上，但是不飽和的多脂肪酸類，有損於水泥的作用，却不可用。

(D)結論　統之，倘若混凝土是十分乾燥並且水氣不能從他方侵入，用高度不透水的油漆最好，倘若混凝土未乾，或者水氣可以從他方侵入，用多孔，可以讓水氣蒸發的油漆較佳。

顏色施用方法

因爲油漆原質不同，所以它們施用在混凝土上的方法也不同。

普通有機質油漆，不宜用在潮溼的混凝土上，最好混凝土能經過一個較長的時期，它的鹽基作用，已經中和，氰酸矽已經變化，並且它本身已經十分乾燥，然後再用有機漆。混凝土和油漆應當黏得很緊，所以底油的選擇，以透進混凝土能力最大的一種爲最佳。

冷水油漆，普通用在較乾的混凝土面上，因爲它們變乾，全靠乾的吸收作用，倘若水氣過多，就不適宜。

用化學實驗法做的顏料，更不能用在多潮氣的地方，因爲它的作用專靠吸收液體到空隙裏去。

水泥漆類

用水泥漆，水泥乾了，它自會黏得很牢，所以不須注意，如何將它們黏得緊，但是倘若混凝土面是很光滑，應當先刮毛了，然後再加油漆，才可以得到好結果。

用水泥漆，混凝土面上需要潮溼，漆好了，更需要修改，以下諸點，是很緊要的：

在未乾之前，須先將混凝土面弄溼，等一次漆後，又須加一些潮汽，以免乾燥太快，表面上發生不良的現象。

二次油漆加上之前，須先用噴水壺洒水，二次漆完了，更應當用細噴壺噴水，在做的時候，也要繼續保持潮溼。

和暖有風的天氣，膜漆變乾，比冷天爲快，所以噴水以保持潮溼，更爲緊要。在那種情形之下，上漆時間，改爲晚上，可以得到圓滿的結果。

本文譯自"Concrete Vol. 40 No. 12" 雜誌

"Painting on Concrete Surface" 篇

特種情形下混凝土之製成

蔣 璜

冰凍時安置混凝土　氣溫低，水泥之凝固時間增長。若水泥凝固前，混凝土或膠泥中之水份冰凍，則凝固與結硬之化學作用消失。冰凍不消，混凝土或膠泥便永無凝固之時期。此種情形混凝土於嚴寒時所安置者，及拆除木型時不可不切記之焉。

若混凝土安置後，氣溫在冰點以上流離不定，則凝固於大告成功之前，水份可以蒸發。若混凝土剛始凝固，氣温卽大跌，遠在冰點之下，則所含水份因水凍而膨脹，其膨脹力超出於各分子間之團結力，則結果結固破壞，待冰消融，混凝土乃崩潰。

若氣溫在冰點或冰點下一二度內，結果凝固之時間增長，混凝土不致受若何影響。因水泥逐漸凝固而起之化學作用發生熱力，使水份不致冰凍故也。

氣溫在冰點時不宜安放混凝土，否則須加倍小心，務使冰塊或冰之晶狀體不羼入混凝土料內。且混凝土安置後，又需随時注意，務使規避冰凍，直至澈底結硬而止。

冰天混凝土之工作法可分兩類：(一)混凝土凝固前，使物料與建築物常能保持在冰點以上之氣温，(二)混入他種物料於其所含之水份中，減低混凝土之結冰點。

通常第一法用之較廣。法以烘燃之鐵管或氣水管通入建築物中，則管週之砂與石氣温可以增高。水則引用蓄水塔中所貯之熱水。惟需注意者，各物料之温度不宜過高。

若氣温在冰點下不多，可用泥砂幕布乾草木板等蓋覆已成工程之面。若過於寒冷，需設法添補其熱力。人常有以肥料覆建築物之巔，（如乾糞之於道路）自數吋至一呎之深，外蓋薄板或布蓬。肥料由化學之分解作用發生熱力。該項熱力足以阻止凝固與結硬期間之冰凍。此法雖不適當，但多常用之。

若建築物之範圍有限，其外可用蓬布或其他材料包圍之。內部繼續生火，使室中温度常在冰點以上。

前述第二法減低水之結冰點，不如上法之佳。惟因所費較廉，故常用之。普通食鹽或氯化鈣為最常用之物，若水中含鹽汁約百分之一，結冰點可減低華氏一度(0.55°C)若含鹽汁之量超過百分之十，則不但無效而且有害。酒精甘油以及其他化學品，與食鹽有同樣減低結冰點之效力。惟因不及食鹽之有效，且價值較昂，故後者常用之。

海水與混凝土　混凝土在海水中之作用如何，工程專家曾費多年之考察與討論，並經多次試驗，求知海水對於混凝土之確切動作與該動作之起源。

許多混凝土建築在海水中不受影響而能維持多年，少數水底建築在同一環境下，又每破壞崩潰。據此試驗所得之相反結果，甚難解說何以水下建築，一則完好無虞，一則即形崩潰也。

據知海水中之鹽汁（硫酸鎂，氯化鎂，氯化鈉，硫酸鈣）能與水泥之分子起反作用，富於流離石灰之水泥，尤其含鋁之多者，最能受海水中鹽汁之破壞。此說似較可信。

化學變化發生，各種物理的現象亦隨之而至。有時質量膨脹而龜裂而逐漸剝落，有時膠泥由軟化而漸纖碎，更有時表層先結成硬殼，再生裂縫。冰凍或不健全之建築，易促成碎裂之實現，尤其鹹水中由混凝土所生之浮液較淡水中所生者為多，若建築時偶不留意，則此項多生之浮液，更能使碎裂現象易於實現。

海水下混凝土建築之第一步預防法，即在求得混凝土之密度與不可滲入性能如其可能大。若密度特厚之質料，用作建築物之外殼，可得良好結果。如多少吋厚之濃厚膠泥（1:2或1:2½）包裹混凝土而保護之，惟此種工作須與內都之混凝土工作同時舉行，才能使兩混合物間之結固完善。

有時於製外層膠泥所用之水中，撒入如氯化鋇一類之物質。該物質與海水中鹽汁化合而成不溶解之硫酸化合物，附著於膠泥之空隙中。有時用刷帚等塗鎾之炭化物（Sesguicarbonate ot ammonia）或矽氟鎂之複雜化合物（magnesium fluosilicate）於已完工程之表面。此項物體一方面組成石灰炭酸物之膜層，他方面組成不溶解之氟化鈣與矽之石灰化合物，如是閉塞其小孔。此種方法若外塗之膜層繼續存在，則亦繼續有效。

鹹水於混凝土之影響　鹹水對於混凝土之影響，與海水對於混凝土之影響頗有類似之點。若荒漠而含有多量鹽汁之區域，關於混凝土建築此問題尤有趣味。

與鹹水相遇而起作用之主要鹽汁，包含硫酸鎂硫酸鈣硫酸鈉氯化鎂氯化鈉氯化鉀與鎂鈉鉀之炭酸化合物。其中硫酸化合物似最能使混凝土起分解，氯化物亦靈活，炭酸化合物則似無甚影響。

從物理的現象方面觀察，該項作用頗類似於由冰凍而生者，惟更速耳。若建築物時而爲鹹水所溼，時而乾燥之，則破壞力尤甚。在容隙較多之混凝土，此項作用較濃厚密度之混凝土爲強。

補救之法，與海水下混凝土建築相同。濃其密度，務使鹹水不致滲入，則損害可免。

防水混凝土　混凝土之滲入性，與細孔或容隙有密切關係。但此項關係非直接的亦非常數，因孔之大小與其直接深度，決定滲入性之命運較容隙百分比爲多。

濃厚混凝土之配製，可藉機械分解混凝料與謹慎選擇之卽得。通常僅建築物之外層一吋或半吋如是。此處膠泥之配合爲一比二，用此膠泥仔細塗上，則較小之水頭下，水不致滲入混凝土內。

防水化合物可分兩類：(一)滯固填塞料 (Inert Fillers)，黏土細砂水化石灰等屬之。其作用在填塞空隙，與水泥或其本身無甚作用。(二)活動填塞料 (Active Fillers)，蘇打與鉀或石灰等之脂肪酸素化合物屬之。該等化合物能與水泥之分子起反作用，而成滯固不溶解之化合物，或在水泥前與水起反作用，而此不溶解之化合物乃沉澱。

滯固填塞料之加入乾燥水泥，常於拌和膠泥或拌和混凝土之前；加入之百分比，約爲水泥重量之十或二十。活動填塞料亦於拌和混凝土之前，加入乾燥水泥中，但其百分比不及水泥重量之二。加水於石灰之脂肪酸化物後，生不溶解之石灰鹼 (lime-soap)。若脂肪酸化物係與蘇打或鉀化合，則所生之蘇打鹼或鉀鹼卽刻溶解；與石灰化合，不溶解之石灰鹼才產生。此項卽可實現，因化合物中含脂肪酸之百分比極稀少，大部份質料皆爲含水石灰與鎂也。

凡滯固填塞料用作減少混凝土之滲入性，均能生良好效果，而黏土之效力尤較多於圓粒之砂或長石。活動填塞料雖不及滯固填塞料，然於減低滲入性亦著有相當成效。滯固填塞料對於膠泥與混凝土之拉力或壓力影響甚微。活動填塞料則否，濃厚膠泥之拉力或壓力常而因之減損，惟極稀薄之泥合體所受之惡影響不甚顯著。

若水泥中水化石灰之總量，不超過百分之十至十五時，則此項防水混凝土之質料最佳。由此質料可得肥黏之膠泥，可藉之減低泥砂之分離力至極限，且使混凝土之密度肥厚劃一。

欲免水之浸漬，地底混凝土牆及混凝土地板等，有以紙或氈爲防水層蓋覆之，上撒煤膠或地瀝青。煤膠久經潮溼，即起損壞，故不及地瀝青之佳。用燒熱之地瀝青噴射於已鋪好之混凝土上，覆以紙層或氈層，再將燒熱之地瀝青噴上，如是交互至三層四層，或至五層六層不等。此種防水層最後仍用地瀝青塗上，於是混凝土乃安假妥當。

防水層之表層，可用塗層化合物塗蓋，以防水之滲入，塗層化合物之主要分類如下：

油與漆——此類包括桐油樹脂顏料乾子油與胡蔴子油之混合物，爲普通油漆之用，非專爲水泥之油漆而製成。諸混合物祇有外表，無彈性，歷時不能久長，且甚少價値。

瀝青——此類包括地瀝青石油滓與煤膠柏油。施用時須先炙熱，防水紙或氈可用可不用，在尋常之溫度下液汁變成固體。若不在濕氣中展露，可得良好結果，因瀝青富於彈性與耐性也。

氫氧矽化液——此類包括巴拉芬(paraffin)在石腦油或濁石腦油中之溶液，與用阿謨尼亞撈取之石油乳酪或水中脂肪。彼等雖在表層，但亦有成效，若建築物之外層無裂隙發生，效力可不消失。

鹹——鹹之固體或溶液，均可用之，亦可與明礬同時並用。此物在水中可以溶解，是以其效用祇限於因化學作用而組成之不溶解之石灰鹹。

[illegible]

[illegible]

[illegible]

[illegible]

[illegible]

[illegible]

免除無綫電收音滋擾的方法

金善鑛

我們玩無線電的同志，常碰到收聽一方波長的時候，同時有別方的波長來擾亂。這種現象，在上海發生的很普遍，因爲上海波音的電台太多，而所採取的波長很接近，波幅(Wave band)又是廣闊，所以要得到良好的選擇性很困難。現在把避免各電台間電波滋擾的方法寫在下文

改短天線是一個最簡單的方法，不過對于改良選擇性的效率，並不覺得十分完美。並且天線的長短，同所收波長，有很大關係（算法把天線引入線地線的總長數[呎]乘 1.5，所得到的答數，就是收音最適宜的波長([公尺])天線過分改短，就不容易收到電波較長的電波。同時，收音的效率，也將減低。比較好的方法，是利用濾波器(Wave trap)，濾波器的作用就是把電浪在經過收音機以前，先通過濾波器把要聽的波浪通過，其餘的濾去，效力很好，種類也很多。其中最簡易的如下列各圖

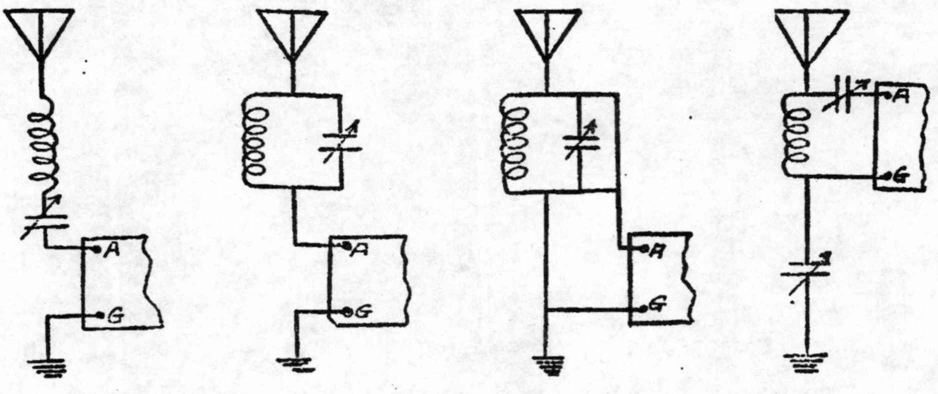

線圈用廿六號雙絲包線，在三吋圓筒(絕緣體)繞五十五圈。

上圖儲電器的容量可用•〇〇〇三五到•〇〇〇五M. F. D. 之間。

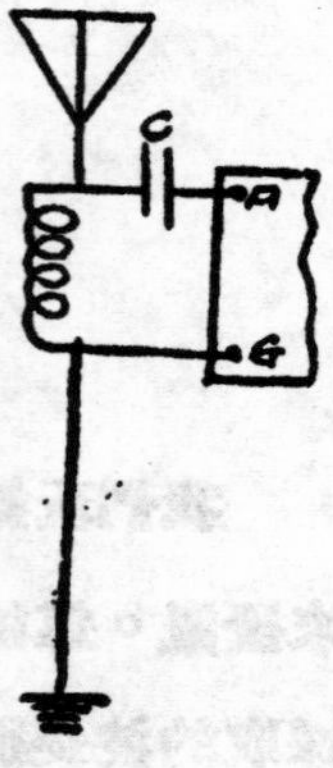

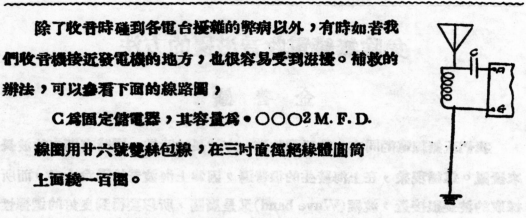

除了收音時碰到各電台擾雜的弊病以外，有時如若我們收音機接近發電機的地方，也很容易受到滋擾。補救的辦法，可以參看下面的線路圖，

C爲固定儲電器，其容量爲•○○○2 M.F.D.

線圈用廿六號雙絲包線，在三吋直徑絕緣體圓筒上面繞一百圈。

杭州市自來水工程設計

曹家傑

第一章 概述

(一)自來水的起源及我國舆辦概况

原始時代的人民，開掘土地取水，供作飲料。以後智識逐漸開通，穿掘土地愈深，而成爲井。在歷史上看來，希臘開井最早。埃及，敍利亞，波斯，印度等至今尙留有古井的遺跡。我國古代的井之鑿掘甚深，已能與近代的井不相上下。玉篇中紀載着「穿地取水，伯益造之，因井爲市」的句子，考其年代，當在三代以上，卽西歷紀元前二百餘年。西歷紀元前三百年，羅馬建築水道，以供城市的飲用。其最有名的爲 Apua Appia，建築於紀元前三百十二年，長度達四十餘哩。工程浩大，實爲現代的自來水進水管。近世科學昌明，有打水機，蒸氣電力發動機等的發明，用鋼鐵製管，而自來水事業乃漸由歐美各國而普及到全球了。

我國的河道，本來很有系統的，故取水較爲便利。自從遜清通商以後，繁盛商埠，居民密聚，而覺得自來水之需要。遜淸光緒五年，北洋大臣李鴻章，開旅順港口，爲供給駐防海軍用水，建設六吋口徑的水管，長二萬二千四百公尺，以引飮水，此爲我國自來水的鼻祖。其後上海天津等埠，亦漸漸建設。玆將全國自來水狀况錄之如下：

名稱	創辦者	成立年期	資本	水源
旅順	官	遜清光緒五年	日金 569,000圓	龍眼寺溝及大孤山
上海自來水公司	商	遜清光緒八年	英金 1,146,000磅	黃浦江
大連	官	遜清光緒廿七年	日金 7,210,000圓	

上海內地自來水公司	商	遜清光緒廿八年	3,000,000圓	黃浦江
天津濟安自來水公司	商	遜清光緒廿九年	4,200,000圓	西河
青島自來水廠	官	遜清光緒卅一年	4,600,000圓	井水
廣州增步水廠	官商	遜清光緒卅一年	2,700,000圓	珠江
漢口旣濟水電公司	商	遜清光緒卅二年	5,000,000圓	旁襄河
上海法商水電公司	商	遜清光緒卅三年	法金75,000,000法郎	黃浦江
汕頭自來水公司	商	遜清光緒卅三年	1,000,000圓	梅溪
南滿鐵路株式會社	商	遜清光緒卅三年		
玉川水道株式會社	商	遜清光緒卅三年	日金10,056,000圓	
上海閘北水電公司	商	遜清宣統二年	3,610,000圓	黃浦江
北平自來水有限公司	商	遜清宣統二年	5,000,000圓	境孫河
雲南昆明自來水公司	官商	民國九年	3,000,000圓	翠湖九龍池
天津英工部局水道處	官	民國十年		井水
廈門自來水股份有限公司	商	民國十五年	1,150,000圓	雨水，山水
鎮江自來水股份有限公司	商	民國十五年	100,000圓	長江
吉林省城水廠	官	民國十八年	1,156,000圓	松花江

(二)杭州興辦自來水的動機

杭州市民的用水，中產階級以上者，皆自備水缸，貯以雨水，或開鑿淺井，以為飲料；而貧民的用水，皆取自城河西湖或公井。根據杭州市公安局的調查，杭州全市，食井共四千八百餘口，內私井四千四百餘口，佔百分之九十一，而公井僅四百餘口，佔百分之九。依人口分配，則每一口食井須供一百人以上的飲料，而實際上公用食的井僅僅乎四百餘口。公井旣不夠應用，居民只有從河道取水。然城河的水，最爲混濁，含病菌最多，不合人民用作飲料。但是水爲人民日常必需品，不能或缺，於是乃有自來水興辦的動機。

并且年來杭州市的人口增加甚速，用水量亦隨之增加，且市內房屋比連，偶遇火災，每因取水不便，難於施救的緣故而致釀成巨患。自來水的建設，雖然不能直接的制止火災，但至少也可以減少災害的損失。於是杭市自來水的建設更具決心。

民國十七年，何應欽任浙江省政府主席，朱家驊任民政廳長，以自來水事業不可再延，於是由省政府委員會第一〇三次會議，議决組織杭州市自來水籌備委員會，着手進行杭州市的自來水建設事宜。

（三）籌備會經過

民國十七年四月二十四日，籌備會正式成立，假省政府餘屋爲辦公處。合同聘請天津北洋大學水力工程衛生工程學教授美人裴特森(H. A. Pettersson) 爲總工程師，周鎮倫爲技師，擔任工程初步設計，採覓水源，舉行測量，及調查測驗各處水量水質。民國十八年五月，籌備會改組。決定清泰門外貼沙河爲初期水源。於是在清泰門外收買廠基，在紫陽山收買調劑蓄水池地基，并將全市街道，趕測完竣，以爲敷設供水管網的依據。民國二十年間，清泰門外總廠內進水口，和藥間，混凝槽，沉澱池，沙濾池，洗沙池，儲沙池，調節間，殺菌間，清水池，聯絡管線，泄水井，電氣變壓間，進水機間，出水機間，修理間，及紫陽山調劑蓄水池等建築，皆次第落成。高壓打水機連發動機各二座，低壓打水機連發動機各二座，和藥機綠氣殺菌機各一座，亦裝置完竣。遂於七月底試水，結果甚佳。八月十五日起，開始正式供水。於是杭州全市人民，再不會有沒有水用的苦楚了。

第二章 水源

進行自來水建設的首要問題，當推探覓水源。因水源與自來水的品質，製水的費用，供水的限量，以及取水輸水的設備，皆有極密切的關係。故第一須注意水源距離供水管網中心點的遠近，距離遠則引水工程經常費用大；第二須注意水質，水的混濁程度高，則製水費用大，若水中含鹽份太重，濾製亦無方法；第三須注意水源的大小，水源太小則有不敷供給之虞。

工程處經過詳細的觀察及精密的計劃後，建議築造蓄水池為水源，築造的地點為梵村，理安，及虎跑三處。梵村蓄水池佔地面積十四萬八千另三十方，水面高度為一百七十五呎，平均每分鐘出水量為三千一百五十五加侖；理安蓄水池佔地面積九萬四千九百八十五方，水面高度為一百九十呎，平均每分鐘出水量為二千二百五十加侖；虎跑蓄水池佔地面積八萬一千四百八十方，水面高度為一百七十呎，平均每分鐘出水量為一千二百五十加侖。其中理安梵村二處地質，極合築造蓄水之用。但工程處以理安蓄水池建築工程，須先加以鑽探，且建築土壩與埋設引水管，在短時間內不能成就，故在初期計劃中，決定以清泰門外貼沙河之水為水源。該河長約十條里，深度最深為十八呎，最淺為五呎，寬度平均約百五十呎。對於預算的每日一百萬加侖的供水量，當不致發生問題。水質方面，經特別濾製，加以綠氣殺菌，已能成為淨水，很適合於人民的飲用了。倘若杭市人口逐漸增加，貼沙河的水源不敷供給時，則另築理安及梵村蓄水池，以為補充，此項蓄水池，每日平均的供水量約四五百萬加侖。倘若再不夠時，則有錢塘江水的抽取，則雖每日供水量為萬萬加侖，亦不致發生不足的情形了。

第三章　工程計劃

初期建築計劃中，已決定以貼沙河為水源，故在清泰門外總廠中，建造一低壓打水廠。自該廠以長約三百呎的進水管，直接貼沙河中的生水而加以濾製。倘若以後供水量擴大時，則再取用理安蓄水池及近周家浦的錢塘江北套河中的水。所取的水，即從鋼骨三和土送水管，流入總廠。工程處擬定計劃，爲完成全市供水管網，使供給的水，要有平均壓力的緣故，擬在西南區的紫陽山及西北區的寶石山上，建築調劑蓄水池；在每日早晚用水量小時，打水機廠所送出的水，一部份可送至調劑蓄水池，而在中午用水量大時，可由該池流下，以爲補充，使打水工作，可以均勻支配，並且可以節省原動力。

第一節 進水工程計劃

(一)取水處設備及聯絡管線

以三十六吋生鐵管，裝置於周家浦江身最低水位下，用木架支撐，並保護水管之進口。木架之外，用亂石掩護，使引入的水，更爲清潔。生鐵水管，由木架通至唧水間，約長二百餘呎。

(二)唧水機間和進水井

唧水機間建築在周家浦江邊，取水管的水，直接引入進水井，再由唧水機間送入沉澱池或和藥間。

(三)沉澱池和藥間

由唧水機直接送入沉澱池，如水十分混濁時，則先送入和藥間，稍加藥品(礬)，使水容易清淨，再流入沉澱池。沉澱池每座長一百五十呎，寬九十呎，深十二呎，其容量在供水量最高時，可使沉澱六小時半，在普通可使沉澱八小時五十分鐘；每日可供水三百六十七萬加侖。

(四)送水機間及進水井

水由沉澱池的出水間流至送水機間的進水井，再由壓水機打入送水管，送至清泰門總廠。

(五)送水管線

沉澱後的水，由送水機壓進送水管，送至清泰門總廠，水管共長約七萬五千五百呎，約合四十華里，管用鋼骨混凝土製成，內徑二十四吋，外徑三十吋。

第二節　供水工程計劃

(一)混水池

由送水管打到總廠的水，先送入混水池，再入再總廠內的沉澱池，使廠內常時儲貯有大量的水。

(二)沉澱池

水由混水池按時流入沉澱池。這種沉澱池的設置及容量，均與周家浦水廠內的沉澱池相同。這池內的水，引入沙濾池，加以濾製。

(三)沙濾池

水由沉澱池引進沙濾池的速度，可以酌量增減，使沙濾上的水有一定的深度。沙濾池每座長一百六十呎，寬一百呎，深八呎；濾水速度為每英畝每日濾五百萬加倫淨水；每座每日出水的最高量為一百八十三萬七千五百加倫。

(四)調節間

淨水由沙濾池濾出，先進調節間，然後再流入淨水池。調節間長三十八呎，寬二十八呎，內設五井。由井至滾水口間，設有特別開關，水井內與沙濾上的水深相差太小，即沙濾上的水頭太低，濾水速度太緩，則可將開關開大，可使淨水滾水口較快，沙濾上的水頭增高，而濾水的速度加快。淨水至滾水口間後由十六吋水管引入淨水池。

(五)淨水池

因為沙濾池濾出的水有一定的速度，而一日中的用水量的多寡隨時不同，故濾出的水，須有淨水池蓄貯濾清的水，以為調劑。淨水池每座一百二十呎見方，十五呎深，容水量為一百五十萬加倫。頂上蓋以鋼骨混凝土，又護以泥土，使池內的水，熱度不致增加，而可以保持潔淨。清水由此池經二十吋水管流入供水機間的進水井。

(六)送水機間和進水井

水由淨水池流入進水井，即可由壓水機打出，經過總水管而分布於全市。供水機的容量，以每日打送五百五十萬加倫的水爲度，按全市水管及供水機等的阻力與出水所需的壓力，及調劑蓄水池的水頭計算。總水頭爲一百九十呎，故每部發動機爲三百匹馬力。

(七)調劑蓄水池

用水量低時，而機器馬力仍有一定，太不經濟，故特設調劑蓄水時，其容量與廠內淨水池相同。用水量高時，廠內供水不敷，卽由此水流出，以爲補充，此法稱爲直接間接並用法，甚爲經濟。

(八)供水管網

(甲)總管一根，用鋼製，內徑二十四吋，自清泰門總廠穿過城牆，經葵巷豐樂橋到泰安坊(官巷口)計長五千七百四十呎。

(乙)調劑蓄水池放出的總管，亦用鋼製，內徑二十二吋，直接與兩路十六吋幹管相聯通，計長一千五百六十呎。

(丙)自總管分出的幹管聯成三幹管圈

(子)自官巷口總管，用十六吋幹管接出，沿迎紫路西進，到延齡路折北，到龍興街折東，經過寶極觀巷文星巷，到林司後巷折南，經林司後巷皮市巷到豐樂橋，再與總管接合，成一幹管圈。圈內東西向接三道六吋次幹管，再接以四吋支管。圈外東北西三面，接六吋次幹管，成多數幹管圈，再分支管，供給城北全部用水。

(丑)自官巷口的總管，用十六吋幹管接出，折向南經三元坊，保佑坊，太平坊，清和坊，鼓樓，水師前街，到鳳山門折東，沿六部橋直街到候潮門直街，折北經雄鎮樓街，東絹橋街，羊市街馬坡巷，再與總管接合，成一幹管圈。因此圈南北距離太長，另在清和坊用十六吋幹管接出，向東經新宮橋，直達羊市街，再與該處幹管接合，成另一幹管圈。圈內東西向接四道六吋次幹管，再接四吋支管。圈外西南向，用六吋次幹管接出，成次幹管圈，再分支管，供給城南全部用水。所用幹管，皆用鋼製，內徑十六吋，共長三萬七千呎。

(丁)次幹管用生鐵製，內徑六吋，共計長九萬尺。

(戊)支管用生鐵製，內徑四吋，共計長十一萬呎。

第四章 取費的酌定

(一)保證金

保證金的收取，與電廠電表押櫃的性質相同，此項保證金的收取，依水表口徑的大小而定。茲規定價格如下：

水表口徑	保證金額
十三公厘	十元
二十公厘	十五元
二十五公厘	二十五元
超過二十五公厘	另議

(二)接水費

接水費爲用戶安設接水支管與其記件等材料工資，及修復路面等費。接水費在二十公尺以內者，照定額收取，超過此限者，則接水管工料價，照規定價目添取。杭州市自來水廠規定接水費如下：

水管口徑	舊式街道	沙石馬路	柏油馬路
十三公厘	十五元	十九元	二十四元
二十公厘	十九元	二十三元	二十八元
二十五公厘	二十三元	二十八元	三十三元
四十公厘	三十一元	三十五元	四十元
五十公厘	四十四元	四十八元	五十三元
五十公厘以上	另議	另議	另議

(三)水費

水費價目，依用戶的用水量的多寡而定。杭州市自來水廠規定如下：

每月用水量	水價
不滿五立方公尺	每月概為一元二角
五立方公尺至二十五立方公尺	每立方公尺二角八分
二十六方公尺至五十立方公尺	每立方公尺二角六分
五十一立方公尺至一百立方公尺	每立方公尺二角三分
一百另一立方公尺至二百五十立方公尺	每立方公尺二角
二百五十一立方公尺至五百立方公尺	每立方公尺一角六分
五百另一立方公尺至一千立方公尺	每立方公尺一角二分
超過一千立方公尺	另議

鐵與鋼所含各種成分之影響

王 家 棟

鐵與鋼在工程上的地位，是怎樣的重要！差不多近代的建築物，除了鋼與鐵外，是很困難建築起來的，牠們倆在建築上的地位，既然這樣的重要，我們對於牠裏面所含的各種成份，不可不研究一下，鐵與鋼所含的成份很多，下面所討論的是幾種較爲重要而且値得吾們注意的東西。

炭。——鐵裏面所含的炭質到百分之一•二五，可以增加牠的抵拒力，這種增加抵拒力和炭質之多少是有相當的比例。炭和鐵起了化學作用，組成一種 Cementite，這種化合物能增加鐵的硬度，但減少牠的柔韌性。鐵和炭所成的合金，炭質小於百分之二，平常就叫做鋼；如果大於百分之二，就成了一種鑄鐵。

普通鋼裏面所含炭質的百分數列表如下：

鋼的種類	炭質百分數
柔　鋼	0.05——0.15
結構鋼	0.15——0.25
鍛鍊鋼	0.20——0.40
軌條鋼	0.35——0.55
彈簧鋼	0.80——1.10
割切鋼	0.60——1.50

在鑄鐵裏面所含的炭是一種合炭或石墨，鐵熔解了以後，使牠漸漸冷凝，炭的沈澱便成了一種薄塊石墨，同時這種鐵普通稱爲灰鐵；假使很快的冷凝，有多量的炭質便和鐵組合成了一種白鐵，大約到了百分之一•二五，合

炭能增加鑄鐵的抵拒力，同時石墨減少抵拒力，因是使鑄鐵很柔韌而易於製造各種工具，熔鐵裏面的石墨沈澱便佔了鐵的結晶的空間而且使鐵在模型裏面澎漲，減低收縮能力，普通灰鐵每一英尺有八分之一英寸的增加長度。

矽。——在平常的鋼，所含矽的成分是小於百分之二，所以對於鋼的抵拒力和柔韌性沒有什麼大的影響，矽鋼所含矽的成分是很多，平常從百分之一起，到百分之四爲止。如果矽鋼裏面所含矽的成分是百分之一•九而同時炭質很少，吾們可以用來當做具有高抵拒力的結構鋼，矽鋼裏面如含的炭質百分之五，矽百分之二，錳百分之七，可以製造汽車裏面的彈簧葉。這種鋼有時吾們也叫做矽錳鋼。鋼裏面含有矽百分之四和很少量炭質可以用作變壓器的線圈，因爲牠具有很高的磁性的滲透。矽可以使熔鐵起一種酸性作用，所以在鹽基爐裏鑄成的鐵，矽的成分很少，因爲起了中和作用的緣故。

燐。——吾們往往都稱燐爲鍊鋼的大毒。少量的燐可以增加鋼的抵拒力，但是同時增加牠的脆度，在冬季溫度低的時候，假使用含有燐質的鋼來製造鋼軌是很危險的，因爲路軌須受很大的震動，並且一年四季都是暴露和空气接觸，普通鋼裏面含有百分之另五的燐質尙無大礙。

在熔化的鑄鐵裏面如含有一些燐質可以增加牠的凝固時間，並且使得牠和流質彷彿。如含有百分之一的燐質，使得鑄鐵很脆，用作裝璜器具，頗爲適宜。

硫。——硫和鐵直接化合，就成一種硫化鐵，能減低鐵的抵拒力和柔韌性，如鐵中還有錳質，那末硫便和錳起化學作用，成了一種硫化錳。這種化合物對於鐵的抵拒力和柔韌性是沒有大礙，但是有幾位冶金家以爲這種化合物可以使鐵起銹很快。硫和燐在鐵裏面所生的影響適得其反，鐵中含有硫質在熱的時候是很脆，所以有人說鐵裏面含有硫質是難於製鍊而易於應用；（假使有燐質適得其反）鐵裏面含有燐質是易於製鍊而難於應用的。

在鋼裏面，硫的成分至多不能超過百分之另五，雖然有幾位冶金家以為如含有百分之一尚無大礙，總之愈少愈妙。

錳。——普通錳對於鐵和鋼的性質沒有直接影響，當鐵和鋼裏面含有硫和氧的時候，那末錳是一大功臣，因為牠能防止這兩種原素和鐵化合，平常鋼中含有錳的質量是從百分之三起到百分之七為止，如大於百分之七的時候，牠可以使鋼非常堅硬，差不多很難製造各種工具。錳鋼含有錳百分之十二，假使吾們在製造的時候，很謹愼的話，那末可以直接打成各種用具。如保險箱，礮石器等等。因為牠具有很大的硬度，可以抵抗一切磨損。

鎳。——含有百分之三•五的鎳的鋼，是很堅強而且抵抗震動力很大，鎳鋼比炭鋼價值來得貴，但是因為牠具很高抵拒力的原因，故用途頗廣，如用作軍盔，護心鏡，汽車輪軸，气機活塞，長跨度鋼橋等等。合金鋼裏面含鎳百分之三十六，那末牠的澎漲系數比任何金屬來得低，只有比常鐵的六分之一。這種鋼我們可以用來製造鋼尺，因為牠不易受溫度高低的影響。

鉻。——鋼中含有鉻的成分，可以使牠很堅實，而具抵拒能力，鉻和鎳或釩混合以後可以製成特種鋼鐵，鉻鋼鐵可以製造軍盔，護心鏡，保險箱和汽車輪軸等等。

釩。——釩在鋼裏面是一種釩化鐵，可以增加鋼的抵拒力，還有一種特性，就是可以幫助鋼鐵接受連續加力，並可去除鋼中一切空隙，所以釩鋼是很適宜用來製造彈簧，車軸和別種鐵道上的器具，有時也可以用在汽車製造方面，釩很有益於鑄鐵，因為牠能去除鐵裏面的氧。

鎢，鉬，鈷。——鋼中含有鎢，鉬可以影響牠的挽回溫度（Critical temperature)從極硬的鋼可以變成極軟的鋼，在製鍊時，鎢鋼或鉬鋼就是在紅熱的時候，也能維持牠的硬度，所以我們用來製造各種割切鋼具。

鈷鋼也能製造割切工具，又著於一種所謂 Stellite ，可以割切各種金屬，這種混合物，除了含有鈷以外，還有鉻和鉬兩種原素。

銅。——少量的銅，並不超過百分之一，那末對於鋼無大影響，且能減少鋼起銹化。

鐠。——在製鍊生鐵的時候，如有鐠質附在鑛苗裏面可以使鐵不易流動，而且泥結在鑄爐裏面，以前鐠和鋼合成的合金鋼，可以使鋼質均勻。鐠鋼又可製造鋼軌。

上面所討論各種化學原素和鋼鐵的關係，僅論其大概，將來如有機會的時候，當再進一步的貢獻於諸位面前。

中國房屋的缺點

鮑 遠

房屋是人類棲息的地方，和衣食一樣的爲人生所不可缺少，非但不可缺少，而要能夠適合人身的健康才可，任何人到了華樓廣廈，便會覺得清幽舒適，反之置身于卑溼黑暗的地方，自然會感到身心的不安，房屋既然成爲人類寄身養命的唯一處所而且我們畢生的光陰，都在他的懷抱之中過去，他和我們關係的密切，可想而知了，無怪乎中山先生，認衣，食，住，行爲民生四要。

人類由穴居野處，進而至於崇樓廣廈，可說是進化極了，然而歐美的學者，還不斷地在研究，發明，改造，使這人身棲宿的所在，到了盡美盡善的境地，近今建築技術的進步，大有一日千里之慨，鋼筋混凝土的使用，已把大地的一角，裝琢得如仙界一般，只有我們老大的中國，自有巢氏構木爲巢以後，到現在不知幾歷世代，而一般空氣迂塞，高不及五尺的房屋，還是依舊存在，我們中國人從來只有做文章是高尚的，至于造屋建房，那是工人匠役之事，無關大雅的，所以那些大雅君子，只是蓬牖，茅椽，繩床，瓦灶，的過他們的安閒生活，因爲中國人一向對於工程技術，不加重視，所以一般所謂智識階級者都沒有下着研究的工夫，只讓着那無智的工匠，去模仿因循，這樣一來，如何望着建築技術的進步呢，所以直到現在，一般的中國房屋，牠的式樣還是依舊，缺點仍然存在。

現在就我個人的觀察，中國普通房屋，有以下的幾點缺點。

(1)學說的支配，我國因民智淺薄，科學不發達的原因，致令風水的學說深入民心，牢不可破，所以造屋建房，處處受着他的支配，有的情願把全屋的美觀和實用都犧牲了，我曾看見許多房屋，本來可以向着東的，因受風水學說的支配，而面着西，有的地方可以開牕闢戶的，因此而砌了牆，有的須設中門的，偏開了邊門，諸如此類，不勝枚舉，因此可知受風水之說所蠱惑，不知斷送了多少房屋的實用和美觀。

（2）事先無相當計劃，舊式房子，在未動工以前，很少有全盤計劃的，他們大多數只在造成之後，再加分配，並且各房間的構造方式，都無甚差別，在未鋪床的寢室，和未砌灶的廚房，也沒有什麼特異之點，決不像西式房子的圖樣，把抽水馬桶的地位，也確定了的。

（3）不注意通風和日光，在西式房子，最注意的當然是空氣和光線，但在中國雖知日光和空氣和人生有密切的關係，但是並不十分注意，所以中國房子，窗的面積佔得很少，並且瓦簷遠遠的伸出，把大部分的光線遮斷了，所以中國式的房子，是很不講究衞生，

（4）無廁所及浴室特殊設備，便所是我們每天必到的地方，雖則為時甚暫，但在臭氣逼人的毛廁裏，幾分鐘也夠使你頭昏了，反之坐在白石磁盆上，遍地洒着臭水，很足以使你神清氣爽，所以廁所雖是排洩的地方，但很有清潔的必要，至于浴室的設備，關係於洗澡的勤惰，自很重大，間接與人身健康很有影響，中國的房屋很少有浴室的特殊裝設，所以中國人許多對于洗浴是視為畏途，這是我們中國人的習慣，只要把中堂裝飾得富麗堂皇，而不願意為着廁所和浴室抽出一部份建築費用，所以他們情願造一座萬元的屋，而不肯抽出百元，作為設備廁所及浴室的用處。

（5）廚房和寢室太接近，廚房是用以烹飪肴饌的，那裏有雞豚之聲，鮑魚之臭，以及腿膻雜物，最易引誘蒼蠅等類的東西，並且還有濃烟異味，最礙衞生，我們本應避之惟恐不遠，但是普通一般房屋，往往把廚房放設于離寢室不遠的地方，而日夜受着濃烟的薰染。

(6)中堂的虛耗，在中國一切結婚，喪葬的禮式，都是在家庭之中舉行，不像外人的借用旅館，教堂，殯儀館等爲行禮的地方，所以爲着這個需要起見，中國房子多備有很大的中堂，他的面積佔得正大，而且裝飾得格外華麗，以供這極短時間的用處，在平時這偌大的地方，是放着空的，以這很大的面積，做着短時的効用，實在太不合算了。

(7)不事花木的栽培，在普通房子裏，很大的庭院，往往放着作爲豢養鷄鴨的場所，致令鷄糞遍地，臭氣逼人，旣不衞生，復礙觀瞻，假使稍費數錢，略植花木，則清幽雅緻得多，並且看看樹木的枯榮，也可知四時的幻變，有時於樹陰月下，散步閒遊，亦人生之樂事。

(8)其他　其他關于建築方面的，如構造方法的拙劣，材料的不正確，設備的簡陋，等等，最可惡的裂縫罅隙，不加彌蓋，使蛇鼠出入其間，與人類同居共處，這是最不衞生的。

以上各點，雖然有因爲經濟能力的限制，然而主要的原因，還是中國人民，苟且因循不思改進的緣故。

土木工程學會底後顧與前瞻

周志昌

一 前言

當這本會刊展開了笑靨來受我們敬禮的時候，有一件事使我們感覺到無限底欣慰，就是這本會刊和以前所出版的會刊，在性質方面稍有不同；以前所出版的會刊是土木工程系和化學系公有的產物，範圍不能說是不廣，可惜性質太混雜了。不能將本系的精神充分地表現出來。這本會刊却是本系同學整個力量的結晶，範圍當然不免狹小些，可是性質却是純粹得多了。出版會幾位先生們爲了這個原故，特地叫我把本會的過去，和本期執委會的工作概況，詳細地介紹一下，本人覺得在職言職，也就不揣簡陋，忠實地寫了這一篇，謹獻給一般想認識與已認識本會的人士，和離校與在校的會友們。

二 史略

復旦底誕生，遠在三十年前，在過去的歷史上，本系早佔有光榮燦爛的一頁，不過，本系雖有悠久的歷史，而本會的組織却遲至民國十六年才告成立。當時的本會叫做理工學會。是本系同學和化學系同學共同組織的。這會的範圍廣大是可想而知了。

民國十八年本系同學才單獨組織起來成立本會，取名土木工程學會；那時全國各大學裏有土木工程系的，只有北洋，唐山；和本校。

因爲本校創辦土木工程學系最早，而且成績昭著，所以在全國工程界裏無論是軍政，交通，鐵道各部，或各省建設廳，及其他各大工程機關，都有我們會友底足跡，更因他們勇敢服務，努力工作，早獲得了相當的榮譽——這在社會上與論界裏，已有定評，更無待我來嘵舌了。

在校的會友，都正在努力研究着。將來把研究的心得，貢獻給社會。使本系的光輝永遠在這亟待建設的中國燦爛着！

三　組織系統

無論什麼集會，在初次組織的時候，總是比較的簡單化，本會在民國十八年連監委會都沒有，直到民國二十年改組以後，才漸漸地組織健全化起來。

本會的組織詳情，都列在會章裏，茲不贅述。

四　工作概況

一二八之役，本會受了莫大的損失。自從本學期本會恢復組織之後，我們鼓着最大的勇氣，來努力工作。希望重新煽起本系光芒，不幸爲了經濟及其他種種關係，使我們工作不能達到預定的目的。這是我們工作人員們，所認爲非常抱愧的。現在將本會，在本學期裏所做的工作，約略報告如下：

1. 演講

在研究的工作中，演講佔極重要的地位。許多書本上所不講的新知識，都是從這裏得來的。本學期學術演講的次數並不多，希望下期幾位。工作人員對於這層格外努力些。

2. 參觀

無論學什麼事，都是要耳目並用的，參觀是敎我們用目去體驗一切物件的結構，和應用。我們在本學期中，曾參觀正在建築的四行儲蓄會的廿二層大廈，龍華水泥廠，及閘北水電廠等等。但是我們的慾望，並不因此而感到滿足。我們時時刻刻希望着機會再臨。好赴各大工廠，與營造廠去參觀，或實習。會友們請期待着吧！

3. 出版

把研究的心得，用文字寫出來，和同志們研究和探討。這是出版的意義和責任。歐美學者，對於出版極其認眞，所以他們的市政，道路，建築，和一切工程事務，都非常地發達而完美。時代的需求，我們也不甘沉默了！我們不顧自己能力是如何的薄弱!?學識是如何淺陋!?每個學期都在計劃着出版；本學期賴有諸先進的指導，金主任的鼓勵，和會友們的幫助，與努力。居然使我們完成一部份的使命，與一貫的主張。以我們自己底心血結成了這本小小的册子。

4.圖書

是的，僅靠着幾本教科書，實在不能滿足我們求智的慾望。所以在本系圖書館裏放着各種書籍，供給同學們參考，雖然量是不多，質並不見得窮乏呵！不幸在一二八之役，我們的書籍，有一部份遺失了。現在我們正計劃着豫備大量購買雜誌和書籍來充實牠的內容。

5.體育

沒有健全的體格，是不堪充任工務員的。本會對於體育一層，更不容忽視。這學期本擬主辦一兩種球類競賽會，都爲了時間的關係，不能實現了。

五　今後的希望

會務方面，我們預期每半年把我們的心得集成小册，貢獻給社會，更選集會友的較長著作，或譯述，印成單行本，作爲本會叢書。此外期望在各地的會友們！自行組織分會，與總會聯繫着共同發展。這都是我們的希望。

會友們！動的社會，一刻不稍停地轉變着，工程界也一刻不稍停地演進着，我們的使命決不是這本小小册子所能完成；我們應該緊緊地握着時代，勇邁地向我們偉大的目的前進！前進！

土木工程學會章程

第一條　定名　本會定名爲復旦大學土木工程學會

第二條　宗旨　本會以研究學術聯絡感情爲宗旨

第三條　(甲)會員　凡復旦大學土木工程系同學均爲本會會員

(乙)會友　凡曾在復旦大學土木工程學系畢業或肄業之同學均得爲本會會友

(丙)顧問　凡復旦大學土木工程系敎授均爲本會顧問

第四條　組織　本會組織如下：

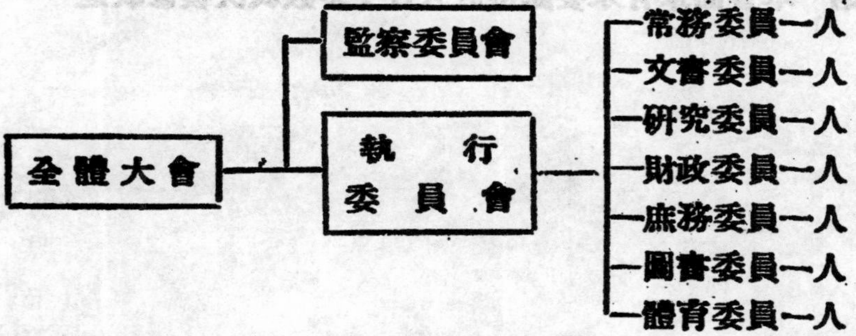

第五條　選舉　(一)本會委員於學期終了之末次全體大會改選之執委以最多票數之七人爲正式委員次多數之二人爲候補委員監委以票數最多之三人爲正式委員次多數之二人爲候補委員職務由當選人互推之

(二)會友無被選舉權

第六條　職權　(甲)全體大會　全體大會爲本會最高機關表決本會一切事務

(乙)執行委員會負本會進行一切事務之責及全體大會之責在大會閉會期間執行委員會爲本會最高機關

(丙)監察委員會覆議執行委員會之議決案審查執行委員會之工作及經濟

第七條　任期　各委員以一學期爲一任連舉得連任但以兩學期爲限

第八條　會費　會員於每學期開始時繳納會費大洋五角其餘各費經執行委員

會議決全體大會覆議通過後得隨時徵收之

第九條　會期　(甲)全體大會每學期於上課兩週內及大考前兩週內召集一次

於必要時經三分一之會員要求得臨時召集之

(乙)執行委員會每兩週舉行一次遇必要時得由常務委員臨時

召集之

(丙)監察委員會每三週舉行一次遇必要時得開臨時會

第十條　法定人數　大會及委員會均以過半數出席爲法定人數

第十一條　附則　本會簡章有未妥處得於大會中多數表決後修改之

編餘談話

王壯飛

本會籌劃出版刊物的事情，很久以前已經有了這種志願，但是因為九一八和一二八的國難，接連而來，一般的心思，都不能收集到書本上，更不暇顧及寫述的工作了。即使搜集有一部份稿件，在一二八的離亂中，也已經不知去向，所以未曾如願。本學期來，國事雖然依然緊張，但是我們求知的欲望，更不能遏止。從政府應付外侮的方法看來，也更覺得現在的中國學生，最重要的使命是讀書。

理論和實際，有的時候並不符合。在學校裏所學習的工程設計等，時常在社會上應用不到。而社會上應用的工程學識，又有很多不是我們在學校裏所能獲得的。我們預備將來服務社會，我們除了知道學理之外，更要明瞭社會上實際工作的狀況；所以我們需要已經畢業的同學給我們一些指導。本學期我們發出了一百幾十封信，分寄給各位畢業同學。結果，我們的收獲，不能滿足我們的欲望。但是我們並不失望，因為我們知道時間太侷促了，不能使各位有充分寫作的時間，便編輯成册，匆匆地付印了。

本會的希望，是每學期能夠出版期刊一巨册，研究工程學識，傳達校內消息。現在希望各畢業同學，能夠隨時將經驗所得，寫述寄下（寄交金主任轉）。

本刊承蒙王希古先生代作封面，特此鳴謝。

本刊承蒙陳鴻鼎君撰寫地窖工程，房屋設計常識，及代徵稿件，深致謝意。至於地窖工程之設計圖樣，因照片不清楚，未能製版，引為遺憾。

本期所載胡嘉誼君的「砂石拱橋計劃」，是胡君在江西公路局工作時所設計，足資參攷。

本刊因限于篇幅，對於文藝方面的寫作，只得割愛，以便儘量刊載實際工程學識。

本刊因急於付印，續到稿件，當于下期刊載。又因付印匆遽，錯誤之處，在所難免，敬祈閱者指正。

本刊附印畢業同學名錄及近況，敬祈將最近通信處，現任職務，及近況等函示，以便按址寄奉本刊。

歷屆畢業同錄近況

姓名	字	籍貫	現任職務	通信地址
吳煥綍	經之	江蘇上海	燕京大學工程師	北平燕京大學
余灼經		廣東新會	已故	
吳銘之		浙江吳興	浙江全省公路局	嘉興北門外月河三十一號
王業祺		浙江諸暨	浙江全省公路局段工程師	杭州浙江全省公路局
侯景文	郁伯	河北南皮	上海市工務局技佐	上海愛文義路永吉里十號
許　光	伯明	江蘇江甯	已故	
陳慶澍	慰民	廣東新會	廣西省道局工程師	廣西省道局
楊哲明	儘禪	安徽宣城	世界書店總務處編審部	上海福履理路資敬坊13號
董芝眉		浙江長興	上海工部局工務處建築科設計工程師	上海工部局工務處建築科
王光釗	冕東	江蘇泰興	浙江大學工學院教授	浙江大學工學院
周仰山	鑄生	湖南瀏陽	湖南省公路局段工程師	湖南省公路局
施景元	明一	江蘇崇明	上海縣建設局技術主任	上海縣建設局
孫繩曾	季武	江蘇寶應	上海縣建設局長	上海縣建設局
徐文台	澤予	江浙臨海	復旦實驗中學祕書	復旦實驗中學
湯日新	又齋	江西廣豐	紹興縣縣長	浙江紹興縣政府
謝槐珍	紀蓀	湖南東安	湖南東安縣敎育局	湖南東安縣敎育局
劉德謙	克讓	四川安岳	四川省路局成渝路工程師	四川省公路局
潘文植		廣東南海	北甯鐵路管理局	北甯鐵路管理局
何昭明		江蘇金山	江甯縣建設局局長	江寧縣建設局
王傳爵	晉藩	江蘇崑山	浙江省杭江鐵路局	浙江衢縣杭江鐵路工務第三段總段工程處

陳　設	序安	江蘇泰縣	南京市工務局	南京市工務局
張有積	熙若	浙江鄞縣	寧波效實中學教員	寧北西門外張增記醬園
湯士聰	輿石	江蘇崇明	已故	
滑建山	卓亭	河南偃師	山東建設廳技士	濟南山東建設廳
吳　詔	諾庶	江西吉安		
蔣　玟	煥周	霍邱	江蘇建設廳京建路溧郎段分段工程司	江蘇建設廳京建路溧郎段分段工程司
劉際雲	會可	江西吉安	湖北省第四中學	江西吉安永吉巷吉豐油榨
錢宗賢	惠昌	浙江平湖	建德洋溪鎮屯建壽路工程處	建德洋溪鎮屯建壽路工程處
林孝富	文博	安徽和縣	蕪湖市工務局	蕪湖市工務局
許其昌		江蘇靑江		
陳鴻鼎	迹	福建閩侯	南京市工務局	南京市工務局
徐　琳	振聲	浙江平湖	上海市工務局技士	武昌湖北建設廳
徐以枋	馭羣	浙江平湖	上海市工務局技士	江灣市中心區道路工程處管理
汪德新		四川犍爲	淮安縣建設局公路處主任	淮安縣建設局工程處
沈澗溪	夢蓮	江蘇崇明	上海市工務局技佐	啓東北新鎮
陸仕岩	傳侯	江蘇啓東	上海市工務局技佐	啓東三新鎮
胡　釗	洪釗	安徽績谿	上海康成公司建築工程師	上海河南路471號
賓希參		湖南東安	湖南公路局杭晃段公程司	湖南公路局杭晃段公程司
余澤新	希周	湖南	富陽富新路工程處	仝前
周書濤	觀海	江蘇嘉定	上海市工務局	上海市工務局
何棟材		廣西梧州	廣西梧州市工務局取締科科長	廣西梧州市工務局
余澤新		湖南長沙		
馬樹成	大成	江蘇漣水	湖北建設廳堤工總局技士	湖北建設廳
徐仲銘		江蘇松江	松江縣建設局技術員	松江縣建設局

余西萬		湖南長沙	南京市工務局	南京市工務局
陳家瑞	肖峯	安徽太湖	安徽桐城安合路第三工程處	安徽桐城大關安合路第三工程處
葉　森	思存	江蘇松江	上海市工務局	上海市工務局
蔡鳳圻	仲橋	崇明	崇明敦和女子初級中學	崇明敦和女子初級中學
聶光堉	守厚	湖南衡山	漢口第一紡織公司廠長	漢口第一紡織公司
潘煥明	欽安	平湖	首都電廠	南京首都電廠
林華煜	君韡	廣東新會	廣東南海縣技正	廣州大南路二十號四樓林華煜事務所
姚昌煌		江蘇金山	嘉定縣建設局技術主任	嘉定縣建設局
鄔烈升	培風	浙江奉化	浙江省公路局長泗路工程處副工程師	浙江省公路局長泗路工程處
王　斌	友韓	江蘇崇明	湖北水利局技士	崇明南河轉
汪和笙	幼山	浙江慈谿	上海市工務局	上海市工務局
倪寶琛	珍如	浙江永康	浙江省公路局金武永路副工程師	浙江永康吳德生藥號
沈琛燮	景瞻	江蘇海門	蘇州太湖水利委員會	海門長興鎮
夏育德		江蘇常熟	已故	
殷　竟	秉巽	江蘇武進	江蘇海州中學	浙江餘姚縣政府
王鴻志	鵠侯	江蘇泰縣	南匯縣建設局技術員	泰縣彩衣街朱九霞銀樓轉
姜達鑑	抱深	江西鄱陽	上海市工務局技佐	上海市工務局
曾觀濤		江蘇吳江	東方鋼窗公司	上海辣斐德路淞云別墅三號
沈元良		江蘇海門	海門中學教務主任兼數學教員	江蘇海門上三星鎮
任朝卓	自覺	廣東新會	廣州市工務局技佐	廣州市工務局
劉海通		河北沙河	河北建設廳技士	北平後門三座墻
葉貽堯	永順	鎮海	上海市工務局	虹口公平路公平里八百號
孫乃驂	祿生	浙江	上海市工務局技佐	上海市工務局
梁泳熙		廣東東莞	廣東建設廳南路公路處	廣東建設廳南路公路處

湯邦偉		廣東台山	廣州復旦中學教員	廣州復旦中學
韓春第		天津	山東建設廳	山東建設廳
李育英	樹人	安徽霍邱	福建省公路局洪白測量隊	福建福州西關外白沙鄉瀛時洪白測量隊
丘秉敏	英士	廣東梅縣	德國工專研究	汕頭松口麗華號
包甘德		江蘇上海	威海工務科	威海公署工務科
孫斐然	非園	安徽桐城	安徽蕪湖工務局	安徽蕪湖工務局
王晉升	子亭	河北唐山	杭江鐵路第三總段第五分段	浙江衢州杭江鐵路第五分段
馬雲鵬		河北天津	美國研究	
趙承偉	渭亭	江蘇上海	富陽富新路工程處	仝前
徐祖源	澤深	江蘇宜興		宜興北門段家巷
馬奮飛		廣東順德		香港大道西八四號二樓
粟　頤	少松	湖南寶慶	湖南建設廳	仝前
張兆泰		河北灤縣		
孫祥萌		浙江紹興	杭江鐵路局總稽核	杭江鐵路局
把若愚		江蘇泗陽	威海衛管理公署	威海衛管理公署
吳厚禔	李餘	福建閩侯	福建學院附中教員	福州城內織緞巷十六號
何照芬	仲棻	浙江平湖	紹興嵩壩紹曹嵊路工程處	仝前
張文田	心芷	江蘇丹徒	威海衛管理署工程科	蘇州葑門十全街帶城橋弄三號
范維瀅	惟蓉	浙江嘉善	山東膠濟路局	嘉善城內中和里
沈克明	本德	江蘇海門	上海四川路四行儲蓄會建築部	上海四川路四行儲蓄會建築部
李達勛		廣東南海	香港華隆建築公司	廣州市永漢路東橫街四十五號三樓
李壽彭		江蘇上海	定中工程事務所	四馬路九號定中工程事務所
傅錦華	立廬	浙江蕭山	本校	本校
陳　豪	重英	江蘇青浦		青浦城內公堂街下塘

李秉成	集之	浙江富陽	杭江路工務設計股	杭州法院前餘慶里北九號
闕鍼謨	禹昌	安徽合肥	安徽第四區行政專員公署	壽縣安徽第四區行政專員公署
葉　彬	壯蔚	廣西容縣	廣西建設廳技士	容縣葉長發
朱鴻炳	光烈	江蘇無錫	吳縣建設局工程主任	蘇州大柳首巷八七號
鄒　棨	光烈	無錫	浙江省公路管理處	杭州湧金橋厚德里四號
王茂英		山東牟平	葫蘆島港務局	
蔡繼青		江蘇常熟		常熟北大榆樹頭
張景文		廣東開平	平漢鐵路工務處技術科	漢口平漢鐵路工務處技術科
張寶山	秀峯	山東文登	威海衞公立第一中學校長	威海衞公立第一中學
何孝綑		福建閩侯	杭江鐵路工程局	浙江衢州後漢街杭江鐵路
鄧慶成	涉泓	江陰	江蘇省土地局	鎮江將軍巷二十四號
朱坦莊	荇卿	浙江鄞縣	上海義品銀行	甯波鄞江橋
曾越奇	光遠	廣東蕉嶺	北平陸軍軍醫學校	廣東蕉嶺鎮平新市
羅石卿		江西南昌	南昌工專教員	南昌富子巷鄒嘉興棧
徐信孚		浙江慈谿	松江建設局	上海東有恆路善德里909號
沈其頤	輔仲	湖南長沙	湖南全省公路局	湖南長沙興漢路三十八號
馮　銓	養眞	浙江諸暨	上海滬杭甬京滬兩路局產業課	杭州南星橋店口硯家塢
徐滙濬	伯川	山東益都	山東建設廳小清河工程局	山東建設廳小清河工程處
蓋駿聲	聞遠	山東萊陽	山東建設廳	山東建設廳
殷天擇		江蘇武進		常州棗橋
梁曙光		湖南安化	杭州中學總務主任	仝前
龔　允	公允	江蘇海門	杭江鐵路工務第一段練習工程司	杭江鐵路工務第一段
俞浩鳴		浙江奉化	青島市工務局	青島市工務局
張增康		廣東梅縣	廣東梅縣學藝中學	廣州文德路陶園

張坤生		福建思明	坤泰工程公司	廈門中山路一七八號
何會沅	善軍	廣東	廈門坤泰營造公司工程師	廈門中山路一七八號坤泰營造公司
戚克中	履道	江蘇武進	南通建設局	南通建設局
楊　濂				
馬輿午				
譚茀崇	小如	湖南湘鄉	浙江公路局永縉段	長沙小高碼頭十號
楊克觀		湖南長沙	江蘇建設廳	鎮江建設廳
王志千	軼風	浙江奉化	上海閘北王興記營造廠	上海提籃橋匯山路八安里二十號
霍慕蘭		廣東南海		
王　進	賓一	江蘇海門	上海楊錫鏐建築事務所	海門上三星鎮
黃　傑	鼎才	浙江平湖	江蘇建設廳京建路工程處	江蘇溧水孔鎮京建路溧郎段第二分段
胡宗海	稚心	浙江上虞	軍政部軍需署營造司技士	南京花牌樓科巷建新旅社
朱鳴吾		江蘇寶應		寶應古朱家巷二十六號
張棠閣	石渠	江蘇崇明	江蘇建設廳京建路溧郎段工程處	杭州裏西湖三號
郁功達				楓涇鎮
程　鏞	光傑	安徽歙縣	上海定中工程事務所	上海四馬路九號
金士奇	士騏	浙江溫嶺	軍政部軍需署工程號	漢口江漢三路長興里三號軍需署工程處駐漢辦事處
朱能一		江蘇松江	漢口市工務局	漢口市工務局
陳理民		廣東羅定	廣東防城縣立中學	廣東防城縣立中學
牟鴻恂		四川巴縣	全國經濟委員會工務服技士	上海霞飛路二三八號
范本良			軍政部軍需署營造司	南京軍政部軍需署營造司
王雄飛		浙江奉化	南京振華營造廠經理	南京鹽倉橋東街十九號
吳肇基			雲和縣雲龍慶路測量隊	杭州上珠寶巷十一號
李昌運			南京工兵學校建設組	南京工兵學校建設組

陳桂春				鎮江口岸大泗莊
陳式琦.				(已故)
戴中潞			江蘇建設廳	江蘇建設廳
唐嘉袞		廣東中山	杭江鐵路工程局橋樑股	杭州鐵路工程局橋樑股
沈棨沛				
劉膺芳			津浦線良王莊工程處	仝前
程進田	漪僊	儀徵	軍政部軍需署營造司	南京軍政部營造司
丁祖震	適存	江蘇淮陰	浙江公路局天臨路測量隊	浙江天台縣探投天臨路測量隊
李次珊		河南	山東建設廳	山東濟南建設廳
董正華			軍政部軍需署技士	豐縣劉元集
蔣璜			浙江省公路局奉新路測量隊	浙江公路局奉新測量隊
于霖	澤民	浙江甯海	(浙江鎮海穿育國防公路測量隊隊長) 浙江甯鎮公路測量隊隊長	鎮海縣政府轉測量隊
鮑得冠			浙江紹興中學	紹興姚江鄉高車頭
曹振藻				
李球			江西公路局	南昌江西省公路局
鄭彤文	筱安	江蘇淮安	安徽績溪縣績屯段工程處	仝前
周唐	順孫	江蘇淮陰	全國經濟委員會	南京廣藝街七號
王鍾忞		江蘇崑山	江蘇銅山縣建設局	
王元善		浙江臨海	中央軍校校舍設計委員會	南京中央軍校校舍設計委會員
曹敬康	伯平	浙江海甯		
俞恩炳	誦淵	浙江平湖	安慶安徽省公路局	
俞恩炘	詞源	浙江平湖	安慶安徽省公路局	
邱世昌		江蘇啓東	上海大昌建築公司	上海大昌建築公司

丁同文		江蘇東台		
陶振銘	滌新	浙江嘉興	安慶安徽省公路局	
徐亨道		浙江象山	上海東亞地產公司	上海寧波同鄉會五樓十五號
姜汝璋		江蘇丹陽	上海市北中學教員	奔牛姜市姜合興號
林希成	里桐	廣東潮安	香港民生書院教員	香港九龍民生書院

畢業同學調查表

本會爲明瞭本系畢業同學狀況，並備將來續寄本刊，特製此表。敬祈本系畢業同學，詳細填明，寄交本會出版部爲荷。

土木工程學會啓

姓名		字
籍貫		
離校年期		
現任職務		
最近通信處		
永久通信處		
備註		

年　　月　　日　　　填寄

會刊
1933

目　錄

卷首語

編 者

自從本刊創刊號出世以後，我們接着就籌備第二個結晶品的誕生。

二十三年二月裏，一個寒風凜洌的早晨。我們的愛物（這本册子）在痛苦的掙扎和奮鬥中，投進了這個世界。

無論她是怎樣的幼稚，軟弱和奇醜，她是我們的心血所孕成的。她代表我們全部的靈魂，她負有建造模範村的偉大使命。我們愛她，助她，很勇敢地把她貢獻給和我們有同好的讀者們面前。我們很誠懇的接受讀者們關於她的不健全和殘缺的批評。我們更希望能逐漸地充實內容，使她的前途有偉大的成功。

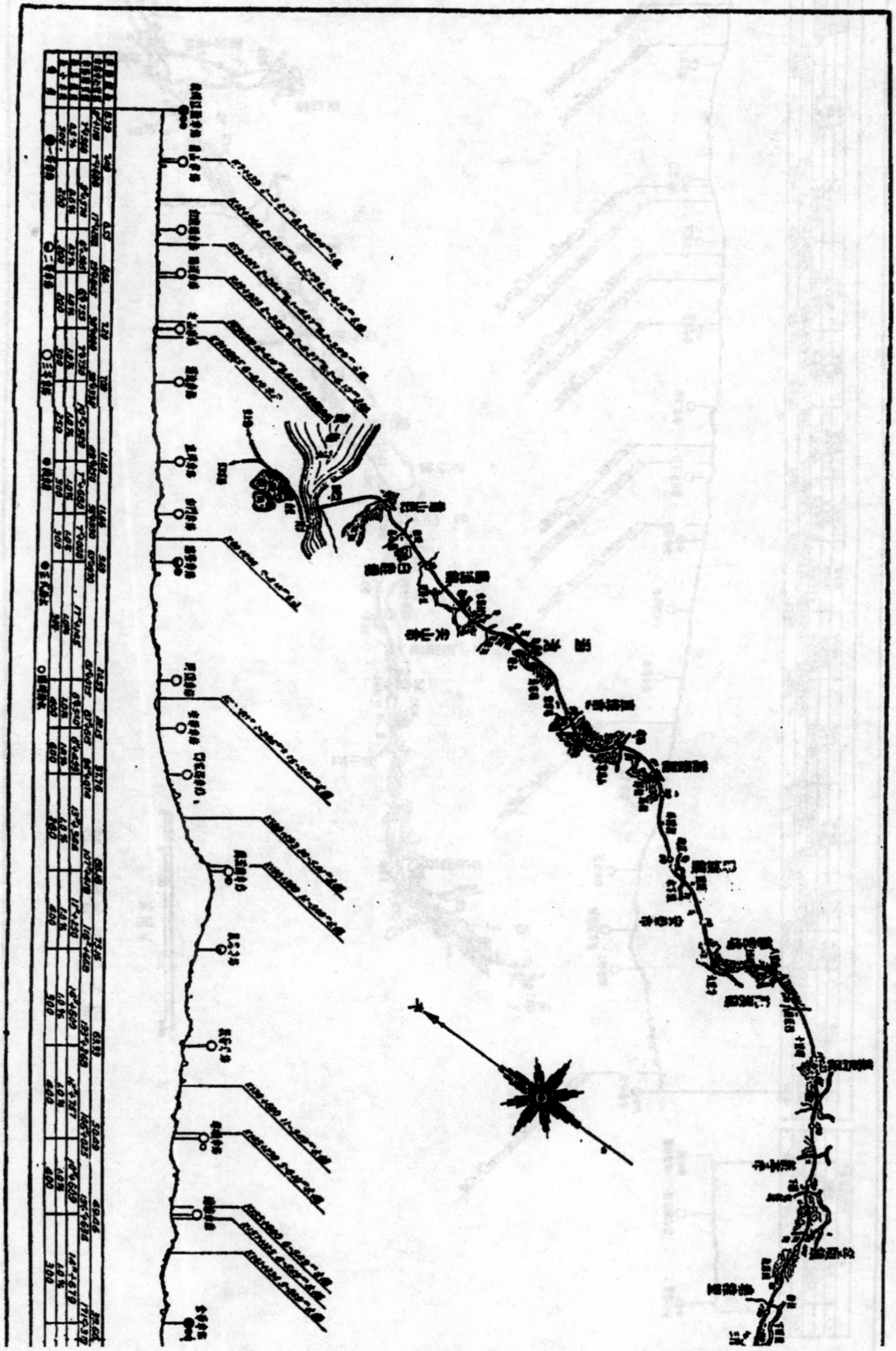

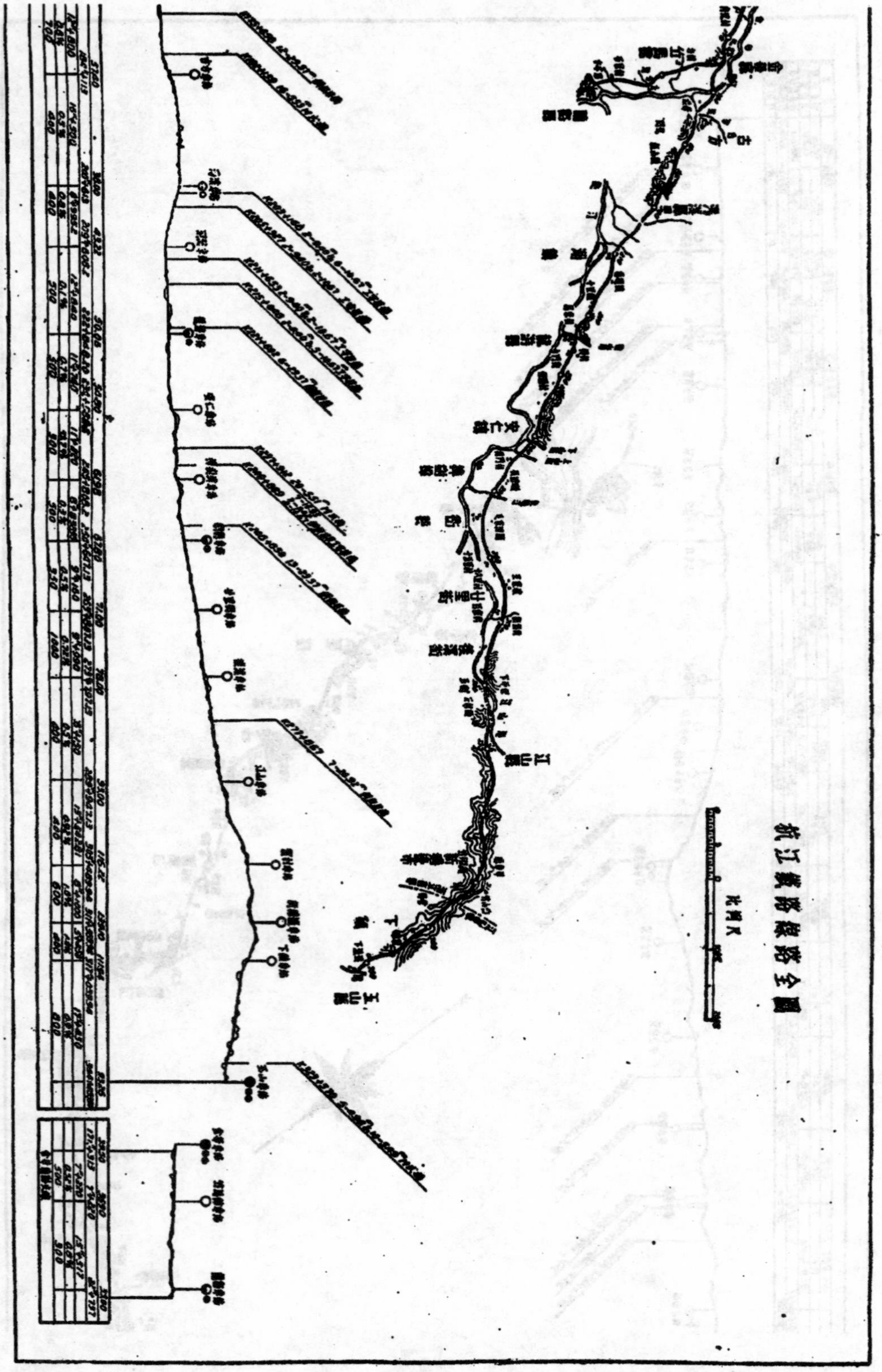
杭江鐵路線路全圖
比例尺
江山縣
玉山縣
安仁鎮
廿里街

杭江鐵路工程誌略

李秉成

引言

杭江鐵路爲我國年來新興鐵道之一，由浙江省政府籌款修築，全綫總長三百六十餘公里，蜿蜒浙東，直入贛省；其路綫所定，原爲浙贛二省之幹道，將來如能延接南昌以達萍鄉，得與粵漢路接軌，卽爲總理實業計劃東南鐵路系統內東方大港廣州綫之全部。其地位之重要，於此可見一斑，按諸鐵道國營之原則，其建設原應由中央，負責統籌；惟以目前國庫竭蹶，修築本路，恐短時間內，中央或乏餘力進行。浙省當道有鑒於浙東農村經濟日益衰落之危機，以爲欲言救濟實非開發交通不爲功，因覺此路之需要，至爲迫切，乃有以地方經費提前興修之議。溯自十八年開始籌備，以迄十九年工程局成立，全綫測勘竣事，江邊至蘭谿段卽先行開工，積極興築。越年一月浙省府改組財政支絀，工事進行幾陷困境。所幸繼任建設當道對於本路建設，仍以全力維護，並賴滬杭銀行界實力贊助，得將全段工款，籌措充足，工程之進行，乃得免於停頓，而路務進展之基礎，於此反益形鞏固矣。是年七月，鐵軌敷設展達諸暨，先行局部通車，翌年(卽二十一年)三月，全段工竣，通車蘭谿以來，已一年有餘矣。當是段工程完竣之初，卽圖展築金華至玉山段之工程，以期賡續原定計劃，一氣呵成，俾竟全功。復賴省政當局轉輾折衝，幾經磋商，中央庚款董事會及杭滬銀行團之借款，克告成立，計由中英庚款董事會息借購買倫敦材料費英金二十萬磅，約合國幣三百五十萬，及銀行團借款二百五十萬元。是項借款均以該段全部財產作抵，雙方合同訂明，將來分年在營業收入項下攤還本息，此外工款尚有不敷之處，則由省庫籌撥。至此，金玉段之資本完全解決，工程設施得以繼續進行。該段工程今方在積極猛進中，如無意外阻礙預定二十三年元旦即可全綫竣工，通車玉山，（編者按該路全線巳於十一月二十八日完工，十二月二十八日通車）作者在路三載，前後躬於其役，凡對於路綫勘測，工程設施之經過情形，稔之較詳，爰特不揣譾陋，述其工程之概略，想亦有心人士之所樂許歟。

勘定路綫之經過

鐵路路綫之取向。關係沿綫市鄉之交通，與路政本身之發展至爲鉅大，故於建築之始，路綫之如何決定，殆爲首要問題。其勘測之工作，必須觀察深遠，計劃周密，務求其盡善盡美，俾得臻乎築路之要旨也。本路原擬路綫，係自杭州遵錢塘江左岸，溯江而上，經富陽，桐廬，建德，蘭谿，龍游，衢縣，江山，以迄江西之玉山縣境。此綫原爲有清時代之驛道，歷屆省政當局，迭有興築鐵路之議，先後勘測，計有六次之多、其地位之重要，固巳不言而喻。且沿綫農產豐富，人烟稠密，凡於鐵路之經濟原則，極稱適宜。但因勘測結果，路綫所經，必須跨越崇川峻嶺，橋梁山洞之工程，殊爲艱巨，估計工費，總需二千五百餘萬元，度以一省之財庫，力有未逮，勢乃不得不改變方針，別覓途徑。嗣卽發見江右之比較綫，（卽今日所定之路綫）。此綫與上述原綫隔江相視，發軔於杭州三郎廟對岸之西興江邊，經蕭山，沿錢塘江支流浦陽江流域而上，歷諸暨，義烏，順東陽江而至金華，分一支綫以通達蘭谿，其幹綫則由金華，至湯溪，龍游卽與上述原綫相會合，仍循衢縣，江山，而達玉山爲止。路綫所經，地勢俱屬平坦，工程較少困難，需費亦復較省，成功自易，且所經蕭・諸・義・金・湯・各屬。俱爲富沃之區，夙受交通阻滯，苦於無從發展，依上所述，關於鐵路經濟之原則既極相宜，而工程建設之經費所省過半，二者兼顧並得，路綫勘定之計劃於焉決定矣。

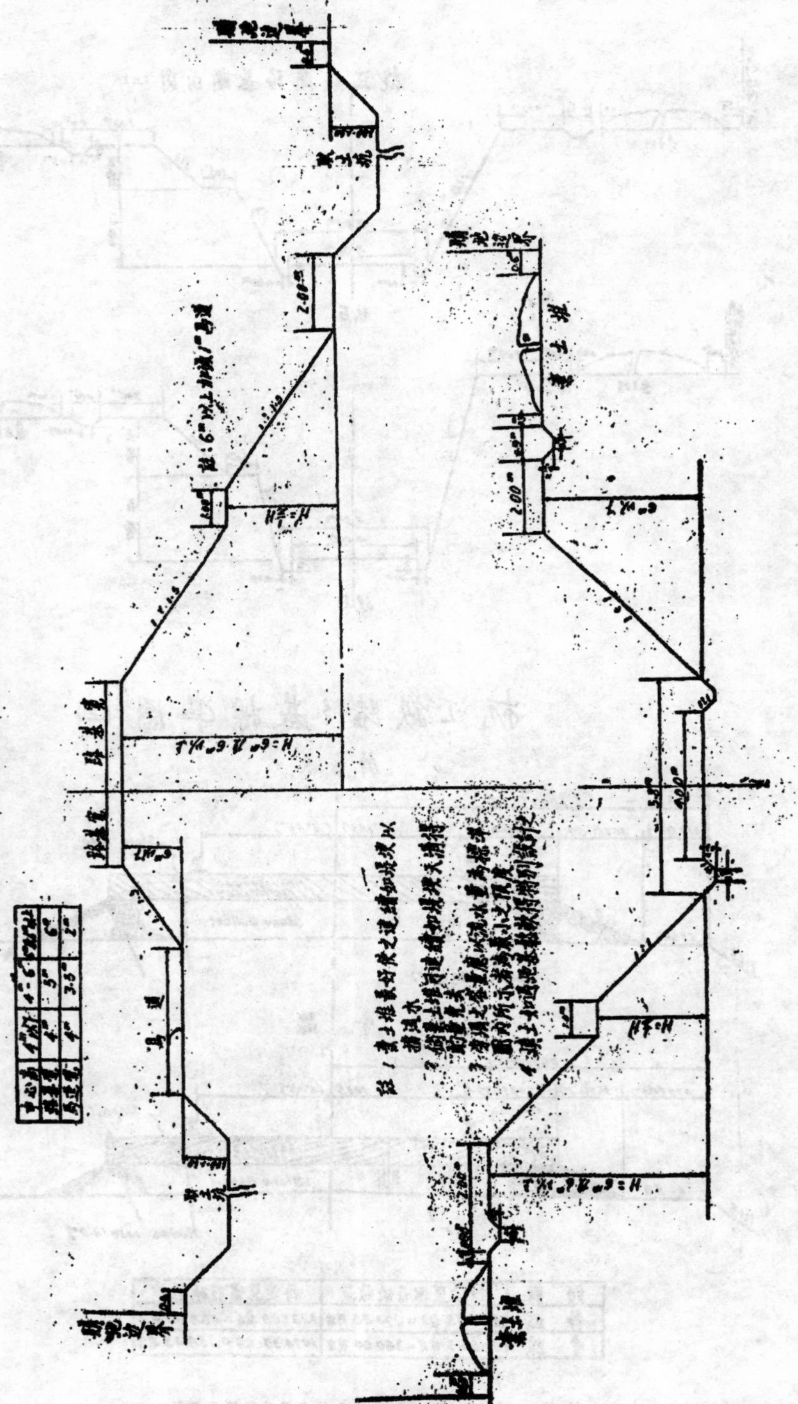

杭江鐵路路基斷面圖(一)

杭江鐵路路基斷面圖(二)

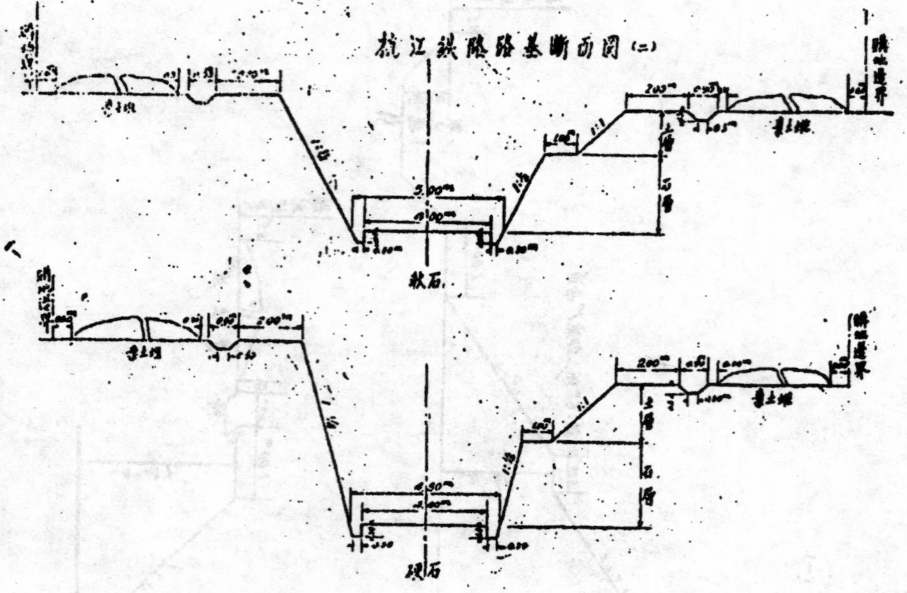

杭江鉄路之基標準圖(三)

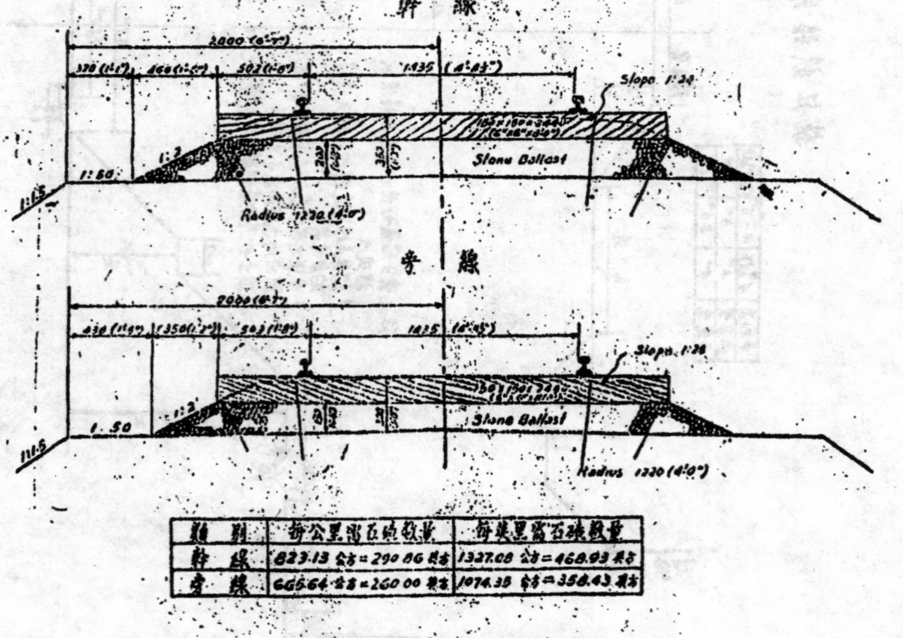

線別	每公里需石碴數量	每英里需石碴數量
幹線	823.13 公方=290.86 英方	1327.08 公方=468.93 英方
支線	665.64 公方=260.00 英方	1074.35 公方=358.43 英方

註明 所有尺寸均以公厘計算註之英尺數僅係約數

工程計劃之標準

本路資本有限，故所有工程計劃，自應以力求節省經費為先決問題，而於工程設施。則仍務期充實堅固。本路創辦之始，即本此項要旨以擬定設計標準，以編立建築預算。然論鐵道工程之設施，可分首要與次要二部：其首要部份，如綫路橋梁等工程，則俱應遵照定章正式興築，以謀永久之適用，而為異日預留發展餘地。其次要部份，如車站房屋，及其他車務設備等，均可斟酌緩急，不妨暫從簡單着手，日後仍可次第增築，以應實需。玆將本路各重要工程之設計標準，分別述之：

1.路基　路基工程，可分挖方與填方兩種，其斷面標準式如下圖，其縱坡度規定以百分之一為限，曲綫半徑則最小不得在三百公尺以內，路基土面自中心頂至路基邊成1'-50之坡，其上鋪道碴二公寸。

附圖：

杭江鐵路路基斷面標準(1)

杭江鐵路路基斷面標準(2)

杭江鐵路路基斷面標準(3)

2.橋梁涵洞　橋梁設計以限於經濟，視工程之艱易分臨時與永久二種，以分別建築，凡屬臨時性質者，俱以樁墩木橋為之，大抵以小橋為限，其載重設計祗照古柏氏E-20計算。至於永久性質之橋梁，則概照古柏氏E-50計算。此項式別。又可分為上承式鋼板梁，工字形鋼梁，及混凝土拱橋等三類，涵洞工程，均以鋼筋混凝土水管為之，可分圓形與三角形二種。

3.鋼軌及軌間　鋼軌係採用每碼三十五磅之鋼軌，其斷面則按照美國土木工程學會所規定者，計軌長每條三十英呎，下鋪“6吋×6吋×8呎—0吋”之枕木十四根。軌間則遵用各國之標準，即按4呎8½吋之寬度，以敷設鐵道，以此項輕小之鋼軌，而用標準規間之建築方法，在國內原無先例，即徵諸外國，亦乏例可循，實為本路所首創。至所以採用輕軌，原為節減經費，而所以適用標準軌間，則實為將來留發展餘地。蓋狹軌鐵道，縱能省費於一時，但運務進展，則終難期於他日。現觀本路江蘭段二百公里，通車年餘，行駛安穩，而應付客貨運輸，俱感游及有餘，足證此項辦法，施之新開發之地，洵為最合乎經濟之原則。至於軌道啣接之方法，因機車客貨車等均以每軸8.5噸之載重為設計標準，為欲避免支點陷落，發生懸梁作用 (Cantilever action) 之弊端起見特用懸點啣接法 (Suspension Joint)，同時因軌道輕便，路基未臻堅實仍採用舊式之相對啣接法(Square Joint)，如此，道基卽或沉陷，相對兩軌則不致高凹縣殊也。

杭江鐵路之客車

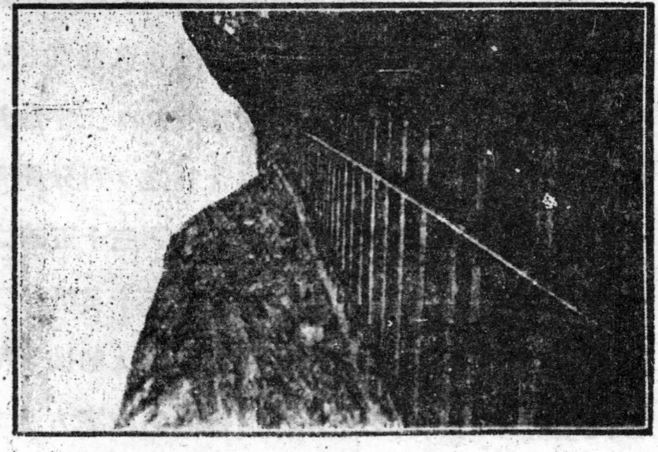

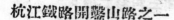

杭江鐵路開鑿山路之一

杭江鐵路列車之二

江蘭段工程誌略

江蘭段起自西興江邊，以達蘭谿爲止，全長二百公里，其中江邊至金華一百七十八公里爲幹綫，其餘二十二公里爲支綫。全段工程，俱甚平凡，蓋路綫所經，悉爲平坦之區，又無巨川橫貫，故路基及橋梁等工程，實施較易。縱坡度最大者爲百分之一，曲線半徑最小者原規定爲三百公尺，惟本段在蕭山附近，有一處二百五十公尺之曲線，此爲應付特殊情形而設，以後自應設法改正之。本段路基工程之實施，以土石山，鄭家塢，及蘭谿費隴內。等處之鑿石，爲較困難，其中心深度，約有九公尺之譜，此外填土中心最高者亦達十公尺左右，此項土工原無問題，惟在一百二十三公里之處爲較費事，蓋該處路基經過義烏之繡湖，幾長一公里餘，湖中汙泥極深，致路基先後填築數次，均告坍陷，通車以後，適遇霪雨冲刷，幾至出險，最後於兩邊坡脚打下木樁二排、路基下改填大塊片石，始形漸告穩固，然工費損耗，已屬不貲。事後詳細觀察。發現此種汙泥，（其實並非土質乃爲各種腐爛之 Organic matter 所積成者）上層實不宜遽填堅土，應先以樹枝或煤碴鋪入一層，再行填土，俾湖底汙質不致外擠，而免坍陷之虞。本段大小橋梁，計共一百〇一座，其中不及三十公尺者九十二座，三十公尺以上者九座，尤以尖山，大

杭江鐵路蘇江大橋

1.蘇江橋——爲M式橋之一；其間混凝土墩座爲永久設置餘均屬臨時性質，將來即改爲三孔鋼板梁橋。此橋基礎用鋼筋混凝土沈箱法築成。

2.混凝土拱橋之一

杭江鐵路混凝土拱橋之一

3.浣江橋——爲臨時木橋之一

杭江鐵路浣江大橋

陳，浣江，三橋爲最長，計尖山橋長一百五十公尺，浣江橋長一百四十三公尺，大陳橋長一百三十公尺，各橋建築除尖山橋以木樁墩上架上承式鋼板梁外，餘均係臨時性質之木橋，間亦有多處係用混凝土座墩上架木梁，此項座墩將來卽用以改設鋼梁，此外一部份全爲永久性質者，則爲混凝土拱橋計十有五座。本段道碴俱係就地取材。沙石並用。鋼軌均按標準規定購自外洋，正線用八號轍尖。側線用六號轍尖。枕木一項當初原有採用國產之議，旋以需量過多，且迫於時間，故仍購用外貨，其間約有一萬餘根，爲國產枕木。每公里用枕木"1531"根，全段總計三十萬餘根。車站房屋及貨物倉庫初均以道木搭蓋應用，現以不敷，均已次第興造瓦屋，惟仍爲臨時性質。本段建築資本，現已結束完竣，總計支出六百九十九萬餘元。平均每公里建築費三萬餘元，較之其他國有鐵道，每公里需費七八萬元者，幾節省過半。茲將本段各項資本支出數額列表如下：

附表：

"江蘭段建築資本決算表"

杭江鐵路江蘭段建築資本決算表

項別	稱　　總	支出總數額 元		備　　攷
資一 1	總務費	840,538	43	
資一 2	籌備費	105,387	74	
資一 3	購地	29,985	63	此項費用包括房屋遷移青苗補償等費所有用地地價均不在內
資一 4	路基築造	878,704	03	
資一 5	隧道			本段無此項工程
資一 6	橋工	929,364	36	
資一 7	路線保衞	16,007	93	

資一 8	電報及電話	216,714	05	
資一 9	軌　　道	2,504,138	52	
資一10	號誌及轉轍器	60,166	77	
資一11	車站及房屋	160,927	68	
資一12	總機器廠	75,728	99	
資一13	特別機廠			本段暫時無此項設備
資一14	機件之設備	59,360	25	
資一15	車　　輛	880,603	25	
資一16	維持費	234,996	52	
資一17	船港及船埠			本段暫無此項設備
資一18	浮水設備品			本段暫無此項設備
	總　　計	$6,992,624	15	自民十八開辦迄民二十一年終止各項總數

金玉段工程紀要

金玉段起自金華，歷湯溪，龍游，衢縣，江山，以迄於玉山，長一百六十五公里，於去歲十一月複測完複，十二月積極興工以來，已六閱月於茲。本段綫路，計共曲線八十五處，最小半徑爲三百公尺，縱坡度最大一0.97%，塡土中心最高十10.12公尺，挖方中心最深一11.46公尺、此項路基工程，其間除有一二處開山鑿石者較爲費工外，大致俱無困難。現在全部土石方工程，由各包商分別承築以來，平均已完成百分之六十以上，約二三月後卽可全部工竣。本段路線，經越金華江，盤山港，東蹟江，江山江、等大川，故橋梁工程，頗多艱巨之處：玆將三十公尺以上各大橋，列表如下：

附表：

"金玉段大工橋程表"

杭江鐵路金玉段大橋表

橋名	里程		跨度		全長	橋式	承包總價		備攷
	公里	公尺	孔數	孔長					
金華江橋	4	445.00	12	77'—4"	928'—00"	上承式鋼板梁	259,693	79	
清洋橋	10	846.00	14 2	18'—1½" 18'—3"	290'—3"	M	33,681	34	
厚大溪	31	855.00	6 2	34'—10" 30'—9"	270'—6"	工字梁	31,953	90	
莘板溪	34	014.00	2 2	34'—10" 30'—9"	131'—2	,,	18,819	09	
竺溪橋	40	238.00	2 2	34'—10" 30'—9"	131'—2	,,	18,008	08	
馬報橋	44	335.00	5 2	24'—10" 30'—9"	235'—8"	,,	28,693	61	
靈山港橋	50	379.00	2 4	77'—6" 77'—4"	464'—4"	上式承鋼板梁	108,815	82	
下山溪	66	544.00	2 18	18'—3" 18'—1"	362'—00"	M	44,407	84	
上山溪	69	575.00	7 6	52'—4" 25'—5"	518'—10"	上承式鋼板梁	100,371	60	
東蹟江	77	744.00	11 2	77'—4" 77'—6"	1005'—8"	上承式鋼板梁	231,957	39	
江山江	160	763.00	7	88'—4"	618'—4"	,,	165,246	95	Pile foundation
濱口橋	152	457.00	2 3	52'—6" 52'—4"	262'—00"	,,	55,473	22	

金華江橋施工之一

杭江鐵路金華江大橋第九橋墩基礎施工情形

金華江大橋施工照片說明

(1)灌注橋墩混凝土工作

(2)橋墩基礎工作—內層用木質 Sheet pile，其外用麻袋裝石子及土壘成深凡十六呎餘

(3)已成部份遠眺

附註：該處通行船隻甚多帆桅需要淨空甚高故橋墩高度達四十呎爲金玉段最高之一橋。

金華江橋施工情形遠眺

表列各橋工程，除濱口外俱已分別出包，次第動工，濱口橋深入江西，界連玉山，材料運輸較爲困難，各公司所投標價與路局預算超出過鉅，故決定由局自建，且爲節省經費計，擬暫時改築M式木橋，除橋座橋墩按原定設計築造外、每孔增設臨時木架墩以架設木樑(原定設計爲五孔52呎鋼樑)現該橋各種工料，俱已籌備就緒，不日即可開始工作矣。上述出包各橋，除金華江橋因開工獨早，其下部建築(Sub. Structure) 已於五月底竣工外，其餘各橋均已完成百分之四十左右。本段大小橋梁，大抵都爲永久性質，其載重設計俱照古柏氏E-50計算。其建築方法，除竺溪，馬根等四橋採用混凝土橋座及鋼筋混凝土樁墩，上設工字形鋼樑外，餘均以混凝土座墩上架鋼板樑築成，各橋基礎工作情形，大致相差無幾，各挖掘七八呎或十餘呎不等，即可到達硬層，惟江山江基礎，在施工時獨較困難，該處河床悉爲沙卵石積成，橋基探驗深入四十五呎，始達硬石底層，故混凝土基礎之下，又須加用基樁。(用22"φ ×45—'0"美松—Oregon Pine) 且以水流湍急，工作殊不易，故施工之進行較爲滯緩。至於工作方法，除樁墩及基樁採用汽錘(Steam Hammer) 擊入外，其餘或以板樁築成圍堰(Wood Sheet-Pile cofferdam)，或以鋼筋混凝土沉箱法 (Reinforced concrete caisson)，或以麻袋裝入土石以壘成拒水壩等，各視當地情形之如何，以採定因地制宜之方法。各處動工以來，俱稱順利，故進展程序，頗爲敏捷，此外三十公尺以內之橋梁，計凡鋼筋混凝土拱橋六座，鋼橋二十座，m式橋十五座，共四十一座，總長約四百公尺，以及水管涵洞約大小四百餘處。俱已分別由包商承築，限期完成。路局之預定計劃，期於本年以內完成本段全部工程，俾二十三年元旦，得以通車玉山。至於預定計劃能否如期實現，當視工地進行之程序能否順利而定，總之，金玉段之工程今方在積極猛與中，進展情形隨時而異，全部紀述，當待全線竣工之後，茲篇所及，姑就其梗概言之耳。

二十二年六月三日衢縣杭江鐵路工務第三總段工程處

金華玉山段建築經費概算總表

項別	名稱	國內建築費 第一部 元		國內建築費 第二部 元		外洋材料費 元		合計 元		備攷
資一1	總務費	280,250	00	90,000	00	——	—	370,250	00	
資一2	籌備費	7,260	00	——	—	——	—	7,260	00	所有儀器設備均由江蘭段移用不另購置
資一3	購地	19,800	00	——	—	——	—	19,800	00	此項祇爲房屋遷移青苗補償等費地價不在內
資一4	路基造橋	885,240	00	——	—	——	—	885,240	00	
資一5	隧道	——	—	——	—	——	—	——	—	無此項工程
資一6	橋工	1,469,820	00	32,800	00	14,617	42	1,517,237	42	
資一7	線路保衞	30,554	00	——	—	——	—	30,554	00	
資一8	電話及電報	39,356	60	——	—	68,661	00	108,017	60	
資一9	軌道	584,005	00	40,590	00	1,053,806	56	1,678,401	56	
資一10	號誌及轉轍器	10,740	00	——	—	31,054	00	41,794	00	
資一11	車站及房屋	26,420	00	2,220	00	26,862	00	55,502	00	
資一12	總機器廠	——	—	——	—	——	—	——	—	暫不設置
資一13	特別機廠	——	—	——	—	——	—	——	—	無需此項設備
資一14	機件設備	1,290	00	——	—	32,649	00	33,939	00	
資一15	車輛	63,800	00	75,800	00	973,642	00	1,113,242	00	
資一16	維持費	86,129	00	102,280	00	——	—	188,409	00	
資一17	船港船塢	——	—	——	—	——	—	——	—	無需此項設備
資一18	浮水設備品	——	—	——	—	——	—	——	—	無需此項設備
	總稽核室經費	10,530	00	——	—	——	—	10,530	00	
	國內建築費之意外預備費	50,000	00	——	—	——	—	50,000	00	
	總計	3,565,194	60	343,690	00	2,201,291	98	$6,110,176	58	

（編者按：本年六月，收到此稿時，上期會刊，適已付梓；更以限于篇幅，未獲插入，于作者，讀者，俱深歉仄！杭江鐵路，現雖全部工竣，與作稿時之情形，略有不同，然此篇內容。偏重于工程方面，並不受時間上之限制及影響，幸讀者勿以明日黃花視之

護土牆之設計

曹家傑

總論

一堆泥土，煤屑，或其他物質，任意放置於一無限止的地位時。因它的所有的穩固性而形成一定的斜坡。此種斜坡，和它本身的內部磨擦力，黏着力，及潮濕程度等等都很有影響。當一土墩，它的兩邊成天然坡度，（Natural Slope）很完善的打實後，它的負重量視土壤之支持性而定。

在實施時，需要限制土墩的兩邊成為天然斜坡。此種情形，遇之於挖掘或填土的闊度受經濟的限制或所有權時。在此種情形之下，路旁的泥土必須用牆維護，使其保持原來狀態。而此牆須足以抵禦被約束之泥土的橫推力。

一垛牆用作保持一攤土地或其他物質的原有位置者謂之護土牆。（Retaining Wall）計劃護土牆的初步工作為決定它的位置。假如護土牆沿着固定的財產範圍而作，如公路或鐵道，則其規定的地位有限制。當一護土牆在某一高度及截面，它的建築價格比較掘鑿或填土工程便宜時，則此工程建築為合宜。護土牆截面的選擇，視經濟狀況，建築利便，及其他一切有關係的元素而決定之。

護土牆可用磚石，混凝土，或鋼筋混凝土建造。磚石牆，它的本身的重量必須足以抵禦傾倒力；此種以本身重量得到穩固的牆，謂之重心護土牆。(Gravity Wall)鋼筋混凝土牆，能利用所維護物質的一部份的重量，而使它得到穩固。

重力護土牆之背面，可以垂直，斜向，或斜離填土之一面，最經濟的為斜向填土之一面。因爲難於建築的緣故，在普通情形下，此種式樣很少用到。在寒帶，爲避免冰凍高聳的危險，只能犧牲經濟問題而求其堅固，則護土牆之背面須稍爲向前傾斜一些。

載重情形

載重情形，大概可分爲三種：(一)無過量泥土者，其填土之頂面爲平面，且與牆之頂點齊；(二)有斜面之過量泥土者，(Inclined Surcharge) 其填土之頂面，從牆之背面頂點起向後逐漸高聳；(三)有平面之過量泥土者，(Horizontal Surcharge) 其填土之頂面高出於牆之頂點。

第二類中之斜坡角度，普通卽爲其所維護物質之天然坡角。(Angle of Natural Slope 或 Angle of Repose)通常情形，其角度爲33°42′，卽爲$1:1\frac{1}{2}$之坡度。第三類中之過量載重，並非爲填土面之高出於牆之頂點，而爲其所載外加之載重，如房屋建築物及火車等等：此種外加載重，其每平方呎之重量，以每立方呎泥土之重量除之，得其相當的泥土載重，其壓力卽以相當高度之泥土計算。

穩固原理

護土牆有三種崩壞原因(一)任何接合面之滑瀉；(Sliding) (二)任何接合面的前端的傾覆；(Overturning) (三)任何平面前端之壓碎。(Crushing 欲使一護土牆穩固存在，則此三種崩壞情形必須避免。然欲避免此牆之滑瀉，傾覆與壓碎，必須先明瞭其所維護之物質施與此牆之壓力如何。泥土施與護土牆之推力，與水力之推力施與水堰同樣，須求得其壓力之數量，着力點，及其施力線之方向。茲分別討論如下：

(一)橫壓力數量原理

從第一圖上，AB 爲牆之背面，與平地成θ角度；BC 爲天然坡度，與平地成φ角度；BM 爲破裂面(Plane of Rupture)，與平地成未一知角X

角度；Θ 爲所載泥土之任何點；W爲稜柱 ABM 之量重；OL垂直於 AB, ON 垂直於 BM。W 之重量分成 E 及R 兩分力，E 與牆背的垂直線成未知角 Z 角度，R 與破裂面之垂直線成φ 角度。

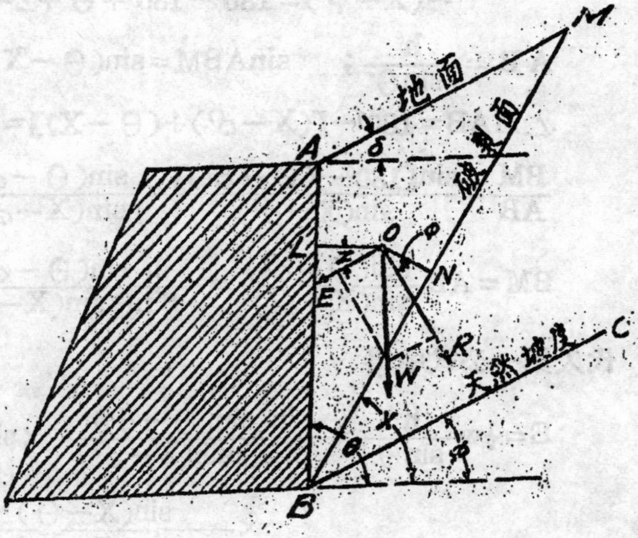

第一圖

設 h ＝牆之直高度；

E ＝泥土施與牆之壓力；

w ＝一立方單位泥土之重量；

W＝最大橫壓力之每單位長的泥土稜之重量；

Θ ＝平地與牆背間之角度；

φ ＝泥土之天然坡角即平地與天然坡度間之角度；

X ＝平面與破裂面間之未知角度；

Z ＝牆背的垂直線與泥土壓力方向線間之未知角度。

假定此土稜 ABM 在下列三種力量之下，得到平衡時，(一)土稜之重量；(二)牆之抵禦力等於 E；和(三)破裂面之抵禦力等於 R，則

$$E = W\frac{\sin WOR}{\sin WRO} \cdots\cdots\cdots\cdots (1)$$

然 $W = w \times ABM = \frac{1}{2} w \times AB \times BM \sin ABM$；

$\angle WOR = \angle WON - \angle RON = X - \phi$；

$\angle WRO = 180^0 - \angle OWR - \angle WOR = 180^{\circ} - [180^{\circ} - (\Theta + Z)]$

$$-(X-\phi)=180^{0}-180^{0}+\Theta+Z-X+\phi=\Theta+Z-X+\phi\ ;$$

$$AB=\frac{h}{\sin\Theta}\ ;\quad \sin ABM=\sin(\Theta-X)\ ;\quad \angle AMB=X-\delta\ ;$$

$$\angle MAB=180^{0}-[(X-\delta)+(\Theta-X)]=180^{0}-(\Theta-\delta)\ ;$$

$$\frac{BM}{AB}=\frac{\sin[180^{0}-(\Theta-\delta)]}{\sin(X-\delta)}=\frac{\sin(\Theta-\delta)}{\sin(X-\delta)}\ ;$$

$$BM=AB\frac{\sin(\Theta-\delta)}{\sin(X-\delta)}=\frac{h\ \sin(\Theta-\delta)}{\mathrm{Sin}\Theta\sin(X-\delta)}\ 。$$

代入第一公式中得

$$E=\tfrac{1}{2}w\frac{h}{\sin\Theta}\times\frac{h\ \sin(\Theta-\delta)}{\sin\Theta\sin(X-\delta)}\times\sin(\Theta-X)\times\frac{\sin(X-\Theta)}{\sin(\Theta+Z-X+\phi)}$$

$$=\tfrac{1}{2}wh^{2}\frac{\sin(\Theta-\delta)\sin(\Theta-X)\sin(X-\phi)}{\sin^{2}\Theta\sin(X-\delta)\sin(\Theta+Z-X+\phi)}\quad\cdots\cdots\cdots(2)$$

此第二公式用微分方式逐步計算，得 E之最大價爲

$$E=\tfrac{1}{2}wh^{2}\frac{\sin^{2}(\Theta-\phi)}{\sin^{2}\Theta\sin(\Theta+Z)\left[1+\sqrt{\frac{\sin(\phi-\delta)\sin(\phi+Z)}{\sin(\Theta-\delta)\sin(\Theta+Z)}}\right]^{2}}\cdots\cdots(3)$$

此第三公式爲通常最大橫壓力施與護土牆之公式，其惟一的未知數爲牆背之垂直線與泥土壓力方向線間之角度。在此公式中，δ角之值須小於ϕ角，Θ角須大於ϕ角。δ角度可正可負；Θ之角度可大於或小於九十度。公式中並表現 E之價值隨Θ（平面與牆背間之角度）和δ（天然坡角）之值增高。

哥倫布氏公式——假定(一)填土面是平的，卽 $\delta=0$；(二)牆背是直的，卽 $\Theta=90^{0}$ 和(三)泥土之壓力方向線與牆背垂直，卽 $Z=0$；則第三公式成爲：

$$E=\tfrac{1}{2}wh^{2}\frac{\sin^{2}(90^{0}-\phi)}{\sin^{2}90\sin(90^{0}+0)\left[1+\sqrt{\frac{\sin(\phi-0)\sin(\phi+0)}{\sin(90^{0}-0)\sin(90^{0}+0)}}\right]^{2}}$$

$$= \frac{1}{2} wh^2 \frac{\cos^2\phi}{(1+\sqrt{\sin^2\phi})^2}$$

$$= \frac{1}{2} wh^2 \frac{\cos^2\phi}{(1+\sin\phi)^2}$$

$$= \frac{1}{2} wh^2 \frac{1-\sin^2\phi}{(1+\sin\phi)^2}$$

$$= \frac{1}{2} wh^2 \frac{1-\sin\phi}{1+\sin\phi}$$

$$= \frac{1}{2} wh^2 \frac{1-\cos(90^0-\phi)}{1+\cos(90^0-\phi)}$$

$$= \frac{1}{2} wh^2 \tan^2 \frac{1}{2}(90^0-\phi)$$

$$= \frac{1}{2} wh^2 \tan^2 (45^0-\frac{1}{2}\phi) \cdots\cdots\cdots\cdots(4)$$

蘭根氏公式——假定泥土壓力方向線與牆背之垂直線間之角度等於天然坡角，即 $Z=\phi$，則第三公式成爲

$$E = \frac{1}{2} wh^2 \frac{\sin^2(\theta-\phi)}{\sin^2\theta\sin(\theta+\phi)\left[1+\sqrt{\frac{\sin(\phi-\delta)\sin(\phi+\phi)}{\sin(\theta-\delta)\sin(\theta+\phi)}}\right]^2}$$

$$= \frac{1}{2} wh^2 \frac{\sin^2(\theta-\phi)}{\sin^2\theta\sin(\theta+\phi)\left[1+\sqrt{\frac{\sin(\phi-\delta)\sin^2\phi}{\sin(\theta-\delta)\sin(\theta+\phi)}}\right]^2} \cdots(5)$$

此爲泥土壓力施與牆之有斜背面者之蘭根氏公式。

假定牆背是直的，即 $\theta=90$，和橫壓力的方向線與地面成並行，即 $Z=\delta$，則第三公式成爲

$$E = \frac{1}{2} wh^2 \frac{\sin^2(90^0-\phi)}{\sin^2 90\sin(90^0+\delta)\left[1+\sqrt{\frac{\sin(\phi-\delta)\sin(\phi+\delta)}{\sin(90^0-\delta)\sin(90^0+\delta)}}\right]^2}$$

$$= \frac{1}{2} wh^2 \frac{\cos^2\phi}{\cos\delta\left[1+\sqrt{\frac{\sin(\phi-\delta)\sin(\phi+\delta)}{\cos^2\delta}}\right]^2} \cdots\cdots(6)$$

此爲泥土壓力施於牆背垂直而有過量斜面泥土之蘭根氏公式。

假定$\delta=\phi$。則

$$E=\frac{1}{2}wh^2\frac{\cos^2\phi}{\cos\phi\left[1+\sqrt{\frac{\sin(\phi-\phi)\sin(\phi+\phi)}{\sin^2\phi}}\right]}$$

$$=\frac{1}{2}wh^2\frac{\cos^2\phi}{\cos\phi}$$

$$=\frac{1}{2}wh^2\cos\phi \cdots\cdots(7)$$

此爲過量泥土斜面之角等於天然坡角時之蘭根氏公式。

從以上諸公式，可概括一最簡單之公式如下；

$$E=\frac{1}{2}C\,wh^2 \cdots\cdots(8)$$

此公式中，C爲一恆數，依照ϕ與δ之價值而定。今特將C之價值列表如下：

第一表

天然坡角 ϕ	恆數C之價值							
	與平面之坡度							
	1:1	$1:1\frac{1}{2}$	1:2	$1:2\frac{1}{2}$	1:3	1:4	平	
	相當之坡角 δ							
	45^0	$33^040'$	$26^040'$	$21^050'$	$18^030'$	$14^00'$	0^0	ϕ
55^0	0.18	0.13	0.12	0.11	0.11	0.10	0.10	0.57
50^0	0.29	0.18	0.16	0.15	0.14	0.14	0.13	0.64
45^0		0.26	0.22	0.20	0.19	0.18	0.17	0.71
40^0		0.36	0.29	0.26	0.24	0.23	0.22	0.77
35^0		0.58	0.38	0.33	0.31	0.29	0.27	0.82
30^0			0.54	0.44	0.40	0.37	0.33	0.87
25^0				0.60	0.52	0.46	0.40	0.91
20^0					0.72	0.58	0.49	0.94

各種泥土物質之天然坡角，亦列表如下：

第二表

泥土種類	天然斜坡		磨擦率 tan φ	每立方呎之重量（磅）
	φ	坡度		
冲積土沙	18°	1:3	0.32	90
黏土（乾）	26°	1:2	0.50	110
黏土（潮濕）	45°	1:1	1.00	120
黏土（滲溼）	15°	1:3.2	0.31	130
砂礫（粗粒）	20°	1:1.7	0.58	110
砂礫（大小均匀）	40°	1:1.2	0.84	120
壤土（乾）	40°	1:1.2	0.84	80
壤土（潤濕）	45°	1:1	1.00	90
壤土（飽和）	30°	1:1.7	0.58	110
沙土（乾）	35°	1:1.4	0.70	100
沙土（潤乾）	40°	1:1.2	0.84	110
沙土（飽和）	30°	1:1.7	0.58	120

（二）壓力之着力點原理

從壓力數量第三公式中觀察，壓力之數量與牆之直高度的平方成正比例。故通常從理論方面推測，泥土的橫壓力與流質之壓力定律符合，所以其着力點距牆之底面爲 $\frac{1}{3}$h。

（三）壓力之方向原理

第三公式中之最大橫壓力依照壓力方向線與背牆之垂直線間之未知角 Z 而定。因各個工程師的觀察不同，此 Z角之假定不同，故很難確定其數量。

最合理的假定爲 Z角之價値必界於零度及泥土與牆背間之磨擦角；但泥土與不光滑之石塊牆背間之磨擦角不能確定，故通常假定Z之價値界於 0^0 與 φ之間。在平的頂面，即 $\delta=0$，E 之價値當 $Z=\phi$ 時較 $Z=0$ 時爲小；如在斜的頂面，即 δ 有較大數量，則E之價值當 $Z=\phi$ 時較 $Z=O$ 時爲大。

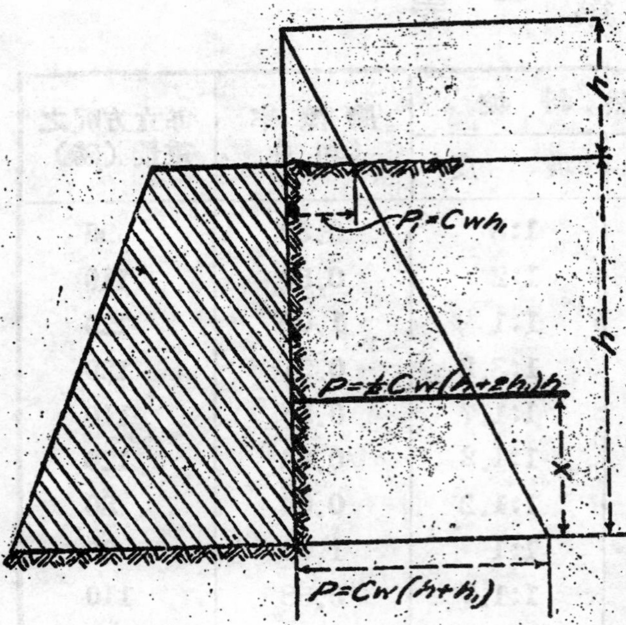

第 二 圖

(四)平面過量泥土壓力之計算

如有平面過量泥土，如第二圖，其面高出於牆頂 h_1 時，則泥土推力之數量及方向，另法計算。因牆之頂點以上已有泥土，故在牆之頂面已有橫壓力，此橫壓力爲 $P_1=Cwh_1$；在牆之底面，其橫壓力爲 $P_2=Cw(h+h_1)$。護土牆所受之泥土壓力等於梯形之面積，故

$$P=\tfrac{1}{2}Cw(h+2h_1)h \quad \cdots\cdots(9)$$

$$x=\frac{h+3h_1}{h+2h_1}\left(\frac{h}{3}\right) \quad \cdots\cdots(10)$$

計 劃 原 則

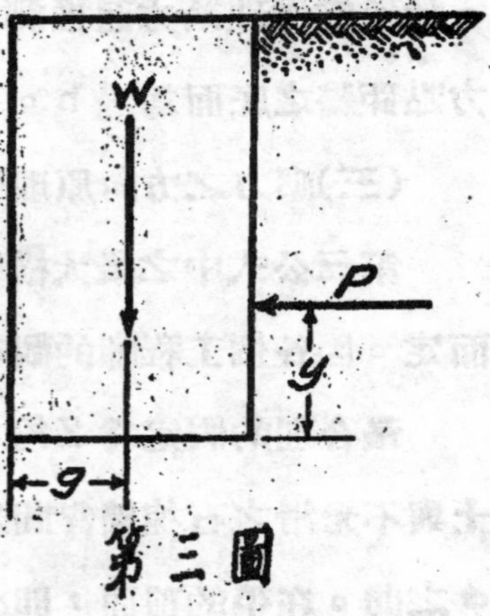

第三圖

泥土之推力決定後，牆之崩壞情形必需研究，而使建築之每一部份皆能避免此種崩壞。其崩壞之原因，既如上述，爲滑瀉，傾覆與壓碎三種，茲討論如下：

傾覆與壓碎：——如第三圖，當傾覆撓幾Py與隱固撓幾Wg相等時，爲此牆傾覆之開始點。

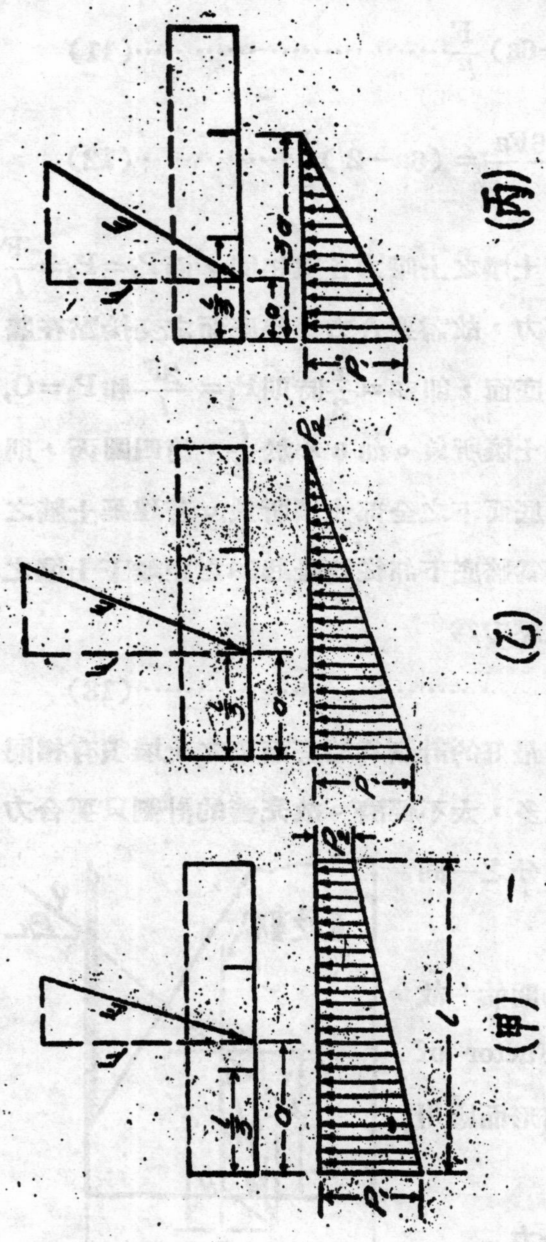

第四圖

在此情形之下：其傾覆力與抵禦力之合力的方向線經過牆之前低端或牆趾。(toe of the wall) 此合力之方向線倘在牆底面以內，則此牆不致傾覆。合力線與牆底面之交接點之位置，依底基之壓力而定。

在第四圖甲，以牆長一呎計算，設E為泥土壓力與抵禦重之合力，F為此合力之直分力。E與牆底面之交接點距牆趾為a，在此情形下，牆底面下之泥土抵禦力受偏力F，其從牆之重心的偏距為$\frac{l}{2}-a$，則牆趾與牆踵 (hee of the wall) 的壓力為

$$P_1=\frac{F}{A}+\frac{Mc}{I}=\frac{F}{l}+\frac{F\left(\frac{l}{2}-a\right)\times\frac{l}{2}}{\frac{l^3}{12}}$$

$$=\frac{F}{l}+\frac{3Fl-6Fa}{l^2}=(4l-6a)\frac{F}{l^2}\cdots\cdots\cdots\cdots(11)$$

$$P_2=\frac{F}{A}-\frac{Mc}{1}=\frac{F}{l}-\frac{3Fl-6Fa}{l^2}=(6a-2l)\frac{F}{l^2}\cdots\cdots\cdots\cdots(12)$$

爲 $a=\frac{l}{2}$ 時，即無偏距，則牆下土壤之上壓力各處相同，而 $P_1=P_2=\frac{F}{l}$。在理想之計劃中，要求相同之上壓力，故需要合力與牆底面之交接點在牆底之中心點。如交接點在三分之一的底面，即 $a=\frac{l}{3}$ 時則 $P_1=\frac{2F}{l}$ 和 $P_2=0$，如第四圖乙。此牆仍爲牆底面下全部土壤所負。如 a 小於 $\frac{l}{3}$，第四圖丙，則牆跟一面發生拉力，而此牆並不爲牆底面下之全部土壤所負。若建築土牆之材料，不能受拉力時，則全部力量須爲牆底下部從牆趾起3a之距離下土壤之上壓力所負。此情形下，牆趾一端之壓力爲

$$P_1=\frac{2F}{3a}\cdots\cdots\cdots\cdots(13)$$

從以上三種情形可得到結論，謂最好的計劃爲牆底面下之土壤須有相同之上壓力；但是這種築法，費材料最多，太不經濟。故完善的計劃只要合力的方向線與牆底面之交接點在中部三分之一間。(Middle Third)

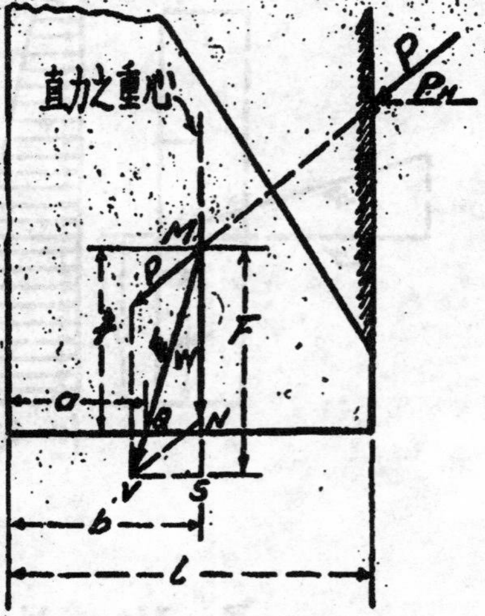

第五圖

牆基上壓力的需要爲抵拒傾覆的開始；故重量施於牆基須有一個安全因數。(Factor of Safety) 在不同需要之下，觀察其情形而應用適當的安全因數。

在第五圖，說 F＝E 合力之直分力

P_H＝泥土推力之橫分力

l＝牆底面之長度

n＝抵禦傾覆之安全因數

a＝從牆趾到合力線與底

面交接點之距離

在 MNQ 和 MSV 兩三角形中，

$$\frac{t}{b-a}=\frac{F}{P_H}，\frac{F}{P_Ht}=\frac{1}{b-a}$$

$$\frac{Fb}{P_Ht}=\frac{b}{b-a}=n$$

而 b 之長度大約等於$\frac{l}{2}$，故

$$n=\frac{l}{l-2a}\cdots\cdots(14)$$

滑瀉——欲抵禦牆之滑瀉，則牆底與牆基土壤間之磨擦抵力須大於推力之橫分力。牆底之磨擦抵力等於抵重和磚石與土壤間磨擦率的相乘。$1\frac{1}{2}$之安全因數已足夠抵禦滑瀉長

如滑瀉力極大時，則牆之底面加闊，使增加牆之重量，或在地基下掘一淺糟，使牆突出一塊而使增加滑瀉的抵力，或牆底面向牆跟一端偏斜如第六圖式。

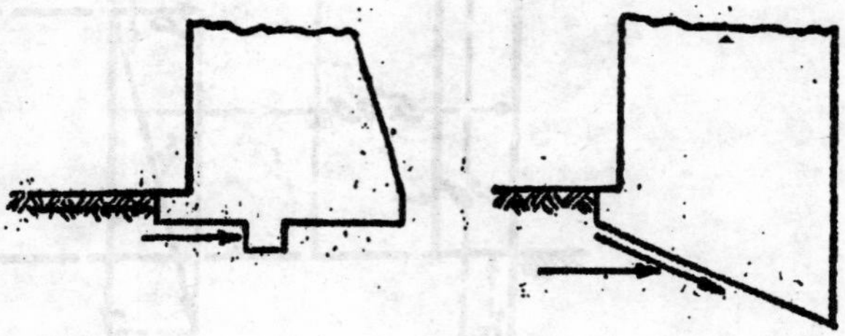

第六圖

重力護土牆之計劃例題

茲欲計劃一重力護土牆，其直高度爲十六呎，應維護之泥土有平面過量載重高出牆頂四呎。假定地基之支力爲每方呎二噸，維護泥土之重量爲每立方呎一百磅，及其天然坡角爲三十三度四十二分。求牆之截面。

在計劃之初，先假定一個截面，然後加以研究。如不足時，再改正之。

玆假定此牆之截面如第七圖。

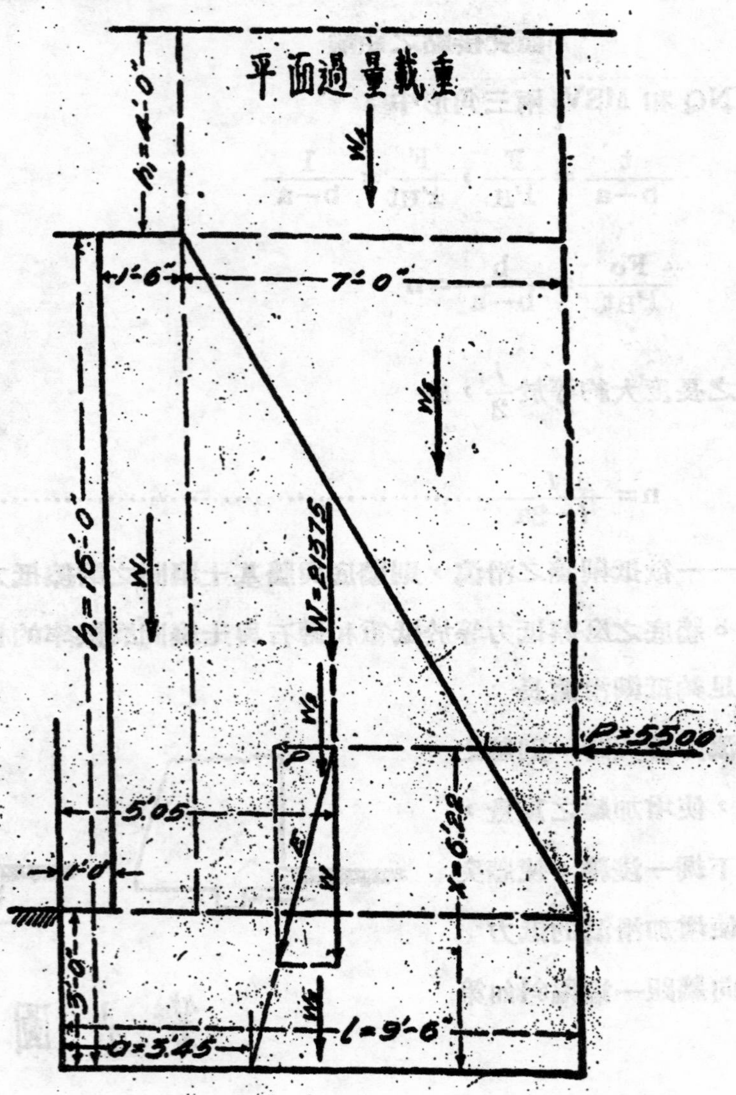

第七圖

從第七圖，泥土施與每呎牆面之橫壓力為

$$P=\frac{1}{2}Cwh(h+2h_1)$$

從第一表中，$\phi=33°42'$ 和 $\delta=0$，找得 $C=0.286$，故

$$P=\frac{1}{2}\times 0.286\times 100\times 16(16+8)=5500\text{磅}$$

P之着力點距牆之底面，用第十公式，爲

$$X=\frac{16+3\times 4}{16+2\times 4}\times\frac{16}{3}=6.22\text{呎}$$

$$W_1=13\times 1.5\times 150=2925\text{磅}$$

$$W_2=\frac{13\times 7}{2}\times 150=6825\text{磅}$$

$$W_3=9.5\times 3\times 150=4275\text{磅}$$

$$W_4=7\times 4\times 100=2800\text{磅}$$

$$W_5=\frac{13\times 7}{2}\times 100=4550\text{磅}$$

$$W=21375\text{磅}$$

以牆趾爲撓幾中心，可得

$$M_1=2925(1+\frac{1.5}{2})=5120\text{呎磅}$$

$$M_2=6825(2.5+\frac{7}{3})=32990\text{呎磅}$$

$$M_3=4275\times\frac{9.5}{2}=20310\text{呎磅}$$

$$M_4=2800(2.5+\frac{7}{2})=16800\text{呎磅}$$

$$M_5=4550(2.5+\frac{2\times 7}{3})=32610\text{呎磅}$$

$$M=108830\text{呎磅}$$

W距牆趾之距離爲$\frac{M}{W}=5.05$呎。

$$E=\sqrt{W^2+P^2}=22100\text{磅}$$

$$(5.05-a):6.22=5500:21375$$

$$5.05-a=1.6,\ a=3.45$$

故合力向線與牆底面之交接距牆趾爲束3.45呎，或距三分之一底面點爲0.28呎。

用第十一十二兩公式，計算牆趾與牆踵兩端的壓力如下：

$$P_1=(4\times9.5-6\times3.45)\frac{21375}{9.5^2}=4988\text{磅/方呎}$$

$$P^2=(6\times3.45-2\times9.5)\frac{21375}{9.5^2}=403\text{磅/方呎}$$

假定過量載重W4並不利用爲抵禦重時，則總計重W＝18575磅，其重心距牆爲4.95呎，P與W之合方的着力點距牆趾爲3.11呎。從外三分之一底面點之距爲 0.06 呎，此數極小，故適用。此情形下，牆趾之壓力用第十三公式爲

$$P_1=\frac{2\times18575}{3\times3.11}=3982\text{磅/方呎}$$

傾覆撓幾爲

$$5,500\times6.22=34210\text{呎磅}$$

抵禦撓幾爲

$$18575\times4.95=91950\text{呎磅}$$

故傾覆之安全因數爲

$$\frac{91950}{34210}=2.69$$

滑瀉力爲5500磅

假定牆底面之磨擦率爲0.5，則抵禦力爲

$$0.5\times18575=9288\text{磅}$$

故滑瀉之安全因數爲

$$\frac{9288}{5500}=1.69$$

從以上的計算，此假定的截面已滿意，不必再改。

道路工程常識

賓希參

國家之强弱，視交通發達與否爲轉移，而交通事業，首重道路；是故我國對于道路事業，非常重視，大有一日千里之槪，良有以也。夫建築道路，非有專門學術與經驗不爲功，余服務道路工程，業已數載，玆將經驗所得，雜述于后，藉與同學諸君共同探討焉。

(A)土堤

1.填土須打碎，逐層堆實，每層厚度，不得超過二呎，不可雜以植物及其他有機物質，或大塊架空等情。

2.路堤經過畔泥田段，或不良之土質時，宜于路堤上部填約二呎厚之黃堅土或砂礫土，以便將良好鋪砂之路基，築于其上。

3.路綫經過塘邊或有大水爲患之處，路脚須打一排或二三排樹樁，以便保護路堤。

4.在切土段，兩旁斜坡上須做天溝，以免山水流下，冲壞路面。

5.填土每距兩樁(卽二百呎)，須做斜坡水溝、並鋪以草皮、以免水流下時冲壞路堤。

6.路堤脚兩旁須留五呎寬子路，若路堤需逾十呎，則子路酌量加寬。

7.路綫經過出水井。無論填土或切土，須做石涵，將水引出；若係畔泥井，則先將畔掘泥除、填以大小魚頭石或粗砂礫，于必要時仍須先打樅木樁，再以魚頭石築緊，並設魚頭石涵將水引出。

(B)鋪砂（採用麥克登式路面酌量變通之）

1.凡填土處，須先滚輾一二次，然後挖盒進砂。

2.砂盒宜成規定弧形，平整堅實，不得有凹凸不平之處。

3.每樁鋪粗砂 5.$\underline{00}$方，分砂 2.$\underline{50}$方，面砂 1.$\underline{20}$方。另須每樁預備粗砂0.$\underline{50}$方，分砂0.$\underline{50}$方，面砂0.$\underline{20}$，以便補填用。(指路面寬二十四呎，鋪鋪砂十五呎)。

4.粗砂大小以 1"2$\frac{1}{2}$"爲度，分砂以$\frac{1}{3}$"—$\frac{3}{4}$"爲度，面砂以粗河砂或石片屑爲佳。

5.砂盒挖好後，則進粗砂須滿足規定方數始可打開耙耘，加30%至40%黃土，黃土須打碎播勻(切不可雜以粘土)，噴以適宜之水，始以轆轆。

6.粗砂約輾三遍爲度，自兩旁輾起，每遍輾後、若發現凹凸不平之處，宜以粗砂合黃土補平成規定弧形再滾。最好粗砂鋪好後，須擱置一星期或半月，方可鋪第二層分砂，因此可藉種種壓力(如人馬行走，落雨，……)將此層壓緊也。

7.分砂宜先與15%—20%黃土合勻，散開耙耘，約輾兩遍爲度，若有不平之處，須補平再輾，務使成規定弧形。

8.面砂須鋪滿路面，轆輾二遍。

9.若路堤經過爛泥田，惡劣土質，或路提過高時；則土堤不能載重，宜先鋪砌六吋到十二吋厚之魚頭石一層或鋪兩條寬了 3'—4'之魚頭石路枕，上面再如前法輾砂。

10.若開車後，路面發現漕印，先將漕印挖鬆以分砂合黃土或加石灰少許，補平輾緊。

(C)涵洞橋梁

1.瓦管長約二呎，內徑九吋者，厚度須$\frac{3}{4}$"；內徑十二吋者、厚度須1"。瓦管宜燒透火色均勻，內外塗釉一層，敲擊有聲，及無裂隙者爲佳。

2.涵管基礎宜堅，並具 2%傾斜，以便洩水。

3.涵管周圍用1：1：4三沙須六吋厚（1：1：4三沙即石灰一成黃泥一成河沙四成合成），迨乾透後纔可覆土。

4.涵管上部覆土至少須二呎厚。若覆土過高在十五呎以上，瓦管不良時，可于管上部築緊土約三呎厚，再以兩呎厚長約五呎之樅木板鋪蓋，可以減少其所受壓力。

5.涵管進口及出口處，須鋪海底。

6.橋甕須鋪海底或保墩石，以免水將橋脚洗空。

7.橋甕拱所砌之青磚，以燒透出聲，呎吋合度，體積端正，質堅無裂隙者爲佳。

8.青磚甕頂，須鋪一層厚六吋之1：1：4三沙，待乾透後纔可覆土。

9.小橋甕計算應用簡當公式：——

(a)邊墩上部寬(a)＝0.2e＋0.1r＋2

(d)邊墩下部寬　＝a＋0.15h【應用半圓】

＝a＋0.20h【應用$\frac{1}{3}$坦圓】

＝a＋0.25h【應用$\frac{1}{4}$坦圓】

(c)拱頂厚度(t)＝$\frac{1}{4}\sqrt{e+\frac{1}{2}s}$ ＋0.2(按此式用于頭等石料，二等石料須另加$\frac{1}{8}$t，等石料或青磚則另加$\frac{1}{3}$t)

10.大橋石墩寬度（用于平橋徑間在八十呎，墩高三十五呎以內者）

(a)邊墩上部寬　＝3呎到5呎

邊墩下部寬　＝0.4h—0.45h

(b)中墩上部寬 a＝4呎到5呎

中墩下部寬，＝a＋$\frac{1}{10}$h

11.石砌駁岸寬度

(a)駁岸上部寬　＝2呎到4呎

(b)礅岸下部寬 =0.4h—0.5h

(e=半徑;r=拱高;h=礅高)

(D)橋墩石工砌法

1.凡方石宜平其天然層次砌合,因如此砌合其受力較大。

2.凡砌魚頭石,以較平而大之面做底面。

3.砌一方石,宜成水平,不可傾斜,以免滑動。

4.方石,至少須有六呎至十二呎之距離。

5.礅高在五呎以上,每距五呎至八呎須砌一長三呎至四呎之頭子石(俗名扯碼石),以便與內部所砌魚頭石互相連絡。

6.凡風化石,皮面層石,及劣質石,不可砌用。

7.石方上之灰塵,須先以水洗去,然後放灰沙,以期粘結。

8.較小基礎工程可用乾砌,因常有水或不能時與空氣接觸,以致使石灰三沙失其効用;較大及重要工程或常有急流水者,可用水泥砂砌,以期堅結成塊不致被水冲動。

(E)水泥混合土

1.稜角石,用于鐵筋混合土者以$\frac{1}{2}$"—1"爲佳;用于淨混合土者以1"—2$\frac{1}{2}$"爲佳。

2.重要工程如拱,梁等用1:2:4混合土;次要工程如基礎,橋礅等用:3:6混合土;下等工程可用1:4:7混合土。

3.1:2:4混合土每方(卽100立方英呎)須水泥六桶,稜角石0.85方,河沙0.45方;1:3:6混合土每方須水泥四桶,稜角石0.9方,河沙0.45方;1:4:7混合土每方須水泥三桶半,稜角石0.95方;河沙0.50方。

4.水泥混合土1:2:4及1:3:6之安全壓力。

類　　別	安全壓力	安全牽力	安全剪力
1:2:4	600 井/口"	40 井/口"	250 井/口"
1:3:6	400 井/口"	25 井/口"	200 井/口"

5.拆卸盔子之時間。在冬日盔子拆卸宜較夏日略慢，但最低限度須二日以上。平常淨混合土拆卸盔子須四日，鐵筋混合土須二星期，如此則混合土可結固受力矣。

6.混合土混和法。先以水泥與沙乾合二三遍，再灑以適宜之水，以不見漿流動爲度再播散稜角石于其上，須合四次至六次，以不見石沙之色而成膠漿狀爲佳。

7.傾放混合土，每層厚度不得過一呎，中間以鐵插插緊，兩旁盔邊以鐵鏟理之或用1:2水泥沙漿灌入；若係梁或平板先以1:3水泥沙漿注入底層約1"—1½"厚，將來拆盔，則各處現光滑矣。但木盔宜緊，無隙，而光滑，盔內宜先塗以油或肥皂水一層，以免混合土粘牢木盔。

(F)橋㙳脚基

1.橋脚如係石岩或堅土卵石，可直接以方石堆砌。

2.橋脚係輭土或畔泥土或輭沙土，則有下列法：

(a)打樅木樁，樁蓋以大小魚頭石插緊約二呎深，上砌石方。(用于小工程)。

(b)打樅木樁，以大小魚頭石插入尖緊約二呎深，樁蓋架以方木條兩層或三層，上砌石方；或樁蓋約二呎厚之1:3:6淨水泥混合土；或1:3:6一呎厚之，鋼骨混合土以廢軌代鋼骨則更佳。(用于大工程)

3.橋脚如係鬆粗砂，樁不能打進時，則可用下列方法。

(a)以樅木樁橫架平二三層，上砌石方。

(F)附湖南公路局桃晃段工程工料單價表

普　通　土	每方$0.35	三砂砌魚頭石	每方$2.80	普通點工　每工	$0.35
濕　　土	每方$0.45—$0.55	乾砌魚頭石	每方$1.50	石　工　每工	$0.50
堅土或築土	每方$0.45—$0.55	砌欄杆石	每方$6.00	木　工　每工	$0.50
取橋脚融沙泥	$0.55—$0.65	打1:3:6水泥三合土	每方$5.00	泥　工　每工	$0.50
切軟石	每方$0.60—$0.80	打1:2:4水泥三合土	每方$7.00	3"×6"×21"青磚每萬	$130.00
炮[illegible]石	每方$1.00—$1.20	搥三合土六分石子	每方$6.00	2"×5"×10"青磚每萬	$80.00
魚頭開山	每方$1.50—$1.70	搥三合土寸徑石子	每方$3.20	12"徑瓦管每筒	$0.20
打甕石	每方$22.00—$24.00	篩河粗分砂	每方$1.40	9"徑瓦管每筒	$0.15
打欄杆石	每方$22.00	搥粗砂	每方$2.80		
打劫方石	每方$12.00—$18.00	搥分砂	每方$4.40		
打毛方石	每方$ 8.00—$12.00	鋪砂做路盒	每椿$2.50		
砌方石	每方$6.00	開　砂	每方$0.10		
砌甕石	每方$8.00	毛路盒上拖轆	每椿$0.40		
砌青磚	每方$4.50	拖粗砂轆	$0.34		
砌欄杆石	每方$6.00	拖分砂轆	$0.30		

(b)打1：3：6淨混合士厚二呎；或鋼骨混合士厚一呎。

4.橋脚如係堅土：——

(a)以粗砂或碎石插緊一層，上砌石方。(用于小工程)

(b)打1：3：6淨水泥混合士厚$1\frac{1}{2}'$—2'。

(c)重大工程十可先打椿。

(G)涵璦徑間定法

1.實測水源面積及調查山勢地質情形用Talbots'公式定$a=C\sqrt[4]{A^3}$。

a ＝出水面積以平方呎計算

A ＝水源面積以英畝計算

C ＝常數；峻山嶺c=1,小山嶺c=0.6—0.8,山平地c=0.4—0.5,平地c=0.2—0.3

2.量港之寬度，調查大水情形，詳問當地居民關于老橋出水情形而定涵璦寬度。

編者按：賓穉自畢業後，即入湖南公路局服務現正主管該局桃晃段銅盆橋工程，一俟竣工後，賓君即將該橋計劃及施工詳情寄來以實本刊，幸讀者翹足以待之。

道路工程材料試驗

魏文聚

磨蝕試驗

目的：一

試定磨蝕之百分率（Percent of wear）及法國磨環係數（French coefficient of wear)。

儀器：一

德威爾磨蝕機如圖一。

天秤：能稱0.5g至5kg。

50磅鐵砧

石錘

瓷皮鐵鍋

網篩：十六分之一方孔

烘爐

材料：一

(1)青石 (2)青砂石

（圖一）德威爾磨蝕機

手續：一

將大石塊破成石礫（直徑2吋至$2\frac{1}{2}$吋）。五十礫約重5k9.石礫不宜有平面長邊。若石形不甚平均，結果難以準確也。

洗淨石礫。置於爐中烘乾之，由100°c至105°c俟得均衡重量（Constant wt.）爲止。

稱後以石礫置於德威爾機之筒內，使機旋轉一萬週，速率每分鐘三十至三十五週。

最後以所試之石礫用網篩篩之。洗去石末烘乾再稱之。

計算：一

青石

石礫之原重 ＝5.003g.

試後石礫之重＝ 4.57"

試驗失去之重＝ 0.43

磨蝕百分率 $=\frac{0.43}{5}=8.6\%$

法國係數 $=\frac{40}{8.6}=4.65$

青砂石

石礫之原重 ＝5.00kg.

試後石礫之重＝ 4.76"

磨蝕失去之重＝ 0.24

磨蝕百分率 $=\frac{24}{5}=4.8\%$

法國係數 $=\frac{40}{4.8}=8.35$

法國係數之理論根據如下：一若所試之石質精緻在十六分之一吋方孔網篩上不能失去 100g. 換言之，卽每 1,000g 石不得失去 20g.（$\frac{100}{5kg}=20g$）或失其原重百分之二（$\frac{20}{1000}=2\%$）。此類石質假定其係數爲二十，則其他材料之法國係數卽等于$20 \times \frac{20}{W} = \frac{40}{W}$, W 乃每 kg 在十六分一吋方孔網篩上失去之重量。

由上試驗圓盤旋轉一週石礫在筒內絞捲二次，彼此互相消磨且與筒面相擦經此擂擊或可破碎故此試驗不祗試其硬性且可試其强韌性。磨蝕率由百分之一至百分之三十或四十，後者皆係粗砂石及石灰石。以上試驗結果，最大磨蝕率爲 8.6%最大之法國磨蝕係數爲8.35，可知普通運輸之石砌路青砂石較青石爲佳。

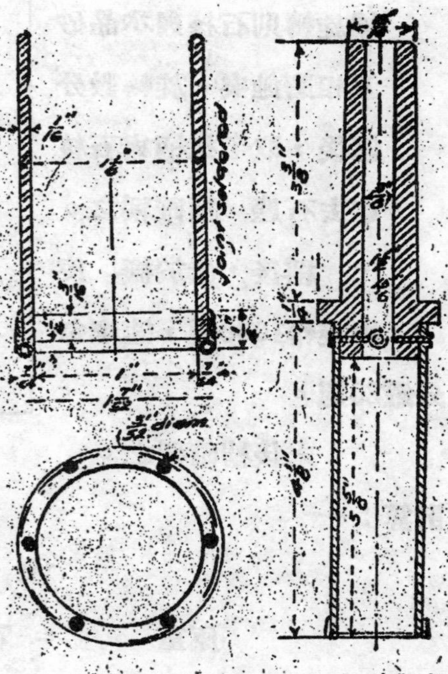

圖二　鑽石鑽

硬度試驗

目的：一　以道瑞機試驗石之磨度及其抵抗磨蝕力。

儀器：一　道瑞機，天秤，鑽石鑽，鋸石鋸。

材料：一　砂石

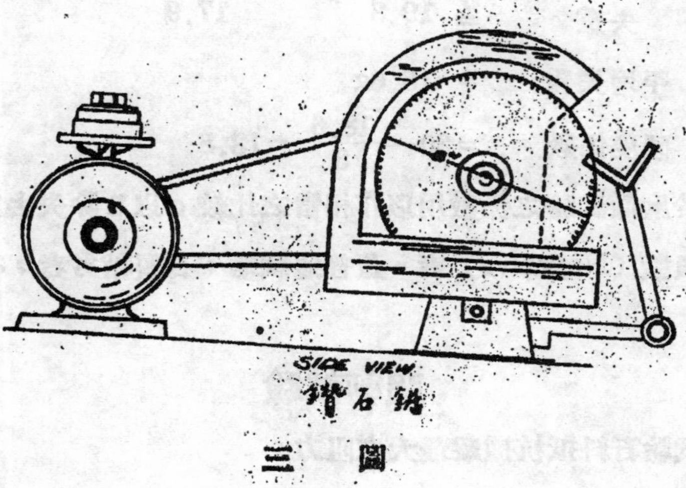

三　圖

手續：一　將砂石鑽成石核長10cm.直徑25mm.，鋸平兩端，烘乾，稱之。嵌於道瑞機之把柄內，使下端露出一吋與鋼圈相觸。

經機之漏斗貫以水晶砂（Quartz sand）使機旋轉則石核與水晶砂互相磨蝕矣。旋轉數分鐘後，取下把柄與石核刷去石塵，精確稱之。

稱後，置於機，使機旋轉1000週，速率每分鐘30週。

末後精確稱之。

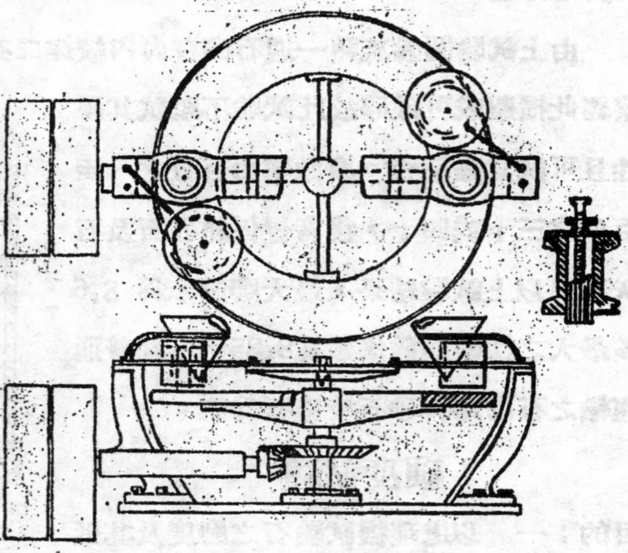

圖四　德瑞硬度試驗機

計算：一

	1st. 1000rev.	2nd 1000rev.
原重	= 74.8g	55.5g
一千週後之石核重	= 55.5	37.6
失重	= 19.3	17.9

平均失重 = 18.6g

硬度係數 $=20-\frac{18.6}{3}=13.8$

20乃取於磨蝕試驗之係數用以作相當之比較。以3除失去重量此乃為避免其結果有負數（Negative）者。蓋普通試驗，石質稍劣者，有時可以失去60g。

强韌試驗

目的：一　試驗石料抵抗撞擊最大之阻力。

儀器：一 鑽石鑽，鑽石鋸，磨擦機 (Grinding Lap)，撞擊機 (Page Impact Machine)

材料： 端石

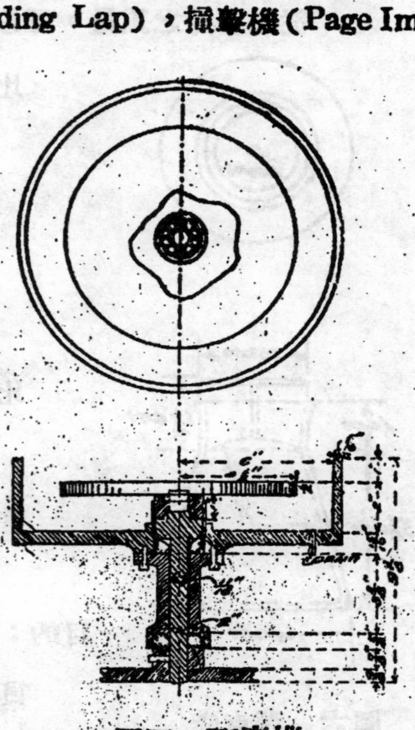

圖五 研磨機

手續：一 先鑽一石核 27mm. 長，繼則以磨擦機磨之使其正長 25mm.。

以火爐烘之，烘乾後置於撞擊機之砧上。使鑽針與石核中心點相啓開電門撞打鑽針，使捶每次升高1cm.。至石核破裂止。以捶之高點可以算出石之强韌度。

計算：一

第一石核——最高點＝13cm.

第二石核——最高點＝16cm.

故端石之强韌度為14.5

比　重

目的：一 以 Pycnometer 試驗半固瀝青材之比重。

儀器：一 鐵匙，鋼刀，本生燈， 250c.c. 低玻璃杯，寒暑表（$-10^{\circ}C$ 至 $110^{\circ}C$)，Pycnometer 天秤。

材料：一 土瀝青

手續：一 (1)先將空 Pycnometer稱之，此重曰"a"

(2)以蒸餾水注滿Pycnometer，稱之此重曰"b"

(3)傾出 Pycnometer 中之水換以液體土瀝青至指定之量格，稱之此重曰"c"

(4) Pycnometer 所餘之空間填滿蒸溜水此重曰"d"

從上所得之重量，可以下述之公式求得土瀝青之比重

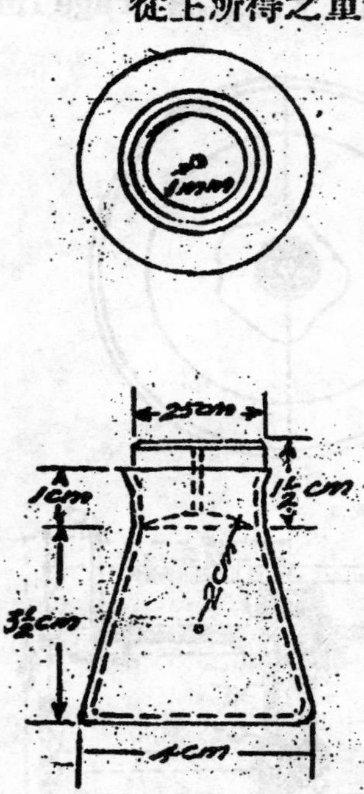

圖六　派克儀

$$\text{比重}=\frac{c-a}{(b-a)-(d-c)}$$

a ＝34.242g

b ＝58.370g

c ＝40.621g

d ＝58.385g

$$\text{比重}=\frac{40.621-34.242}{(58.370-34.242)-(58.385-40.621)}$$

$$=1.002$$

普通土瀝青之比重是由0.98至1.06

瀝青固度試驗

目的：一　在已知之重量，溫度，時刻以標準針直貫於土瀝青材上，由針離土瀝青面之長短而定瀝青之結度。

儀器：一　貫入表（負有分針者）。錫鑵——直徑5cm.高35cm.，鐵匙，鋼刀，玻璃皿——直徑10cm.高6cm.寒暑表－10°C至110°C

材料：一　純瀝青

手續：一　先加熱將瀝青溶解注入錫鑵內，再使其溫度降低與室中之溫度相同。浸錫鑵於玻璃皿中復將玻璃皿浸於25°C之水中，在

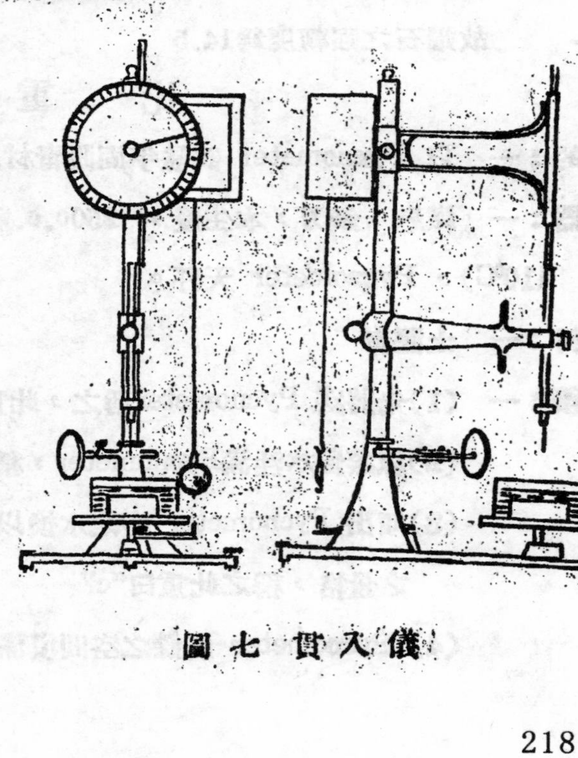

圖七　貫入儀

45分鐘之內務使水保持25^{0}C。

以天秤稱註明50g之銅桿及針，校正其是否為50g。

置玻璃皿於貫入表上，下降銅桿使尖針與瀝青面相觸。

放伸張器之一端於銅桿之上頂，記錄針盤之記錄。

放鬆夾板保存銅桿位置5秒鐘然最後再使夾板放寬且放伸張器於銅桿上。最後將針盤之記錄記下。

試後將瀝青浸於25^{0}C之水中，擦淨針端以備第二次之試驗，蓋此試驗須相繼三次方可得瀝青之平均瀝固度。

計算：一

	第一次	第二次	第三次
起初	139	144	141
末後	192	196	194
相差	53	52	53

平均瀝固度 $=52\frac{2}{3}$

作此試驗須注意以下各點：一

瀝青材最易受溫度之變化，故水之溫度於試前及試時必須25^{0}C，否則結果難以準確。

試針必須以乾布擦淨，可以減少錯誤。

初試時針尖切勿浸入瀝青面內。否則瀝固度必增加，而不精確也。

軟　點

目的：一　以圈及球試驗瀝青材之軟點。

儀器：一　600cc.玻璃杯。標準鋼球，架子及夾板，刀，匙，軟木，寒暑表。

材料：一　土瀝青材。

手續：一　先熔瀝青，熔後絞勻。置圈於板上將溶解之瀝青傾入圈內。

以5^{0}C之蒸溜水注於玻璃杯中約深8.25cm.

置圈，寒暑表及球於玻璃杯中如圖八。

加熱升高水之溫度。每分鐘升高 5°C 為最宜。俟熱加至相當程度，瀝青與玻璃杯底相觸，此溫度即瀝青之軟點。

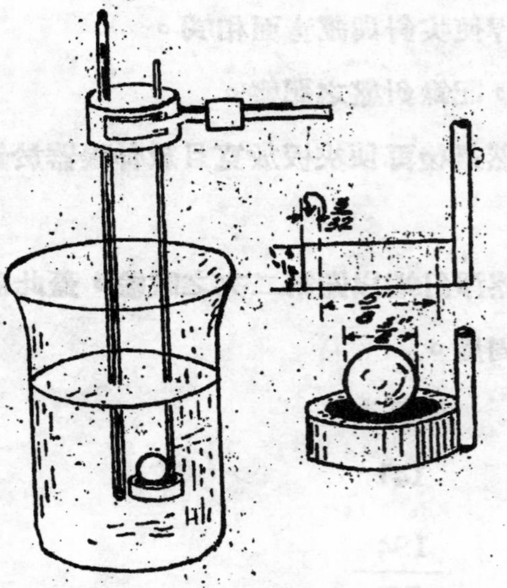

圖　八

計算：—

試驗記錄	軟　點
1	49.5°C
2	49.0°C
3	49.8°C
4	50.0°C

平均＝49.6°C

作此試驗下述兩點應特別注意：

（1）加熱時務使杯中之水每分鐘升高5°C

（2）圈底與杯底相距必須為 2.54cm.或1吋

瀝青材的漂浮試驗

目的：—　以漂浮器試驗瀝青材之固結度。

儀器：—　鋁漂浮器如圖九，寒暑表，鐵匙，刀，銅片，表。

材料：—　半固瀝青材，水，冰，汞，硝酸。

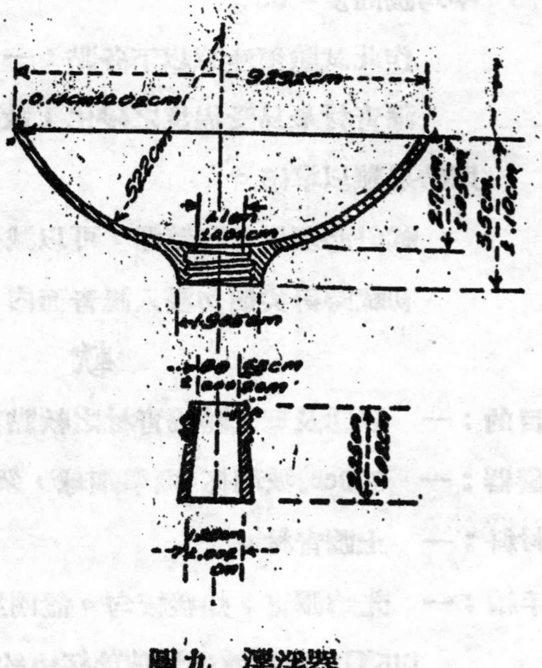

圖九　漂浮器

手續：一 置漂器之銅圈於銅片上。熔解瀝青貫入銅圈內，使瀝青稍高于圈之上沿。一俟溫度降低至與室內溫度相似時，以刀割去沿上之瀝青。置銅圈及銅片於冰水中，使其保持5°C十五分鐘。

另用一杯磁水$\frac{3}{4}$，加熱至 75°C ，將銅圈嵌於鋁浮器上，立即放入75°C水中，記定時刻。

瀝青在 75°C 水中漸漸溶化溢出圈外。斯時水亦漸漸流入鋁浮中而下沈，再將時刻記下。

計算：一

第一次＝137.6秒

第二次＝142.6

平　均＝140.1

手續：一、將瀝青之樣品放置於火上，俟融化後傾入銅圈內，使稍有高于圈之上部。一俟瀝青冷卻後，以刀削去高於圈上之瀝青，置銅圈及瀝青於水中，並保持5°C[illegible]分鐘。

二、另用一杯盛水[illegible]，加熱至70°C，將銅圈放[illegible]器上，並即放入70°C之水中，試驗時間8[illegible]

溫度在70°C水中[illegible]出圈[illegible]，[illegible]

下沈，記錄溫度[illegible]。

結果：一

第一次=137.9

第二次=142.3

平　均=140.1

房屋建築上之幾個要點

汪和笙 講
周頌文 記

在建築房屋之前，我人應先依地土之面積，房屋之間數，及所得之利息一一計算之。試以上海為例：每畝地土約為七十二方。每一普通房屋約佔地四方(相當于四百方呎)。并空氣面積等共同計之，每畝大約可建普房屋十幢。每幢之造價，約值一千五百元；十幢之價，共為一萬五千元；假定每月房租三十元，除各種捐稅及雜費外，每年約可得三百元，十幢共三千元，其利益約相當于年息二分。其地價利息未曾算入，蓋上海地價，漲價殊速也。但如在上海南京路之地段，建造二層樓房屋，自頗難能合算，其房租受地價之關係而高昂也。故此點工程師業主應亦注意及之。工程師計劃之前，應先注意下列數項：

一，當地之建築規則：工程師應依照當地之建築規程計劃否則雖有佳妙之圖樣，亦不能得當局核准而建築也。

二 測量：業主既以之委托于工程師，工程師應先到該地詳細測量，測量時用儀器固佳，倘僅用皮尺或鋼尺一枚，量其四週，然地形決無正方或正長方者，故須將共對角線一一量明，以符地形。

三，空氣面積及光線之配置：此事亦極占重要，如上海市規定二層以下房屋空氣面積須占全面積之百分之四十。光線之配置，自亦須得宜。

四，扶梯：平常出租房屋之扶梯行走時多不舒適，故計劃時應特別留意，使設法改善。

五，高度：房屋之高度各地亦往往俱有規定。如在上海，規定沿馬路之房屋至少高12呎，其他起居高至少8呎。

凡此種種，既俱明瞭然後給製略圖，俟取得業主全意後，再給製平面，正面，剖面等圖如需精緻建築，則在需要處，再畫詳細圖樣。對于普通之建築，工程師之職務圖樣設計完畢，經當地機關核准之後，其任務即已終止。若在較大或華美之建築，業主委託監工時，則其任務須至居屋建築完畢之後，始爲終止。其間須繪詳細圖，以應隨時所需。繪詳圖時，其尺寸須依實用之尺寸；如一3吋×6吋之木，應寫作$2\frac{3}{4}$吋×$5\frac{3}{4}$吋，因各餘$\frac{1}{4}$吋供刨光之用；如在詳圖上寫3吋×6則工人須用較大之材料。始足應用，耗費殊多也。

既給就圖樣，即可從之估計價目，大概平房每方約價二百元至三百元，二層樓房每方約三百五十元至五百元，三層樓房約價五百至八百元，然此僅依普通房屋之大略計算耳。

其較詳之估價可依下列數項分別計之：

牆壁 牆壁以10呎見方爲一"方"，計算時自底起，長闊相乘，即得其方數。窗戶之面積，并不除去，亦算在內；但牆脚放寬之材料及其餘損失均不能正確算入，即與窗戶之處相抵。以現在之價目，用灰沙者10吋厚牆，每方約三十元；5吋厚牆每方十五，六元。

門窗 以面積計，木窗每方呎約一元左右。

樓板 連擱柵一并計入，每方約三十元左右(洋松)。

地板 連擱柵一并計入，每方約廿五元左右(洋松)。

瓦屋面 亦以面積計算，每方共約三十元(中國瓦)。

將以上各種數目加起，即得該房屋之造價。以上均係普通建築，如鋼骨水泥，則每方約價一百元至一百五十元；以上各種價目，雖甚粗疏，然亦能得造價之大概，其欲知正確造價目當注意市價也。

在作場中監工，較爲困難，首先須懂工人改用之名詞，今略述如下：牆之最下層曰『底脚』Foundation，其上曰"大放脚"Footing；大放脚有幾皮幾收之分，如用磚砌，砌磚兩層即二寸收小二寸，共收三次者曰『兩皮三收』，至其較大放脚之最下一層，須較底脚四週各縮進半呎。大放脚之上曰"勒脚"，勒脚較墻本身為大，再上為墻。如墻厚10吋，則勒脚為15吋。或12½吋。

窗下之橫石曰『窗盤』，門窗之木架曰『樘子』，樘子上部之橫樑曰『過樑』。屋頂之橫樑 Purlin曰『桁條』。再上為椽子，『望磚』或『屋面磚』或『曡磚』最上為『瓦』。椽子橫直交叉，用於蓋紅瓦者名為『夾椽』。三和土之僅用碎磚者曰『清水三和土』適用于水泥底脚之下；碎磚與泥及石灰相合者曰『灰漿三和土』，用于磚墻之下。

地上擱柵之矮墻曰『地龍』，地龍與擱柵中間所用以受釘之小木曰『沿油木』，此木須用柏油刷透，使不致易于腐爛，地板下應用『滿堂三和土』，如係水泥地板，用『滿堂碎磚』。

屋架Truss上之各種橫樑member均稱『大料』。下樑 Lower Chord曰『天平大料』。上樑 Upper Chord曰『人字木』。墻與地板間之護木曰『踢脚板』，門樘之四週用木板釘就做出線脚曰『門頭線』，窗樘之四週曰『窗頭線』，掛鏡架等之木條曰『畫鏡線』。

監工時，如需改正之處，祇須與包工之工頭接洽，其中之翻樣司務最占重要位置。其任務係將工程師之圖樣，翻成較大尺寸或足尺 Full Scale。因有些物件，在縮小之圖樣上，雖甚美觀，而放大之後，或并不美觀也。其翻出之圖樣，如合于工程師之意，則簽字認可，此後工人卽根據此樣去做；否則工程師儘可于此時不予簽字，而修改之。

監工時，須胆大而心細，蓋其時房屋尙未築造完成，故上下均從『脚手』或『鷹架』；如因胆小而不敢上去，則工作將易致草率；對待工人，亦不可過嚴或過寬，過寬則工程草率，過嚴則工人智識淺薄易懷恨在心，有時反不能得良好結果。

關于監工之錦種，已略如上述，今試一陳關于建築房屋時所採用之各種材料。

茲先述屋之底基。大屋須用樁子，樁子有水泥與木樁之分；木樁有圓有方，方者往往將方樁鋸分爲二，如12吋×12吋者，鋸分爲兩個扁樁子。如上海樁子不能打至底下之岩石層，均以四圍與泥土之阻力而間定（上海之阻力爲每方呎四百磅，但用每方呎二百磅）。故樁子一分爲兩，面積加多，卽力量加多。然亦不可因加多面積之故，過于鋸小，因一方尙須顧及 Radius of gyration 也。故最好之法，將樁子斜鋸，如下圖所示：

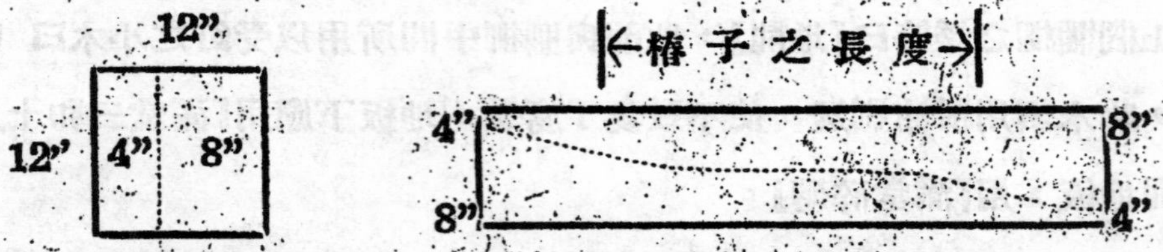

平剖面　　橫剖面

然其樁子之大小尙須視地質而定，質鬆者應用小樁，否則用大樁。其打樁時之鐵鎚距樁頂不宜過高（普通不得過五呎），因過高則力重，將使樁子受損。普通二層樓房，往往不打樁子，僅用灰漿三和土足矣。木樁不可止於碎磚三和土之底，必須伸至混凝土，因碎磚三和土之抵穿垄剪力極小不足抵樁頂之剪力。

市上所用之鋼條，有美、比兩國，美貨較佳，可彎曲，再彎直而不減力量；比貨雖亦能再彎直，但易折斷。然比貨價廉，幾僅及美貨之三分之二，故市上以比貨爲多。試驗鋼條優劣之法，係繞于三倍其直徑之另一鋼條，上至180°而不現裂縫者，始可應用，如其直徑小于¾吋者須繞至90°而不現裂痕。

市面上鋼條之最長者爲40呎，有時須更長之尺寸則須連接兩鋼條，始足應用，如用于引力者其接連處須長于其直徑四十倍，用于壓力者則須二十四倍。但有時工人偸懶往往卽在兩端焙接，此法極不堅固，切須注意，凡焙接之處，較他處易于生銹；有時工人爲防止生銹起見，抹以水泥漿；故凡抹水泥漿之處，往往卽是接口；且凡鋼條均有距離相等之竹節，而火接時則竹節盡爲所害，故凡發現竹節距離不均之處，必爲火接無疑，又當彎折之時，如其直徑大過 1吋者，宜先在火上烘過，熱後彎之。

市上之水泥，什九爲國貨水泥，計有馬牌泰山牌及象牌三種；以凝固Set 之時間言，馬牌最快，象牌泰山牌次之。以色澤言，則以象牌爲最白。日本貨有龍牌船牌兩種，龍牌色黑，不能混充，船牌則色頗近似國貨。俄貨三元牌的價固甚廉，然以其凝固太慢，不適于用。

黃沙普通有三種，寧波沙色黃，粒粗，且甚潔淨，爲鋼骨水泥中最合用之材料。次者爲湖州沙，色黑粒細。自來水公司用後之黃沙，外觀雖美，然粒子太細只宜用作粉刷。

石子以松江青石子爲最佳，太湖黃石子，及杭州之石子亦可應用，寧波之紅石子最劣。

混凝土之比例，作爲樓板及普通之用者爲1：2：4，鋼條較多之處用1：2：2，底脚地面之工程，可用1：2：5。普通做一木斗，長闊高皆爲1呎，用以量水泥，黃沙及石子之量；因石子重，故量時甚平，其容量適爲一立方呎；黃沙往往堆滿，其容量遂過于 1立方呎。此事自亦屬于偷工減料之一；顧其偸減之道，固不卽此而巳也。置木板于量水泥之箱底，使外爲 1呎，內僅11吋，故量水泥之箱、須量其內部，庶不致悞。普通先以水泥與黃沙混合拌均，加石子，再拌，然後加水，混合卽成。

混凝土外面之木殼，普通用 2吋板，在小地方可用 1吋板。柱之橫板曰『門子板』。橫樑之兩邊均須用 2吋板，底板尤爲重要。底板之下，每隔四五呎，必須用『撑頭』支持，撑頭之下須襯木板，使其能將重量平均分配于地面也。每一襯板，至少須承二個撑頭以上；若是，卽使有所下沉，亦是全樑下

沉Equal setting也。木壳留置之日期，須依氣候及用途而定，大略如下表：(氣候依華氏計算)

	40°—50°	50°—60°	60° 以上
樑　底	28日	21日	14日
樑　邊	12日	7日	5日
樓　板	18日	10日	5日
柱	12日	5日	4日

如天氣十分寒冷，低于40°F者，須加多五天。

關于水作之材料，磚以機器磚爲最佳，人工製造之磚以嘉善洪家灘（鄉音『黃家灘』）之新三號爲佳，下甸廟者次之，機磚之尺寸普通爲2吋×5吋×10吋，洪家灘尺寸亦如此，但往往不足，須并灰縫共計之，始合此數。

石灰有頭二號之分。

砌墻所用之砂，最好用水泥黃沙，其次用一份黃砂及二份灰漿，最次用黑砂。所謂黑砂，卽含有砂質之泥土。砌墻時所用磚頭務須濕透，最好浸于水中，使其吸足水份，然後使用。灰砂尤宜用足。當砌至勒脚之處，應加牛毛毡一層，兩面塗柏油以防地面潮溼上升。

關于木作之材料，普通爲美國松俄松柳安及日本之麻栗。柳安之優劣，以出產地定之，『祥泰』最佳，『大來』次之，闢格又次之。洋松亦分三等，以節少者爲佳。美松現在市價格每千尺(1,000 B.M)約九十元：次者價八十或七十元。地板之材料大都爲1吋×6吋，1"×4"及1"×3"之企口板。凡樓板中置煤屑以隔絕聲及熱度者曰夾沙樓板；木板上澆混凝土者（如在樓上造一浴室，須用混凝土樓板，而他處不供洗浴之處，自可不必混凝土）亦名爲夾沙樓板。板墻中之直木曰板墻筋，普通爲 2吋×4吋或2吋×3 吋之木材，其兩根中之距離應爲1呎4吋，因板條子長固定爲4呎，適足以應三個距離也。其用于屋頂者平頂筋。

水木作既齊備矣，今試更述五金與油漆：

市上自有20號22號24號26號28號，所以言其厚薄也。英美兩國貨佔多數，英貨較佳。平常用于屋頂者較厚，作水落用者較薄。

玻璃之優劣，以一方呎之重量爲準。最貴者曰『老白片』價約一元一呎；其次曰『哈夫片』，普通所用者爲16oz.約六・七分一呎。其餘如21oz.，26oz.，30oz.，亦有用之。其計算價目之法頗爲奇特，以10吋×10吋爲一呎。且計雙不計單，計整不計零。如$4\frac{1}{2}$吋，5吋或$5\frac{3}{4}$吋諸尺寸，悉依6吋作價。故如玻璃之尺寸，定爲$6\frac{1}{2}$吋×$8\frac{1}{2}$吋等之製圖者必屬初出茅廬者無疑。花玻璃有冰屑花玻璃等數種，其價低昂不等。

鎖及插門等，各依市價算之。

水落上之落水管，應離開牆壁半寸至1吋，不可靠着牆壁，否則其水漏管僅能漆至三面(即靠牆之處沒有)，且易坏及牆壁。

油漆以廣漆爲最，經久耐用；而寧波漆尤佳，因其各色俱全，不若廣漆之僅有紅色也。他如外國漆凡立水，泡力水亦有用者，泡力水頗美觀，但遇熱即壞。凡力水價廉，且稍有熱痕，亦可揩拭。各漆中實以寧波漆及廣漆爲最佳，然漆後須經長時期始能乾燥，始可應用，爲其缺點。漆時以熱天爲宜，霉時尤佳。

此外關于瀉水，周圍須用明溝，入口須用茄莉Inlet，溝管每隔相當距離須有天窗Manhole.

衛生設備在上海公共租界於北新涇設一用濃縮空氣化糞廠，以解決租界內一部份之糞。如他處無此設備，可自己築小規模之化糞池(如下圖)亦便朗

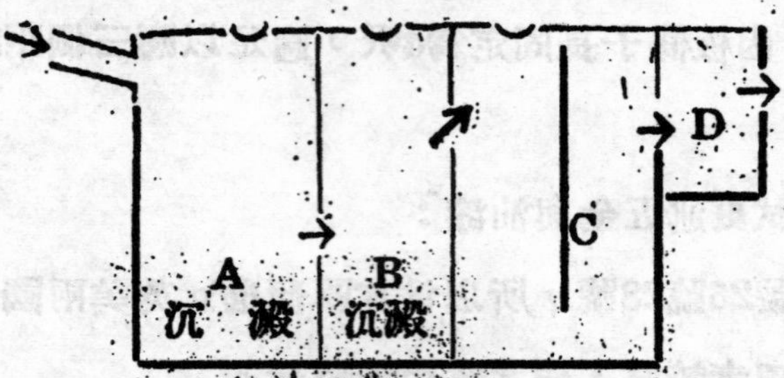

利糞汁依箭頭所示之方向行進，先到A處，污物下沉，較清之水，入于B處，一部之汙物，再爲二度之沉澱，惟其餘水物達于C處，再經沉澱，到達D處，其時經過數次之沉澱，D處流出之水，已頗清潔，可通入溝渠。大致造四號之化糞池，百人用之，每八個處出清一次，當可無虞也。

斜引力 (Diagonal Tension) 對於鋼筋混凝土樑之影響及其補救

劉灝初

鋼筋混凝土樑斷裂之最大原因，除直接由其本身所受之撓能率(Bending Moment)外，則爲斜引力。本篇所論，乃關於斜引力對於鋼筋混凝土樑之作用，預防之方法，現在通用設計公式之解釋，及其理論，加以籠統之敍述，爲大概之說明，至若詳細之研究。則不在本文範圍之內矣。

斜引力者，乃由平引力與剪力所合成之最大引力也。剪力與斜引力之關係甚大，有說明之必要。

樑內部有兩種剪力存在：卽平剪力(Horizonal Shear)及垂剪力 (Vertical Shear)是如圖1施壓力於一叠之板上，則各板向兩旁滑動，若將各板先爲膠固，則滑動之現象可免。但各板間仍有一滑動之趨勢，此趨勢卽卽平剪力是也。垂剪力乃一種力量，足以使樑之一部，切離其他部之趨向，其作用如圖2。

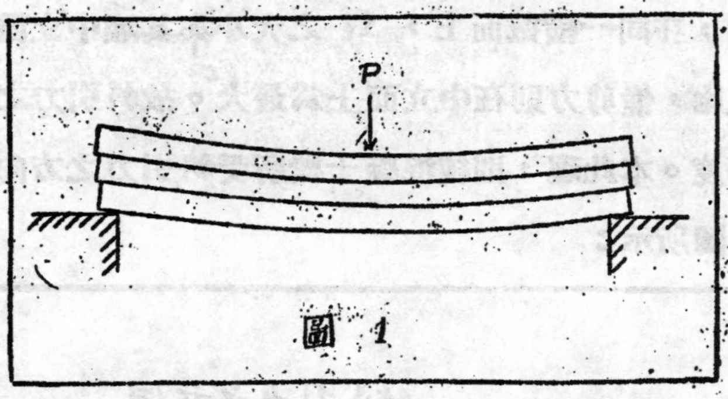

圖 1

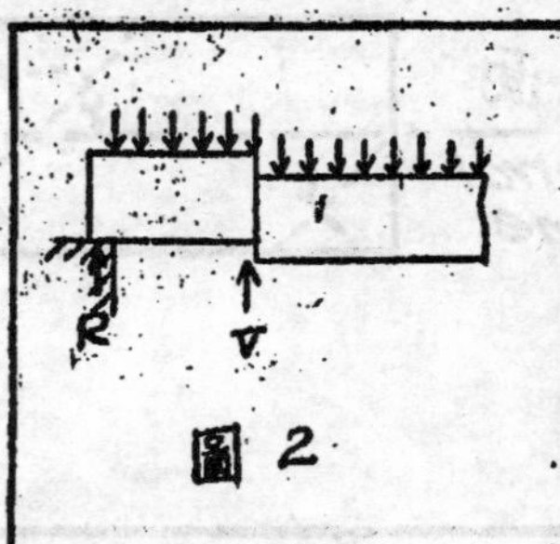

圖 2

圖 2

樑內部某一點間之單位平剪力，(Unit Horizontal Shearing Stress)與其單位垂剪力(Unit Vertical Shearing Stress)大小相同。

依力學原理欲求等質(Homogeneous)樑內

之斜引力及其方向可應用下列二公式。

$$f_d=\frac{1}{2}f_t+\sqrt{\frac{1}{4}f_t^2+v^2},$$

$$\tan 2x=\frac{2v}{f_t}。$$

此二公式中

f_d ＝單位斜引力，

f_t ＝單位平引力(Unit Horizontal Tensile Stress)

v ＝單位平剪力或垂剪力，

x ＝ f_t 與水平線所成之角。

觀此可知斜引力與 f_t 及 v 有關係，在簡單支架(Simplysupported)之等質樑內，撓能率最大之處，其剪力必甚小，或竟至於無。在此橫截面(Cross-Section)上，f_d 與 f_t 相等。其方向與水平線平行，漸近樑之兩端剪力愈大，撓能率愈小，剪力之影響於斜引力者亦愈甚，至樑之末端，f_t 等於零。斜引力乃與水平線成45度之角，在同一橫截面上，f_t 之大小與其離中立面(Neutral Plane)之距離成正比，惟剪力則在中立面上爲最大。故斜引力之方向愈近中立面，則愈近於45度。本此理，則純混凝土樑所受斜引力之方向及因此而發生之裂縫，當如下圖所示：

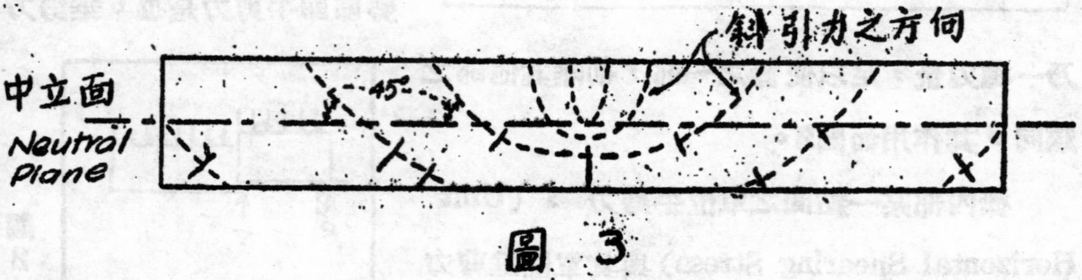

圖 3

鋼筋混凝土樑內之平引力幾全由鋼筋所承受。故混凝土所受之平引力甚

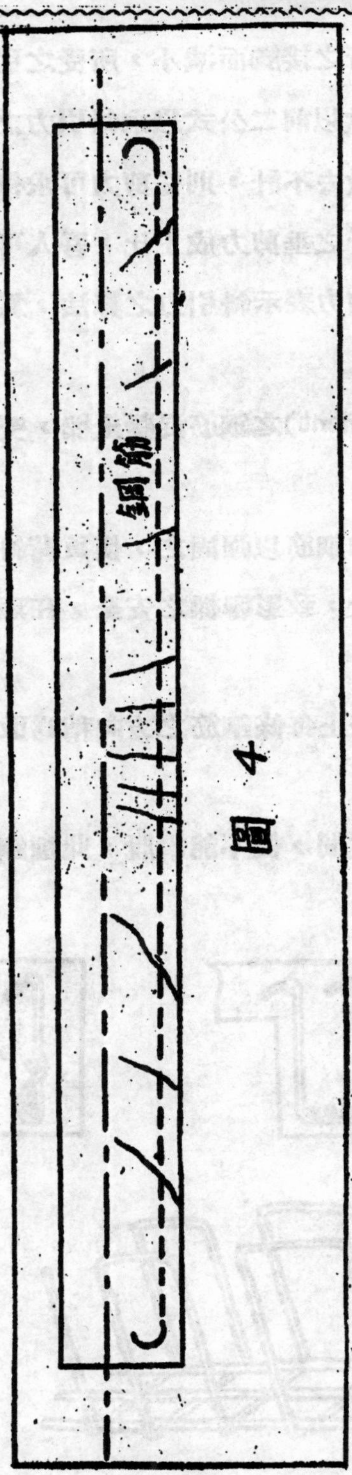

圖4

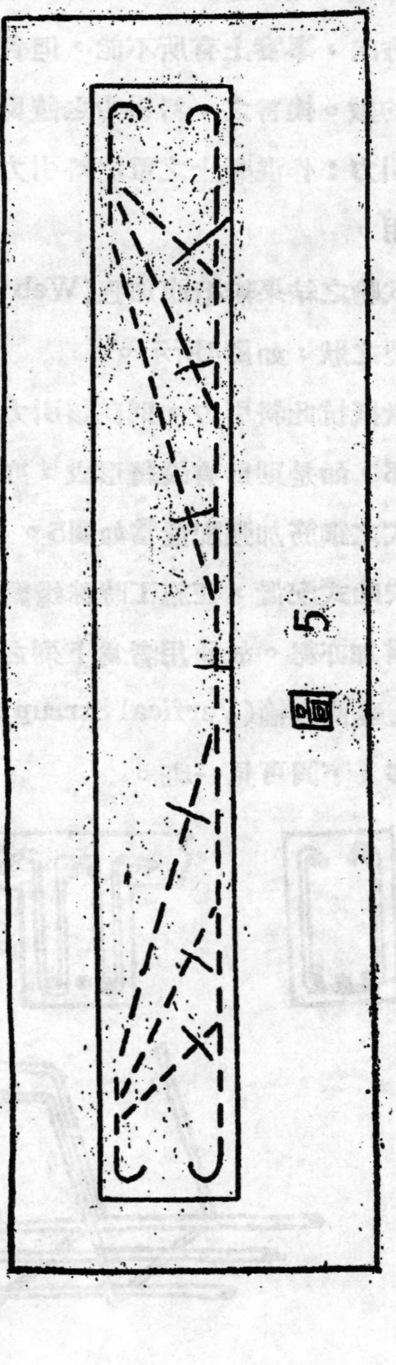

圖5

不易知，當混凝土不勝引为而開裂時，其本身之接觸面減小，所受之引力亦因之而減，樑內部所受之引力既不能定，而欲以前二公式以求斜引力之值，及其方向，事實上有所不能，但各將平引力撇去不計，則從剪力可求得斜引力之約數。換言之，斜引力之值與樑直接所受之垂剪力成正比，吾人可斜一單位引力：作混凝土之單位斜引力。此種以剪力表示斜引力之算法，爲現在所通用。

試驗之結果無桁腹加强(Web Reinforcement)之鋼筋混凝土樑，受重力而開裂之狀，如圖4所示。

欲抵抗此斜引力，則在該引力之方向，加鋼筋以强固之，使負荷斜引力之大部，如是則即有裂縫形成，亦不致於擴大，致影響樑之安全，在理論上最合式之鋼筋加强配置當如圖5。

依此式配置，在施工時殊嫌繁瑣。且實際上每條鋼筋之方向稍爲改變，效力增加亦尠。故通用者爲下列之三種。

1.垂直鋼箍(Verfical Strrup)附於鋼筋之間，使不能滑脫，此種鋼箍式樣甚多。下圖可見一斑。

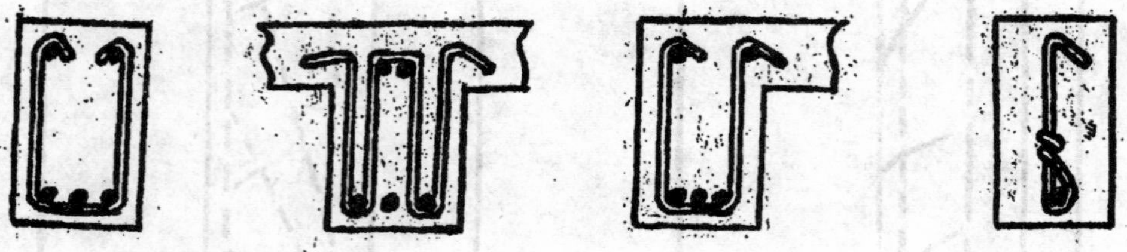

圖6

2.應用斜鋼箍。斜鐵箍本較垂直鐵箍爲優，因其斜度與斜引力之方向較似也。但以施工不便，及難使其牢附於平放鋼筋上之故，其用途亦不廣。

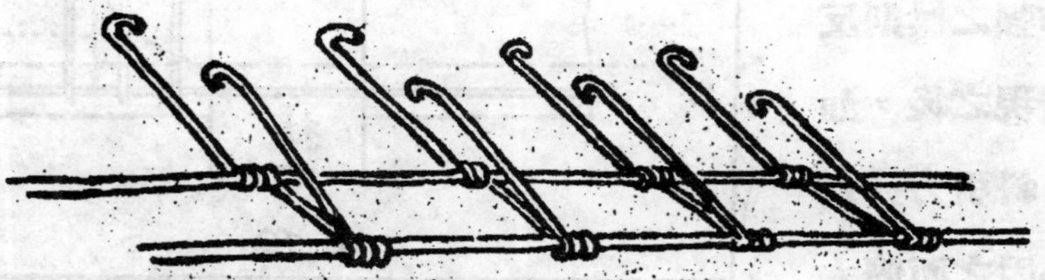

圖6

3.將縱方(Longjtudinal) 鋼筋之一部彎起。

圖7

上彎鋼筋，各善於配置及彎度適當，乃抵抗斜引力之最佳者。因其興斜引力之方向相似，且與總加强物聯成一體故甚爲牢固也，

最有效之桁腹加强方法乃1,3,兩法合用。即將樑之縱方 (Longitudinal) 鋼筋之一部彎起更輔以垂有直鐵箍也。一般之鋼筋混凝土樑建築皆採此法。

桁腹加强(web Reinforcement)之效用

多次試驗之所得，鋼筋混凝土斜而有適宜桁腹加强工事者，其能受之負荷，爲無此加强工事者之三倍至四倍，同此試驗，昭示桁腹加强對於防止初步筋縫，無甚效力；但裂縫一經開始之後，其作用卽顯。斜引力因受加强之

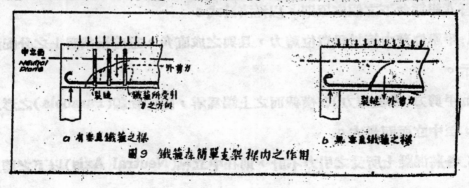

a 有垂直鐵箍之樑　　b 無垂直鐵箍之樑

圖9 鐵箍在簡單支架樑內之作用

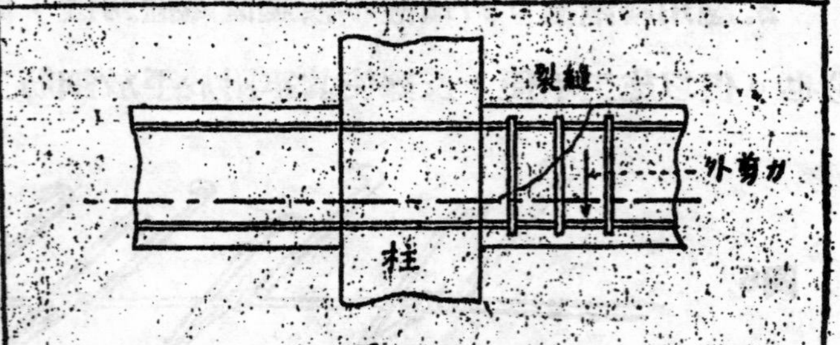

圖 10
鐵箍在連續樑內之作用

鋼筋所抵拒，不復能將已成之裂縫更爲增大。在無桁腹加强之樑則反是：裂縫發現之後，如載重再增，斜引力亦愈增，裂縫亦因之而擴大，至混凝土不勝引力之作用而各節斷裂焉。

計算剪力及斜引力之公式

如上文所述，計算斜引力最便之方法，當以剪力爲根據。下列之符號爲推求公式時所應用。

以V ＝某一橫截面(Cross-section)之總外剪力，

v ＝在該橫截面之單位平剪力(或垂剪力)。

b ＝樑之闊度，

b' ＝丁字樑樑腹(Stem)之闊度。

jd ＝能率臂(Moment Arm)之長。卽壓力重心(Centre of Compr ssion)至引力重心(Centre of Tension)之距離。

z ＝在s長之一段樑內之總剪力。或總斜引力。

吾人根據如下之假定原則，以推演公式：

1.平單位剪力等於垂單位剪力，且與之成直角，垂直橫截面上之分配如圖所示。

2.平剪力(或垂剪力)在橫截面之上端爲零，隨拋物線(Parabola)之形以增加，至中立面而最大。

3.各將混凝土所受之引力不計，則在中立軸(Neutral Axis)以下之剪力不變。

4.斜引力可以剪力代表之。

5.各中立軸下之橫截面闊度不一律時，則單位剪力亦隨闊度b而改變故欲求最大單位剪力，及最大之單位斜引力，應以最小b之為標準。

6.在連續T字樑之支點處，其最大單位剪力乃在緊接凸邊(Flange)下部之桁腹間。受引力鋼筋平面上(在樑之上部)之剪力及斜引力則甚小，因凸邊之闊度b甚大之故也。

平剪力之作用如圖11 所示，s為樑內兩橫截面之距離，如左方之撓能率為M，M_l 則右方者為$M_r = M_l + Vs$。

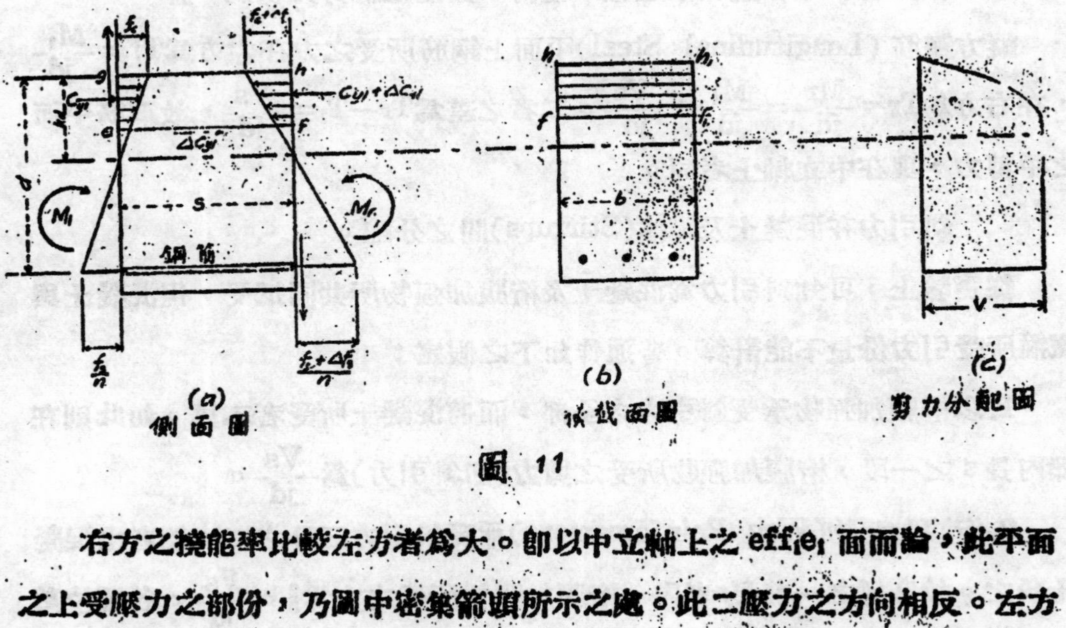

(a) 側面圖 (b) 橫截面圖 (c) 剪力分配圖

圖 11

右方之撓能率比較左方者為大。即以中立軸上之eff_1e_1面而論，此平面之上受壓力之部份，乃圖中密集箭頭所示之處。此二壓力之方向相反。左方之壓力等於Cy_l，右方者則為$Cyr = Cy_l + \triangle Cy_l$。二者之差為△Cy故該部份有向左方移動之趨勢，但此趨勢適為該平面上之平剪阻力 (Horizontal Shearing Resistance) 所拒，以底於平衡。由$\triangle Cy_l$所發生之單位剪力，等於以eff_1e_1之面積bs除$\triangle Cy_l$之商數。

在樑之頂部 $\triangle Cy_1$（或總剪力）爲零，漸仿拋物線之形以增加，至中立軸(Neutral Axis)而最大、其值適爲左右兩方總壓力之差，根據一般之桁樑公式，此兩方之總壓力可求得如下：

左方者$C_2=\frac{M_1}{jd}$，

右方者$Cr=\frac{Mr}{jd}=\frac{M_1}{jd}+\frac{Vs}{jd}$。

二者之差爲$\frac{Vs}{jd}$。故在中立軸上長s闊b之平面，其總平剪力爲 $Z=\frac{Vs}{jd}$。單位平剪力爲 $V=\frac{Z}{bs}=\frac{V}{bjd}$。

各假定混凝土中無引力存在，則中立軸下作用於任何平面上各力之差，與在中立軸間者相等，故在中立軸下任何平面上之總剪力俱爲一律。

縱方鋼筋 (Longitudinal Steel)平面上鋼筋所受之力在左方爲$Tl=\frac{M_1}{jd}$，在右方爲$Tr=\frac{Mr}{jd}=\frac{M_1}{jd}+\frac{Vs}{jd}$。二者之差爲$Tr-T_1=\frac{Vs}{jd}$。故鋼筋平面之平剪力，與在中立軸上者同。

斜引力在混凝土及鐵箍(Stirrups)間之分配。

從實驗上，可知斜引力爲混凝土及桁腹加强物所共同抵受，但混凝土與鐵箍所受引力份量不能計算。普通作如下之假定：

1.以桁腹加强物承受斜引力之全部，而將混凝土所受者不算。如此則在樑內長 s 之一段，桁腹加强物所受之剪力(即斜引力)爲$\frac{Vs}{jd}$。

2.桁腹加强物(Web Reinforcement)承受斜引力三分之二，餘者由混凝土負之。故在樑之一部長s者內，桁腹加强物所受之力爲$\frac{2}{3}$。$\frac{Vs}{jd}$。各單位剪力(Unit Shearing Stress)未超過規定之大限V'時，則引力之全部由混凝土負之。

3.以混凝土承受一規定之單位剪力，其餘由桁腹加强物承受。故混凝土所受之力爲 v'bs，桁腹加强物所受者爲 $Z_1=Z-V'bs=\frac{Vs}{jd}-V'bs$

第一假定與計算一般鋼筋混凝土樑時所假定者同。即將混凝土之引力强度不計是也。但實驗所示，則鐵箍所受之力，絕不如假定者之大。故第2，3者最爲通用。

垂直鐵箍之橫截面積(Cross-Sectional Area)及其間隔距離之計算。

以鐵箍可能抵受之力，使之與作用於鐵箍上之力，卽可求其橫截面積及間隔距離。

以V =離支點(support)x遠之橫截面上之總垂剪力。

v =在該橫截面上之單位剪力。

v' =混凝土之准單位剪力(Allowable Unit Shearing Stress)——或准單位斜引力。

fs =鐵箍之准單位引力，

jd =壓力重點至平面加强物(Horizontal Reinforcement)之距離，

b =樑之闊度，

b' =丁字樑樑腹(Stem)之闊度，

s =在離支點x遠之鐵箍間隔距離，

l =樑之跨度(Span)，

w =均重力(Uniform Load)，

As =每鐵箍之總橫截面積。

1.以鐵箍承受全部斜引力計，$Asfs=\frac{Vs}{jd}$

$\therefore\ As=\frac{Vs}{jdfs}$。 $s=\frac{fsjd}{V}As$。

2.以鐵箍承受斜引力三分之二計，$Asfs=\frac{2}{3}\cdot\frac{Vs}{jd}$。

$As=\frac{Vs}{jdfs}$。 $s=\frac{fsjd}{V}As$。

3. 以混凝土承受規定一部之斜引方而以其餘者由鐵箍負荷。

$$Asfs=\frac{V-v'bjd}{jd}s。$$

$$As=\frac{(V-v'bjd)}{fsjd}s。\qquad s=\frac{fsjd}{(V-v'bjd)}As。$$

彎曲鋼筋 (Bent Bars) 之橫截面積及間隔距離之計算。

彎曲鋼筋所受之引力，等於鐵箍所受者，系彎曲角之正弦數。實驗所示，彎起自25^0至50^0之鋼筋，其效力幾相同，故以 •7為彎曲角之正絃數以求引力，所差甚微。

As及s代表曲鋼筋之橫截面及其間隔距離。

1. 以鋼筋承受全部引力計。

$$As=•7\frac{V}{fsjd}s。\qquad s=1•43\frac{fsjd}{V}As。$$

2. 以鐵箍承受斜引力三分之二計。

$$As=•47\frac{V}{dfsj}s。\qquad s=2•13\frac{fsjd}{V}As。$$

3. 以混凝土承受規定一部之斜引力，而使其餘者由鐵箍負荷。

$$As=•7\frac{(V-v'bjd)}{fsjd}s。\qquad s=1•43\frac{fsjd}{(V-v'bjd)}As。$$

鐵箍間之距離不宜過遠，過遠則裂縫易生，一般之限制，則鐵箍之最大距離，不能逾於樑身之高度。

連續樑(Continuous Beam)之桁腹加强

上述之公式乃根據試驗簡單支架樑(Simply supported Beam)所得而推演者。以應用於連續樑或丁字樑之桁腹加强設計，則安全度尤增，此因連續樑內有數種情形，足以防止或減少斜引力之故。在支點上，反動力(Reaction)所生之壓力，足使已成之裂縫封閉，倘有圓拱 (Arch) 作用將斜引力減去不小。

懸杆樑(Cantilever)之桁腹加强

在受垂重力（Vertical Load）之槓杆樑內，垂鐵箍應附於受引力之鋼筋上，（在樑之上部）而鈎固於樑之下部。

垂鐵箍（Vertical Stirrup）間隔距離之簡便求法

關於垂鐵箍之間隔距離尚有一簡捷算法足供吾人參考。

圖12為受均重力簡單支架樑之剪力圖（Shear Diagram）

以Sn ＝任何橫截面上鐵箍之間隔距離。

s ＝在支點處鐵箍之間隔距離。

x ＝Bc之長，Xn＝BCn。

V ＝在支點處之總剪力，

Vc ＝混凝土所承受之剪力，

V' ＝V－Vc，

N ＝自B至C之鐵箍數，

n ＝自B至Cn之鐵箍數，

則 $Sn=S\sqrt{\frac{N}{n}}$。

圖12

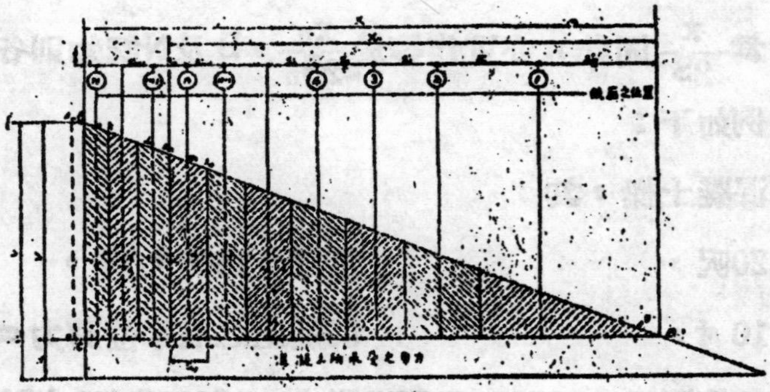

剪力圖

設計桁腹加强時，必使每鐵箍所受之斜引力均等。上公式乃根據此原則以推演者也。本此原則，Sn應為AnCn至knln間之距離，但Cnln與enfn之長所差甚微。故Sn可作等於S'n，即鐵箍n至n＋1之距離。

此假定旣成立則公式可以下法求之：

如圖 degf之面積 $=A_n = x \tan\theta s' = x \tan\theta s$。

dnengnfn面積 $= A_n = x_n \tan\theta s' = x_n \tan\theta n$。

$$A_n = A_n$$

$$x \tan\theta s = x_n \tan\theta s_n$$

$$S_n = \frac{x}{x_n} s$$

依幾何原理，$\frac{x}{x_n} = \frac{\sqrt{\triangle ABC\text{之面積}}}{\sqrt{A_nB_nC_n\text{之面積}}}$

即 $= \sqrt{\frac{\text{在BC上N根鐵箍所受之總剪力}}{\text{在BCn之n根鐵箍所受之總剪力}}}$，

$$= \sqrt{\frac{As\ Fs\ N}{As\ Fs\ n}} = \sqrt{\frac{N}{n}}$$

故 $S_n = S\sqrt{\frac{N}{n}}$。

此公式中s可用以前公式之一求得。n亦爲已知之數，所未知者N耳，若以支點處鐵箍間隔距離爲s，則BC間鐵箍之平均間隔距離可作爲2s，故BC間鐵箍數N當爲$\frac{x}{2S}$同此n亦可作等於$\frac{x_n}{2S_n}$，S及N旣知則各根鐵箍之距離卽可求得玆舉例如下：

有鋼筋混凝土樑，其

跨度＝20呎， 活重＝1500#/呎，

樑闊＝10吋， 混凝土之准單位剪力＝40#/平方吋

樑頂至鋼筋距離＝20道，箍所准引力＝16000#/平方吋，

淨重＝500#/呎，

求各鐵箍間隔距離。

算法：

在支點之最大剪力 $=(1500+500)\frac{20}{2}=20000^{\#}$。

樑中部所受之剪力 $=1500\times\frac{20}{2}\times\frac{1}{4}=3750^{\#}$

混凝土所受之全剪力 $=\frac{7}{8}\times10\times20\times40=3750^{\#}$

$x=\frac{20}{2}\times\frac{20000-7000}{20000-3750}$ 8呎＝96吋

$s=\frac{Asfsjd}{V'}=\frac{11\times2\times16000\times\frac{7}{8}\times20}{13000}$ 4.73吋（用$\frac{3}{8}$"φ鋼條）

$N=\frac{x}{2s}=\frac{96}{2\times10}=4.8"$。

$Sn=\frac{s\sqrt{N}}{\sqrt{n}}=\frac{4.8\sqrt{10}}{\sqrt{n}}=\frac{15.17}{\sqrt{n}}$

第一表

鐵箍之間隔距離

n	$Sn=\frac{15.17}{\sqrt{n}}$	
$\frac{1}{2}$	21.5吋	$21\frac{1}{2}$吋
1	15.2吋	15 吋
2	10.7吋	11 吋
3	8.8吋	9 吋
4	7.6吋	$7\frac{1}{2}$吋
5	6.8吋	7 吋
6	6.2吋	6 吋
7	5.7吋	6 吋
8	5.4吋	$5\frac{1}{2}$吋
9	5.1吋	5 吋
10	$\frac{4.8}{2}=2.4$吋	$2\frac{1}{2}$吋
總計	95.4吋	96 吋

表中第二柱各 Sn之和不能等於96者，因Sn與S'n究不能完全相等也，但所差甚微，可於第二表見之，故毋須深究。

剪力圖內重虛線所示者爲鐵箍，求前公式時，吾人曾假定每鐵箍承受在其本身及其旁兩鐵箍間之剪力之半，即全數鐵箍所受者之 N分 1。但在最末一根及支點間之剪力面積(Shearing Area)爲其他者之半，在第一根及零剪力處B者亦然。

將前公式之排列略爲改易，可得如下諸公式：

$$Sn = s\frac{\sqrt{N}}{\sqrt{n}} = s\sqrt{N} \times k_2 \cdots\cdots(1) \qquad k_2 = \frac{1}{\sqrt{n}}$$

$$Sn = s\frac{\sqrt{N}}{\sqrt{n}}，即\frac{xn}{2n} = \frac{x}{2N}。\frac{\sqrt{N}}{\sqrt{n}} \quad \therefore Xn = \frac{2nx}{2N}。\frac{\sqrt{N}}{\sqrt{n}} =$$

$$\frac{x\sqrt{n}}{\sqrt{N}} = \frac{2Ns\sqrt{n}}{\sqrt{N}}，xn = 2s\sqrt{N}\sqrt{n} \cdots\cdots(2)$$

根據(2)則第n至第n＋1鐵箍之正確距離爲

$$Sn = x_{n+\frac{1}{2}} - x_{n-\frac{1}{2}} = 2s\sqrt{N}\sqrt{n+\tfrac{1}{2}} - 2s\sqrt{N}\sqrt{n-\tfrac{1}{2}}$$

$$= 2\sqrt{N}\,k_1 \cdots\cdots(3) \qquad k_1 = 2\left(\sqrt{n+\tfrac{1}{2}} - \sqrt{n-\tfrac{1}{2}}\right)。$$

吾人可算出k_1及k_2之值，列成一表，用以計算尤爲迅速。

第二表

n	k_2	k_1
½	1.414	1.414
1	1.000	1.035
2	.707	.713
3	.578	.579
4	.500	.501

5	.447	.448
6	.408	.409
7	.378	.378
8	.354	.354
9	.333	.333
10	.316	.316
11	.302	.302
12	.289	.289
13	.277	.277
14	.267	.267
15	.258	.258
16	.250	.250
17	.242	.243
18	.235	.236
19	.229	.229
20	.223	.224

*此k_1之值乃從公式(2)求得者，觀圖若$n-\frac{1}{2}$，則$Sn=Xn=s\sqrt{N}\times1.414$在此特殊情形之下，公式(3)之$k_1$等於公式(2)之$2\sqrt{n}$. n若小於1時公式(3)不能用

以上諸公式幷可用以求彎曲鋼筋之距離於此 s 應爲$\frac{Asfsjd}{V'\sin\theta}$，θ爲彎曲角之度數。

此數公式雖根據本篇剪力圖之簡單載重情形之下而推求，但其應用彙可施於載重狀況較複雜之樑，幷不因此而受限制者也。

本文之資料多採自西籍。現在華文建築標準術語尚少，採用殊感困難。本文內有許多名詞，皆由作者意譯，未妥之處，在所難免，大雅君子，不以其鄙陋而指正之，則幸甚！

鋼箍(Stirrups)的用途和排置

王紹文

在各種鋼骨混凝土的建築物中，——尤其是房屋建築，無論單樑或固定樑，牠所支承的重量，往往大部份是均佈重，(Uniform load) 而小部份是集中重。(Concentrated load) 所以我們在設計一樑時，牠的截面的大小，所用鋼條的多少，和排置鋼箍的距離等等，大都是依照牠所受的均佈重計算出來。關于求算截面的大小，鋼條的多少，只須按步做去，方法很是簡便，因不在本文的範圍內，我們且不去討論牠。至于我們爲什麼要用鋼箍？並且怎樣去排置牠？我們不妨來說一說。

原來，當一根樑受有重量時，(照均佈重算)則此樑的任何一個直截面，都受有剪力(shear)。這種剪力，愈靠近支持點，愈增大，至中點時，其剪力幾等于零。同時，由這種剪力，便引出斜引力；其單位力之大小，和直剪單位力相等。因爲混凝土的拒引力 (resisting tension) 很小，靠近支持處，便常會發見裂縫，而使樑的全部完全損壞。我們爲補救這種不好的結果起見，當我們計算出來的單位剪力，(unit shear)爲混凝土所不能抵受時，便非用鋼箍不可，或使鋼條彎曲而抵禦這所有的斜引力。

在排置鋼箍的距離以前，我們先要畫出一個剪力圖。(shear area diagram)從這個圖，我們可以算出須用鋼箍的數目和大小，同時可以算出在支持的地方，鋼箍間的最小距離是多少。(當然不能過某種限制，如$\frac{1}{2}$d，d爲此樑之高。)依此推算，愈近樑的中部，則其距離可愈闊，一直到無須鋼箍的一點爲止。在 Hool 所著 Reinforced Concrete, VOl. I 一書中，他把在支持點，和$\frac{1}{4}$X，$\frac{1}{2}$X，各點的地方(設在A點，鋼箍可以不用，而混凝土已能抵受其斜引力，則X,為從支持點到A的距離)"鋼箍間所須的距離求出"。然後在支持點到$\frac{1}{4}$X,一段中，以所求出的距離把鋼箍排好；同樣，從$\frac{1}{4}$X,到$\frac{1}{2}$X,一段中，$\frac{1}{2}$X,到A一段中，也把牠排好。這個方法雖很普通，但是為免除計算起見，我們可以用下列的法子，很快地用圖把應放鋼箍的各點顯示出來。因為這個方法使全部排置，更加整齊而有規則，所以此法亦很通用。茲寫錄于后

我們先把剪力圖畫出，如圖一之ABC，或圖二之ABDE。然後把該圖分為若干的相等面積，其部份的多少，和其所須鋼箍的數目相同。再把每一部份的重心點求出。則鋼箍所應該放置的地方必定在這些重心上。不過，我們須要注意的是這個剪力圖，究竟是一個三角形，還是一個梯形；雖然原理一樣，不過因其形狀的不同，而畫的方法也就跟着各異了。

如圖一設ABC為一三角形的剪力圖，并且我們已經知道要把牠分成五個

圖一

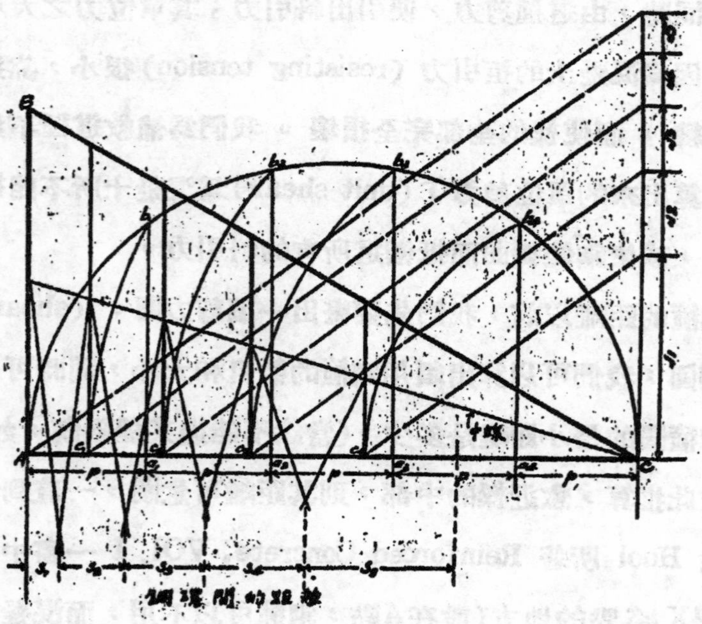

相等部份（當然，隨便幾個部份都可用相同的方法去求出的）。則畫的方法，可有兩種如下：用第一個方法，先以 A B 爲直徑，作一個半圓如圖所示。再把AC分爲五段等長，使每段爲 P。在各點 a_1, a_2, a_3, a_4 各點畫一直線與AC垂直，相交此半圓于 b_1, b_2, b_3, b_4。以C爲圓心，$Cb_1, Cb_2, \cdots\cdots$ 等爲半徑，交AC于 $c_1, c_2\cdots\cdots$ 等點。從這幾點畫出的垂直線即可將三角形ABC分爲五等分了。作這一個圖的原理，完全根據初等幾何，其證明很是簡便，毋庸細述了。至于第二種方法，是從 C作一垂直線，在此直線上截取一段，令其長爲 $\sqrt{5}$（如須分此三角形爲n等分，則令其長等于 $\sqrt{n}$。）。依次截取 $\sqrt{4}, \sqrt{3}\cdots\cdots\sqrt{1}$。然後將最高的一點和A連接，再由其餘各點作直線和牠平行，而交AC于 $c_1, c_2\cdots\cdots$ 等點。從這幾點畫出的垂直線，即可分△ABC爲五等分了。

圖 二

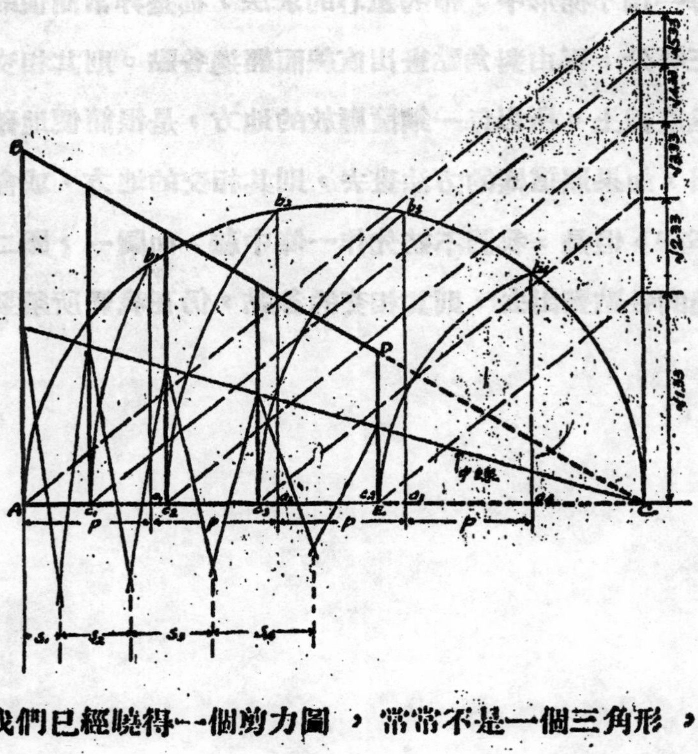

不過，我們已經曉得一個剪力圖，常常不是一個三角形，而是一個梯

形。所以如圖一的方法，現在應稍修改一下。如圖二，設ABDE是一梯形，現須將其面積分爲四等分，（當然可以分而任意等分。）我們可以先延長BD和AE而成爲一三角形ABC。以AC爲直徑而作一半圓。再以CE爲半徑而截此圓于b_4。由b_4作一直線垂直于AC，而交于a_4。分Aa_4爲四等分。再照前法依次做去，便可以分ABDE爲四等分如圖二所示。另外也還有一種方法：在C作一直線垂直AC。從此直線上截取 $\sqrt{X}$，$\sqrt{X-1}$，$\sqrt{X-2}$……此處的$X=\dfrac{n}{1-\left(\dfrac{v_1}{v_2}\right)^2}$。假使我們要計算X，則n爲須用鋼條的根數，$v_1$，$v_2$是在A點和E點的單位剪力（$v_1$常小于$v_2$）。所以如圖二所示，假令$n=4$，$v_1=50$，$v_2=100$，則$X=5.33$。因此沿着這條垂直線，我們可以由C畫出$\sqrt{1.33}$，$\sqrt{2.33}$，$\sqrt{3.33}$……等點。再由這幾點畫平行線，而交AC于$c_1$，$c_2$，$c_3$，$c_4$各點。假使這個圖作得很準的話，則最後一線定會交AC于E。

至于在每一個小梯形中，牠的重心的求法，也是非常簡便的。我們把每一底邊分成三等分，再由對角點畫出直線而經過各點。則其相交之點，必在經過重心之垂直線上。所以每一鋼箍應放的地方，是很簡便地確定了。不過我們可以看出，如果照這樣的方法畫去，則其相交的地方，或會很遠很遠，而爲事實所不許。但是，我們不妨先作一條中線，如圖一，圖二所示。再由中線上所經過的各點畫出去，則其相交的各點，仍在我們所須要排置鋼箍的地方。

隄岸防護方法

程延昆

隄岸斜坡，經水沖蝕，輒陷爲窟洞，不加修補，則洞漸由小而大，由大而破，終至隄崩水潰，汪濫成災，故防護隄岸，應先防止窟洞。

防止冲蝕方法 Preventing Scouring—潮流激盪，其力至猛，隄岸斜坡，每被冲毀，故欲防止冲蝕，應施減低水流速度工作。法爲築壩若干，與隄下流切線成直角，高低適宜，使水得以極低速度，暢流無阻。又壩不可過高，或成銳角，致水受阻而倒流，水力愈大，冲蝕更甚。

防止窟洞方法 Checking Caving—隄多窟洞，影響安全，亟應設法遏止。普通用蔴袋若干，中實沙土，堆積隄面，上横半寸鋼條，下壓六寸鐵管，管內塡以三和土或石子，如是，則管可深入易被水冲蝕之沙層，窟洞可不致發生。

另有利用倒樹以樹根繫于岸旁，樹枝向水，層層排列，水力因之減少，窟洞不再發生。更有一法，前築木樁兩排，中實樹枝樹幹，上加石子沙包，効力亦偉。

應付小部冲壞方法 Treating Sloughs—小部冲毀，可沿隄插蘆于水底，編列成牆，中塡散土，使岸層結合，破部重修。

處理大部冲壞方法 Handling Large Sloughs—處理大部冲毀，可沿隄築樁，上釘平板，內塡樹枝樹幹，上蓋泥土沙袋。如木不易得，可代以横鐵條，若水過深，鐵條可一一接起，再于鐵條與岸之間，塡以散土。

水過隄頂防禦法 Overtopping of levees—若隄岸太低，潮水有溢入隄頂之險，須于隄上近水之一面，用泥另築小隄，阻水溢入，惟此法雖可防患于一時，如遇狂風駭浪，仍難抵禦，故小隄之前，須築木樁一排，上釘橫板，中填沙袋，方保無虞。至木樁之材料，平板，圓木或橫鐵條仍可。若隄頂發現漏洩，須立用散土，向彔水一面之漏處塡去。

防禦波浪冲洗方法 Wave Wash—駭浪猛侵，隄土日蝕，防禦方法，約如下述：

1. 堆沙袋于隄岸。
2. 用一尺直徑圓木，以鐵鍊繫其兩端于隄上。而霑該木于水面。
3. 用六寸闊，二寸厚之木板，斜置水下，使成四十五度角之木板牆。
4. 先用木樁，後用碎石，築成浪隄。

隄背漏水制止方法 Boils—潮水可從隄前小洞，經過隄內水道，穿至隄背流出，如是漏水，可用重量之物或沙包壓住水頭，使水通過樹枝樹幹層，將泥沙留下，清水外流，因清水流出，無害于隄也。

若水量太大，上法不能行，可用沙包或散沙，將水四面包圍，成一水池，再用木板做成凹槽，用沙填滿，引水緩流而出，使其清潔無泥。

漏眼甚多，可用不漏水之木桶，將眼一一罩好，桶內裝沙，使水入桶，經沙而出。水如太大，或眼太多，仍以築隄包水爲宜。又隄之高度，須較高于隄外水面，然後再設法愼開水路，使清水流出，無損于隄。

設隄前發現進水旋渦，隄岸破裂，須採緊急方法，立用沙包擲入水中，堆至將漏洞塡塞爲止。

隄岸破裂 Crevasses—隄岸破裂，單用沙包，難收効果，急救方法，普通以試用木樁，于已破隄岸前，築成凸圓形，然後再用樹木，石子，將裂口修復。

附註——本篇譯自 Engineering and Contracting Vol. LXVIII NO. 4 Protection and Maintenance of Levees During Floods

弧形壩所受壓力之計算法

周 志 昌

一 緒論

A 引言

弧形壩，可以藉着弧的作用來抵禦相當的水力，不過在建築時應須注意下列四點：

a 讓壩牆必能吃水的衝力而不致損及壩身。

b 讓壩牆的跨度和弧徑不可太大。

c 連合接縫必須建築牢固，不能任其有罅裂，更須注意防止建築物在收縮時所發生之罅裂。

d 每一弧壩底各種不同截面的連接所在，在最冷的天氣裏，須完成其收縮接縫的建築。

如將上述四點都能做到，則横截面同樣大小的弧形壩較普通的壩更安全。

B 弧形壩所吃之壓力計算法與原理

應用于計算弧形壩所吃的壓力的方法約有兩種：

a Parallel plane theory

弧形壩藉着弧的作用，可以吃着很重的壓力。如應用這種原理來計算其方法大概是這樣的：

先將平行面間，一呎寬的部分，當做一個單位。算出滑轉，剪力，或旋轉的大小，才可以使其離開牠固有底的位置。換句話說，就是從這裏可計算出牠所能吃的壓力來。

b Radial plane theory

倘若壩底底脚，或壩墩，或護壩牆是一個弧面，其吃力的計算法，那就最好是用 Radialplane theory 了。

這方法是這樣的，在弧面間的一部，從近水面橫量一呎而給牠當做單位來計算。

二 公式

A 壩的重量

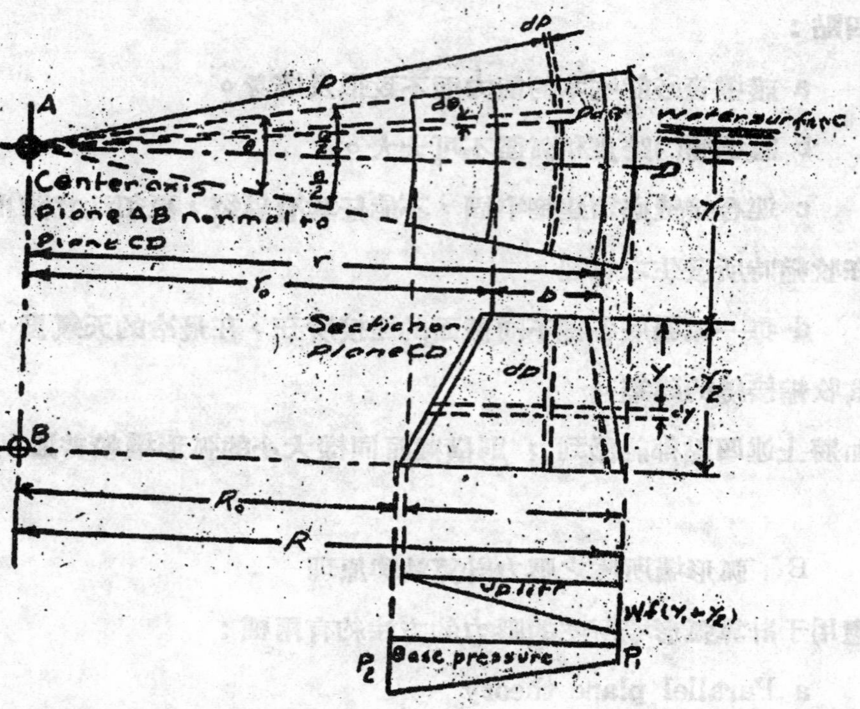

這是一幅包括在兩種平面之間的垂直的弧形壩之平面和正面圖的一部份。將這壩底一小部，當作了單位。先算出其重量來，再應用積分的原理，而算出其全部的重量。

使其所發生之撓幾是在一垂直于弧面的CD面上，CD却巧將這欲計算的一部分做了相等的兩份；同時經過圓心C。

現在，我將所用以代表的術語和符號寫在下面。

重量是w'dy dppdΘ，m是代表撓幾。在中軸上的撓幾等于w' dy dp pdΘ pcosΘ。

w'＝壩的每立方呎的重量。

w＝全部壩的重量。

$$W = w'\int_{y=o}^{y=y_2}\int_{p=r_0+\frac{y}{y_2}(R_0-r_0)}^{p=r+\frac{y}{y_2}(R-r)}\int_{\Theta=-\frac{\Theta'}{2}}^{\Theta=\frac{\Theta'}{2}} dy\ dp\ pd\Theta \quad (1)$$

$$W = \frac{w'y_2\Theta'}{6}\left[\left(\frac{R^3-r^3}{R-r}\right)-\left(\frac{R_0^3-r_0^3}{R_0-r_0}\right)\right] \quad (2)$$

$$M = w'\int_{y=o}^{y=y_2}\int_{p=r_0+\frac{y}{y_2}(R_0-r_0)}^{p=r+\frac{y}{y_2}(R-r)}\int_{\Theta=-\frac{\Theta'}{2}}^{\Theta=\frac{\Theta'}{2}} dy\ dp\ pd\Theta\ p\cos\Theta \quad (3)$$

$$M = \frac{w'y_2\sin\Theta'}{6}\left[\left(\frac{R^4-r^4}{R-r}\right)-\left(\frac{R_0^4-r_0^4}{R_0-r_0}\right)\right] \quad (4)$$

B 垂直水壓

在壩的近水面，垂直水壓壩之重量，可增高壩身的安全。不過，同時橫平水壓，却在做着破壞"壩"的工作。一方面，可以使壩沿着下壩的底線倒轉，他方面，也可以沿着基底而滑瀉。垂直水壓底作用，是在上壩底横的投影上，而横平水壓底作用，却在直的投影上。其横投影的面積加其距離中軸的距離爲 $r+\frac{y}{y_2}(R-r)$

其寬度爲$\frac{dy}{y_2}(R-r)$

在這種面積上的水壓爲 $W_1 = w(y_1+y)\left(\frac{R-r}{y_2}\right)\left[r+\frac{y}{y_2}(R-r)\right]dy\ d\Theta$

其在全部壩底總壓力爲

$$W_1 = w\frac{(R-r)}{y_1}\int_{y=o}^{y=y_2}\int_{\Theta=-\frac{\Theta'}{2}}^{\Theta=\frac{\Theta'}{2}}(y_1+y)\left[r+\frac{y}{y_2}(R-r)\right]dy\,d\Theta \quad (5)$$

$$W_1 = \frac{w}{6}\Theta(R-r)[3y_1(R+r)+y_2(2R+r)] \quad (6)$$

在面積爲n時的垂直水壓，繞中軸所發生的撓幾爲 m,全部的垂直水壓所發生的撓幾爲 M_1

$$m = w\left(\frac{R-r}{y_2}\right)(y_1+y)\left[r+\frac{y}{y_2}(R-r)\right]^2 dy\cos\Theta\,d\Theta \quad (7)$$

$$M_1 = w\left(\frac{R-r}{y_2}\right)\int_{y=o}^{y=y_2}\int_{\Theta=-\frac{\Theta'}{2}}^{\Theta=\frac{\Theta'}{2}}(y_1+y)\left[r+\frac{y}{y_2}(R-r)\right]^2 dy\cos\Theta\,d\Theta \quad (8)$$

$$M_1 = \frac{2}{3}w\sin\frac{\Theta'}{2}(R-r)\left[y_1\left(\frac{R^3-r^3}{R-r}\right)+\frac{1}{4}y_2(3R^2+2Rr+r^2)\right] \quad (9)$$

C 橫平水壓

在上壩底垂直投影上，橫平水壓的計算法和計算垂直水壓的方法和原理，都絕對相似。其撓幾的計算法，亦復相彷。牠底結果大約是這樣：

$$W_2 = 2wy_2\sin\frac{\Theta'}{2}\left[\frac{y_1}{2}(R+r)+\frac{y_2}{3}(R+\tfrac{1}{2}r)\right] \quad (10)$$

$$M_2 = \frac{w}{6}y_2^2\sin\frac{\Theta'}{2}\left[2y_1(R+2r)+y_2(R+r)\right] \quad (11)$$

D 壩底的上壓力

壩底泥土所發生的上壓力的大小，是隨着壩基的滲透性的大小而變的。尤其是和壩基的材料有關。現在，我的有以下三種的假設：

(a) 在壩底後部的總量的大小，等于在該點的水壓的總量乘以某種係數。

(b) 在壩底前部的總量的大小等于在該點的水流回來的壓力平當。

(c) 其總量的大小，與距離前部的長度成正比。

令 W_3＝壩底的全部上壓

C＝上壓力在全部面積的百分率

M_3＝上壓力藉中線為軸在壩底所發生的動力。

$$W_3=\int_{p=R_0}^{p=R}\int_{\theta=-\frac{\theta'}{2}}^{\theta=\frac{\theta'}{2}} dp\,pd\theta\,w(y_1-y_2)c\left(\frac{p-R_0}{R-R_0}\right) \quad (12)$$

$$W_3=c\left[\frac{w(y_1+y_2)\theta'}{(R-R_0)}\right]\left[\tfrac{1}{3}(R^3-R_0^3)-\frac{R_0}{2}(R^2-R_0^2)\right] \quad (13)$$

$$M^3=\int_{p=R_0}^{p=R}\int_{\theta=-\frac{\theta'}{2}}^{\theta=\frac{\theta'}{2}} dp\,p\,d\theta\,w(y_1+y_2)c\left(\frac{p-R_1}{R-R_0}\right)$$

$$p\cos\theta \quad (14)$$

$$M_3=2wcC\frac{\theta'}{2}(y_1+y_2)\left[\tfrac{1}{4}\left(\frac{R^4-R_0^4}{R-R_0}\right)-\frac{R_0}{3}\left(\frac{R^3-R_0^3}{R-R_0}\right)\right] \quad (15)$$

E 在橫截面趾部與踵部的垂直壓力。

從上圖可以看得很明白，在壩底的向下壓力，等于砌在該處的磚石，(其體積為 Pdpdθ) 的重量所發生的向下壓力，上壩底垂直水壓及在壩頂上總壓的和。

倘是P_2＝在壩趾的壓力的大小

P_1＝在壩踵的壓力的大小

W_4＝在壩底的全部向下壓力

M_4＝在壩底的中線為軸所發生的撓幾

$$W_4=\int_{p=R_9}^{p=R}\int_{\theta=-\frac{\theta'}{2}}^{\theta=\frac{\theta'}{2}} dp\ p\ d\theta$$

$$\left[p_1-\frac{p\cos-R_j\cos\frac{\Theta'}{2}}{R-R_j\cos\frac{\Theta'}{2}}(p_2-p_1)\right] \quad (16)$$

$$W_4=p_2\,\Theta'\left(\frac{R^2-R_0^2}{2}\right)-(p_2-p_1)$$

$$\left[\frac{2\mathrm{Sin}\frac{\Theta'}{2}\left(\frac{R^3-R_j^3}{3}\right)-\Theta' R_j\cos\frac{\Theta'}{2}\left(\frac{R^2-R_j^2}{2}\right)}{R-R_j\cos\frac{\Theta'}{2}}\right] \quad (17)$$

$$M_4=\int_{p=R_j}^{p=R}\int_{\Theta=-\frac{\Theta'}{2}}^{\Theta=\frac{\Theta'}{2}} dp\; p\; d\Theta\cos\Theta$$

$$\left[P_2-\left(\frac{p\cos\Theta-R\cos\frac{\Theta'}{2}}{R-R_j\cos\frac{\Theta'}{2}}\right)(p_2-p_1)\right] \quad (18)$$

$$M_4=p_2\frac{2}{3}\mathrm{Sin}\frac{\Theta'}{2}(R^3-R_j^3)-(p_2-p_1)$$

$$\left[\frac{\frac{1}{8}(\Theta'+\mathrm{Sin}\Theta')(R^4-R_j^4)-\frac{1}{3}R_j(\mathrm{Sin}\Theta')(R^3-R_j^3)}{R-R_j\cos\frac{\Theta'}{2}}\right] \quad (19)$$

W的大小可從2,6,10,13,及17幾個公式裏算出來。在算出總壓後，即可從4,9,11,15及19這幾式中算出撓幾來。

路線測量中之深山地形

丁祖震

地形測量在路線預測中與中線，水準共成三組；其作用，在供最後定線以確實的依據。平原地帶，地形一目瞭然，預測之中線與最後之定線相差有限，通常多略去預測，即以第一次所測之中線作為定線。在這種情形之下，除逢河流村鎮等地外，地形測量為無足輕重。但在深山，高下懸殊，羊腸百折，勢非先得詳明精確之地形圖，不能求得最穩妥而最經濟之中線。然深山常遇陡峻之坡崖，或逢堅滑之岩石，人行其中，猶須攀藤附葛，尋常測地形用之平板儀或經緯儀，萬難安放；有時縱能勉强，但取點太多則速度奇緩，取點太少又不夠精確，終非得計，故必另用其他方法，假簡易之器械，始能為力。

深山之中，既沒有長江大河，也很少民居神宇，地形上唯一之要點，就是等高線了。

一個很普遍的定等高線的方法就是測定斷面，地面上的高度，普通取到一公尺的二十分之一，等高線便可從這些高度中用插入法畫出了。精確度是可因取較多之中間點而增加的。

在等高線間隔是很小的，如在0.5公尺，1公尺，或2公尺，而且這地形需要相當的精確度的時候，那最好在實地測取恰恰在等高線上的點子，如此便避免了因用插入法而生的錯誤。測夫將尺桿順坡勢上下移動，至尺上讀數表示尺底恰在一個等高線上為止。尺桿之位置可用距已知線上一點之一角度和一距離而確定。

測定等高線的一個較爲迅速的方法是用手水準，先將已測定之導線繪於圖紙上，再用下述的方法找出某一等高線上之一點：

先量得由平地到平準者之眼之距離，達一公尺最接近之二十分數，假定爲1.55公尺，如平準標或導線上之根據點之高度爲240.95，所欲測取之點在240公尺之等高線上，測夫立尺桿于根據點上，同時平準者試置其身於240公尺之等高線上。當他已在 240 公尺之等高線上時，他的眼的高度 (H.I.) 爲241.55，在根據點上之尺桿讀數應爲 241.55－240.95＝0.60 。平準者於是沿此點所在之線上以升降，至讀得0.60之數於尺上而後定。他的脚便是在240 公尺等高線之上，那一點的位置，也可以根據導線上之已知點而測定了，在 241 公尺之等高線上之一點，也可以根據同一原理測定之；但如 240 公尺之等高線已經測定，則用下述方法，也很容易找出 241 公尺之等高線上之一點：

由平準者之足至眼之距離爲1.55公尺，如他站在 240 公尺之等高線上，讀尺桿上之0.55公尺，則尺桿之脚必在 241 公尺之等高線上。用屢試法讀定該處之尺桿分劃爲0.55公尺，卽得此點。於是平準者走上山坡，立于剛才求出之點，令測尺站到再上一條之等高線上用同一方法重複進行。但如等高線之間隔在 2 公尺以上者，此法不適用。

向下坡工作求239公尺之等高線時，如平準者立于240公尺之等高線上，讀得2.55公尺，則尺桿必在239公尺之等高線上了。或如240公尺之等高線已爲平準者求得時，測夫前行立尺桿於該線上，平準者退下山坡，至讀得0.55公尺於尺桿上而後止；他便是站在 239 公尺之等高線上了但無論上坡下坡，總以尺桿在下手，平準在上手較爲順便。有些測量者喜歡做一枝1.5 公尺長的支杖，持手水準擱在那頂上來讀尺桿；這樣可以得到較精確的結果，因爲杖下之點既比脚下之點來得正確，而在難於着脚的地方，支杖又比較人體直立來得容易而穩定。

繪這樣測定的恰在等高線上之各點于相當之直線上，連接等高度之各點而繪出等高線。這種工作大半用圖紙釘於小方板上，完成於實地，以便寫眞。在可能範圍內，實地描繪等高線總比同屋裏去描的好。

普通這樣說：用橫斷面法測等高線精確而麻煩，用手水準測等高線迅速而粗疏，如能把這兩種方法連合起來運用，便覺着利顯而弊消，特別是在測取路線中之深山地形。現在再把這方法運用的全部過程，撮述于次：

地形組必需之器械，約有八種：1.手水準，2.支杖，長1.5公尺；中間

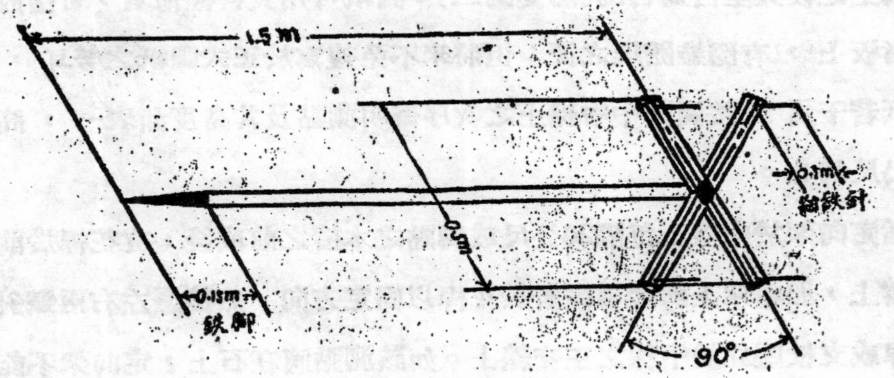

圖一　定向架

每5公寸作一分劃，俾過地形十分峭削之處，可置手水準於離地較低之地以觀讀尺桿，3.尺桿，長4公尺；於0.5，1.5，2.5及3.5之處之分劃，應使特別顯明，質料宜用極輕之木，4.捲尺，5.花桿二根，6.定向架，大小如圖一所示，7.圖板及木架，板爲0.4公尺之小方板；架如定向架而略小，十字四端釘小木塊作欄，俾板置其上，不致滑動，8.斧及鐮。

一組用測量員一人，司指揮進行及記載描繪之事，餘事皆可令測夫担任，平準者上下坡第一次應讀之尺數，應由測量員告知之，其餘皆爲一定不變

之數，不致錯誤。計平準者，司定向架者，司尺桿者，司捲尺者，司花桿者，司斧鐮者各一人，共用測夫六人。實際用人多寡，視地形平險而定。山深林密，岩石險峻者，人數須增加。山禿而較坦者，用測夫三人已足。

通常路線測量中之地形圖用二千分之一縮尺，山地崎嶇之處，則用一千分之一縮尺。等高線之間隔爲二公尺，山地亦有用一公尺者。用鉛筆繪千分之一中線於圖紙上，適應實地每20公尺之木樁，每2公分七畫一長約8公分之直線，正交於中線上。如遇路線轉折之交叉點，則另繪直線，或垂直于前一段中線，或垂直於後一段中線，或與前後段中線成其他之簡單關係，總以彌補紙上之較大空白爲目的(參閱圖二)。圖紙可用質料輕薄者，可摺成數疊，釘者板上，有隨畫隨展之便；但將來不免複寫於正式圖紙之勞耳，另備傅氏紙若干頁，按圖圖中中線上之次序書明測點及其高度如表一，高度至0.05公尺爲止。

插定向架於中線上每隔20公尺或轉點之木樁之前或後，立花桿於前後轉點木樁上，照準架上前後兩鐵針於花桿以固定方向，然後憑左右兩鐵針以指揮尺桿或支杖豎立於中線之正交線上。如該測點適在石上，定向架不能插牢時，可令一人扶定，先照準中線之方向，再拔花桿插於左右無石之地，以定橫斷面之方向。

測點	左					中	右								附註
5K+120	250	248	246	244	242	240.95	240	238	236	234	232	230	228	226	
	13.10	9.00	6.25	3.40	1.25		1.05	5.00	9.20	13.55	19.70	29.75	40.00	40.50	
+140	260	258	256	254	252	244.80	244	242	240	238	236	234	232	230	
	20.40	17.25	14.00	10.55	7.40		0.65	2.50	5.00	7.80	10.45	12.60	15.00	19.95	
	250	248	246				228	226	224						
	5.10	3.00	1.25				32.05	32.55	42.10						
T.P.47						244.25	244	242	240	238	236	234	232	230	
							0.30	2.60	5.45	8.00	10.70	13.20	15.45	17.25	
							228	226	224						
							27.10	29.70	41.70						
T.P.47						244.24	244	242	240	238	236	234	232	230	右31.8—
							0.30	3.45	7.10	9.45	12.40	15.10	18.25	22.10	33.3溪
							228	226	226						底高224.5
							23.30	29.90	37.85						
+160	258	258	256	254	252	249.55	248	246	244	242	240	238	236	234	右30.3—
	24.35	15.75	11.50	8.45	3.10		1.30	3.60	6.40	8.75	11.05	12.40	14.10	16.25	32.8溪
	250						232	230	228	226	226				底高224.6
	0.60						18.60	20.55	23.60	28.60	38.60				
T.P.48	262	260	258	256	254	250.90	250	248	246	244	242	240	238	236	右24.3—
	14.30	11.20	8.75	7.20	5.25		0.80	2.50	5.00	8.45	12.00	14.25	15.75	17.65	30.0溪
	252						234	232	230	228	228				底高225.1
	1.60						19.55	21.25	23.00	23.50	33.55				
+180			254	254	252	251.95	250	248	246	244	242	240	238	236	左7.0廟
			22.00	6.50	0.10		2.50	5.45	6.95	8.10	9.95	11.75	16.20	20.20	壁
							234	234	236	238	240	240	238		
							22.10	25.75	28.50	31.00	32.40	37.85	40.90		
+200	262	264	262	260	258	253.00	252	250	248	246	244	242	240	240	
	15.40	11.50	8.35	6.60	4.70		1.55	3.85	6.90	9.00	13.50	15.50	19.75	36.00	
	256	254	248	250	252										
	2.85	1.65	45.90	42.40	35.35										
	254	256	258	260											
	31.00	35.50	21.65	18.40											

等高線記載表式例

表一

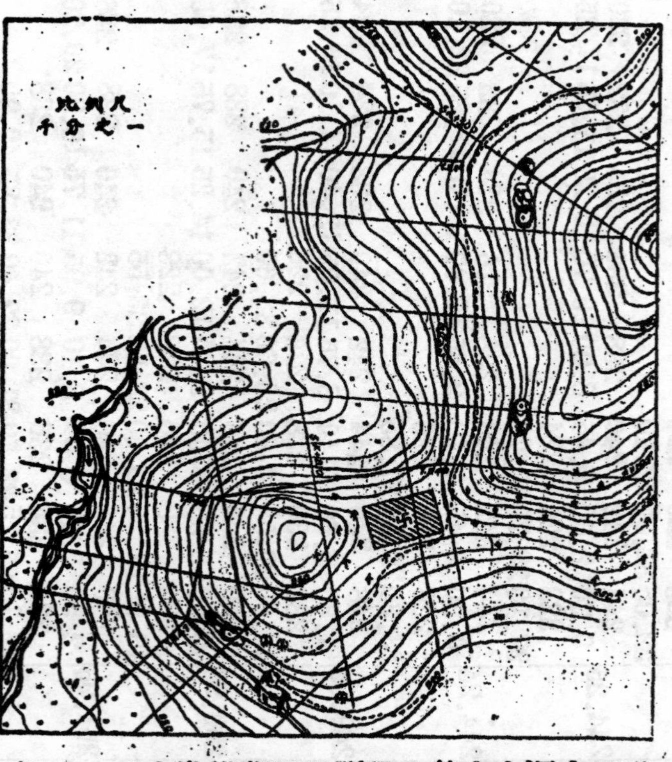

圖二　手水準橫斷面法測得路線中線之深山地形

插圖板架於定向架之前側，置圖板於其上，令圖上方向與實地方向約略相符。測量員根據測點之高度以最近一等高線在尺桿上應得之讀數告平準者，依次進行如前述之步驟。立尺桿者持捲尺之一端，持捲尺者依次量得最近之等高線與中線點之水平距離，及依次各等高線間之水平距離，至0.05公尺為止，即聲報告於測量員。測量員即將每一等高線所在點之高度及與中線點之總距離（由量尺者報告之距離遞加而得）記載于傳氏紙上（在左手者由中心向左寫，在右手者由中心向右寫）如表一。日後對於圖上如有懷疑，此表即可資以校對。同時按縮尺得相當之點於圖紙上、與前一正交直線上之等高點相連接，卽描成20公尺間之等高線。

要想所連之線能詳盡20公尺間之地形變化，測量員面對之方向須與路線進行之方向相反，以便實地觀察。凡屬範圍內之溪流，道路，林木，岩石，田舍，丘墓，廟宇，及平準標等，自然或人事之存跡，亦可憑觀察得其相當之位置於紙上。其較爲重要或距離較近者。可用兩距離之交會得之。如逢陡峻之岩石或深險之溪壑，其高或深，可用捲尺挑於桿端，自上垂下以測得之。

尋常路線中地形測量之範圍，自中線起左右至少各須100公尺，但在深山，人力有所不及，且路線爲坡度所限，定線時左右移動不會很多，故自中線左右水平距離各40公尺就差不多了。

這樣工作的速度，當然不能和在平地比較的。每日自朝至暮，平均能達三四百公尺，測量人員已覺勞頓不堪，尤以測夫之上下攀援爲甚。披荆斬棘之斧鐮手，非雇用本地之堅實農夫，不能勝任。如在夏天，非用兩班測夫，輪流工作，鮮有不患暑熱之病者。如測量員爲眼明手快，老於其事者，平時亦可用兩班測夫，上坡下坡同時進行，則每日可望加倍之成績。不過這樣很容易發生錯誤，非有十分把握，不可冒試。

山坡高度上下相差四十五公尺者，最低或最高之等高線距中線點之水平及垂直距離之誤差最多不出一公尺；這對于定線上之價值，已經足夠了。

總結果具見於圖二。

平板儀在三角網中任何一點位置之簡便求法

王 壯 飛

三角網測量法，在大地測量和地形測量上，應用極廣，並且很重要。測量時所用的儀器，分經偉儀和平板儀二種，尤以平板儀較爲適用，因樹木坟墓紀念物等地形狀況，可於測量之時，即刻繪紙上，不致有所遺漏，並可減少錯誤；更因經緯儀紀錄、時有遺漏，或繪畫時發現不符合之弊，而用平板儀之測量，則可即刻於當地審核免此弊端。

平板儀之在三角網中任何一點位置之尋求，是謂之三點問題（Three-point Problem）。其解決之方法可分數種，普通皆由測得之誤差三角形(Triangle of Error)用漸近法或弧線法求出之，（如圖），漸近法之做法乃將平板稍爲旋轉，使誤差三角形漸次縮小，以至於成爲一點。弧線法乃將弧線通過三點，（如與a, b，與ab之交點），使三弧線相交於一點。此二種方法通常多用之，但前者手術較繁，非熟於此道者頗不易於一二次之試驗中即求得之。後者理論極簡單，無論何人皆可爲之。但間或弧線之中心落於平板之外，則此項弧線即無從畫起矣。故爲節省手續而欲獲後良好之結果時，當用下法解決之。

大三角網之基準點，既已知其地位距離等一切關係，則對於此中相當之方向當已知道。在圖畫紙上先將指南北之方向定出，即在紙旁繪一方向對。則在無論何處，欲求儀器所在之地位，祇要將對準規（Alidade)之邊線切合於方向針上，將平板儀旋至指南針之一端確指正北時，然後將平板儀旋緊，以對準規之邊切近 a 點看三角網之 A基準點繪一直線ad，同樣的繪bd，和cd，此三線必交於一點，此一點即現在平板儀所在之地位。若以平常測量之習

慣，以平板之一邊指南北，則於測繪時，對於三點問題之解決，更覺簡易矣

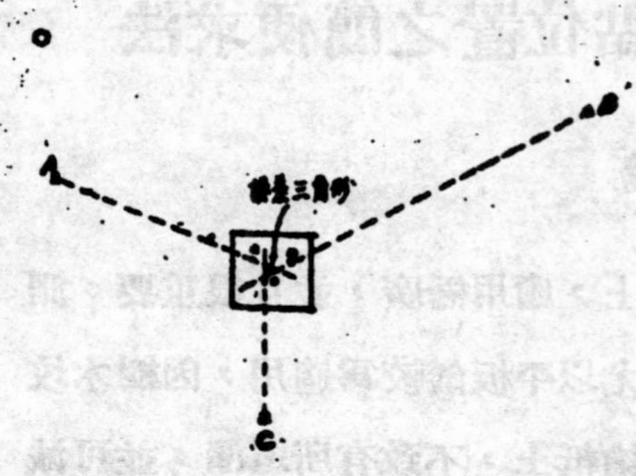

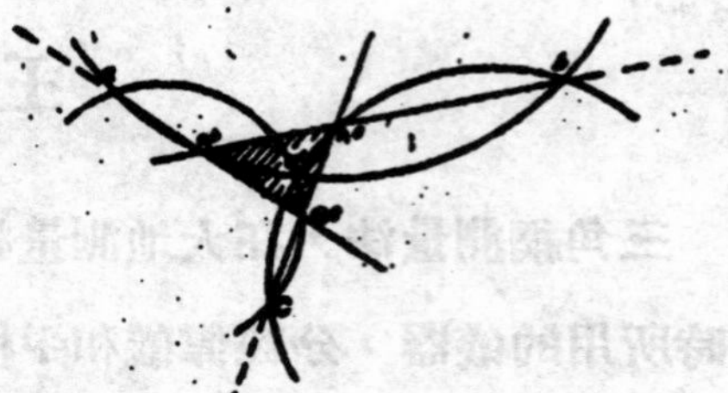

測量上的一個問題

許　藻　瀾

經過巳知的三點作一條弧線，這是一件極容易的事，但其方法，却有幾種。假定在己知的 AC二點，一點作爲弧線的起點，一點作爲弧線的終點，並須經過B點，這一點離開200呎的中心90呎，200呎的起點，離開E325呎，終點離開E525呎，EC有700呎長，下面是計算的方法：

$$\tan Z=\frac{90}{275}=0.32727$$

$$Z=18^{\circ}07'$$

$$\tan Y=\frac{446}{425}=0.10494$$

$$Y=5^{\circ}59'$$

$$Z-Y=BAC+BCA$$

$$BAC=BCH$$

$$Z-Y=BCH+BCA=\tfrac{1}{2}I$$

$$\tfrac{1}{2}I=12^{\circ}08' \qquad I=24^{\circ}16'$$

$$\tan x=\frac{134.6}{700}=0.19229$$

$$x=10^{\circ}53'$$

$$\text{Cos}x=0.982=\frac{700}{Ac}$$

$$AC=\frac{700}{0.982}=712.83\text{呎}=C$$

$$2\ R\ \text{Sin}\ \tfrac{1}{2}I=C=712.83$$

$$R=1695.6\text{呎}$$

$$\text{Sin}\tfrac{1}{2}D=\frac{50}{R}=0.02948$$

$\frac{1}{2}D = 1^{\circ}41.5'$　　$D = 3^{\circ}23'$

$M = R\,\text{vers}\,\frac{1}{2}I = 37.81$呎$= FG$

$R\,\text{ton}\,\frac{1}{2}I = 364.55$呎$= T$

$GH = R\,\text{exsec}\,\frac{1}{2}I = 38.75$呎$= E$

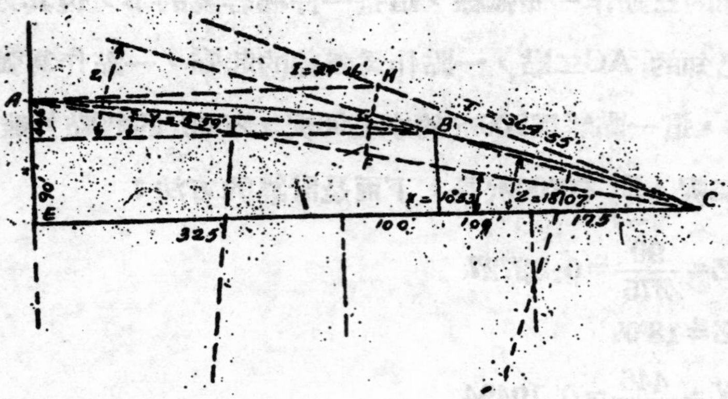

圓錐曲線速畫法

陸時南

在一本外國雜誌裏，(ENGINEERING & CONTRACTING)看到一篇叫做圓錐曲線速畫法。我依樣畫葫蘆地試了一番，果然是既準且快，話不虛說，現在把這法子投在本刊以供同好。

曲線類別	對稱軸	普通關係	等分線段	分點名次從	畫線 從	畫線 經過
圓	AB&OC	AO=OB=OC=半徑	OC&CD	C到D C到O	A B	OC CD
拋物線	OB	O1=12=OF'=焦點距離 CD=2CO	OC&CD	C到D O到C	O 與OB平行	CD OC
橢圓	OB&AC	OC=OA=b, OB=a, $OF=c=\frac{a^2-b^2}{2}$=焦點距離	OB&BD	O到B D到B	A C	OB BD
雙曲線	OB&OC	OB=OA=ED=a OC=b　$OF=c=\frac{a^2+b^2}{2}$=焦點距離	OC&ED	O到C D到E	A B	OC DE

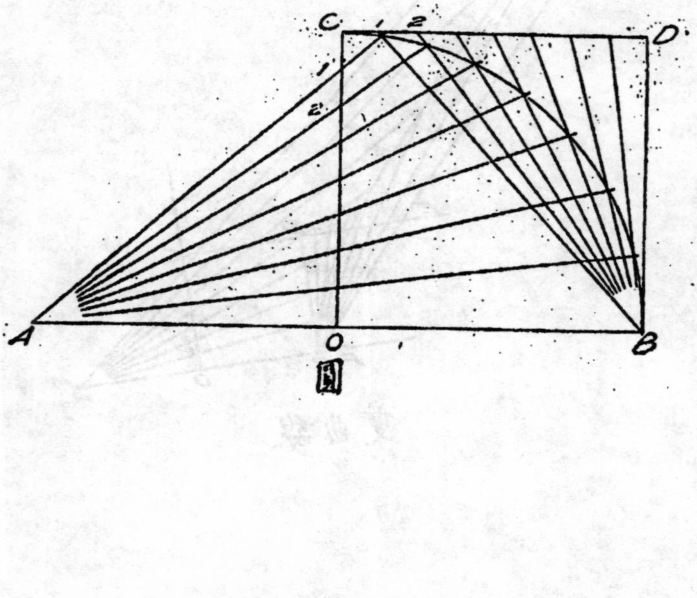

圓

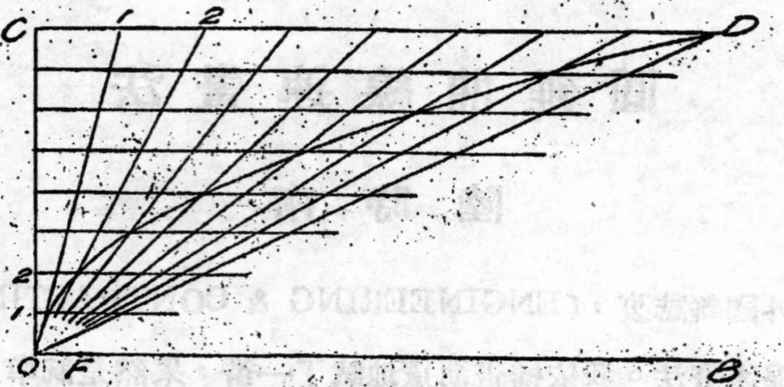

拋物線

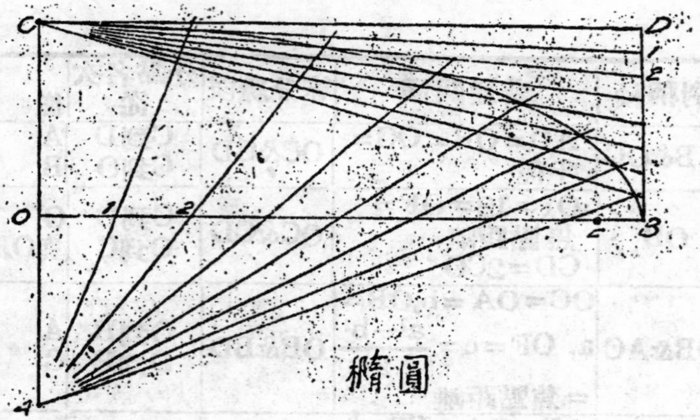

橢圓

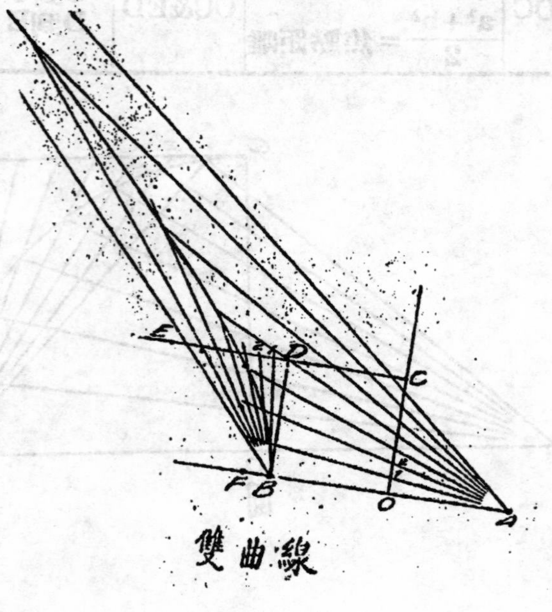

雙曲線

編　後

本刊承同學熱烈擁護，於百忙之中抽暇爲本刊撰述稿件，編者謹代表本刊向投稿諸同學表示謝意。

上次期刊因爲徵稿時間倘促，所以成績未能滿意。這次依然是失敗了。收穫的量太少了。希望下次的編者，對於徵稿時間方面要特別的注意！

本刊早已付印，因爲初校和複校費了許多時間，以致遲遲到現在才出版，希望同學們格外原諒！

歷屆畢業同學近況

姓名	字	籍貫	現任職務	通信地址
吳煥綷	經之	江蘇上海	燕京大學工程師	北平燕京大學
余灼經		廣東新會	已故	
吳銘之		浙江吳興	浙江全省公路局	嘉興北門外月河三十一號
王葉祺		浙江諸暨	浙江全省公路局段工程師	杭州浙江全省公路局
侯景文	郁伯	河北南皮	上海市工務局技佐	上海愛文義路永吉里十號
許光	伯明	江蘇江甯	已故	
陳慶澍	慰民	廣東新會	廣西省道局工程師	廣西省道局
楊哲明	憶禪	安徽宣城	世界書店總務處編審部	上海福履理路賚敬坊13號
董芝眉		浙江長興	上海工部局工務處建築科設計工程師	上海工部局工務處建築科
王光釗	冕東	江蘇泰興	浙江大學工學院教授	浙江大學工學院
周仰山	鑄生	湖商瀏陽	湖南省公路局段工程師	湖南省公路局
施景元	明一	江蘇崇明	上海縣建設局技術主任	上海縣建設局
孫繩曾	季武	江蘇寶應	上海縣建設局長	上海縣建設局
徐文台	澤予	浙江臨海	復旦實驗中學祕書	復旦實驗中學
湯日新	又齋	江西廣豐	紹興縣縣長	浙江紹興縣政府
謝槐珍	紀蓀	湖南東安	湖南東安縣教育局	湖南安東縣教育局
劉德謙	克讓	四川安岳	四川省路局成渝路工程師	四川省公路局
潘文植		廣東南海	北甯鐵路管理局	北甯鐵路管理局
何昭明		江蘇金山	江寧縣建設局局長	江甯縣建設局
王傳爵	晉滸	江蘇崑山	浙江省杭江鐵路局	浙江衢縣杭江鐵路工務第三段總段工程處

陳 設	序安	江蘇泰縣	南京市工務局	南京市工務局
張有積	熙若	浙江鄞縣	寧波效實中學教員	寧北西門外張堉記醬園
湯士聰	典石	江蘇崇明	已故	
滑建山	卓亭	河南偃師	山東建設廳技士	濟南山東建設廳
吳 韶	諸庶	江西吉安		
蔣 炆	煥周	灌邱	江蘇建設廳京建路溧郎段分段工程司	江蘇建設廳京建路溧郎段分段工程司
劉際寀	會可	江西吉安	湖北省第四中學	江西吉安永吉巷吉豐油榨
錢宗賢	惠昌	浙江平湖	建德洋溪鎮屯建壽路工程處	建德洋溪鎮屯建壽路工程處
林孝富	文暐	安徽和縣	蕪湖市工務局	蕪湖市工務局
許其昌		江蘇青江		
陳鴻鼎	迹	福建閩侯	南京市工務局	南京市工務局
徐 琳	振聲	浙江平湖	上海市工務局技士	武昌湖北建設廳
徐以枋	馭羣	浙江平湖	上海市工務局技士	江灣市中心區道路工程處管理
汪德新		四川犍爲	淮安縣建設局公路處主任	淮安縣建設局工程處
沈潤溪	夢蓮	江蘇崇明	上海市工務局技佐	啓東北新鎮
陸仕岩	傳侯	江蘇啓東	上海市工務局技佐	啓東三新鎮
胡 劍	洪劍	安徽績谿	上海康成公司建築工程師	上海河南路471號
賓希參		湖南東安	湖南公路局杭晃段公程司	湖南公路局杭晃段公程司
余澤新	希周	湖南	富陽富新路工程處	全前
周書濤	觀海	江蘇嘉定	上海市工務局	上海市工務局
何棟材		廣西梧州	廣西梧州市工務局取締科科長	廣西梧州市工務局
余澤新		湖南長沙		
馬樹成	大成	江蘇漣水	湖北建設廳堤工總局技士	湖北建設廳
徐仲銘		江蘇松江	松江縣建設局技術員	松江縣建設局

余西萬		湖南長沙	南京市工務局	南京市工務局
陳家瑞	肖峯	安徽太湖	安徽桐城安合路第三工程處	安徽桐城大關安合路第三工程處
葉　森	思存	江蘇松江	上海市工務局	上海市工務局
蔡鳳圻	仲橋	崇明	崇明敦和女子初級中學	崇明敦和女子初級中學
磊光堉	守厚	湖南衡山	漢口第一紡織公司廠長	漢口第一紡織公司
潘煥明	欽安	平湖	首都電廠	南京首都電廠
林華煜	君嶧	廣東新會	廣東南海縣技正	廣州大南路二十號四樓林華煜事務所
姚昌煊		江蘇金山	嘉定縣建設局技術主任	嘉定縣建設局
鄔烈升	培風	浙江奉化	浙江省公路局長泗路工程處副工程師	浙江省公路局長泗路工程處
王　斌	友韓	江蘇崇明	湖北水利局技士	崇明南河轉
汪和笙	幼山	浙江慈谿	上海市工務局	上海市工務局
倪寶琛	珍如	浙江永康	浙江省公路局金武永路副工程師	浙江永康吳德生藥號
沈璘雙	景瞻	江蘇海門	蘇州太湖水利委員會	海門長興鎮
夏育德		江蘇常熟	已故	
殷　覺	秉興	江蘇武進	江蘇海州中學	浙江餘姚縣政府
王鴻志	鵠侯	江蘇泰縣	南匯縣建設局技術員	泰縣彩衣街朱九霞銀樓轉
姜達鑑	抱深	江西鄱陽	上海市工務局技佐	上海市工務局
曾觀濤		江蘇吳江	東方銅窗公司	上海辣斐德路滋云別墅三號
沈元良		江蘇海門	海門中學教務主任兼數學教員	江蘇海門上三星鎮
任朝卓	自覺	廣東新會	廣州市工務局技佐	廣州市工務局
劉海通		河北沙河	河北建設廳技士	北平後門三產場
葉貽堯	永順	鎮海	上海市工務局	虹口公平路公平里八百號
孫乃騄	祿生	浙江	上海市工務局技佐	上海市工務局
梁泳熙		廣東東莞	廣東建設廳南路公路處	廣東建設廳南路公路處

湯邦偉		廣東台山	廣州復旦中學教員	廣州復旦中學
韓春第		天津	山東建設廳	山東建設廳
李育英	樹人	安徽霍邱	福建省公路局洪白測量隊	福建福州西關外白沙鄉瀛峙洪白測量隊
丘秉敏	英士	廣東梅縣	德國工專研究	汕頭松口麗孚號
包廿德		江蘇上海	威海工務科	威海公署工務科
孫斐然	非闇	安徽桐城	安徽蕪湖工務局	安徽蕪湖工務局
王晉升	子亭	河北唐山	杭江鐵路第三總段第五分段	浙江衢州浙江鐵路第五分段
馬雲鵬		河北天津	美國研究	
趙承偉	淵亭	江蘇上海	富陽富新路工程處	仝前
徐祖源	澤深	江蘇宜興		宜興北門段家巷
馬奮飛		廣東順德		香港大道西八四號二樓
粟頤	少松	湖南寶慶	湖南建設廳	仝前
張兆泰		河北灤縣		
孫祥萌		浙江紹興	杭江鐵路局縣稽核	杭江鐵路局
把若愚		江蘇泗陽	威海衛管理公署	威海衛管現公署
吳厚湜	李餘	福建閩侯	福建學院附中教員	福州城內織緞巷十六號
何照芬	仲棻	浙江平湖	紹興嵩壩紹曹嵊路工程處	仝前
張文田	心芷	江蘇丹徒	威海衛管理署工程科	蘇州葑門十全街帶城橋弄三號
范維瀠	惟蓉	浙江嘉善	山東膠濟路局	嘉善城內中和里
沈克明	本德	江蘇海門	上海四川路四行儲蓄會建築部	上海四川路四行儲蓄會建築部
李達勛		廣東南海	香港華隆建築公司	廣州市永漢路東橫街四十五號三樓
李壽彭		江蘇上海	定中工程事務所	四馬路九號定中工程事務所
傅錦華	立處	浙江蕭山	本校	本校
陳豪	重英	江蘇青浦		青浦城內公堂街下塘

李秉成	集之	浙江富陽	杭江路工務設計股	杭州法院前餘慶里北九號
闕毓謨	禹昌	安徽合肥	安徽第四區行政專員公署	壽縣安徽第四區行政專員公署
葉　彬	壯蔚	廣西容縣	廣西建設廳技士	容縣葉長發
朱鴻炳	光烈	江蘇無錫	吳縣建設局工程主任	蘇州大柳首巷八七號
鄒　桑	光烈	無錫	浙江省公路管理處	杭州湧金橋厚德里四號
王茂英		山東牟平	葫蘆島港務局	
蔡雛青		江蘇常熟		常熟北大楡樹頭
張景文		廣東開平	平漢鐵路工務處技術科	漢口平漢鐵路工務處技術科
張寶山	秀峯	山東文登	威海衞公立第一中學校長	威海衞公立第一中學
何孝絪		福建閩侯	杭江鐵路工程局	浙江衢州後漢街杭江鐵路
鄧慶成	涉泓	江陰	江蘇省土地局	鎮江將軍巷二十四號
朱坦莊	荇卿	浙江鄞縣	上海義品銀行	甯波鄞江橋
曾越奇	光遠	廣東蕉嶺	北平陸軍軍器學校	廣東蕉嶺鎮平新市
羅石卿		江西南昌	南昌工專教員	南昌富子巷緯嘉興棧
徐信孚		浙江慈谿	松江建設局	上海東有恆路善德里909號
沈其頤	輔仲	湖南長沙	湖南全省公路局	湖南長沙興漢路三十八號
馮　詮	養眞	浙江諸暨	上海滬杭甬京滬兩路局產業課	杭州南星橋店口祝家塢
徐匯濬	伯川	山東益都	山東建設廳小清河工程局	山東建設廳小清河工程處
蓋駿聲	問遠	山東萊陽	山東建設廳	山東建設廳
殷天擇		江蘇武進		常州楽橋
梁曙光		湖南安化	杭州中學總務主任	仝前
龔　允	公允	江蘇海門	杭江鐵路工務第一段練習工程司	杭江鐵路工務第一段
俞浩鳴		浙江奉化	青島市工務局	青島市工務局
張增康		廣東梅縣	廣東梅縣學藝中學	廣州文德路陶園

張坤生		福建思明	坤泰工程公司	廈門中山路一七八號
何書沅	善軍	廣東	廈門坤泰營造公司工程師	廈門中山路一七八號坤泰營造公司
戚克中	履道	江蘇武進	南通建設局	南通建設局
楊　濂				
馬典午				
譚萬崇	小如	湖南湘鄉	浙江公路局永縉段	長沙小高碼頭十號
楊克覲		湖南長沙	江蘇建設廳	鎮江建設廳
王志千	秋風	浙江奉化	上海閘北王興記營造廠	上海閘北西寶興路王家宅六十八號
霍慕蘭		廣東南海	美國研究	
王　進	賀一	江蘇海門	上海楊錫鏐建築事務所	海門上三星鎮
黃　傑	鼎才	浙江平湖	江蘇建設廳京建路工程處	江蘇溧水孔鎮京建路溧郎段第二分段
胡宗海	稚心	浙江上虞	軍政部軍需署營造司技士	南京花牌樓科巷建新旅社
朱鳴吾		江蘇寶應		寶應古朱家巷二十六號
張紫閣	石渠	江蘇崇明	江蘇建設廳京建路栗郎段工程處	杭州裏西湖三號
郁功達				楓涇鎮
程　鏞	光傑	安徽歙縣	上海定中工程事務所	上海四馬路九號
金士奇	士騏	浙江溫嶺	軍政部軍需署工程處	漢口江漢三路長興里三號軍需署工程處駐漢辦事處
朱能一		江蘇松江	漢口市工務局	漢口市工務局
陳理民		廣東羅定	廣東防城縣立中學	廣東防城縣立中學
牟鴻恂		四川巴縣	全國經濟委員會工務股技士	上海霞飛路二三八號
范本良			軍政部軍需署營造司	南京軍政部軍需署營造司
王雄飛		浙江奉化	南京振華營造廠經理	南京鹽倉橋東街十九號
吳肇基			雲和縣雲龍慶路測量隊	杭州上珠寶巷十一號
李昌運			南京工兵學校建設組	南京工兵學校建設組

陳桂春				鎮江口岸大泗莊
陳式琦				(已故)
戴中溶			江蘇建設廳	鎮江江蘇建設廳
唐嘉衮		廣東中山	杭江鐵路工程局橋樑股	杭江鐵路工程局橋樑股
沈棨沛				
劉濟芳			津浦線良王莊工程處	仝前
程進田	澗偃	儀徵	軍政部軍需署營造司	南京軍政部營造司
丁祖震	適存	江蘇淮陰	浙江公路局天臨路測量隊	浙江天台縣探投天臨路測量隊
李次珊		河南	山東建設廳	山東濟南建設廳
董正華			軍政部軍需署技士	豐縣劉元集
蔣 璜			浙江省公路局奉新路測量隊	浙江公路局奉新路測量隊
于 槑	澤民	浙江甯海	（浙江鎮海穿育國防公路測量隊隊長）鎮海縣政府轉測量隊隊	浙江甯鎮公路測量隊
鮑得冠			浙江紹興中學	紹興姚江鄉高車頭
曹振藻				
李 球			江西公路局	南昌江西省公路局
鄭彤文	筱安	江蘇淮安	安徽績溪縣績屯段工程處	仝前
周 唐	順蓀	江蘇淮陰	全國經濟委員會	南京廣藝街七號
王鍾忞		江蘇崑山	江蘇銅山縣建設局	
王元善		浙江臨海	中央軍校校舍設計委員會	南京中央軍校校舍設計委會員
曹敬康	伯平	浙江海甯		
俞恩炳	誦淵	浙江平湖	安慶安徽省公路局	
俞恩炘	詞源	浙江平湖	安慶安徽省公路局	
邱世昌		江蘇啓東	上海大昌建築公司	上海大昌建築公司

丁同文		江蘇東台		
陶振銘	滌新	浙江嘉興	安慶安徽省公路局	
徐亨道		浙江象山	上海東亞地產公司	上海寧波同鄉會五樓十五號
姜汝璋		江蘇丹陽	上海市北中學教員	奔牛姜市姜合興號
林希成	里桐	廣東潮安	香港民生書院教員	香港九龍民生書院
劉大烈		湖北	湖北建設廳技士	武昌糧道街宜鳳巷
鮑　遠			山東有縣工程師	山東濟南建設廳
張培林		山東	山東建設廳技士	山東濟南建設廳
季　偉		江蘇海門	河南建設廳技士	河南開封建設廳
馮鄧培		廣西北流		廣西容縣西山圩廣芝堂轉
王效之		湖南湘鄉		湖南湘鄉潊水郵局送十五都坪上區鶴山別墅
胡嘉誼		江西興國		南昌令公廟十號
盧　堅		福建閩侯		福州錫巷八號
朱德堯		浙江嘉興		嘉興北門朱聚元號
章麟祥		江蘇武進		戚墅堰烜大號
金善璜		江蘇吳江		吳江北門五號
吳藻生		江蘇鹽城		江蘇鹽城湖垛吳陽春轉

畢業同學調查表

本會爲明瞭本系畢業同學狀況，並備將來續寄本刊起見，特製此表。敬祈本系畢業同學，詳細塡明，寄交本會出版部爲荷。

土木工程學會啓

姓名		字
籍貫		
離校年期		
現任職務		
最近通信處		
永久通信處		
備註		

年　月　日　塡寄

復旦土木工程學會會刊

大學生的出路

商業凋零，形成了青年出路問題的嚴重性；但在這經濟恐慌怒潮的襲擊下，人壽保險事業，獨能欣欣向榮，蒸蒸地日上，其原因就是壽險事業有造福人羣，和合乎社會需要的緣故。

歐美各國大學生，已認壽險爲理想的職業，因爲凡爲壽險的經理員，不但收入豐富，職業穩定，並得完成服務社會的使命。諸君有意，可前來本公司壽險部接洽。

上海北京路二五五號

中國天一保險股份有限公司

電話一一六四四號

商務印書館出版

營造法式

全部八冊　上等瑜版紙精印

定價七十六元

宋將作少監李誠奉敕編纂、全書三十四卷、分總釋總例制度功限料例等第圖樣各門又細分為壕寨石作大木作小木作雕作旋作鋸作竹作瓦作泥作彩畫作磚作窰作刷飾等項、編次明晰、具有今世科學條理此據宋刊校寫鏤木、並照抄本注色、摹繪圖樣、套版采印、有多至十五次者、不獨見重於國內學術界、即歐美學者亦許為中國古代建築術上之唯一專著

河工學（大學叢書）

一冊　定價四元

鄭肇經著　著者曾從德國特萊司登大學教授恩格司氏(Engels)研究水利，回國後任河海工科大學教授多年。在河工學理方面發明甚多，著作亦極豐富。著者曾親承恩氏教益，本書內容多以恩氏學說為本，並旁參中外水利名著及我國治河理論與實例，擷摘精華，以期完備。選擇專門名詞，亦頗審慎。後附當河工模型試驗概要一篇，全書內容豐富，堪充大學教材。

道路工程學（工程叢書）

一冊　定價一元八角

洪觀濤編　關於道路工程之書籍，在我國殊不多見。著者本其歷年之經驗，參以西國之典籍，編著是書。凡道路之主要部分，定線，土方工程，碎石路面，柏油路面，地瀝青路面，附屬工程，路面之保養，路上之佈置諸端，均有簡明之敘述。取材精而扼要，插圖多至一百三十餘幅，末附政府頒布之國道工程標準及規則，尤便檢查。

—高級工業教科書—

鐵路工程學

凌鴻勛編　一冊　定價一元

車牀木工

郭元鼎譯　一冊　定價二角

〰〰工學小叢書〰〰

房屋

薛次莘著　一冊　定價三角

灌溉

濶雄著　一冊　定價一角五分

英文 工程材料試驗法

吳馥初著　一冊　定價一元八角

本書係浙江大學工學院土木工程科所用講義，乃吳教授本其歷年之經驗心得，並參考西文名著多種及歐美各大學講義編纂而成。共試驗三十有四，舉凡關於水泥，三和土，磚瓦，木材，鋼鐵等金屬材料之各種試驗，莫不應有盡有。每一試驗之後，均有紀錄表格及問題，以供學生作工作報告時參考之需。

A57—23;5

瑞昌
銅鉄
五金
工廠
承辦建築一切銅鉄工程
常備大批新式異樣堅固門鎖
漢口路四二一號 電話九四四六〇
靜安寺路六六七號 電話三一九六七號
工廠 同孚路二四三號

土木工程學會會刊第三號

目　錄

復旦大學土木工程

學系全體攝影
民國二十三年五月

復旦大學土木工程學會全體執監委員攝影

復旦大學土木工程學會全體出版委員攝影

近代的建築

楊哲明

今日美國建築界分成兩大派別：一派墨守着因襲的式樣，一派注重實驗，力求創造接近工業社會生活的新式樣。這兩派人物無以名之，姑名之曰保守派及現代派，可是介乎二者之間尙有各種騎牆派的建築家，他們既不屬於這一派，亦不屬於那一派，他們並不摒絕因襲的式樣，但是希望產生一種比目前的現代式更美滿的新式樣。即在現代表的代表人物中至今猶未有一致的傾向。

在建築界競爭的幕後有着兩種因素：一種是對於一味抄襲舊式的反感和創造一種新形式的要求；一種是在設計建築時務使所投資本收回最大利潤的經濟的要求。這第二種因素一天重要一天，而多數建築家却並不重視它。

目前美國有一部分人盲目的崇拜十九世紀後期及二十世紀初期的建築意匠遂使一種特創的建築式的發展受到了妨礙。亨脫(Richard Morris Hunt)，淮脫(Stanford White)和卡雷爾(John M. Carrére)諸家鼓吹爲藝術而藝術的主張，以號召一般信徒。在他們看來，建築只是美的創造，而他們所用的方法便是抄襲或採用古典的以及其他歷史上的意匠。這一輩人雖顯著地賦有模造古代傑作的才能，其本領不可謂不大，可是他們是屬於和現代截然不同的一個時代，那時美國的建築業尙在幼稚時期，傳統的法式猶未發達，人們一味模倣名家的作風，同時更受由巴黎美術學校畢業生組織的美術建築師學會及藝術研究室的影響。

當時的建築式大抵模倣歷史上的形式，創作祗限於設計方面，所有明細部分大都完全抄襲陳法。凡一切技術場所無不備有 Vignola 一書（內載古代希臘羅馬建築式之詳細尺度）以及其他論列古代建築的著作。學者每遇一種設計，必從這些載有美麗的建築圖樣的古書堆裏去搜尋材料。採用陳法蓋已相習成風，誰也沒有推陳出新的企圖。

但是建築是時代的表現。當時美國由開礦築路以及工業的發展而積聚起鉅量的財富。新成立的富豪政府不知善用其財，大興土木，建築華麗的市廳，以示炫耀。紐約市內的巨廈矗立於大道之旁，崙皇輿麗，久爲世人所稱羨。這些巨廈使當時的建築家得到一種新的出路。這是諳習法蘭西及意大利建築者倣造歷史上的傑作的絕好機會，蓋欲使倣造之物逼眞起見，任何費用皆所不惜也。此輩摹倣大師深得個中三昧，善作纖妙的構圖，在一般後生小子的心中鼓起了一種熱忱，歷久而不衰，養成了因襲崇古的思想。這種盲目的信仰使多數建築師忽視了社會機構的變遷。

但是後來這輩富豪們畢竟放棄了華邸美屋而轉注於分租住房的建造。因爲這些住房的建造帶有投機性質，所有圖樣大抵由另外一批新人物担任繪製，他們的見解和以前因設計市廳而成名並爲藝術而建築的舊派人物的見解，是截然不同的。如果教會經把美國住宅矯飾成法國式別墅或意大利式宮殿的建築師，設計一座商業化的房屋，一定難免於發生困難。他不願意考慮經濟問題，他並不介意於出租面積與建築成本之比率。他只從審美的觀點考慮建築的計畫，結果所造成的建築物其成本或竟三倍於有利投資應得的利潤。加之企業家於提起成本問題時往往被此輩建築師以白眼相加，使他們不敢再請教此輩名建築家，而以建築的工程委託不甚出名同時亦缺少經驗的建築師們去辦理。

這樣，經濟的要求便產生了一種新典型的建築師，他們精於經濟的設計而往往忽視了審美的觀念。同時他們的主顧亦不以審美爲尚，祗求房屋佔據法律所許的最大地位並有最大的出租面積。這班建築師，像他們的更出名的同業一樣，不能發展一種新的更合理的建築方法。他們的建築意匠，或則是應用低價的材料——如赤土陶器，金屬薄板等——來表現古代的意匠，或則索性將一切裝飾一概取消。後種往往趨於極端，裝飾富麗的大理石的門面一變而爲平凡的箱匣式的磚牆建築物，此種建築物在美國許多大都市中至今還存留着哩。

許多最精美的古典的建築式樣雖已隨着時代的推進而廢弛，漸被商業化的建築物所代替，然而比較著名的守舊派建築家所設計的建築物依然存在着。紐約市內摩根圖書館和哥倫比亞大學圖書館便是最顯著的實例。有幾所學院和大學的建築物反映着舊時代的精神，大概在今後數年中大學校的建築物將繼續採用古典的式樣。然而到處可以見到人們漸漸注意於大學校建築的經濟方面的迹象。精美靡費的大學校舍之建築往往犧牲了教職員的利益，其咎不在董事而在富有的校友，他們指定特殊款項專供建築校舍之用，並自行物色相當建築師設計進行。建築古典式， Gothic 式，或文藝復興式的學院庭院是費用浩繁的。但是大學校舍恐怕是保守派建築的碩果僅存者了。

保守派的堅固的陣綫，經過多年而屹然不動。其間雖亦不時有異軍突起，然大都曇花一現，不能久存，三十年前芝加哥建築家路易塞利凡(Louis Sullivan) 竭力排斥一切傳統式樣，曾使全國震驚，然其特創一格的作風畢竟跟着他同歸於盡。但在後來數年中，他的推陳出新的作風亦曾得一部分人的信仰。又有一位匹資堡的建築師亨利杭卜斯（Henry Hornbostel）在設計阿爾巴尼地方的國立教育館時所用柱頭及頂閣，意匠悉摒棄成法而特創新式，同業爲之嘩然。但這些人是例外；自從世界大戰以還，眞正的變遷已經來到了。

青年建築家對於抄襲模倣漸生厭倦之心，而趨向於歐洲同時代建築家之試驗工作。例如沙利南（Soarinen)等人所用意匠，深印於美國人心中。而多數主張現代主義者之脫離保守派陣伍，大概因爲不滿於爲藝術而建築之主張。保守派建築家中大都以藝術爲前提，爲求外觀悅目起見，不惜犧牲金錢與實用以赴之。同時，大衆的趨向由法意文藝復興時代之綺麗裝飾而變轉到雅潔的式樣了。因此有許多人感到舊式建築之徒有美觀而無補實際，遂覺有覓取更合理的建築方法之必要。

現代派中有一支派堅持效用爲建築之主要因素，而建築之設計首重圖樣之解決。待圖樣解決，建築材料決定以後。然後將構成建築物之各部——如鋼柱棟梁等——施以最簡單的修飾。這便是現代派建築家所謂唯一合理的建築法。根據此理論建造的房屋結果亦各不相同，有用磚牆作外壁者，有用玻璃牆壁者。現代派對於某種材料之使用雖亦不免有自相矛盾之時，然而此項新式建築在公司機關公寓旅館及其他商業化建築物。已獲有試驗的絕好機會了。

近代式建築間有不顧成本而全然排斥一切有歷史背景的成分者，往往亦不能令人滿意。此類構圖大抵嚴正生硬，以幾何圖形爲裝飾。紐約市新建歐文信託公司房屋，雖屬近代式，然其外形不能謂爲採用最簡單意匠。該屋自頂達底全用昂貴的石灰石築成，沿街門面作成V字形凹槽，以爲增進觀瞻而採用者。甚至窗門亦一律作V字形，以示調和一致。石灰石以及此種特式窗門代價極大，然遍觀全部房屋，實能引起興味者，唯有一間採用彩色鑲嵌細工的銀行辦公室。又如每日新聞報館之大廈，以極沉悶的線條作爲外觀的修飾，設計者本意原爲表示報紙的形式，冀以房屋外部象徵其內部之功能，以符合理化的建築之旨趣。然而人們對於此種象徵能否發生何種興味，實屬可疑。

又有一類以近代式標榜的建築物，其主要部分雖仍襲用古典意匠，但經加以修改而成新意匠，較之保守派之墨守成規，一筆不苟者，固不可同日語也。

任何建築式皆具有某種基本要素。猶如音樂，諧和之音使人聞而愉悅，建築亦莫不然。美好之線條與美好之配色使人見而心喜。偉大的建築莫不具有人目所渴求之形體美，線條美與色彩美。是故近代派建築家但以象徵主義為標榜之不能令人滿意，其故在此。

由此可見只求新穎不顧其他的建築法不能獲得多數人的擁護。目前新建築的缺乏雖似阻礙現代式建築之發展，而摒棄舊式的趨勢或將繼續不衰，終必有完成一種新建築式之日。建築界之停頓狀態適與吾人以深思靜觀的機會。目前的展望是格外顯明了。

但無論建築的前途如何，吾人可斷言經濟必為一主要的因素。建築師將覓取適當方法以建築公司旅館及分租住房，務使所費成本能得相當利潤。今後對於建築成本不能再行忽視。此事之解決端賴更經濟的建築方法。所謂更經濟的建築方法大約是將建築物的各部須先在工場內製造，然後運至建築場地裝配起來。蓋在建築場地製造零件既耗時日，又損金錢。即此一端已為增加建築成本的一大因素。

預先製造房屋成本必須採用和今日所用不相同的材料。要明瞭此點，應知建築界的進步以關於房屋內部者為最多。房屋內部各物，如鋼架，門框，及窗門等，皆有專家詳細研究，並於製造時嚴密監察，對於成本之計算，效能之增進。兼籌並顧，已經獲有實際的成效了。雖然機器發明以後，人們建造房屋的工作效能大為增進，但仍有大部份的建建工程必須由人工改為機械力。

表示建築的傾向的另一徵象便是小家庭的組織。此類亦以經濟為主要因素。通常薪資低微的人在找尋住房的時候，不能不光顧投機營造商所建造的小型房屋。這些房屋大都彼此毗連，成一單元，無論其意匠是各個不同或千篇一律的，大都是草率造成的木框屋。工料粗劣而人工昂貴。在一九二九年以前，美國東部最廉之五間住房每幢售價美金五千元至六千元。然雖此種價格然而不久有解決的可能。對於一般市民殊嫌太貴，最近有人組織公司，建造鋼骨水泥房屋，每幢售價約三千五百元，如能實行預定計畫，每幢房屋的大部分將在工場製造而分別運至營造場地，只須略施工程，即可告成。大約完全金屬的房屋之預先建造將限於小型住房，工程浩大的房屋當然仍將單獨建造，但將來此類房屋亦必利用省工方法，可無疑義。

這一種新趨勢對於建築將有什麼影響？由於世界經濟衰落的結果，建築界得免於向後轉的危險。古典的建築物之模造已成過去陳迹了。同樣，當此世界多事之秋，專以創造新式爲尙的現代式建築亦已成過去的了。經濟的要求將使建築物——尤其是商業化建築物——的外表必須迎合機械生產的需要。大概以後將用金屬——如鋁或某種合金——作爲建築材料。最近建築的房屋已有廢棄磚石拱肩而代以金屬(常爲一種鋁合金)者。窗間壁之將用金屬鋪築，當不在遠。至於用金屬舖築房屋門面，在外觀上似嫌過於生硬。但如於金屬面上敷以琺瑯質，旣可防禦風雨之侵蝕，在外觀上亦較爲柔和。此種房屋外表最適宜於高大房屋。然而此類現成建築物所用之材料不祇金屬一種，其他材料自亦可以利用，同時此類機製房屋之美觀與風趣，將藉色彩以表現之。無論如何，此類以經濟爲前提的新建築必將產生不以商業爲目的之建築物特點。一旦經濟與效用問題獲得解決後，一種新的審美觀念自必隨之發展矣。

改良南京市中山路全路柏油路面波狀計劃書

陳 鴻 鼎

(一) 總 論

觀各地柏油路，其路面之平坦，以比之吾國首都中山路全路成波狀式之路面，實使前後負過首都工務責任之人，愧無以爲答！今旣以首都觀瞻所繫，外人每以此地作爲代表全國之建設程度，故前旣不愼建築於先，今卽當設法改良於後，則失之東隅，收之桑榆，尙未爲晚，苟能如是，不但可使首都建設精神增良好現象，且可免外人將來作無謂之譏，此外凡旅居首都之市民，以道路之平坦，而於直接與間接之間，可無形中得不少利益，其關係於市民之環境，亦未必不大！據上所述，目前京市工務當局，對改良南京中山路全路柏油路面波狀之計劃，亦爲當今一要務也。

(二)路面成波原因

所有路面起波之原因有四：其最大關係，首在於基礎不佳，以是之故，則路身隨之損壞，結果已成之柏油路面，經多時之車輛往來行走，因之成今日中山路全路之波狀式路面，其基礎不佳之故，乃以孫總理奉安時，時間短促，致路基所塡之土方，無相當時間沉落，復以當時無充足機滚壓實，僅用兩三噸石滚或鐵滚滚壓，此項輕滚，欲使新塡之土方壓實，頗爲不易，所以有今日之波狀式路面者亦宜矣！其次大關係，以中山路澆柏油路面時，不用滚壓過，則待柏油澆好，靑石屑舖完後，路面本已成不平之狀，所以結冚後，未經車輛行走，卽已成天然波狀式之路面，其他關係爲碎石路身所灌之黃泥漿太多，當澆柏油時，復未將黃泥刷淨，所以柏油面與路身附着力不大，故路面容易向前後推動，此亦為成波狀式原因，又中山路前澆路面時，所澆之柏油面太厚，當天氣熱時，柏油容易隨之溶化，以柏油面太厚緣故，如未即為鋪蓋三分子或青石屑，此柏油面以質軟關係，一經車輛行走，亦卽成今日全路波狀式路面原因。

(三) 改良方法

路面由縱斷面觀之，則成如圖一之形狀，今欲改良之，當在夏天極熱時，所有柏油面呈溶化之狀，先將三分子或青石屑鋪入凹處，則成圖二之形狀，然後先用輕滚壓過，再用重滚壓過，其結果則成如圖三之形狀，最後則將凹處路面澆入柏油，重鋪青石屑，再用重滚壓過，以柏油當天氣炎熱時，新舊可互相連結，其結果則成如圖四之形狀，而全路可呈平坦光澤之象矣！

圖一

圖二

圖三

圖四

(四) 路面經改良後由學理方面觀察必不至重成波狀

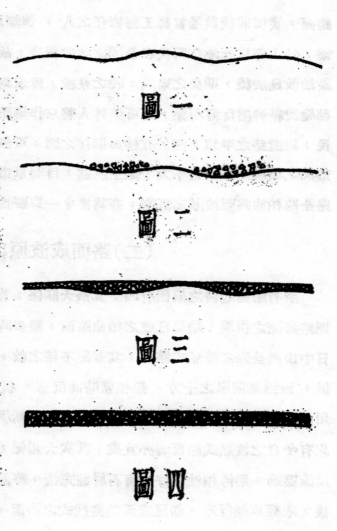

用以上方法改良後，其最大疑問之點卽爲將來會否重成波狀式之路面，惟以從學理方面觀之，其成波之四大原因，以既經過多年之道路，可不至重成波狀，因前不固之路基，現以車輛行走多年，路基早已壓實，不至再行變動，其他如柏油太厚，黃泥太多，澆油時不滾壓等原因，今以路面已經過數夏天，每年夏天俱加過三分子或青石屑，故前之柏油面路，今幾變成柏油塊路，若經改良滾壓後，以上致成波狀之四大原因，可斷定必不至重在中山路發現矣！

(五)全路修改用費

由中山門起至下關江邊止，全路長計一萬二千公尺，寬爲十公尺，則全路面積爲十二萬平公，假定全路四分之一面積需行改良，故改善之面積應爲三萬平公，今用每平公平均重澆三磅，及平均用一公分厚青石屑，再加工金煤炭費在內，每平公計需洋三角三分工料費，所有中山路全路四分之一面積波狀修改費，總共需洋九千九百元，其計算表如下：

3 磅 柏 油	=0.15
1 公分青石屑	=0.07
煤 炭 費	=0.10
工 金	=0.10
@平公	=0.33元

$$\begin{array}{r} 30000 \\ \times \quad .33 \\ \hline 9900 \text{ 元} \end{array}$$

(六) 結 論

中山路全路建築時，所需之款，其數目可驚，且今日尚未能得到滿意結果，雖然辦理工程人員未能審愼於先，但以關孫總理奉安期間，時期極短促，而使成偉大工程，其結果不佳，亦自可逆料，惟今設法從速改良之，實爲唯一補救方法，以全路修改用費，雖爲九千九百元，若比之全路建築時用費，亦不過零星小數，則此款既用之以爲修改之費，苟能得到相當結果，而於首都市政精神方面，可增進不少也！

【附註】鼎曾照以上所述方法，將中山路改良一段，經試驗之後，其結果成績頗佳，故理想可能成爲事實矣！

柏油路面之建築及修養方法

周 書 濤

一 總論

柏油路面，我國向所習用者，有二種方法：

(1) 澆柏油法 (Surface Dressing)

於砂石路基上澆瀝青二次，即開放通行車輛。

(2) 灌柏油法 (Penetration Method)

於砂石路基上加5公分青石子，灌瀝青一次，再加面層瀝青一批。

除上列二法外，近因交通日趨繁複，並謀道路之整潔起見，於瀝青路之建築方法，力求改善，同時於建築費用方面，仍求其經濟，遂有"冷拌"柏油石子之建築方法。("Cold Mix" Bituminous Surface Pavement) 此項方法係以瀝青及石子不經高溫度，由機器拌合，鋪於砂石路基或混凝土路基。與現在各國所用之柏油砂路面 (Sheet Asphalt) 功效相彷彿。而較便利又經濟。

茲將上列三種柏油路面建築方法，分述於下，以供研討：

二 材料

I. 澆柏油路面所用材料為土瀝青及石屑二種。其性質如下：

(A) 土瀝青 (Asphalt)

(1) 比重 (Specific gravity) 77°/77°F. 1.02

(2) 貫入度 (Penetration)77°F,1009,5 sec 40−50

(3) 韌性 (Ductility) 90

(4) 揮發性 (Volatility) 1.5%

(5) 融解點 (Fusing Point) 130°F

(6) 引火點 (Flash Point) 475°F

(7) 瀝青純粹性 (Total Bitumen, Soluble in CS_2) 99.9%

(B) 石屑

經過 10mm.(3/8")篩眼而留於3mm ($\frac{1}{8}$") 者 45%

" " 3mm.(1/8") " " " " 125mm (20"mesh) 35%

" " 125"mm (20"mesh) " " 者 20%

II. 灌柏油路面所用材料：

(A) 土瀝青 性質與前同

(B) 石子

(1) 八分子：

經過38mm ($1\frac{1}{2}$")篩眼而留於32mm ($1\frac{1}{4}$")者 15%

" " 32mm ($1\frac{1}{4}$") " " " " 25mm (1") " 60%

" " 25mm (1") " " " " 19mm (3/4") " 25%

(2) 六分子：

經過32mm ($1\frac{1}{4}$")篩眼而留於25mm (1") 者 10%

" " 25mm (1") " " " " 19mm (3/4") " 35%

" " 19mm (3/4") " " " " 13mm (1/2") " 40%

" " 13mm (1/2") " " " " 10mm (3/8") " 15%

(3) 四分子：

經過19mm (3/4")篩眼而留於13mm (1/2") 者 10%

經過13mm (1/2") 篩眼而留於10mm (3/8") 者　40%

" " 10mm (3/8") " " " " " 6mm (1/4") "　30%

" " 6mm (1/4") " " " " " 3mm (1/8") "　20%

(4) 石屑(與前同)

III. "冷拌"柏油路面所用材料：

(A) 冷溶油("Cold Mix" Flux) 係由土瀝青加輕柏油 (Light Tar Oil) 而成或可由煉柏油 (Refined Tar) 加瀝青，茲將其製法分述於下：

由瀝青製成者：材料爲土瀝青與輕柏油

(1) 土瀝青　性質與前同或可用較硬之土瀝青貫入度爲 30—40.

(2) 輕柏油　性質如下：

(a) 比重	60°F	0.983
(b) 水份		0.3%
(c) 引火點		154°F
(d) 柏油酸(Tar acid)		7.0%

(e) 溜解度 (Distillation Range) 在

在 177°C	開始分解
193.5°C	10 %
203.5°C	20 %
210.0°C	30 %
215°C	40 %
221.5°C	50 %

製法：——先將瀝青熱至300°F以上，但不得過 375°F，使完全溶解變成水狀之流質，待其冷至200°F以下(約經過5小時後)，乃將已配合好成份之輕柏油和入。配合成份以重量爲標準爲瀝青90%，輕柏油 10%，【冬季拌時，

另加液溶油(Liguifier Oil)(參閱拌法說明)之故，將成份變更爲95：5]此項所製成之冷溶油之性質：

(a) 比重	77°/77°F	1.027
(b) 引火點		239°F
(c) 定炭素(Fixed carbon)		9%
(d) 灰 (ash)		0.5%
(e) 瀝青純粹性(Total Bitumen,soluble in cs_2)		99.9%
(f) 溜解度	水份	極微
	0°－200°C	1.4%
	200°C－270°C	10%
	殘餘物	88.6%

由煉柏油製成者： 煉柏油(Refined Tar)係由原柏油 (Crude tar) 內提煉至 240°C 而得，然後於煉柏油內加入瀝青及輕柏油之混合物，其成份爲：

煉柏油 75%
瀝青 80－85% } 25%
輕柏油20－15%
(合計 100%)

由此法所成之冷溶油其性質如下：

(a) 比重	77°/77F°	1.165－1.200
(b)引火點		120°F－130°F
(c) 揮發性		4－6 %
(d) 瀝青純粹性(Soluble in cs_2)		80 %
(e) 定炭素		30 %
(f) 灰		2.5 %

(g) 溜解度 200°C 1.25 %

270°C 11.50 %

(B)柏油粉 (Pulverized Natural Asphalt)

(a) 比重 1.26

(b) 貫入度 1–2

(c) 瀝青純粹性 (Soluble in cs_2) 72 %

(d) 融解度 260° F

(e) 定炭素 24.7 %

(f) 灰 23.5 %

(C) 石子 用質料堅硬不染泥質者爲限。底層 (Base Coat)用六分子，面層(Top Coat)用二分子，其級配成份如下：

(1) 六分子：

經過32mm (1¼")篩眼而留於25mm (1") 者	15%
" " 25mm (1") " " " " 19mm (3/4") "	35%
" " 19mm (3/4") " " " " 13mm (1/2") "	40%
" " 13mm (1/2") " " " " 10mm (3/8") "	10%

(2) 二分子：

經過13mm (1/2")篩眼而留於10mm (3/8")者	5%
" " 10mm (3/8") " " " " 6mm (1/4") "	25%
" " 6mm (1/4") " " " " 3mm (1/8") "	50%
" " 3mm (1/8") " " " " 2mm (1/16") "	20%

以上之級配成份，以視交通之簡繁，及鋪築之厚度而變更之。

(D)石粉 即普通之青石屑經過1.6mm (1/16") 篩眼者，便可使用，須無雜質而以乾燥者爲限。

(E) 液溶油(Liquifier oil) 此項油於天氣寒冷時多用之，使拌時不感困難，舖耙亦感便利，其成份(以體積計算)為

輕柏油	50%
汽油	50%

汽油之揮發性須擇其較大者，其性質如下：

(a)	比重	(77°/77°F)	0.729
(b)	溜解度	86°－208°F	26%
		86°－248°F	53.6%

三 建築法

I. 澆柏油 (Surface Dressing) 路面建築方法：

砂石路基，須乾燥，路面掃刷乾淨，所有泥灰完全掃去，至露出石子為止。乃澆以瀝青，瀝青須熱至 275°F 至 350°F 則完全為水狀，方可使用。澆時路面溫度不能低於50°F，瀝青以每平方公尺用2.8公斤 (卽0.5 gal. per square yard.)之比例澆舖，用柏油橡皮刷刮平。同時洒二分子 (由石屑內篩去1.25mm (20 mesh) 篩眼者) 一薄層，每平方公尺洒80平方公尺。卽用8 噸滾路機滾壓三次，壓實後可澆第二次瀝青。先將該路面灰塵及一切鬆動石子掃刷乾淨，路面仍須乾燥。第二次所用瀝青每平方公尺用 1.6 公斤 (卽0.35 gal. per sq. yd.) 同時卽洒石屑一薄層，仍用八噸滾路機壓實後，卽可通行車輛矣。

II. 灌柏油(Penetration Method)路面建築方法：

於砂石路基上舖 5 公分 (2") 厚八分子加六分子嵌填空隙。砂石路基上之泥灰亦須掃淸。用 10 噸滾路機壓實，自路邊徐徐滾至中心，再用 6 噸滾路機滾平。路冠(Crown)為1：40；所用瀝青須熱至275°－350°F，然後用 9

立特(Liter)(2 gal.)裝之20cm(8″)扁嘴鐵壺澆灌。路面濕度須在 50°F 以上，每平方公尺須澆瀝青8.1公斤（即 1.5 gal.per sq.yd.）。澆時工人二名自路兩邊斜澆(與路線成斜角)至中心。隨時即洒四分子一薄層，即用10噸路機滾壓堅實。壓實後須將路面掃清，凡路面上所有未黏着之石子及石粉均須掃去。然後預備澆面層瀝青（Seal Coat）。此項澆法：係用柏油橡皮刷刮平，先將熱瀝青傾注於路面上，以柏油橡皮刷刮平。須刮刷勻淨不能遺留太多，每平方公尺約需 4.2 公斤，隨即洒乾石屑一薄層，乃用10噸滾路機壓實即後可開放通行車輛矣。

III.“冷拌”柏油石子(Plant Mix“ Cold”)路面建築方法：

(A)機拌(Plant Mix)

“冷拌”(Cold mix)機器，玆略爲說明於下：(參閱第一圖)

(1) 石子升降器(Stone Bucket Elevator)

石子升容量，可裝石子四分之一公噸，其升降利用吊重機，以齧合子控制之，吊至公尺高處，將石子傾注於石子盛儲器，以俟拌用。

(2) 冷溶油盛器及柏油箱(“Cold mix”Flux Bucket and Kettles)

盛器容量爲五介侖，四周鐵板爲夾層，中蓄水汀，以保持該器之溫度。器中設浮標一塊，依冷溶油所需分量而定標識。盛器之外，接以輸送管，管分來回二道，管外均包以水汀管，使冷溶油不致有凝結於管中之弊。輸送管之他端，接以五匹馬力馬達幫浦。冷溶油由柏油箱內打入輸送管，由輸送管儲於盛器。柏油箱二只可置冷溶油五噸。箱內裝5公分水汀管20道，如此則溶解瀝青可較迅速。

(3) 拌合器(Mixer)

拌合器容量爲0.20立方公尺（7立方英尺），四周鐵板均爲鍛鋼

(Mild Steel)。中有平行地軸二根，拌漿八塊，漿頭(Shoes)爲五角形之鐵板，斜裝於漿臂(arms)上成45°角，藉可減少拌合時之阻力。漿臂可用鑄鐵，(Cast iron)，漿頭用鑄鋼(Cast Steel)，較爲堅固。

拌合方法：

先將引擎及拌合器內拌漿旋轉之速度校正，即引擎每分鐘爲128轉，拌漿每分鐘爲39轉，然後將乾燥之石子傾入拌合器內，同時即澆洒液溶油，(天熱時不用，即加冷溶油)，約歷25秒鐘，乃加冷溶油，待其完全拌和，約歷1分鐘，然後加柏油粉，再經30秒鐘。加石粉，待完全拌和後，即開門放下，裝入卡車合運至工作地點每斗約拌二分半鐘至三分鐘，冬季拌時略長，每斗約拌4分鐘至5分鐘。每斗重量約爲四分之一公噸。

茲將冬季所用成份列下：

底層：	六分子	90.84 %	100 %
	冷溶油	3.59 %	
	柏油粉	1.59 %	
	石　粉	3.98 %	

液溶油加入數量爲冷溶油之15%

面層：	三分子	86.02 %	100 %
	冷溶油	5.62 %	
	柏油粉	2.39 %	
	石　粉	5.97 %	

液溶油加入數量爲冷溶油之13%

(II) 鋪築(參閱第二圖——第五圖)此項柏油路面分二層鋪築——底層與

面層，鋪築厚度，須視壓實路面若干厚度而定。如鋪築5公分壓實路面者，則底層鋪5.6公分厚(每公噸鋪12平方公尺)面層須鋪2.5公分厚（每公噸鋪30平方公尺)，如鋪3.8公分($1\frac{1}{2}$")壓實路面者，則底層鋪4.4公分厚(每公噸鋪15平方公尺)，面層須鋪1.9公分厚(每公噸鋪35.0平方公尺)。

未鋪築之前，須將路基掃刷乾淨，泥灰應完全掃去。路基如有不平之處，則須先補平，(可用拌柏油石子補平)。於窨井自來水管蓋等四周，以及茄莉側石邊等處，均須塗稀薄冷溶油一層。然後將"冷拌"柏油石子用卡車運至工作地點倒下，以人工耙平至所需厚度爲止。如無側石人行道之路，則在未鋪築柏油石子之前，先於路兩邊依照所需之路面寬度而釘立木條子。木條子尺寸，應視所鋪柏油石子路面之厚度而定。路冠(Crown)爲1:40，路冠板(Camber)常平準使用。底層鋪平後，將7噸二滾筒滾路機(Tandem Roller)滾壓，自路邊向中央直滾，並須套滾，以半滾筒爲限。滾時速度，以每小時滾壓面積不得過180平方公尺，滾筒須常濕潤，以免柏油石子黏着。路面全部壓過一次後，再用10噸滾路機滾壓，(Three-Wheel Roller)，滾法如前，滾過一次後，再用7噸滾路機壓平。凡滾路機壓不到處，須先用鐵板磨光再用鐵夯夯平。底層壓實後，乃鋪面層。未鋪之先，於側石邊及窨井蓋等處四周，須再塗稀冷溶油一層，然後鋪面層柏油石子，照規定厚度鋪築，耙平後，乃用7噸及10噸滾路機依次滾壓，滾法如前，以尤緩尤佳。路面如有凹孔，則須隨時補塞填平滾實。凡滾路機壓不實處。仍用鐵板磨光，鐵夯夯實。路面壓實後，洒以石粉一層，每立方公尺約洒300平方公尺，洒後須隨時掃勻，再用輕滾路機滾光，即可開放車輛通行。

四　建築費

下列各表以每一平方公尺計算，價格爲上海市22年度市價。

澆柏油路面

材料	數量	單價	價值
瀝青	4.4公斤	0.112元	0.493元
石屑	0.02 m^3	2.40	0.043
人工	0.10 I	0.50	0.050
運費			0.010
滚路機工			0.008
工具及消耗			0.041
總價			0.650元

灌柏油路面

材料	數量	單價	價值
瀝青	12.3公斤	0.112元	1.378元
八分子	0.05 m^3	3.20	0.160
六分子	0.02	4.10	0.082
四分子	0.02	4.20	0.084
石屑	0.02	4.40	0.848
工資			0.180
運費			0.190
工具消耗			0.148
總價			2.200元

"冷拌"柏油石子路面

材料	數量		單價	價值		備註
	5公分厚路面	3.8公分厚路面		5公分厚路面	3.8公分厚路面	
六分子	0.057m^3	0.043m^3	4.10元	0.234元	0.85元	
四分子	0.009	0.008	4.20	0.038	0.034	
二分子	0.014	0.012	3.40	0.048	0.041	
石粉	0.004	1.004	2.40	0.096	0.016	
瀝青	4.617kg	3.800kg	0.112	0.517	0.426	
輕柏油	0.633	0.539	6.260	0.165	0.140	
汽油	0.300	0.261	0.212	0.064	0.055	每介侖爲0.60元
柏油粉	2.123	1.743	0.160	0.340	0.279	
運費				0.170	0.140	
工資				0.210	0.170	
工具消耗				0.304	0.230	
總價				2.100元	1.700元	

五 修養

I. 澆柏油及灌柏油路面修養方法：

澆柏油路面，損蝕頗大，每半年須修理一次，每隔年或須澆瀝青一次。灌柏油路面則較佳，三年後將開始損蝕，則以後須積極修補。此項路面，每至夏季，路面瀝青溶化，依照每年記錄報告路面最高熱度爲 150°F。在此時期路面須常洒黃沙或石屑，以便行駛，每一立方公尺約洒面積 150 平方公尺。洒後卽派工人掃勻。又每日須灑水二次。

修補方法： 將所壞者挖齊，加石子滾實，乃澆灌瀝青，面上覆以石屑，滾壓堅實。此項所澆瀝青，每致有太多之弊，應加注意。

II. 拌柏油路面修養方法：

自新路面築成後，每日須派工掃勻路面石粉，並所有石子或磚屑遺留於路面上者。須一概掃除。

修補方法：　將毀壞者挖出，四周切齊，以拌好之柏油石子嵌補，但事前須於路基及毀壞處切齊之四周須塗稀薄冷溶油一道，然後填入柏油石子，夯壓堅實(修補面積大，須用滾路機滾實)，須較路面略高。而上洒滿石粉。壓實後即可通行矣。冷拌柏油石子，用作修補材料，頗屬相宜。因拌好後，堆置一旁，隨時可以取用，頗爲便捷也。

六　結論

澆柏油路面工程費頗省，惟修養費大，路面容易損蝕，不能載多量車輛。以其建築費省，故於交通簡少之處，仍多採用。

灌柏油路面建築費較貴，但壽命較久，並能載多量車輛。於交通較繁之處，頗見功效。惜於夏季路面瀝青溶化，黏熱難行，須洒黃砂或石屑之麻煩。

"冷拌"柏油石子路，在中國尚鮮建築。此項路面於雨水較多之城市，尤屬相宜，因不致有傾滑之虞。且較現在各國所用"熱拌"柏油石子路 (Sheet Asphalt)經濟又簡便。玆將其優點列下：

(1) 機器設備簡單。

(2) 所用瀝青成份較省，約較"熱拌"可省30%

(3) 可以隨時舖築，冬季嚴寒仍可進行，因舖築毋須保持相當溫度也。

(4) 在微雨後亦可舖築。

(5) 雨後無傾滑之危險。

(6) 所用之冷溶油，如使之熱，祇費二小時餘之時間已可完全溶解。

劣點：

(1) 完成之路面不能如柏油砂路面之光澤。

(2) 開放初期時，路面往往有重車輛印痕之弊。

(3) 初期路面，易為漏油汽車之汽油或機油所損壞。

(4) 雨後路面不能迅速乾燥，因石子空隙 Voids 較大，雨水容易滲入之危險。

編者按：　是篇作者為全國經濟委員會徵求道路建築法而作，作者對於道路經驗豐富，而於柏油道路則研究更深，又內中第三節"III. 冷拌柏油石子路面建築方法"，曾在工程雜誌登載，特此聲明。

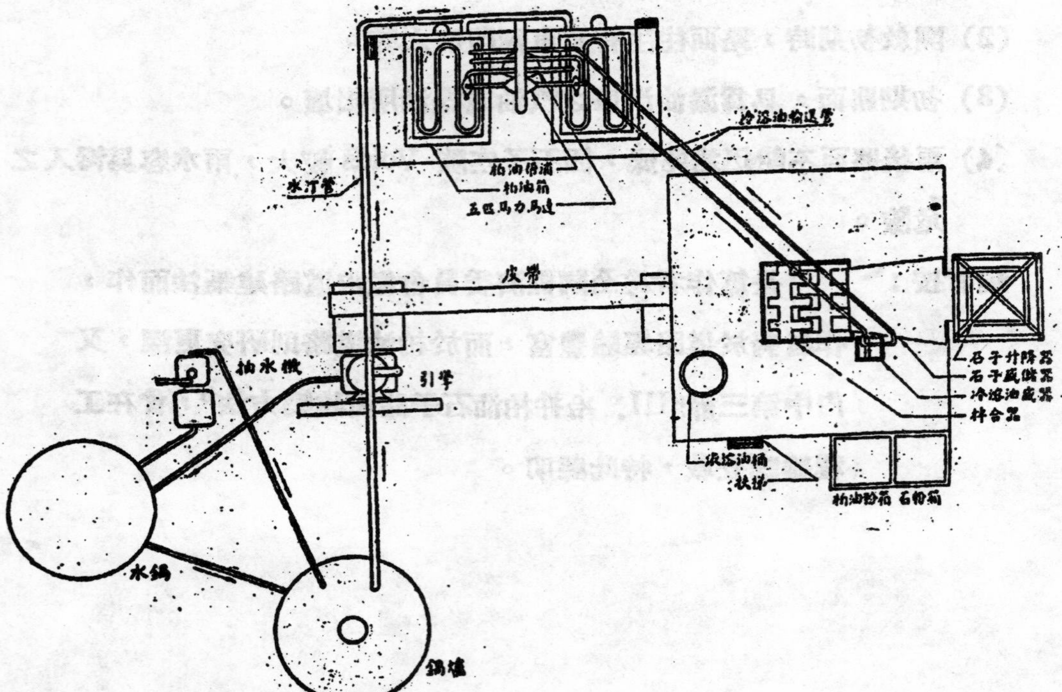

第一圖　柏油廠佈置圖

第二圖 築 路 工 具

第三圖 耙 平 情 形

第四圖 滾壓情形

第五圖 完成後之路面

南京市工務局對常用數種道路材料之說明

陳鴻鼎

數種常用道路材料，其尺寸與質料，在京市工務局向無相當之規定，致材料等運到工作地點時，每以尺寸與質料不合，不能應用，因之與負責採購材料之主管人員，由誤會而發生糾紛者屢矣！鼎有鑒於此，以爲數種常用道路材料，其尺寸與質料非規定不可。乃斟酌京市常用材料情形，及習慣用法，與一切是否適用於道路之建築，寫成道路材料說明書一本，並經當局核准施行，今已數月於茲，應用尚稱便利，現特製成一表，以爲諸同學作爲選擇道路材料時參考之用。列表如下：

南京市政府工務局第二科營造股道路材料說明書

材料名稱	尺寸	質料
大石塊（路基用）	大小以每面六吋至八吋方（或長方）者爲合格，最小不得小於五吋方，最大不得大過九吋方，購買時每英方內其最小或最大之石塊，各不得超過十分之二，又大石塊至少須有一面平整者。	質料須堅硬清潔，不含雜質與輕量拋擲於石板上不致破裂，（以花崗石爲最佳，其他堅硬大石塊，經本股檢驗認爲合格者，亦可採購應用。）
石塊（又名彈石作路面及路基用。）	大小以寬二吋半至三吋半，長三吋半至五吋，厚四吋至五吋，所有長寬面均須平整。	質料須堅硬清潔，不含雜質，不易破裂。（以花岡石爲最佳，其他堅硬石塊，經本股檢驗認爲合格者，亦可採購應用。）

碎石 （又名寸子作路面用）	大小以一吋至一吋半者爲合格，最大不得大於二吋，最小不得小於半吋，購買時每英方內，其最小或最大之碎石，各不得超過十分之二。（尺寸係指直徑而言）	質料須堅硬清潔，不風化。不含雜質，（如泥沙石屑碎磚等）及多菱角者爲合格。
碎石 （又名四六八分子作水泥人行道用）	大小之比例，爲四分子佔十分之五體積，六分子佔十分之三體積，八分子佔十分之二體積。（尺寸係指直徑而言）	質料須堅硬清潔，不風化，不含雜質，（如泥沙石屑碎磚等）及多菱角者爲合格。
碎石 （又名三分子作柏油路面用）	大小之比例，爲一分子佔十分之二體積，二分子佔十分之五體積，三分子佔十分之三體積。（尺寸係指直徑而言）	質料須堅硬清潔，及多菱角而不含泥沙石粉及垃圾者。
煤灰 （路面及彈石路填縫用）		質料須有彈性，與清潔不含雜質。（如泥草碎石碎磚等）設一經加水，用手緊握，不致成團，及帶泥漿，又煤屑內須不帶凝固硬塊。
碎磚 （路基用）	大小以一吋半至二吋半者爲合格，最小不得小於一吋，最大不得大過三吋，購買時每英方內其最大或最小之碎磚，不得超過十分之二。（尺寸係指直徑而言）	質料須堅硬清潔，不含雜質，（如泥草沙石屑煤渣等）及多菱角者爲合格。
沙 （粗細兩種碎石路及三和土用）		質料須堅銳勻淨色黃粒粗白粒細不含草泥及其他雜質者爲合格。
青石屑 （柏油路面用）		質料須堅硬清潔，不含雜質，（如草泥磚粉煤渣等）及所含粉末不得超過十分之一。

廣東公路工程之調查

何書沅

一 緒言

在交通事業中，道路可算爲一大的要政，孫中山先生的建國大綱有說：「建設之首要在民生，故對全國人民之食，衣，住，行四大需要，政府當與人民協力，共謀農業之發展，以足民食，共謀織造之發展，以裕民衣，建築大計劃之各式房屋，以樂民居，修治道路運河，以利民行，」可見道路在建設開始的時候，在民生中，道路也是重政之一。廣東省在中國之南端，水路環繞，交通素稱便利。然而在內地則未免山嶺繞隔，往來跋涉之難，故當於民國開始的時候，就有提倡道路的建設，但以時局不靖，雖有若干的影響，然而富有建設性的廣東，在這數年當中，對于公路的開鑿，雖不能至於盡善盡美，而大概情形總可引以自慰，茲爲使外界明瞭廣東公路工程建築情形起見，不揣冒昧，將調查所得歷表舉明，以供諸關心路政者參考。

二 廣東公路工程概況

(一)東路各屬公路情形

縣名	路名	路線起點及止點	原線定里路數	已築里數	未築里數	已通車或未通車	備考
南海 番禺 花縣	南番花公路	由南海縣即廣州市大北門外起經番禺縣之西村三元里鴉湖至花縣城止	27 13 20	27 13 20		通車	
番禺 增城	廣增公路	由廣州市起往沙河燕塘市下元崗龍眼桐楊梅田鄭岡墩朱村槎江達增城	30 60	30 60		通車	

惠陽東莞	平樟公路	由惠陽縣平山河頭起至東莞縣廣九鐵路樟木頭車站車站止	80	80		全路已通車	
南海	廣南公路	由廣州市之石圍塘起至南海縣之佛山止	27	27		仝上	
	佛官公路	由佛山起至官窰止	28	27		仝上	
番禺	中山公路	由廣州市東山經過寺具底洗村附近至東坡圃東止	27	27		已通車	
	西村公路	由廣州市盤福路起至西村車站止	4	4		已通車	
番禺	禺北公路	由太和圩起至進和圩止	38	38		已通車	
	新港公路	由新洲起至小港止	30	30		未通車	
	魚南公路	由魚珠起至南崗圩止	25		25		
	市新公路	由市橋起至新造圩止	25	25		已通車	
	市大公路	由市橋起至大石圩止	28	28		未通車	
	市石公路	由市橋起至石樓圩止	25	25		已通車	
	新石公路	由新造起至石樓圩止	23	23		已通車	
	南大公路	由南村起至大石圩止	24	24		未通車	
	沙和公路	由沙河起至太和市止	31	31		已通車	
惠陽	平淡公路	由廣九鐵路平湖車站起至惠陽縣淡水止	50	50		仝上	
東莞	莞龍公路	由東莞起至石龍止	23	23		仝上	
	莞太公路	由東莞起至太平止	52	52		仝上	
東莞	莞樟公路	由東莞城起至樟木頭止	55	45	10	已通車三十里	
	寶太公路	由東莞太平圩起至寶安縣止	60	30	30	未通車	

缺原刊插圖

	常梅公路	由常平圩起至玉梅墟止	35	20	15	未通車	
	常橫公路	由常平圩起至橫瀝圩止	30		30		
	塘天公路	由塘頭圩起至天堂圍止	20	20		已通車	
	福龍公路	由福隆圩起至石龍止	30		30		
	清樟公路	由清溪圩至樟木頭	25	25			
	清東公路	由清溪墟至東風凹止	12	12			
	清塘公路	由清溪墟至塘瀝圩	15		15		
	橫岡公路	由橫岡圩直駁莞太公路	11	0	11		
	厚街公路	由厚街鄉直駁莞太路	3	3		已通車	
大埔 潮安 饒平	三潮公路	由三河壩起至潮安縣止	95 70 45	90 70 45		已通車	
普寧 揭陽	普揭公路	由普寧縣起至揭陽縣城止	16 26	16 26		仝上	
梅縣 興寧	梅興公路	由梅縣之赤炭岡起至興寧之葉塘止	54 42	54 42		仝上	
梅縣 平遠	梅平公路	由梅縣之赤炭岡起至平遠之牛挨石止	100 80	100 80		仝上	
惠來 潮陽	惠潮公路	由惠來縣城東門起至潮陽縣止	150 20	150 60		仝上	
潮安 澄海	潮汕路堤公路	由潮安之西堤起至汕頭市中山公園止	64 26	64 26		仝上	
龍門 河源	龍河公路	龍門至河源	60 49	60 49		仝上	
惠陽 海豐	平海公路	由惠縣平山起至海豐縣止	81 70	81 70		已通車	
饒平	饒黃公路	由縣城起至黃岡鎮止	90	90		已通車	
增城 博羅	增博公路	由增城東門起經胡蘆逕歐陽福田東平顯岡以達冷水坑	80 70	80 70			
博羅 河源	博河公路	由博羅響水起經平安柏塘楊村石壩至河源城止	122 90	122 90		已通車	

龍川 五華	川華公番	由龍川城起至五華城止	64.7 60.6	64.7 60.6			
五華 興甯	華興公路	由五華城起至興甯西壩尾橋	10.2 16.0	10.2 16.0			
龍川	龍川公路	由虎頭崗起至藍隊止	8	8		已通車	
蕉嶺	蕉梅公路	由蕉嶺至金沙鄉炭山與梅縣交界止	75	75		已通車	
	蕉白公路	由蕉嶺城起至梅縣白渡交界之大和停止	40	40		已通車	
揭陽 潮安	揭安公路	由揭陽城起至潮安縣城止	34 21	34 21		仝上	與揭安公路同此郎揭湯段
大埔	埔三公路	由大埔河起至三河壩止	40	40		仝上	十七年興工建築
潮安	揭安公路	由潮安城南門外起至揭陽交界之深坑止	25	25		已通車	與揭安公路同此郎潮安段
興甯	興龍公路	由福甯城北之倉鶴營起至大龍田止	20	20		仝上	
梅縣	梅松公路	由梅縣城赤炭崗起至松口公學止	97	97		仝上	
平遠	平桓公路	由縣城起點分東西兩線先築東西兩線城東西兩線並築	65	65		仝上	由縣公路局率地方人民集股
陸豐	陸葵公路	由縣城起至惠來縣之葵潭	80	80		己通車	
	陸墩公路	由陸豐城至烏墩止	10	10			
	內南公路	由內湖至南塘止	15	15			
	南碣公路	由南塘至碣石止	30	30			
	南湖公路	由南塘至湖口止	20	30			
	南甲公路	由南塘至甲子止	40	40			
興甯 平遠	興平公路	由興甯城經龍田墟炭仔平合水透牛洞至平遠城止	61 110	61 90	30		
梅縣 大埔	梅埔公路	由梅城起經梅屏白渡嵩山松口至大埔城	93 72	93 72			

博　羅	博惠公路	由博羅東門至惠陽城止	42	42		已通車	
惠　陽	惠平公路	由惠陽城南門起至平山河頭	75	75		已通車	
海豐 陸豐	海陸公路	由海豐起經羅山約長橫鄉白沙田鄉至陸豐城止	60	60		已通車	
海　豐	海汕公路	由海豐城至汕尾	55	55	0	已通車	
	海平公路	由海豐城經青湖至公平墟止	25	25	0	仝　上	
	公新公路	由公平墟經橫瓏至新田止	50	50			
	汕緊公路	由汕尾至媽緊	23	23			
惠　來	惠清公路	由惠潮路頂溪上段至清海	20	20		已通車	
	惠泉公路	由惠來城南門外惠潮路中段至神泉澳角	17	17			
潮　陽	達蜈公路	由達濠埠至蜈田止	30	0	30		
	潮海公路	由潮陽城至海門埠止	25	0	25		
	峽英公路	由峽石埠至兩英墟	20	0	20		
澄　海	汕樟公路	由汕頭中山馬路經外沙至樟林港止	50	50		已通車	
大　埔	埔峯公路	由大埔城經黃石至峯市	40	20	20		
平　遠	平柘車路	由平遠經東石墟頭至大柘墟止	80	80			
	關柘公路	由大柘墟起至蛟子湖至壩頭關上止	15	15			
	東壩公路	由東石墟起至墟頭墟	15	15			
饒　平	饒和公路	由饒平城至湯溪止	30	30			
	饒錢公路	由縣屬湯溪起至錢東市	60	0	60		
寶　安	寶深公路	由寶安城南門外至圳止	35	35			
	深羅公路	由深圳至廣九路羅湖站止	5	5		已通車	

梅縣	梅丙公路	由梅松路之黃竹洋達丙村	30	30		已通車	
博羅	東瀾公路	由東平以達羅浮山脚之瀾石	12	12			
增城	福新公路	自福和墟起至中新墟古岡止接駁廣增公路	20		20		
寶安	布龍公路	由廣九路布吉站起至龍華墟止	30	10	20		
	岩口公路	由寶安烏石岩墟起經縣城至灣下村蛇口止	42	1	41		
	沙深公路	由縣屬第三區沙灣墟起至深圳止	14	14			
增城	增仙公路	由增城至仙村廣九站止	60		60		
惠陽	澳淡公路	由澳頭港至淡水城南門外上墟止	22	22		已通車	
惠陽 紫金	惠紫公路	由紫金城起經紫河公路入惠陽界之白伯公經平潭至梁化城	19 160	19 20	 140		
惠陽	惠淡公路	由惠樟車路陳江站起北至淡水墟南至鴨仔步墟止	60	60		己通車三十里	
惠陽	平榕公路		130	0	130		
同上	龍横公路		24	0	24		
同上	龍新公路		30	0	30		
	分横公路		15	0	15		
	坪横公路		35	0	35		
河源 連平	河連梁路	由東埧經順天湖至忠順崁肩口伯公凹大石板大布墟以達連平城	90 60	0 0	90 60		
河源	廻新公路	由廻龍至錫場止	30	0	30		
	河陵公路	由客家水至平陵止	90	0	90		

合共			5346,3	4468.3	878		

(二)南路各屬公路情形

縣名	路名	路線起點及止點	原線定里路數	已築里數	未築里數	已或未通車	備考
廉江 陸川	廉陸公路	山廉江縣城起至廣西省陸川止	65	65		未通車	陸川段路線長一百十五里入廣四省
廉江 遂溪	廉遂公路	由廉江至分男高樓至遂溪止	38 32	38 32		已通車	同上
化縣 吳川	化吳公路	由縣起至梅山吳川地界止	20 40	20 40		已通車	同上
化縣 廉江	化廉公路	由化縣城壯起至下洞黃茅廉江縣城止	40 90	10 90		已通車	
化縣 茂名	化茂公路	由化縣城過淩水河東岸起至茂名縣南盛止	24 8	24 8		已通車	
電白 陽江	江電公路	由電白城起至陽江城	35 142	35 142		已通車	
電白 茂名	東秋公路	由水東起至茂名縣城止	105	105		同上	
電白 茂名	梅東公路	由梅菉起至水東止	45 35	45 35		同上	
電白 茂名	石東公路	由水東至石鼓	25 70	25 70		仝上	
電白 茂名	茂電公路	由茂名縣城南門外太平橋起經陳桐墟分界墟美田墟至七連豆坡領與電白縣之電東公路相接	50 59	50 59		已通車	
茂名 信宜	茂信公路	由茂名縣江埗頭起至信宜縣振隆墟上	38 58	38 58		已通車	
欽縣 防城	欽防公路	由防城起逵至欽縣止	70 60	70 60		已通車	
新興 陽春	興西公路	由新興縣經白馬凹黃坭灣至西山止	45 98	45 98		已通車	

信宜 鬱南 羅定	信羅公路	由信宜縣起至東鎮貴子城廻龍嶺泗倫以達羅定	152 48 72	82 10 22	70 38 50	已通車	
廉江	塘石公路	由塘蓬至石嶺止	40	40		已通車	
	廉化公路	由廉江至江邊塘之黃茅村邊止	70	70		同上	
	銅東公路	由廉江縣第三區銅鼓徑接廉化路線起至東橋村渉頭下河邊止	11	11		同上	即廉化公路之枝路
	安青公路	由安鋪至清平止	70	70		已通車	
	廉陸公路	由廉江城經太平店至石角止	100	100		同上	
	安山公路	經青平至山口止	170	170		已通車	
	石江公路	由石嶺起至合江止	30	30		已通車	
海康	南龍公路	由南灣頭起至龍門市止	60	60		同上	
	雷安公路	由安遂路直駁塘涵經客路市而至雷州	135	135		同上	
	龍英公路	由龍門起至英里止	45	45		同上	
	濟南公路	由海康至南渡止	12	12		已行車	
	雷洋公路	由雷州城至洋村止	40	40		仝上	
	茂雷公路	由茂達渡至雷州城北門	24	24		仝上	
	雷客公路	由雷州城起至客路市	50	50		仝上	
	北海公路	由北和市至海康市	20	20			
	南偶公路	由海康城至偶黨渡	30	30			
	偶紀公路		50	50			
	安同公路		75	75			
	唐紀公路		30		30		

	唐平公路		70		70		
	海唐公路		50		50		
	調容公路		30		20		
	平烏公路	由平湖市經北和至烏石港	65	65			
電白	東瑯公路	由水東起經覲珠至沙瑯田市止	90	90		已通車	
	馬榜公路	由馬踏圩至大榜圩	21		21		
	分潭公路	南駁本縣東潭路北接名之崩洪沙	25	25			
	林潭公路	由灣仔至林頭圩	5	5		通車	
	電東公路	由電城至水東	100	100		仝上	
	東潭公路	由水東起至潭板埗頭止	25	25		仝上	
陽江	阜九公路	由埠埠渡頭起至九江之大墩止	18	18		仝上	
	江恩公路	由陽江縣城東門起至恩平縣城止	66	66			
欽縣	欽蘆公路	由欽縣起至小蘆城接邕甯止	90	90		已通車	
	欽如公路	由欽縣起至防城屬大直墟止	45		45		
	欽沙公路	由欽墟外欽江東岸把水渡起經雷廟溝蕖築屋至沙井止	21	21		已通車	
合浦	廉北公路	由北海至石康止	110	110		仝上	
	珠清公路	由北海至南康止	90	90		仝上	
	合山公路	由山口市起經白沙公館閘利至合浦城	180	180		已通車	
	合北公路	由合浦城至北海	80	80		已通車	
合浦 靈山	合靈公路	由合浦城起經石康達靈山之武利止	116 83	116 83		仝上	

合浦欽縣	合欽公路	由合浦城起經丹竹江入欽縣屬那麗墟塘村黎州而至欽縣	90 150	90 150			
吳川	黃西公路	由黃坡至西埔尾	28	28		已通車	
	黃梅公路	由吳川縣屬黃坡市至梅菉市止	43	43		仝上	
	梅營公路	由梅菉市經吳川至蓮察渡小海過租界高岑轉華界三柏直達東營止	43	43		仝上	
遂溪	遂麻公路	由遂溪至麻章	50	50		仝上	
茂名	茂盛公路	由茂名縣至南盛圩止	43.5	43.5		仝上	
信宜	信東公路	由信宜竇江亭至東鎮	33	33			
	東池公路	由池垌起至東鎮止	18	18			
防城	防崙公路	由防城經江平東興至北崙止	360	180	180		
靈山	武平公路	由靈山平南墟至武利墟止	111	111			
	陸沙公路	由靈山縣屬陸屋市外北勝新街口轡棧至沙埠墟外之良粉墟止	45	45		已通車	
	靈平公路	由靈城起至廣西界之平南止	24	24		仝上	又名平南公路
	檀陸公路	由檀圩經那隆圩三隆至陸屋	70	42	28		
	靈東公路	由靈山經平山圩至石塘圩	70		70		
新興	新江公路	由縣城西江橋至東崗墟接雲腰公路	36	36			
	大南公路	由縣城南至中和市止	30	30			
	橋崗公路	由縣城北起至黃崗止	11	11			
陽江、陽春	江春公路	由陽江城起入陽春尾崗尾圩園仔城達陽春城	48 58	 38	48 20		

茂名	石東新縣支路	由新墟起經石牛塘合岡上村至縣頭之車底止	50	50		已通車	
	石東茂金支路	由茂名城至經塘圩止接馬不東公路	20	30		仝上	
	梅港公路	由梅菉至博茂港止	15	15		仝上	
	茂寶公路	由茂城起經南塘墟入化縣至寶墟止	61	61		仝上	
	茂壺公路	由茂名鑑江起至壺洞圩止	50	31	19	仝上	
	根分公路	由根子圩經湖洞至分界圩止	2[illegible]	25		仝上	
	黃大公路	由黃塘圩經良德東岸至大井圩對面之平浪村止	45	45		仝上	
	黃梅公路	由梅菉經擴坡何屋至吳川黃坡止	40	40		同上	
化縣	化梅公路	由化縣至梅菉止	61	61		同上	
	化北公路	由化縣經林塵圩連界墟合口圩至寶圩	220	85	135		
	合清公路	由合江圩起至清湖圩止	57	57			
	化石公路	由化縣城起經七白墟石灣圩中洞圩至石角圩止	130	108	22		
	化黃公路	由化縣城起經七白圩楊梅圩至吳川之黃陂止	90		90		
	合中公路	由中洞圩經大埔村獅子墩至合江止	35		35		
	化合公路		85	85		已通車	
	合寶公路		75	75			
	化黃公路梅楊支路		46	30	16	已成之段通車	
	化黃公路良光支線		26	26			
吳川	黃西公路	由吳川屬黃坡至洋界西誦止	30	30		已通車	

	梅蔦公路	由梅菉經吳川城至芷蔦止	45	45		同　上
	黃梅公路	由黃坡至梅菉止	43	43		同　上
陽　春	陽茂公路	由陽春城起經六堡馬水圩潭水圩三甲圩茂名界	135	90	45	
	崆峒公路	由縣城經沙尾高坡沙河至崆峒止	8	8		
	興西公路	由新興界仔水村經雲霖圩春灣圩至雲浮界西山口	96	22	74	
	陽春公路	由縣城起經三湖圩合水圩至藕塘圩	120		120	
	陽恩公路	由陽春東南至恩平縣界	54		54	
	古電公路	古良西南至電白縣界	68		68	
	陽西公路	由陽春堌雲浮界	55		55	
	春電公路	由陽春城至人甲電白界止	153	90	63	
	灣河公路	由黃坭灣起至里仔水新興界	22	22		
	鵝西公路	由鵝公東北至雲浮縣界	35		35	
	鵝信公路	由鵝公西至信宜界	180		180	
	恩英公路	由恩平至黃坭灣	82		82	
徐　聞	徐橋公路	由下橋市經銅鼓嶺至徐聞城大街止	45	45		已通車
	英橋公路	由英利市經九江坑至下橋市	45	45		同　上
	那安公路	由海安經青朗至那安村	25	25		同　上
	徐邁公路	由徐聞縣城經七黃市至陳邁村止	40	40		同　上
	徐曲公路	從徐聞城大街經金滿堂至曲界市	70	70		同　上
	錦曲公路	由曲界市至錦囊市止	40	40		同　上

	邁井公路	由邁陳市至大井市	30	0	30		
	邁場公路	由邁陳市至東場市	20		20		
	徐安公路	由徐聞城經狗頭嶺那平坑至海安止	20	20		已通車	
陽江	江台公路	由陽江城南門起至台山界官山逕止	67	67		同上	
	塘織公路	由秧地岡經塘口至織簣圩止	25	25		同上	
	江新公路	由陽江城至新州城止	80	80		同上	
陸豐 惠來 普甯	陸普公路	由陸豐起經水乾博美麗湖至惠來闢葵潭媽徑而達池烏石普甯城止	66 50 41	66 50 41			
普甯 潮陽	普汕公路	由青甯池尾起經流沙占壠石橋頭潮陽城至潮尾蜈田鄉止	28 82	28 82		已通車	
揭陽 豐順	揭豐公路	由揭陽城起經錫場新墟白石浮山汾水紅獅宮湯坑石角至豐順	45 65	45 40	35		
豐順 興甯	豐興公路	由豐順城起經水口墟白暮嶺至興甯城止	110 50	50	110		
博羅	博響公路	由博羅城起至響水止	35	35		已通車	
增城 龍門	增龍公路	由增城北門起經龍華至龍門城止	60 110	60 40	70		
河源 紫金	河紫公路	由河源城起經分水凹高塘柏舖墟黃塘墟伯公凹而至紫金城	20 120	45	20 75	伯公凹段通車	
普甯 五華	普華公路	由普闢池尾經梅塘鯉湖後寮湯頭鄉至五華界	40 24	40	24		
防城	防米公路	由防城至米嶺止	58	18	40		
	防企公路	由防城東南至企沙止	95				
	松竹公路	由東興附近之松柏村至竹山步止	8	8			

	防龍公路		75		75		
	防直公路		110		110		
遂溪	樂河公路	由樂民至河頭	.5	.5			
	城百公路	由城月圩至洋界百良村	40	40			
	江紀公路	由江洪港至紀家市	50	50			
	沈鎮公路	由雷州城起至茂連渡坎埠止	20	20			
	樂江公路	由樂民市至江洪港	40	40			
信宜	東石公路	由東鎮墟頭過河起白石圩尾河邊止	28	28		已通車	
	懷黃公路	由懷鄉圩頭至黃坡頭茶亭	20	20			
	石排公路	由白石圩起至白鷄嶺	35	1	34		
	錢突公路	馬貴堡至分水坳止	50	25	25		
	信西公路	由信宜城外寶江亭起至北界市止	28.5	28.5		已通車	
	鍵十公路	由鍵山村至十里村	14	6	8		
	合太公路	由合水笠帽嶺至荔支洞止	56	28	28		
	信德公路		99	9	90		
合計			1054.3	784.8	269.5		

(三)西路各屬公路情形

縣名	路名	路線起點及止點	原線定里路數	已築里數	未築里數	已或未通車	備攷
新會 順德 南海	江佛公路	由新會江門起至南海佛山止	47 41 22	47 41 22		已通車	

台山 開平 鶴山	台鶴公路	由台山城起經公益單水口以達鶴山城止	54 24 18	54 24 18		已通車	正在預備行車
恩平 開平	橋沙公路	由恩平縣揭橋至開平縣長沙埠止	7 35	7 35		已通車	
台山 赤溪	台赤公路	由斗山市接駁斗山車路至都斛街又由都斛街至赤溪縣止	20 18	20 18		已通車	
台山 開平	沙坎公路	由台山白沙起至開平赤坎止	6 11	6 11		己通車	
新會 鶴山	新鶴公路	自江門起鶴山城止	45 35	45 35		己通車	
羅定 鬱南	羅鬱公路	由羅定城外箭岡起至鬱南築鄉止	10 20	10 20		已通車	
台山	台新公路	由台城西門馬路至新昌市止	36	36		已通車	
	台荻公路	由台城西門墟通濟橋頭起止荻海市止	28	28		已通車	
	台海公路	由台山城西門墟通濟橋頭起至廣海城止	60	60		已通車	
	台冲公路	由台山城南門起至冲蔞墟止	30	30		已通車	
	台潭公路	由台山城東門起至石板潭止	30	30		已通車	
	台潮公路	由台山城西門外經桂水嶺背平岡朵洞至潮境	25	25		仝　上	
	潮沙公路	由潮境墟起至白沙墟止	20	20		仝　上	
	潮荻公路	由潮境墟起經蓮邊村附近與台荻路相接而達荻海市	16	16		仝　上	
	冲端公路	由冲蔞墟起至端芬墟止	20	20		已通車	
	棠政公路	由長江站起白沙墟止	9	9		已通車	
	吉那公路	由上澤至洗淨坑	14	14		已通車	
	沙赤井公路	由白沙至深井墟止	60	60		已通車	
	海晏公路	由廣海接駁台海路至海晏街止	59	59		已通車	

	廟新墩公路	由台海橫塘墟起經廟邊市新安市至懿寨區之聯安市止	25	25		已通車
	橫湖公路	由台城南門起至橫湖龍兵里止	4	4		已通車
	石化公路	由台城東門起經石化山邊水步墟與台新路相接	12	12		已通車
	斗田公路	由斗山至田頭	30	30		已通車
	井晏公路	由深井至海晏	56	56		仝上
開平	沙峴公路	自沙洲塘峴岡墟經恩平縣至和安市至赤水市止	37	37		已通車
	捕關公路	自開平城經長沙至馬山止	50	50		仝上
	西赤茅公路	由赤坎經百合至茅山岡止	36	36		仝上
	那同公路	由大同市金鷄至那扶止	80	80		仝上
	和金公路	由和安市至金鷄止	20	20		仝上
	涌金公路	由和安市至金鷄止	18	18		仝上
	赤九公路	由赤坎起至九墟教堂門首止	18	18		仝上
	蜆同公路	由蜆岡起至大同市止	29	29		仝上
	齊蜆同公路	由齊堂處起經蜆岡至大同市止	29	29		仝上
	沙炎白公路	由牛眼沙之木橋頭起經梁姓東興里鷄基里之間直達牛肚灣過橋至北炎聖母廟之右三炎口止	10	10		已通車
新會	岡州公路	自江門起至新會城止	15	15		已通車
	會北公路	自會城起至北街止	22	22		仝上
羅定	羅江公路	由縣城起至江口止	120	120		仝上

	泗大公路	由泗綸街起經羅定城至大灣墟止	61	61		仝上	
	羅大公路	由羅定市起至汎地止	15	15		已通車	
中山	谿叠公路	由谿角起經涌邊之大鄉橋至叠石止	23	23		仝上	
	岐關公路	由澳門關閘至石岐東門止	108	108		已通車	
	岐東環鎭公路	由石岐東門學宮前至大環止	18	18		已通車	
	隆都公路	由隆都碼頭起經煙洲至谿角村口止	44			仝上	
雲浮	雲浮公路	由雲浮縣城起至腰古墟止	63	63		仝上	
	雲都公路	由雲浮城起至六都車站止	11	11		已通車	
四會	四三公路	由高街口至南津口又由杭岡至三水縣界	34	34		仝上	
	四甯公路	由倉岡街尾至石狗墟	17	17		仝上	
	四高公路	由上寮至大沙墟	12	12		仝上	
	四淸公路	由城東十街至高廟	51	51		仝上	
南海 三水	廣三公路	由石圍塘起經五眼橋橫江大瀝佛山以三水	78 20	78 20			
順德 中山	順中公路	由大良起經十二畝	19 56	19	56		
南海 高明 鶴山	明鶴公路	高明城經三洲圩古勞及鶴山沙坪	15 30 26	15 30 26			
四會 廣寗	四寗公路	四會城西北經倉岡圩至廣寗城接龍樓	50 66	42	50 24	已通車	
高明	要明公路	縣城至新圩接駁高要段	15	15		仝上	
封川	封梧公路	封川口達梧州	33		33		
德慶 封川	德封公路	德慶官圩高篠橋起經玉村入封川關三禮嶺	27 45	11	16 45		

鬱南	大江公路	大灣起經粉電河口連灘道逸古蓬至南江口	81	51	30	完成之段通車	
南海花縣	囉炭公路	佛山車站敦厚號起至南海桃坑村止	49 9	49 9			
順德	碧三公路	三洪奇起至陳村碧江四放塔止	15.4	15.4		已通車	
開平	平平公路	由長沙經海心洲鎮海圩売圩塘口李村潭溪新圩至烏金嶺	30	30		仝上	
廣寧	懷甯公路	廣寧至廣西懷集	65		65		
開健	南金公路	由縣城南豐街起至金裝圩止	20	6	14		縣道
恩平	槐吉公路	大槐至吉圩	20		20		鄉道
	恩南公路	横坡圩牛行總站起至恩平城安甯里前止	32.5	32.5			鄉道
	關平公路	由黃五區關老爺起至平安李撥止	20	20			鄉道
	恩龍公路	由恩城南門起至分界龍止	50	50		已通車	省道
	恩朗公路	恩平城至朗底圩	31		31		鄉道
	恩平公路	恩平城起至黎洞止	160	160		已通車	省道
德慶	鳳九公路	鳳村圩至九官圩	36		36		鄉道
	悅莫公路	德高路東段之荔枝站南至悅水口止	65	65			仝上
	德羅公路	縣城東至搭根村以渡自呂西南岸河接通羅定城至南江口公路	10		10		仝上
高要	桂林公路	由高三路二千尺「字路接駁起桂林塘下村前止	11	11			仝上
	星岩公路	岸田橋接駁高三路起至岩前止	6	6			仝上
鶴山	龍金公路	由龍口至金岡	10	10		已通車	

	沙桃公路	沙坪至桃源	10	10		仝上	
	鶴嵐公路	鶴山城至嵐洞	12		12		
	源蘇公路	桃源至萊蘇	30		30		
	鶴梧公路	鶴城至宅梧	52				
	沙峽公路	沙平至坪峽	7		7		
新會	禮江公路	禮樂區南堡至江門	9	9		已通車	
	北海公路	北海鄉經金溪鄉石涌至外海鄉	10.8	10.8		仝上	
	古厓公路	古井圩起至厓門洋關止	24		24		
	古沙公路	由古井圩至沙堆圩	15		15		
	古虎公路	古井至虎坑止	41		14		
	古井公路	古井圩至古井口	6		6		
	沙堆公路	沙堆圩至沙堆冲口	3		3		
	龍泉公路	南朗鄉沙虎路中經綱山鄉至龍泉鄉	2		2		
合計			3167.7	2803.7	764		

(4)北路各屬公路情形

縣名	路名	路線起點及止點	原線定里路數	已築里數	未築里數	已或未通車	備考
曲江 乳源 連縣 連山	韶連公路	由曲江縣起經乳源縣至連縣止	45 88 64 25	45 88 64 25		已通車	
曲江 始興 南雄	南韶公路	由曲江縣起經始興縣至南雄縣止	130 120 29	130 120 29		已通車	

曲江 樂昌	韶平公路	由曲江縣韶關起經東昌九峯至坪石止	112 118	112 118		已通車	
清遠	清銀公路	由縣城對河小市村起至銀盆坳車站止	34	34		已通車	
英德	犀九公路	九龍至牛臺	60	60		已通車	
	橫坑公路	橫石至坑口嘴止	20	20		已通車	
清遠 英德	清英公路	由清遠東北直英德	100 100		100 100		
連縣 陽山 清遠	連清陽公路	由連縣經黎埠圩大莨圩達清遠	35 150 195	35	 150 195		
花縣 清遠 佛岡	花佛公路	由花縣經清遠鰲頭圩以達佛岡	20 80 17	 10	20 80 7		
南海 番禺 花縣	廣花公路	廣州起經佛嶺市龍歸市仁和市以達花縣	10 37 28	10 37 28		已通車	
從化	從佛公路	由從化到清遠鰲頭圩接廣花公路	25	25			
佛岡 英德 翁源	佛翁公路	由佛岡北經英德至翁源城	110 110 6		110 110 6		
翁源 始興	翁始公路	由翁源城沿翁大路至官渡	140 150		140 150		
連縣	連臨公路	由連縣城北以達湖南邊界臨武縣止	70		70		
南雄	南大公路	由南雄北直達江西大庾嶺	30	30		已通車	
南雄	連星公路	由連縣鬪流沙接駁韶連路至連縣星子市止	70	70			
三水 花縣	三花公路	沿三四公路以達馬房向北上黃塘先覺院大窩炭步五和新街達龍口接廣花路	34 46	34 40	 6		
樂昌 仁化	樂仁公路		40		40		
樂昌 乳源	樂乳公路		31	31			
花縣	花新公路	花縣龍口起至新街止	10	10			

佛岡 英德	佛英公路	佛岡西北過北江以達英德	100 100		100 100		
曲江	韶乳公路		50	50			
英德	英清連陽公路	(英德段)由英城至滃洸圩再經大灣以達陽山界達清連界	150	18	132		
從化	從化西路	由街口圩魚果尾經神岡墟人和圩白鶉市至白兎村	32	32		已通車	
	從化北路	由街口圩魚果尾起至良口圩止	55		55		
	從化東路	由街口魚果尾起良口圩止	30		30		
曲江 翁源	翁大公路	由翁源利龍圩起經官渡圩獅子嶺新江墟良橋小徑鐵場墟至曲江大坑口站	117	117			
曲江 仁化	仁犖公路	由仁化縣起經董塘花坪達曲江之犖步頭止	30 60	32	30 28		
陽山	陽青公路	陽山城至青蓮圩止	50	3	47		
連山	連草公路	由連城西經一區太保圩連塘村二區吉田村一區和睦村上草圩	90.5	5	85.5		
連縣	連東公路	縣城后北北湖洞接駁韶連路至東坡市止	60		60		
清遠	清花石白公路	石角墟至花縣白坭止	18	18			
花縣	龍新公路	由龍口至新街	10	10		已通車	
番禺	番從公路	由太和市進和市展太平場	35	35		仝上	
從化	番從公路	街口圩魚梁尾經神岡螺岡圩太平場接禺北公路	34	34		仝上	
花縣	大塖公路	清遠大益埠至龍新公路新街圩	1.5		1.5		
合計			3451	1521	1930		

(5)瓊崖各屬公路情形

縣名	路名	路線起點及止點	原線定里路數	已築里數	未築里數	已通車或未通車	備考
瓊山 文昌 定安	瓊中公路	由瓊山縣之文嶺市起經文昌蓬萊市至白延市止稱文延路蓬市起至重興市止稱文興路由文昌之里昌村至定安之龍門止稱文龍	121 30 45	121 30 45		已通車	十四年九月十二日竣工
瓊東 定安	瓊益公路	由瓊東縣之嘉積市起經大路市居丁市仙溝市至瓊山縣界之溪仔口止	60 90	60 90		全上	原名嘉船公路
瓊東 定安	長興公路	由瓊東縣之長坡市起至文昌之重興止	24 6	24 6		全上	
瓊山 文昌	石仙公路	由文昌縣之石壁市起一達瓊山縣之仙昌市止一達瓊東縣界之龍鋪仔止	12 16	12 16		全上	
文昌 瓊山	大三公路	由文昌縣之大昌市起經瓊山縣之樹德田頭市至三門坡止	5 22	5 22		全上	
澄邁	澄瓊公路	由澄邁縣城起至瓊山縣交界之豐盈市止	80	80		全上	
	澄臨公路	由澄邁縣城起至臨高縣城止	40	40		全上	
臨高	臨澄公路	由臨高縣城起渡文瀾水至澄邁界止	50	50		全上	
	和海公路	由臨高縣之和舍市起至船肚市止	60	60		全上	
定安	仙龍公路	由定安之仙溝市起經龍市至龍塘市止	100	100		已通車	
	雷定公路	由定安縣之雷鳴市起達定安縣城止一達賓文市止	55	55		全上	
瓊東	林長公路	由瓊東之林桐港起至長坡市止	12	12		全上	

	烟紫公路	由瓊東縣烟塘起至紫角止	12	12		仝上	
瓊山	瓊海公路	由瓊州府城至海口止	7	7		已通車	
	瓊澄公路	由海口起至澄邁界之豐盈市止	50	50		仝上	
	秀興公路	由瓊山縣之秀英市起至永興市止	26	26		仝上	
	瓊定公路	幹線由瓊州府城玉皇廟起至溪仔口止路之中間雲龍市分支達文嶺紫譚文等市又由舊支達埠頭烏鴉達雷公井均屬支路	173	173		已通車	
	道塘公路	由瓊山縣之道崇市起至文昌縣交界之大致坡止	27	27		仝上	
	瓊文公路	由瓊山城起經雷公井三江市至文昌縣交界之大致坡止	45	45		已通車	
	文演塔公路	由瓊山縣之文華市起至龍窩坡分爲二支一達倉頭一達演豐市	30	30		仝上	
文昌	重林公路	由文昌之重興市起至竹林市止	30	30		已通車	
	烟林公路	由烟墩市起至竹林市止	10	10		已通車	
	聯烟公路	由文昌縣之寶山寺村起至烟墩止	8	8		已通車	
	邁蓬陳公路	由文昌縣之蓬萊市起經邁號至陳家市止	36	36		仝上	
	邁青冠公路	由文昌縣之邁號市起至同平坡分爲二支一達冠南市一達清瀾港	27	27		仝上	
	文瓊公路	由文昌縣城起經潭牛市至瓊山縣縣界之大致坡止	45	45		已通車	

	文東公路	由文昌縣城起經邁號市至瓊山界之會文市分為二支一達文昌之烟墩市一達白延市止	50	50		已通車	
	文大公路	由文昌縣城起經新橋市至大昌市止	50	50		已通車	
	文高公路	由文昌城起至高龍市止	30	30		仝上	
	菠塘公路	由文昌縣之抱羅市起至蛟塘市止	22	22		已通車	
	翁菠公路	由文昌縣之翁田市起經鳳尾市至抱羅市止	55	55		仝上	
	文菠公路	由文昌之文教市起經昌洒抱市公坡市止	60	60		仝上	
	潭教公路	由文昌縣之潭牛市起至文教市止	30	30		仝上	
	效文公路	由文昌縣之高龍起至羅市村止	8	8		仝上	
	文山公路	由文教市北起經昌洒公坡二墟而至血山坎之對面烏溪圯止	47	47		已通車	
	菠塘山公路	由菠羅市西邊經蛟塘墟菠羅內山村止	48	48		仝上	
樂會	樂成公路	由樂會縣承之溶沐坡起至萬甯縣之良郡止	50	50		已通車	
	樂中公路	由樂會城起至中原市止接駁樂成公路	20	20		已通車	
	樂積公路	由樂會縣城起至瓊東縣之嘉積市止	30	30		已通車	
	溶椞公路	由樂會之溶沐坡至椰子椞市止	20	20		同上	
瓊東 文昌	東文公路	由瓊東縣起至文昌縣之烟墩市止	50 10	50 10		已通車	均係官督民辦
樂會 萬甯	樂萬公路	由樂會縣城起經白石溪龍滾市至萬甯縣城止	50 100	50 100		已通車	仝上
儋縣 臨高	儋臨公路	由儋縣城起至將軍塘以達臨高縣城止	40 60	40 60		同上	仝上

儋縣 臨高	那和公路	由儋縣之那大市起至臨高縣之和合市止	6 54	6 54		同上	仝上
儋縣 臨高	南泊公路	由臨高縣之南豐市起至儋縣那大市止	8 122	8 122		同上	仝上
文昌 瓊山	羅中公路	由文昌縣之羅本村起至瓊山縣之中稅市止	8 7	8 7		同上	
文昌 瓊山	梅江公路	由文昌縣之溪梅市起至瓊山縣之三江市止	8 7	8 7		同上	
瓊山	永東定公路	由瓊山縣之永興市起至高坡分爲二支一達定安縣城之對岸止一達東山市止	50	50		同上	
定安	嶺龍公路	由定安縣之龍塘市起經屯昌市南閭市至嶺門市止又支路二支一由屯昌市達南坤市一達烏坡市	180	180		同上	
	龍口公路	由定安之龍門市起至嶺口市止	30	30		通車	
文昌	文瀾公路	由文昌縣城起至清瀾港止	25	25		通車	
	文苑公路	由文昌縣治起至頭苑市止	8	8		通車	
	翁偶公路	由文昌之翁田市起至偶家坡止	30	30		通車	
	梅抱公路	由文昌縣之溪梅市起至抱羅市止	28	28		通車	
	梅錦公路	由文昌縣之溪梅市起至錦山市止	40	40		通車	
萬甯 陵水	萬陵公路	由萬甯縣城經興隆稅司達陵水縣城止	50 100	50 100		未通車	
陵水 崖縣	陵橫公路	由陵水縣城起經新村埠至崖縣之藤橋市止	85 5	85 5		未通車	
崖縣 感恩	崖感公路	由崖縣城起經九所市佛羅市至感恩縣城止	175 85	175 85		未通車	
感恩 昌江	感昌公路	由感恩縣城起經北黎至昌江縣城止	40 100	40 110		未通車	

崖縣 感恩	東感公路	由崖縣之東安司起經東方至感恩縣城止	40 210	40 210		未通車	
陵水 崖縣	保橋公路	由陵水縣之保停市起至崖縣之藤橋市止	96 4	96 4		未通車	
昌江 儋縣	昌儋公路	由昌江縣城起經海頭白馬井至儋縣城止	80 140	80 140		未通車	
瓊東 定安	嘉嶺公路	由瓊東之嘉積市起經定安之石壁市殿井市烏坡市至岑門市止	20 100	20 100		未通車	
臨高 儋縣	南傳公路	由臨高之南豐市起經儋縣之那大至傳山市止	15 85	15 85			
臨高 陵水	南保公路	由臨高之南豐市起經紅毛崗水滿崗至陵水之保停市止	170 230	170 230			均係官督民辦
瓊山	海山公路	由海口市附近之書場起接瓊澄公路至安仁市止	45	45		已通車	仝上
瓊山	海山公路	由瓊約亭起至瓊城西門止	20	20			仝上
	瓊興公路	由東市對岸譚文村起至屯昌止	79	79		已通車	仝上
	瓊利公路	幹路由譚文起經石弄至蓬萊止支路由石弄園起至黃竹止	66	66		已通車	仝上
文昌	南興公路	由南陽城西南隅起至三脚路鋪止又三脚路鋪邊南起至曲昌止	25	25		仝上	仝上
	第二八區公路	由鋪前埠經林梧市東坡市隆豐市至鋪前埠止	50	50		仝上	
	頭潭公路	由頭苑起至潭牛墟附近處而與教潭枝路啣接	15	15		仝上	
	水大寶公路	由水牛市西至大致坡附近與文瓊公路銜接東南至石窩舖仔與老寶公路銜接	38	38		仝上	

	龍文公路	由龍樓市起至寶灘坡止	18	18			
	龍澳公路	由龍樓市起至小澳港止	18	18			
	長冠公路	由長圯起至冠南市止	7	7			
	白延公路	沿文東路綫至文新市處分一支路往白延市	5	5			文昌車路公司建築
	文清公路	由文昌縣治起經陳家至清欄港止	24	24			仝上
	文發公路	由文昌縣城起沿中心再新市至龍發市止	58	58			仝上
	文再公路	由文昌縣治起沿中心再新市分爲二段一經蛟塘一至瓊屬龍登市止	65	65			仝上
	溤坡公路	由溤家坡市附近而與翁波公路啣接處止	30	30			
	南鐘文公路	由縣城直達南陽鐘端兩市止	52	32			
昌江	北叨公路	由北港起至黎境之佳叨村止	100		100		
萬甯	龍興公路	由龍滚起經和樂市至縣城復由縣城至興隆止	130	130		已通車	
崖縣	橋崖公路	由崖縣之滕橋市起經楡林三亞二港至崖縣城止	180	180			
	樂崖公路	由崖縣之樂安司起經抱温至縣城止	100	100			
定安	嶺東公路	由定安之岑門市經大墩舖紅毛崗南婁崗潘陽崗東安司止	500	500			
儋縣	博海公路	由儋縣之博沙起至海頭坡止	200		200		
陵水	保陵公路	由陵水縣保停市起經石洞棧至縣城止	120		120		
樂會	中陽公路	由樂會之中原市起至陽江市止	15	15			
合計			6635	6215	420		

【附註】「表內分上下格之里數乃表明一公路跨兩縣縣境各縣所含之路長度」

三　廣東公路工程普通收用土地征工及派股的辦法

在建設公路的時期，當辦盡量有私款及公款的供給、雖然在可能的工程或關於省道幹線的開築，省政府都有若干的津貼，不過其數很微，現以大概情形言之，總出於征工一途，此種的征工法，多由關於路線經過就近各村征工，當征工時，間或不願出工作者，則由公路局或公路勷辦處派款以代僱工，至於經過征工及所出之款項，俟公路完成後，仍平均發給股票，年中行所車得之利息，將其分派各股東，現將其要點敍明於下：

(一)築路費　凡興築何路先由公路局預算橋樑派洞等建築費及房屋店坟等建築物搬遷費暨路工伙食費等，所需現金若干，交由公路局或公路委員會，以股份辦法募集之，每股出銀若干元，現有兩種辦法如下

(甲)派股　由所屬之地，殷商富戶，攤派為標準。

(乙)募股　由國內或海外外僑招募。

(二)收用土地　凡路線經過所有收用民間的土地，應給地價，一律抵作股款，由公路局先給收據，俟股份公司成立時，換領正式股票，其附屬之搬遷費，則給以現金，至於土地價格則由所損失之主人，投明契約，驗明後則由委員會或公路局依時議價。

以上乃大概之情形，或有因地勢或人人關係雖有不同之點，也歸例外了。

四　公路建築工資

現在在征工的時候，本來每里的工資，很難以預定，或因生活程度的不

同，也有時相差很遠，如以全省分區而論，廣州最昂，約土方每華井皆須需款壹元壹毫，南路約一華井需八角，東路每井約需款七八角，瓊崖則需每華井七角左右，鐵筋混合土橋每尺工程須一百五十元，至每工人每日工資約七毫至五毫。

五 養路缺乏工夫

廣東各處公路工程，自開闢之始，則僅計及如何完成路基，路成後又爲利是圖，而一切的養路事項，很少注意，故當水災時有陷落，有時更行成軌，而不加修理，不獨損壞車機，且對於乘客也多不舒適，這是廣東最普徧的情形，故公路宜常備若干工人，專門修理陷凹之路基，是道路最要的工作。

六 結論

此次調查總算告一段落，然而在千餘里橫直的粵土，窮鄉僻壤，調查上覺然有許多的困難，不過從了許多的建設刊物上，尋出各地近來建設道路工程的報告，皆係事實的探求，故經了四個月的工夫，纔纂集成編，雖然，此書不能稱爲詳密的調查，然而調查者自信，粵省公路工程概要，亦可略見一班，但在公務冗繁中，丁草之處，遺漏尙屬難免，俟有時間，再行稽核，以期完善，願海內賢豪有以指正！

改造我國舊城市問題

陸咏懋

在日常生活之衣食住行四大要素中，住和行與市政工程方面關係密切。換言之，市政工程之要點，即繫于解決都市之住行問題；以技術名詞而言，乃建築物和道路兩項；故吾人必須有整潔之住所與便利之交通，方能有完善之新生活。

我國近年來對于改造舊城市雖較往昔為注意，但因經濟和技術兩方面處理之未當，故收效極微，降至目前，更無所聞。吾人除在通商大埠外苟一入內地之舊城市，便感崎嶇不潔之街市紛呈眼前，而當地之居民因環境使然，且多漠然不覺；即使有少數有識之士，亦多以為此種情形已不可藥救，而未嘗謀及改造之道。

關于此種運動之失敗，其最大原因乃為放寬道路時之拆除民房問題，因開闢新路而收讓之土地，未能以相當代價付之失主，致令市民怨言，失去信仰，而反生一種阻力；但改良城市為理所當然，固不能因噎廢食，而從此不再進行。關于今後改良之法，吾以為當採行以下方針：

(一)舊城區部分

I. 舊城牆可拆除，以其地基改造環城大道。

II. 開闢直貫城南北及東西大道各一條或二條，與環城道相交而通達新市區。此種開闢之路就原有街道放寬及拔直，其兩旁拆屋後所讓出之地畝，應以相當代價償還失主。

III. 其他街路採取漸行改良原則，即先定一中線及寬度，以後凡遇兩旁翻造房屋時，即讓至預定寬度。則數十年後，即可一律成完整之路。此種讓出之地，概不償還地價。

IV. 各道路中均須逐漸造就溝渠，然後修築路面。

(二)新市區部分

在接近舊城市部分之地段，另闢新市區，就地勢及日後需要情形，劃分為商業，工業，及住宅等區。一切規劃概參照最新之城市設計原理。

(三)新舊各區之衛生管理

常見我國城市中，每每垃圾滿街，汙穢不潔，則雖有高等柏油路面，亦失其清潔功効，皆因衛生管理不善所致，此種情形須特別注意及之。

房屋底脚 (FOOTING)

王 進

第一章 牆基 (WALL FOOTING)

在完全鋼骨水泥構架之房屋中，上部各層之磚牆皆砌於大料之上，所落地者只底下一層，其高度普通爲十尺至十四尺，至多亦不過二十尺，且上部並無他種載重負荷于上，故其下壓力不大，底脚卽灰漿三和土巳能勝任，實無須鋼骨水泥牆基，但今之市屋，住房，類皆爲樓板木擱柵牆垣所成，其結構之方法，係樓板置于擱柵之上，擱柵承重于牆垣之間，故樓板之載重，皆歸牆垣負担，牆之下壓力，因而加大，有時非用鋼骨水泥基承之，實難保無下陷之虞。

鋼骨牆基之構造極爲簡單(如圖一所示)，故其計算之方法亦易，玆設例以明之如下：

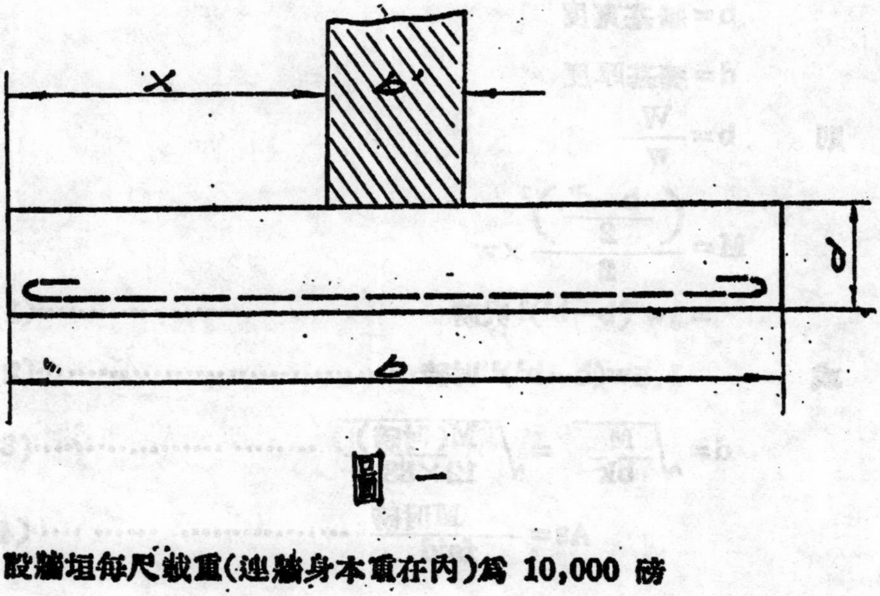

圖一

設牆垣每尺載重(連牆身本重在內)爲 10,000 磅

泥土上壓力為 1,700 磅/方呎

則 $b=\frac{10000}{1700}=6$呎

設 $b'=20$ 吋

則 $x=\frac{(6'-0''-20'')}{2}=2$呎2吋

牆基之最大撓幾 (Bending Moment)—在牆面處

$$M=1700\times\frac{2.17^2}{2}=4,000 \text{ 呎磅}$$

$$d=\sqrt{\frac{4000}{88.9}}=6.7'' \text{ 用8吋}$$

$$As=\frac{4000\times12}{16000\times8}=0.375 \text{ 方吋}$$

用 $\frac{3}{8}$吋方@ 4 吋

牆基之通用公式可演繹之如下：

設 W＝牆垣上每尺長之載重(牆身本重在內)

w＝泥土上壓力 磅/方呎

b'＝牆身厚度

b＝牆基寬度

d＝牆基厚度

則 $b=\frac{W}{w}$

$$M=\frac{\left(\frac{b-d'}{2}\right)^2}{2}\times w$$

$$=\frac{1}{8}w(b-b')^2 \text{ 呎磅} \quad \cdots\cdots(1)$$

或 $1.5w(b-b')^2$ 吋磅 ……(2)

$$d=\sqrt{\frac{M}{bk}}=\sqrt{\frac{M(\text{吋磅})}{12\times88.9}} \quad \cdots\cdots(3)$$

$$As=\frac{M\text{吋磅}}{fsjd} \quad \cdots\cdots(4)$$

自上表中，已知b與b'之大小，即可查出M之數值。

第二章　柱基(COLUMN FOOTING)

柱基之種類可約分之如下：

(1)單柱基(SINGLE FOOTING)

(2)聯合柱基(COMBINED FOOTING)

(3)懸柱基(CANTILEVER FOOTING)

單柱基

單柱基再分二種：

(甲)正方形單柱基

(乙)長方形單柱基

正方形單柱基

(甲)撓幾之定法

柱基底之上壓力，為均佈的，故計算撓幾時，可分柱基底為四個等相梯形。先求該梯形之重心離柱面之距離，以該梯形底下之總上壓力乘之卽得，所以乘道心離柱面之距離者，良以柱基之最大撓幾在柱面處故也。

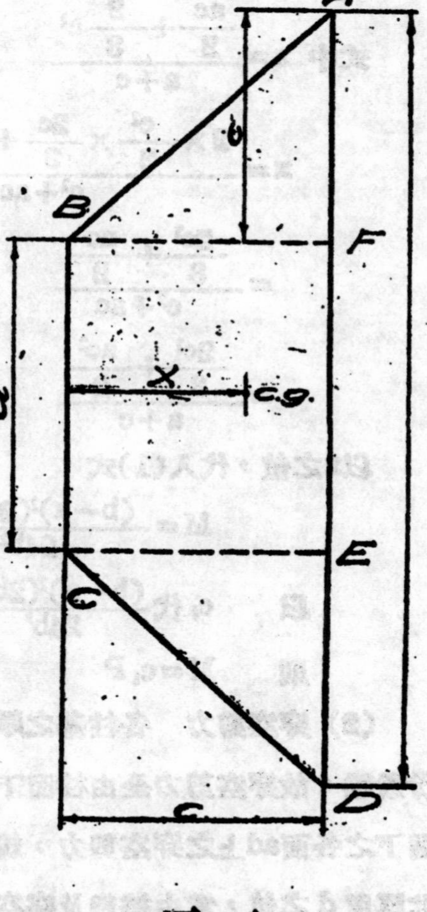

圖二

如圖二今設　P'＝柱之總載重

P"＝柱基本重(約為柱總載重10%)

a＝柱之一邊

b=柱基之寬度

w=柱基下之均佈上壓力

則 $w=\frac{P}{b^2}$

每個梯形之總上壓力$=\frac{P}{b^2}\left(\frac{b-a}{2}\right)\left(\frac{b+a}{2}\right)$

$=\frac{P(b^2-a^2)}{4b^2}$

$M=\frac{(b-a^2)}{4b^2}Px$ ……………………………………(1)

式中 $x=\frac{\frac{ac}{2}+\frac{2}{3}c^2}{a+c}$ 其求法如下：

$$x=\frac{2\times\frac{c^2}{2}\times\frac{2c}{3}+ac\times\frac{c}{2}}{c^2+ac}$$

$$=\frac{\frac{2c^3}{3}+\frac{ac^2}{2}}{c^2+ac}$$

$$=\frac{\frac{2c^2}{3}+\frac{ac^2}{2}}{a+c}$$

以x之值，代入(1)式

$$M=\frac{(b-a)^2(2b+a)}{24b^2}P$$

以 c_1代$\frac{(b-a)^2(2b+a)}{24b^3}$

則 $M=c_1P$

(2) 穿空剪力　各柱基之厚度不足，則柱基在柱子下之一塊即與其他部份脫離，故穿空剪力全由柱面下柱全部份負担，其面積爲四個ad，柱基在柱面下之各面ad上之穿空剪力，規定不得大于120磅/方吋；故在設計柱基時，其厚度 d 之值，當由撓幾及穿空剪力兩者爲定，孰者爲大，即用孰者，柱基ad面積所受之總穿空剪力爲柱總載量乘一係數，此係數之值爲

$$\frac{\text{柱基面積}-\text{柱面積}}{\text{柱基面積}} \quad \text{即} \quad \frac{b^2-a^2}{b^2}$$

故 $$v\text{（單位剪力）}=\frac{\left(\frac{b^2-a^2}{b^2}\right)P}{4ad}$$

而 $$a=\frac{\frac{(b^2-a^2)}{b^2}P}{4\times120\times a}$$

為省事計，式中 a^2 即基之面積往往拋却不算

即 $$d=\frac{P}{4\times120a}$$

長方形柱基

（甲）圓柱或方柱

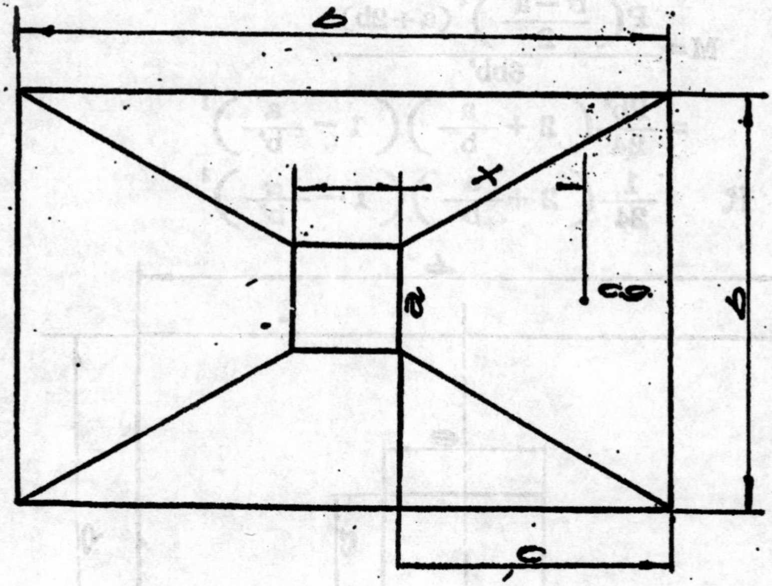

圖 三

在長方形柱基中，如圖三，因柱基兩邊 b 與 b' 之不等長，故其所分成之四個梯亦不相等，因之柱面 a 與b 間梯形上之總上壓力及柱面a與b' 間梯形上之總上壓力皆須分別計算。

柱面與 b 相並行之一面撓幾可求之如下：

圖中
$$x=\frac{ac\times\frac{c}{2}+2\times c\times\frac{b-a}{4}\times\frac{2c}{3}}{\left(\frac{a+b}{2}\right)c}$$

$$=\frac{ac+\frac{2}{3}c(b-a)}{a+b}$$

$$M=\frac{P}{bb'}\times\frac{(a+b)c}{2}x$$

$$=\frac{Pc^2(a+2b)}{6bb'}$$

$$\because\quad c=\frac{b'-a}{2}$$

$$\therefore\quad M=\frac{P\left(\frac{b'-a}{2}\right)^2(a+2b)}{6bb'}$$

$$=\frac{Pb'}{24}\left(2+\frac{a}{b}\right)\left(1-\frac{a}{b'}\right)^2$$

以 c_1 代 $\frac{1}{24}\left(2+\frac{a}{b}\right)\left(1-\frac{a}{b'}\right)^2$

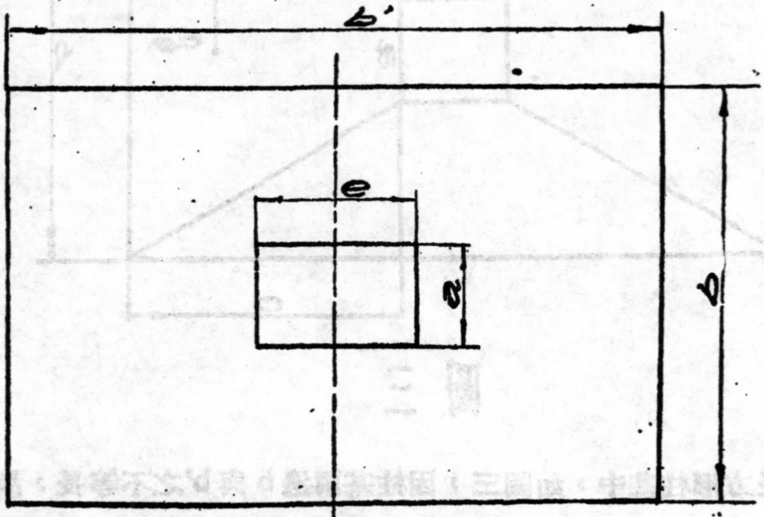

圖四

則 $M=c_1Pb'$

基柱面 a 與 b' 相並形處之撓幾爲

$$M=c_1Pb'$$

(乙)長方形

倘柱基爲長方形而柱子亦爲長方形如圖四則

$$M=c_3b'P$$

式中 $$c_3=\frac{1}{24}\left(2+\frac{a}{b}\right)\left(1-\frac{e}{b'}\right)^2$$

上式中 c_3之值亦可由上表中檢出之

柱基厚度之定法

柱基厚度當由撓幾及穿空剪力定之上節中已詳述之，玆將其公式表出之如下：

$$d_1=\sqrt{\frac{M\text{吋磅}}{12k}}=\sqrt{\frac{M\text{吋磅}}{12\times88.9}}\text{ 或 }\sqrt{\frac{M\text{吋磅}}{88.9}}\cdots\cdots\cdots(1)$$

$$d_2=\frac{\left(\frac{b^2-a^2}{b^2}\right)P}{4\times120a}\cdots\cdots\cdots(2)$$

第一式 d_1之值爲由M中求得第二式 d^2爲由穿空剪力求得。若 $d_1>d_2$，則柱基之厚度即用$d=d_1$，反之，若$d_2>d_1$，則柱之厚度應用$d=d_2$。

鋼骨面積之求法

一柱基，既知其撓幾M及厚度d之值，乃可進而求鋼骨面積As 之值，其公式如下：

$$As=\frac{M}{dsjd}$$

設 $ds=18,000$

$j=0,889$

則 $$As=\frac{M}{16000d}$$

滑力 (BOND STRESS)

柱基中鋼條之滑力可用下列公式求之

$$u=\frac{V}{\Sigma ojd}$$

式中 u=單位滑力 磅/方吋

Y=總剪力

Σo=柱基內鋼條之總圓周 (Perimeter)

d=厚度

設 V=28,900 磅

d=32 吋

鋼骨為15根⅝吋圓

則 $u=\frac{28900\times\frac{1}{2}}{1\cdot96\times14\times0\cdot875\times32}=94$ 磅/方吋

式中 j之值假定為0.875

聯合柱基

房屋外柱柱面常有貼臨界線者，柱面之外既為他人所有，則其柱基勢不能伸出界綫之外，若承之以單柱基 (SINGLE FOOTING) 則離心距(ECCENTRICITY) 太大，柱中易生撓幾，此項撓幾為量甚小，則補救有方，倘無大礙，否則該柱為欲使抵擠抵拉，兼籌並顧起見，或須加多鋼條，或宜加大柱身，殊不合算，因有聯合柱基之發明，所謂聯合柱基者卽將外柱與內柱之柱基，合而為一也，聯合柱基之大小厚薄與夫鋼條之多少，其計算方法可設例以明之如下：

若圖五，設有內外柱之外柱貼臨界綫，其載重為P_1，內柱載重為 P_2，則二柱載重之重心，距外柱之中心綫為

$$x_1=\frac{P_2l_1}{P_1+P_2}$$

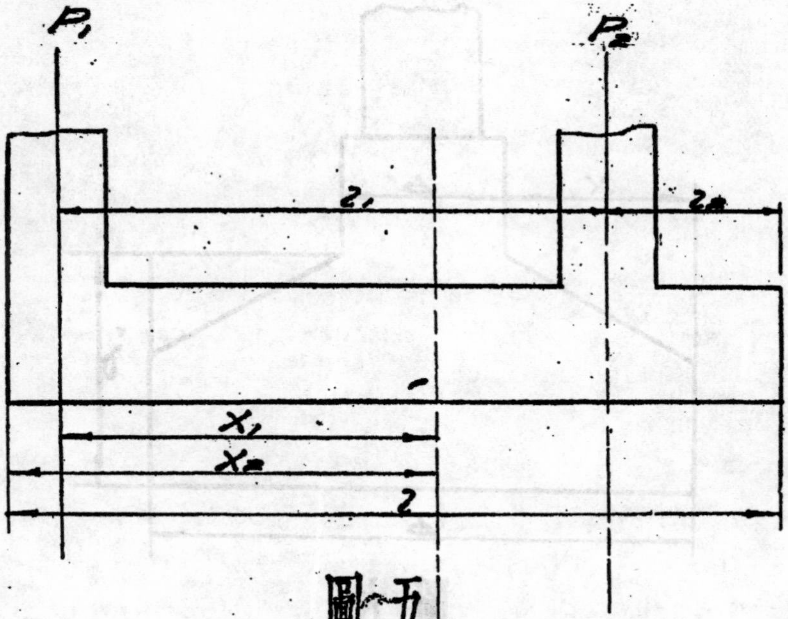

圖五

而重心距外柱之外柱面則爲

$$x_2=x_1+\frac{d}{2}$$

旣知 x_2 之値，以二乘之，卽得柱之總長度(l)

二柱之總載重爲 P_1+P_2 再加 10% 之柱基本重則

$$P=(P_1+P_1)(1+10\%)。$$

所須之承重泥土面積爲 $A=\frac{P}{Sp}$

式中 Sp 爲泥土之上壓力，上海市市工務局規定爲 1600磅/方呎，工部局規定爲1700 磅/方呎

以l除 A，則卽得b(柱柱脚寬度)

聯合柱基之縱斷面（SECTION），如圖六所示，實爲一個F 形大料，故其計算之方法，得與F 形大料相埒。

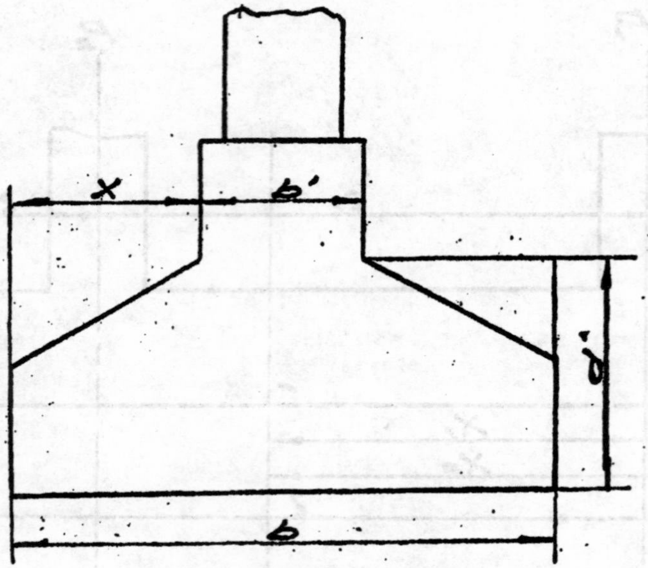

圖六

水泥板之計算：

跨度 $x=\frac{b-b'}{2}$

載重 $=Sp$ 磅/方呎

撓幾 $M=Sp\times\frac{x^{2}}{2}$

水泥板厚度 $d=\sqrt{\frac{M\text{吋磅}}{12k}}=\sqrt{\frac{M\text{呎磅}}{88.9}}$

$As=\frac{M}{fsjd}=\frac{M}{16000d}$

倒F形大料之計算：

跨度 $=l_1$

載重 $=bSp$ 磅/呎

撓幾 $=\frac{1}{8}bSpl^2\times 12$

(注意此項撓幾可以𥗂計算)

撓幾既得，乃可進而求k，P 及 A_3 之值，其法一如他種大料玆不贅述。

梯形聯合柱基：

上節所述之柱基，其一端伸出內柱面甚長，但若二柱之外柱面皆在界綫上，或以地勢關係，柱基之一端不能伸出于柱面外甚遠之處，則上節所述之聯合柱基即不能應用，而必欲易以梯形聯合柱基。

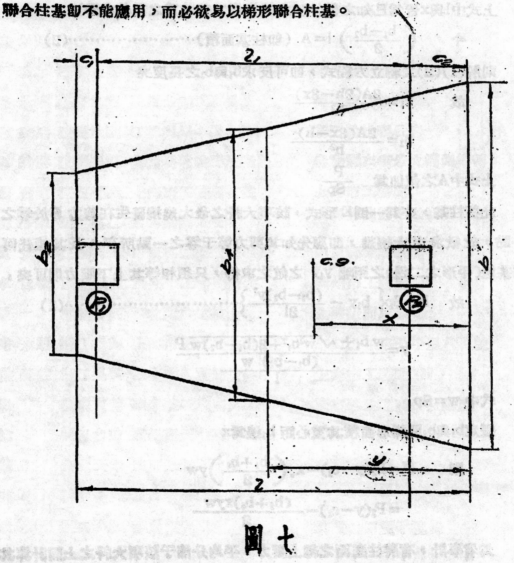

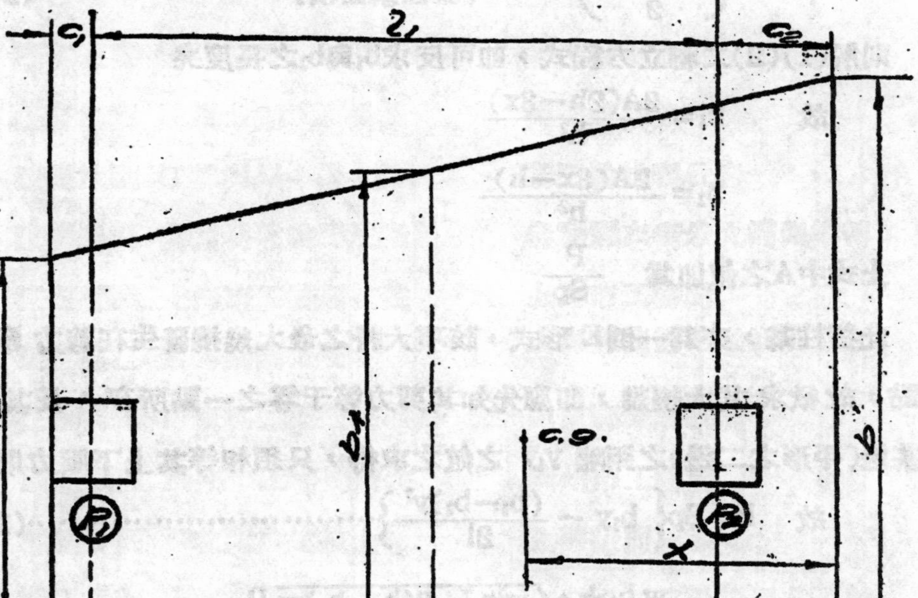

圖七

欲求梯形柱基之面積，應先求柱載重之重心。柱載重之重心必與泥土上壓力之重心(按卽柱基底之重心)相針對，然後上壓力與下壓力相持平衡，故底面重心，其離任何一柱基邊(平行之兩邊)之距離(x)必相等如圖七，按之梯形面積重心之公式，

$$x=\frac{l(2b_2+b_1)}{3(b_1+b_2)}\cdots\cdots\cdots\cdots\cdots\cdots(1)$$

上式中l與x皆爲已知之數(按x之値先從二基載重之重心求得)

$$今\quad\left(\frac{b_1-b_2}{2}\right)l=A\ (卽柱基面積)\cdots\cdots\cdots\cdots\cdots(2)$$

則解(1)(2)二聯立方程式，卽可反求b_1與b_2之長度矣

$$故\quad b_1=\frac{2A(2h-3x)}{h^2}$$

$$b_2=\frac{2A(3x-h)}{h^2}$$

上式中A之値卽爲 $\frac{P}{Sp}$

此種柱基，亦爲一倒E形式，該項大料之最大撓撓發生在剪力等於零之一點，故欲求其大撓撓，卽應先知其剪力等于零之一點所在，及其離任何柱基邊(平形之二邊)之距離 y_1y 之値之求得，只須相等其上下壓力則可矣，

$$故\quad P=Sp\left\{b_1y-\frac{(b_1-b_2)y^2}{2l}\right\}\cdots\cdots\cdots\cdots\cdots(1)$$

$$y=\frac{wb_1\pm\sqrt{w^2b_1^2+2(b_1-b_2)wP}}{\frac{(b_1-b_2)\ w}{l}}$$

式中 $w=Sp$

假定b_1與b_4間梯形面積其重心距 b_1邊爲x

$$則\quad M=P_2(y-c_2)-x.\left(\frac{b_1+b_4}{2}\right)yw$$

$$=P_2(y-c_2)-\frac{(b_1+b_4)xyw}{2}$$

爲省事計，有將柱底面之總上壓力，平均分佈于該項大料之上面計算其

撓幾者，其所得之結果上式所較。相去亦不大，故亦可應用。

今撓幾巳得，其餘k，P，A_3，d，之値皆可按普通大料計算，茲不贅。

述懸柱基(CANTILEVER FOOTING)

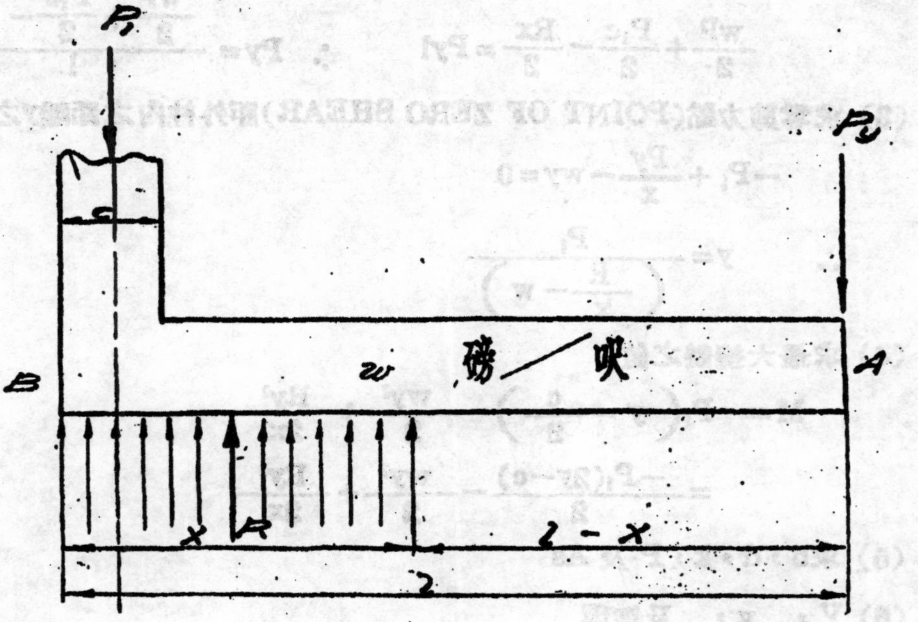

圖八

內柱總載重爲 P

圖　八

懸柱基之計算步驟與方法列下：(如圖八)

(1) 求R之價

$$P_1\left(l-\frac{c}{2}\right)+\frac{wl^2}{2}=R(l-x)$$

故 $$R=\frac{P_1\left(l-\frac{c}{2}\right)+\frac{wl^2}{2}}{l-x}$$

(2)求Py之價

上壓力R之施力點（POINT OF APPLICATION）在x之中心，下壓力

P_1之施力點在 c 之中心，二者既不在同一垂直綫上則必致有不平衡之現象發生，故非據內柱載重P中之一部份以相抗衡不可，但究竟 P 中須分出幾許之載重以使其平衡，則在分力Py之值，可列式如下：

$$\frac{wl^2}{2}+\frac{P_1c}{2}-\frac{Rx}{2}=Pyl \qquad \therefore \quad Py=\frac{\frac{wl^2}{2}+\frac{P_1c}{2}-\frac{Rx}{2}}{l}$$

(3) 求零剪力點(POINT OF ZERO SHEAR)距外柱內之距離y之價值

$$-P_1+\frac{Py}{x}-wy=0$$

$$\therefore \qquad y=\frac{P_1}{\left(\frac{R}{x}-w\right)}$$

(4) 求最大撓幾之值

$$M=-P_1\left(y-\frac{c}{2}\right)-\frac{wy^2}{2}+\frac{Ry^2}{2x}$$

$$=\frac{-P_1(2y-c)}{2}-\frac{wy^2}{2}+\frac{Ry^2}{2x}$$

(5) 求b，d，k，P 及 As

(6) V， v， 及鋼環

地震時水壩所受水壓之影響

徐為然

我國近來雖未發見火山，然地震之事並不罕見，民國九年及十四年甘肅西北部大地震為自有記錄以來之最劇烈者，河套區及陝西長安之東部亦有震區，又在山東岬角各部亦有地震。南方則有震區二處：一為廣東汕頭附近，曾於民國元年大震一次；一為雲南大理附近。安徽西南之霍山亦有微弱之震區，又如在京滬鐵路綫鎮江南京間之小山(龍潭附近)亦為一微小之震源，綜上各處具有考據之震源觀之，地震次數當不在少數，各種建築物因地震而毀壞者時有所聞，我輩負建築工程之責職者，對於在震源附近之各種建築，應有深刻之研究，務使不因地震而損壞為目的。

今余所欲討論之問題，固非常有之事，蓋全國震區既少，而可築水壩之地又非定在震源鄰近，但水壩建造以前，在該壩附近有無震源及過去最大之震幅須要調查明白。若略一疏忽，設水壩在地震時為水衝毀，則數百尺之水頭突然傾瀉下坡，非但水壩之工程盡毀，而坡下之物質生靈亦遽遭傷害，此所以不可不注意者也。

茲有一言須聲明者，即以下之分解，均應用微積分及力學，因有許多假定，所得之公式當不能與實際情形完全符合，然較之他人所證明之結果，則相差不遠，而方法則簡便多多矣。

茲以一立面水壩為例(如圖)，其高為h，其長 L=1。假定水壩未受震動影響時 t=0，在 $\triangle t$ 時間內震動之橫加速度為 a_x 。今欲知“移動水體”之多寡及水體各部分所受加速力之大小，必須從計算得之，唯在計算以前，可先假定某一部分水體之寬闊為 b，此闊度與深度成正比之變動。則在

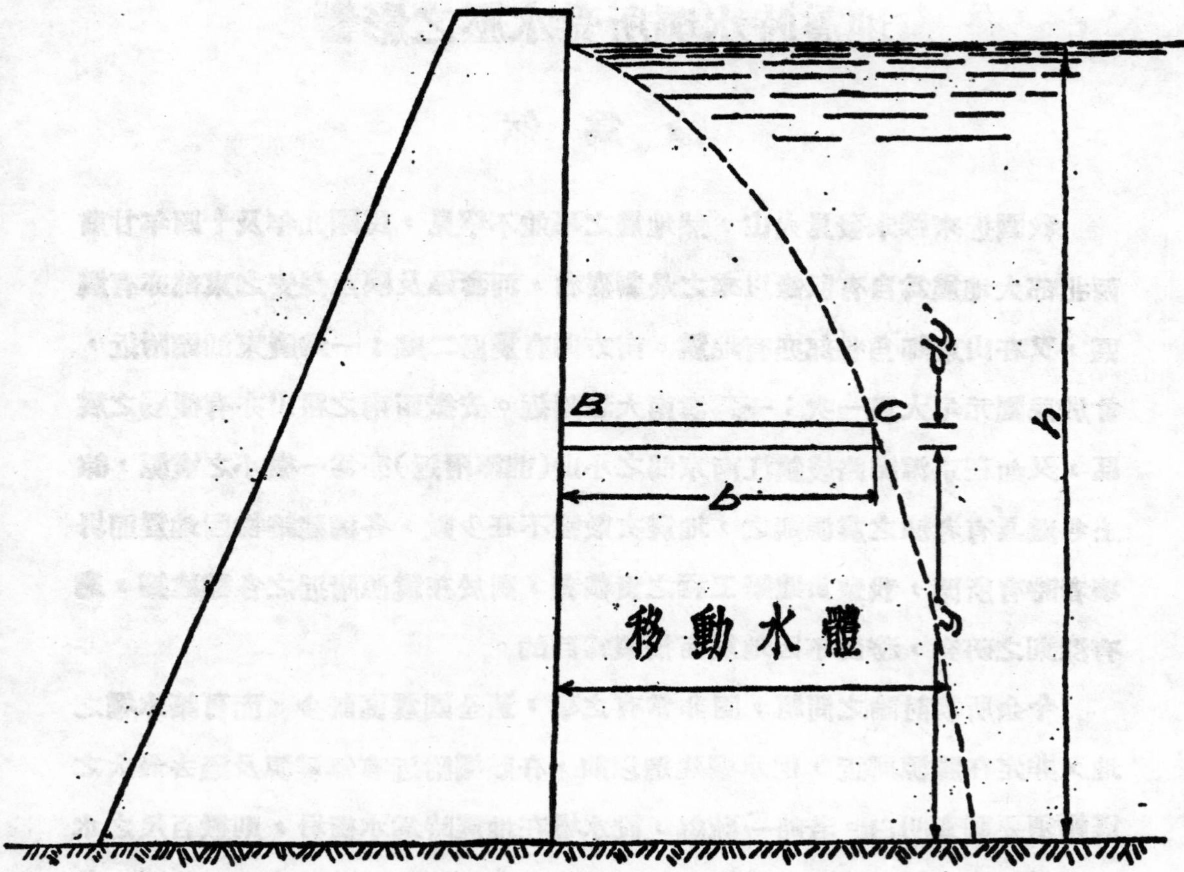

(I) 水流繼續不斷下之情形：

今以水壩之底 $y'=0$ 至高度 y' 間之一部分爲例，則此一部分所排出之水體必須經過斷面 BC。假定縱加速度因高度而變異。在 $x=0$ 及 $x=b$ 之間之平均縱加速度爲 a_y，在 $x>b$ 處之水體則當其靜止，不受震動之影響而移動。則在 $\triangle t$ 時間內水壩所受之移動力爲 $a_x\frac{\triangle t^2}{2}$，而經過斷面 $BC(=b)$ 之水體所受之移動力爲 $a_y\frac{\triangle t^2}{2}$，欲適合續流不斷之條件，必須

$$y'a_x\frac{\triangle t^2}{2}=ba_y\frac{\triangle t^2}{2}$$

或　$y'a_x = ba_y$ ……………………………………………… (1)

(II) 水之旁擊力：

設高度 y' 處之壓力爲 p_y，水之密度爲 ρ，則

$$p dy' = \rho b dy' a_x$$

或　$p = \rho b a_x$ ……………………………………………… (2)

(III) 水壩所受之壓力：

今取水體之一段，其寬爲 b，其厚爲 dy'（即在 y' 與 $y'+dy'$ 間之厚）則在高度等於 y' 處之壓力爲 pb，在 $y'+dy'$ 處爲 $pb+\frac{d}{dy'}(pb)dy'$。此二個壓力之差，$-\frac{d}{dy'}(pb)dy'$ 必須等於此一段之水體與縱加速度相乘之積，

如　$-\frac{d}{dy'}(pb)by' = (\rho bdy')a_y$

或　$\frac{d}{dy'}(pb) = -\rho ba_y$ ……………………………………………… (3)

以公式(1) $a_y = \frac{y'}{b}a_x$，及公式(2) $p = \rho ba_x$ 代入公式(3)，得

$\frac{d}{dy'}[\rho b^2 a_x] = -\rho y' a_x$ ……………………………………………… (4)

因 P 與 a_x 爲不變定數，故公式(4)可寫成

$$\frac{d}{dy'}(b^2) = -y'$$

$\therefore\ b^2 = -\frac{1}{2}y'^2 + b_o^2$ ……………………………………………… (5)

當 $y'=h$ 時，$p=0$ 則 b 亦 $=0$，故公式(5)變成

$$-\frac{1}{2}h^2 + b_o^2 = 0$$

$b_o^2 = \frac{1}{2}h^2$ ……………………………………………… (6)

以公式(6)代回至公式(5)，

$$b^2 = \frac{1}{2}(h^2 - y'^2)$$

$$b = 0.707\sqrt{h^2 - y'^2}$$

若 $y'=\frac{1}{2}h$（實在並不相等）則

$$b=0.707\sqrt{y'(2h-y')} \cdots\cdots\cdots (7)$$

此公式所代表之圖形爲橢圓之一象限，此橢圓半徑之長爲 $b_o=.707h$（公式6），在 $b=b_o$ 時之壓力爲

$$p_o=0.707h\rho a_x \cdots\cdots\cdots (2)$$

或以　　$a_x=\alpha gL$ 及 $\rho g=W$ 代入，則

$$p_o=0.707\alpha WhL$$

以前所證，取一單位之長，即 $L=1$，故

$$p_o=0.707\alpha Wh \cdots\cdots\cdots (8)$$

水壩所受之總壓力(每一單位長之壩上)爲

$$P=0.707\frac{\pi}{4}\alpha Wh^2=0.555\alpha Wh^2 \cdots\cdots\cdots (9)$$

茲以美國梵斯脫珈教授(Prof. Westergaard) 所證明之最後二公式抄列於下，以資比較：

$$p_o=\frac{8}{\pi^2}\left(1-\frac{1}{3^2}+\frac{1}{5^2}\cdots\cdots\right)\alpha Wh=0.743\alpha Wh$$

$$P=\frac{16}{\pi^3}\left(1+\frac{1}{3^3}+\frac{1}{5^3}\cdots\cdots\right)\alpha Wh^2=0.543\alpha Wh^2$$

斜坡樁位置之簡易決定法

蔡寶昌

斜坡樁在道路斷面之位置，即土層於垂直面上與路基，兩旁斜坡，及天然地面之交點。路基與兩旁斜坡之交點爲三直線；天然地面之交點，因地面之不平，常形成一不規則線。若地面平坦，或所求結果粗率，則可假定此線爲一直線；但若地面不平，復需準確結果，則宜多取中間點（Intermediate Points），藉使工作較爲準確。

路基中心之高出或低於天然地面之距，爲一已知數，或由縱斷面(Profile)得之，或由坡度線(Grade line)計算而得之。

欲求切土之高度，可置水平儀於任何一點上，使其水平視線（Line of sight）高於所需橫斷面之任何一點，然後再取中心點之標桿讀數(Rod Reading)，將此標桿讀數加上路基中心於地面之距即得儀器距路基之高。

若遇填土，則以中心點之標桿讀數，減去路基中心於地面之距即得儀器之高。此儀器之高或爲正數或爲負數，若爲負數，則加上中間點之標桿讀數可得儀器低於坡度（Grade）之深；若爲正數，則以儀器之高減去標桿讀數即得。

在道路及鐵路工程中，通常用連續試驗法以決定斜坡樁之位置。惟此法手續頗煩，蓋每得一標桿讀數即需計算，若非經驗豐富者，往往事倍功半，故初習者甚感困難。

下列方法載於 Engineering & Contracting Vol. LXVIII NO. 11，應用時宜先製一圖，如下圖，平高均以比例，並以斜線代斜坡。

例：斜坡之比例＝$1\frac{1}{2}$：1，中心樁之切土＝2公尺，路基之寬＝4公尺。

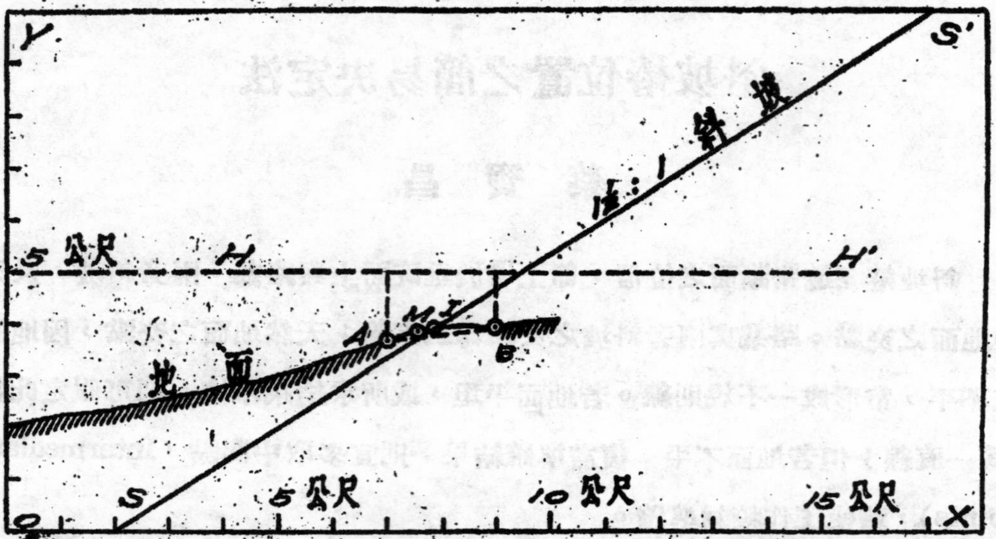

水平儀於中心樁之標桿讀數 =3公尺。乃在圖表上畫HH'，其縱坐標等中心樁之切土加上水平儀於中心樁之標桿讀數，即2+3=5公尺，於是持標桿者前進至A點，得標桿讀數為1.5公尺，A點離路中線為7公尺。然後依照以上之縱橫坐標繪A點於圖上。持標桿者再前進至B，得B點之標桿讀數與離中線之距，乃再繪B點於圖上。

顯明的若自A至B為一直線，則AB與SS'兩線之交點，即為斜坡樁之位置。於是以比例尺求得此交點離中線之距後，持標桿者前進至M，得7.35公尺，讀其標桿註數，則M點當與實際之交點I相近。若需更精確之結果，則可以AM或BM為導線，再依上法以求之。

應用此法時，可預製此項圖表一組，繪以工作中所需之各種不同斜坡，使遇到某種斜坡時，卽可應用，而免臨時更改，以省手續。

水平儀每移至一新址，則HH'亦須重繪。若用中等鉛筆（medium pencil）與軟橡皮，僅以圖一紙，可得多數斷面矣。

若遇填土，可將此圖倒轉應用。

製圖時宜祇印OX與SS'線，使OY可因路基寬度OS之大小而移動。

木支架橋(Wooden Trestle)之構造及設計

楊祝孫

一 緒論

我國年來對於鐵路公路之修築，幾有一日千里之勢。蓋兩者在國防及經濟方面皆有極端之重要性，雖國家經濟狀況至於破產地位，仍不惜集資興築，以抵於成。則建築之經費決不能如我人之預計，非從緊縮方面計算不可也。

無論鐵路及公路，建築中之最重要者，實惟橋樑。其建築之費用，亦佔各項建築中之極大比例。故於經濟狀況極端不良之下，若採用鋼架及工字樑或鋼筋混凝土橋樑，其需費之浩大，自無待言。雖以其堅實之程度及耐久之年代，皆有可取之必要，然以限於經濟，勢非採用他種較低價格之橋樑以代之不可。木支架橋卽具有價格低廉之優點，故多爲工程師採用。卽以最近完成之杭江鐵路而言，河面較狹之橋樑，甚多爲木支架橋。其全路完成後之決算，能較現有之任何鐵路節省及半，此種橋樑之採用，亦係一大原因也。

我國內地各省木材之出產皆甚豐富，且有多種皆可用作築橋材料。其木質之堅韌，較之舶來品實不相伯仲。惜以交通梗阻，運輸不便，遂致市上外貨充斥，利權外溢，不可勝數。築路工程師如能卽以本國出產之木材建築橋樑，於國家經濟及民生方面。必有莫大之幫助焉。

玆更就工程方面言之：木支架橋之建築，較之任何橋樑，非特設計方面甚爲簡便，卽建造之工程亦迅速多多。處今我國工程幼稚之時期，橋樑之須要建築者甚夥，若採用鋼鐵或鋼筋等等橋樑，我國向無製造築橋用鋼鐵材料之工廠，故勢必向國外訂購。利權外溢，尤小焉者；運輸不便，建築需時，遂致曠日持久，於急待需用之情形下，必致發生種種困難問題無疑。故不若先就地採取適用之木材築以木支架橋，然後再予充分時間以事觀察及設計，一俟木支架橋已過耐久之年代時，我國工業或已能自造各種築橋材料；道路之經濟，必已發展至相當程度。斯時再以他種橋樑代之，於經濟，工程及應用三方面，皆屬有益無損。考之各國橋樑建築之歷史，建築初期之橋樑甚多屬於木質，直至近年各種事業日趨發達，始逐漸改造，即一明證。

綜上各點，可知木支架橋在我國目前情況之下大有研究之價值也。

二 木支架橋之構造

木支架橋之橋面設計與任何直樑橋(Stringer Bridge)皆大致相同。蓋即於橋墩之上，鋪置直樑，然後再於直樑之上敷設用於鐵路或公路之橋面。所不同者，即用木質橋架 (Bent) 以代磚石或鋼筋混凝土之橋墩而已。橋架之木柱曰支柱 (Post)，其上之橫樑則稱爲頂木(Cap)，直樑即置於其上。支柱之數則四根或五六根不等，全視路面之寬狹或載重之大小而定。支柱之裝置，全部垂直者或外部數根向內傾斜者皆有之，要以設計者之主張爲原則。通常則以外部數根向內傾斜者爲多。支撑木 (Sway Brace) 爲一種對角裝置之木塊，其斷面通常多爲 3"×10"。用途爲支持數根支柱之平衡。使不致受側面冲擊力之影響，如橋架之高度爲十一呎以下之時，支撑木即無須使用；自十一呎至十八呎只須一對即足；自十九呎至三十呎則必須兩對，兩對之間則置平行支撑木一對；如橋架之高度達四五十呎或更高之時，支撑木之對數，當必增加，且以支柱傾度 (Batter) 關係，其下層之寬度當必大增，故下數層支撑木常須並列兩對方可。較高之木支架橋，其橋架與架橋之間必須撑以平行之橫間支撑木 (Longitudinal Brace)，其大小則通常多爲6"×10"。X狀之橫間支撑木則每隔兩跨度 (Panel Length) 或一跨度一用，以爲補充，所以支持前後所來之搖撼力也，其大小通常多爲 3"×10" 之剖面。圖一及圖四皆木支架橋之構造詳解。

木支架橋之橋架構造，分爲二種：一爲木樁橋架 (Pile Bent)，一則爲支搭橋架 (Framed Bent)。木樁橋架之劣點爲：在地下之一段木樁極易腐爛，修理時需將整個木樁改換，故甚爲困難。且其高度常爲木樁之長度所限制，最高亦不能超過三十呎。支搭橋架則不然，非特修理便利，高度亦可隨心所欲，惜不能作爲永久之建築而已。

橋架間跨度之長則自十呎至十六呎不等。橋架較高跨度亦可較大，反之，橋架較低跨度亦可較小。

岸墩 (Abutment) 之建築則以石或混凝土者爲最佳，因此種建築非但有耐久之特性，且無須大量之挖掘也。木排 (Crib)有時亦用作岸墩，其法係以10"×12"斷面之木多根用連繫釘 (Drift Bolt) 排列連接後，平舖埋於土中，此法平常甚少用之。另一方法，即置一木樁橋架於靠近岸邊頂木高過岸高極微之處，然後在此木樁橋架之後用土填入，至其高度與橋面平行爲止。土與木樁，頂木及直樑之間則置 3"×12" 之木板多塊，以爲護土之設置。

三　木樁橋架

木樁橋架通常多有五根以上之木樁，然於載重極微之情形下，亦有用四根者。此打入地中之木樁非但可以支持由上往下之力，亦能抵抗由側面所來之力量。其負荷能力(Bearing Power) 全賴土質緊壓於地中之一段木樁所發生之摩擦力，故打樁實爲建築木樁橋架最重要之工程也。

通常打樁之方法爲水冲 (Water Jet) 錘擊 (Drop Hammer) 及蒸汽錘擊 (Steam Hammer)三種。如土內含有多量之沙質時，水冲法實最合宜，然事前必先用錘擊法以試驗打樁深度及其負荷能力。土質堅硬時，水冲法亦未始

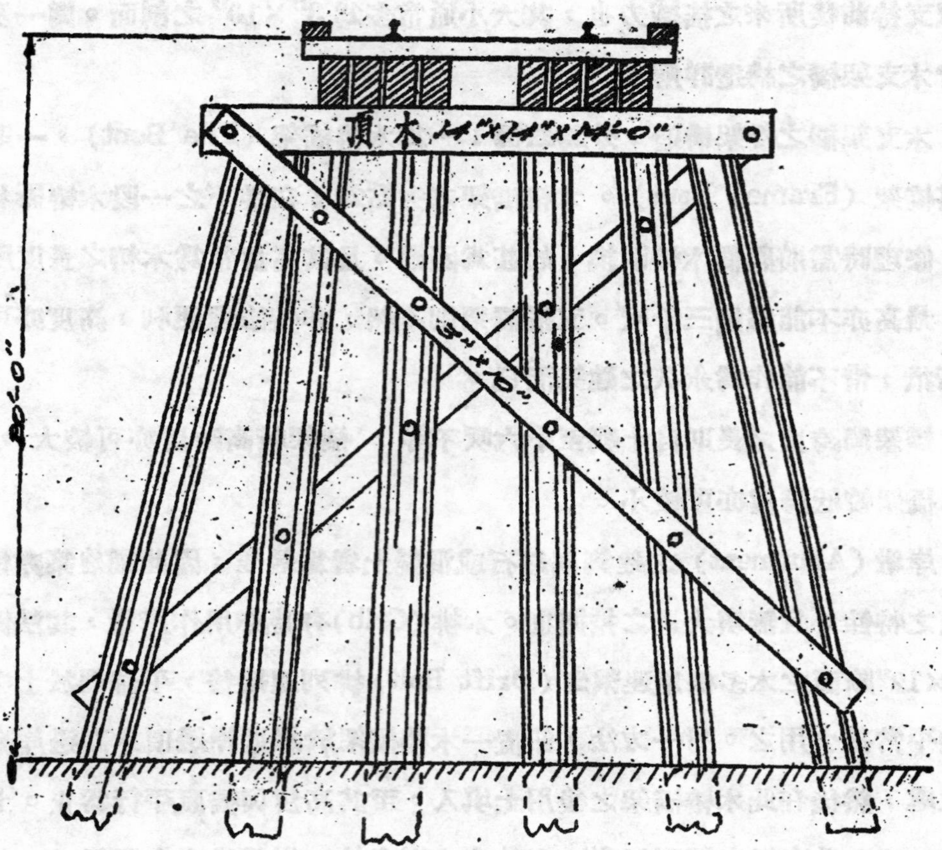

圖一

二十呎或二十呎以下之木樁橋架

不可應用，所要者只須有大量之水及極大之壓力而已。水冲法打樁之最大優點，卽不致因錘擊過度而損害木樁。通常於某種情形之下，非用錘擊或蒸汽錘擊二法不可時，水冲法亦可作爲一種帮助，使工作効力更形增加。此二法之比較，則以蒸汽錘擊爲佳，但通常三種打樁法之運用，仍以錘擊法爲較多，因其較爲簡單故也。

木樁於錘擊時，其上端頂面常發生粗糙（Brooming），致使工作效力減低，故必須用一鐵圈（Iron Ring）以保護之。若於極堅硬之土質或石層之地，木樁之首端必置一尖銳之樁脚（Pile shoe），以免木樁因觸及堅硬之地層而發生碎裂。普通土質只須將樁端削尖即可。

關於計算木樁負荷能力之公式，實甚難有一極端準確之查核。通常則以應用工程新公式（Engineering News Formula）爲較多，因其實際上較之其他公式爲滿意也。此公式用於錘擊法者爲：

$$P=\frac{2Wh}{S+1}$$

用於蒸汽錘擊者爲

$$P=\frac{2Wh}{S+0.1}$$

上二式中P爲安全負荷量，單位爲噸；W爲錘之重量，單位亦爲噸；h爲錘落下之高度；S則爲最後一擊木樁下沈之長度或最後五次錘擊下沈長度之平均數；0.1與1則爲定數，係根據錘擊快慢所生之效力而求得者。

當木樁已全部打至足夠之負荷能力時，其頂面即須截齊至一固定之高度以與頂木連接，支撐木亦同時敷設，即成一完全之木樁橋架矣。圖(一)即木樁橋架之詳圖也。

四　支搭橋架

支搭橋架與木樁橋架不同之點：前者係賴各種不同之底脚(Foundation)以支持橋架之支柱；後者則全賴支柱本身與地層之摩擦力所產生之負荷能力。故支搭橋架之最重要者，實惟底脚。茲分述之於下：

(一)木樁底脚　木樁亦常用爲支搭橋架之底脚，其法先以木樁打於橋架指定裝置之地點，然後再於截齊之樁頂上設一基木（Sill），基木之上即承支柱。圖（二）即示木樁底脚之構造。此種底脚甚適用於軟性土質或臨時建築，又以其價值低廉，建築簡易，於急待需用及經濟不足之情形下，實最合也。

(二)排列基木（Mud-Sill）此種底脚係以多根方木縱置於橋架裝置之地點。其上再迸置一橫置基木，支柱卽連於此基木之上如圖三所示。如土質過鬆時，多根之橫木常用於縱置方木之下

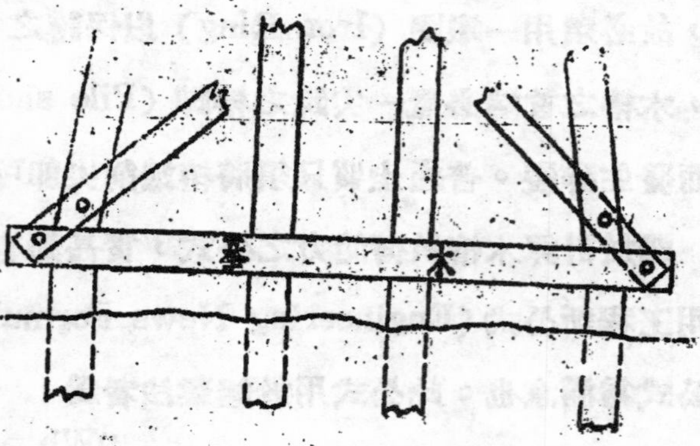

圖二 木樁底脚

如圖三所示之虛線。基木與土質接觸之面積大，則地面所受之單位力必可較小。故木之數量及大小當視土質之性質而定，此種底脚多用於輕量運輸及急待需用之情形下，若作爲一種標準建築或大量運輸之用，則不可矣。

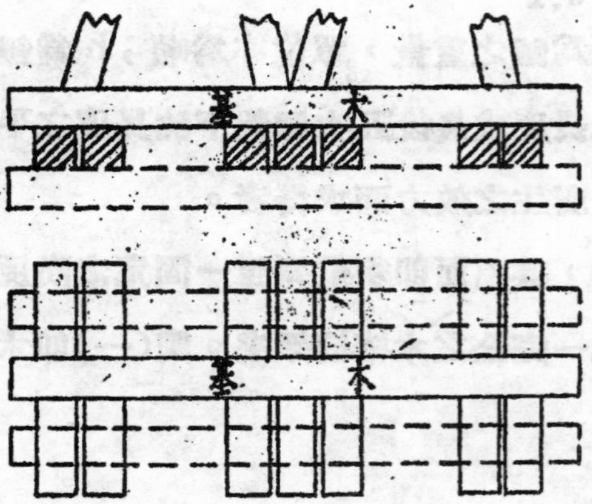

圖三
排列基木底脚

(三)磚石底脚　此種底脚雖價值較昂，然爲數種底脚中之最耐久者，實無疑議。其材料則石或混凝土皆可，然以混凝土工作較易，故多用之。如底脚下之土質甚形良好時，不妨將底脚分置，卽於每一支柱之下作一底脚，庶可節省多多也。圖四卽一分列底脚之狀。

支搭橋架用於較輕載重或在十二呎以下之跨度者，其支柱之數多爲四根，若用於重量載重或較大跨度，則必五根或六根方可。

如前所述，支搭橋架之高度，可不加限制，但橋架之高度增至三十呎以

上或更高之時，數層(Multiple Story)建築必須引用。通常每層之高度約爲二十餘呎，每層之間置一基木，其厚薄多爲十二吋。

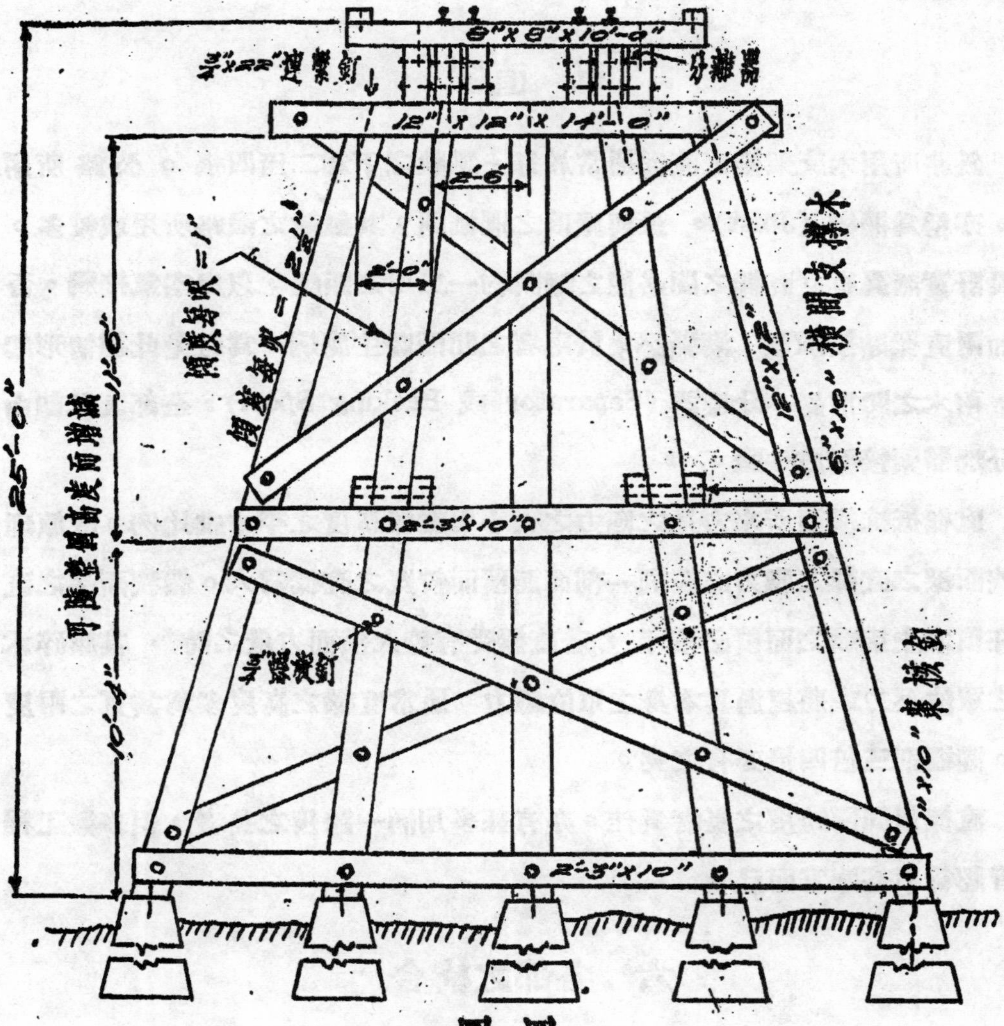

圖四

五根支柱之支搭橋架設計圖

跨度：14 呎 E-45 載重

任何木支架橋，其橋架之高度因河床窪地之斷面完全不在一平面上，故事實上絕對不能使之有一律之高度，通常數層之建築，其上層之高度多使其一律，僅其下層因其盤個高度之不同而增減之。

五 直樑

鐵路所用木支架橋之直樑通常於每一鐵軌之下爲二至四根。公路所用者，亦稱爲欄柵 (Joist)， 蓋與屋頂之欄柵同，其數較之鐵路所用或較多。然設計實無異也。直樑之間必使之離開約一二吋之距離，以與空氣接觸。否則如兩直樑貼接放置，潮濕必集於兩者之間而發生腐爛，爲避免此種情形起見，兩木之間常置一分離器 (Separator 或 Packing Spool)，全部直樑卽由此分離器緊接而成一體。

直樑抵抗橫面所來力量之應力之大小與直樑高度之平方成比例。故原理上狹而深之直樑之應力必較同一剖面面積而較寬之直樑爲大。然狹而深之直樑在頂木上接觸之面積必較小，若直樑受有較大橫面力量之時，其壓碎木紋之單位壓力或將超過其本身之單位應力。通常直樑之高度多爲其寬之兩度倍。欄柵則三倍四倍亦有之矣。

直樑以同兩跨度之長者爲佳。亦有甚多用同一跨度之長者，但多數工程師皆認爲不甚適宜而已。

六．各部之構合

木支架橋各部之構合，實爲甚屬重要之部分，如構合不穩或應用不合法之時，常可發生傾頽。茲將通常用於木支架橋之連繫物分述於後：

(一)螺旋釘及螺旋帽 (Bolt and Nut) 此釘兩端皆有一附着物以緊合兩塊或多塊之木，一端爲連接釘首而不動者；另一端則爲螺旋以與螺旋帽相連。

(二)連繫釘(Drift-Bolt) 此釘與鐵路所用道釘(Spike)實大同小異。其用途為連繫兩木，非特阻止木塊之任何側面移動；且使兩木接觸之面不致因木之摩擦力而分開。連繫釘在各種連繫物中實為最簡單與最經濟者，尤其用於臨時性之建築，可謂最佳。其種類分有頭無頭二種，又有圓形與方形之別。通常則以圓形者較為合用。用於木支架橋之連繫釘，其直徑多為 $\frac{3}{4}$ 吋；或吋；長度則自二十二吋至二十四吋不等。用時必先於指定之地點鑽一為其直徑百分之七十至八十及同長之孔，然後方可打入此釘。

(三)棗核釘(Dowel) 棗核釘為一鐵製或木製之釘，連接兩木而不完全穿過任何一木之連繫物。通常以連於一木之首端及另一木之邊部為最多。與連繫釘形狀不同之點卽此釘較之連繫釘為粗但較短，無頭亦無尖端，其直徑用於木支架橋者多為一至二吋。其伸入於木之首端之長度至少須為其直徑之六倍；伸入邊部之長度則四倍卽足。若同時用兩棗核釘於一接合處如圖五所示，則尤佳矣。

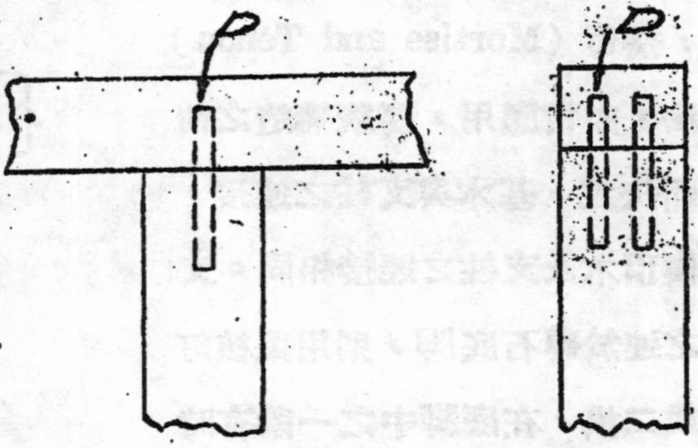

圖五 棗核釘

(四)灣接條與灣接板(Metal Bent Strap and Bent Plate) 灣接條為一馬蹄形或T形之鉄條用以連接T形之木實者建築。若前述之連繫釘或棗核釘不能使用或必須一極强之連接物時。灣接條卽可用以代之。圖六 a,b, 皆灣接條之詳解。灣接板則為一 $\frac{1}{4}$ 吋厚之鉄片，四邊切出凸緣，而將凸緣灣成相反之直角。其連接法如圖七所示。

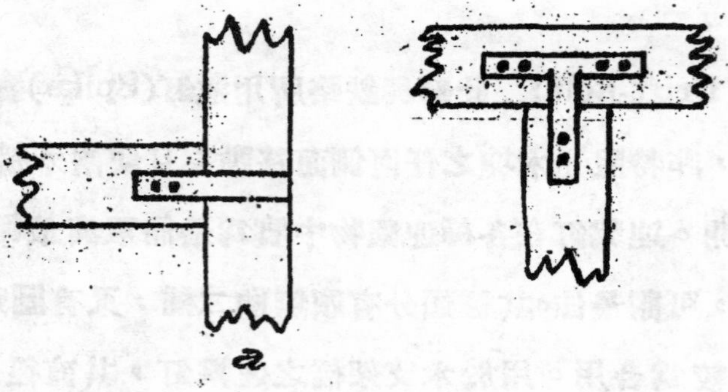

圖六 灣接條

通常直樑多用連繫釘連於頂樑。如直樑已由分離器連為一體，則連繫釘之數即可少減。頂木與支柱之連接則連繫釘，欒核釘，灣接條，及灣接板皆可，接銜（Mortise and Tenon）之法，亦常應用，要視構造之情形而決定。基木與支柱之連接，亦與頂木及支柱之連接相同。支柱之連於磚石底脚，則用欒核釘一或二根，在底脚中之一段有時或使其灣曲，以增加其砌連之力量，免因風力上拔而發生危險。

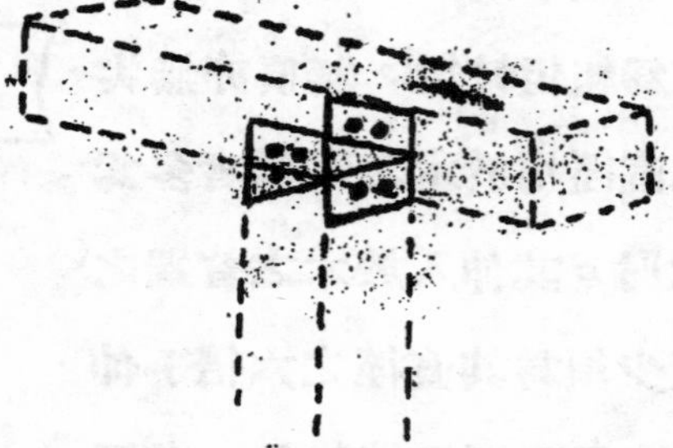

圖七 灣接板

螺旋釘及螺旋帽則多用為連接支撐木及橫間支撐木之用。

七 木材之選擇及其應力

我國林墾向已荒廢至於極點，卽木業亦幾皆操於外人之手。欲求本國木材適於建築木支架橋之種類及其單位應力之統計，亦無專門機關加以試驗。故於工程方面言之，當然以採用泊來品木材為便利多多。然木材之選擇，非但視其材料之堅實與應用便利與否，更當視其價值（包括運費在內）之高低而取舍。在我國目前各較大城市言之，當然有甚多種泊來品之木材，大小長短有標準之規定，種類及應力亦皆有詳細統計。需用方面當然甚爲便利，即價值亦以無需較大之運費而較低。然事實上鉄路及公路之修築，大半非經過此少數之大城市者。橋樑之修築更多在窮鄉僻野，運輸困難之區。若由大城市運購，利權外溢，耗費時日，尤爲小事。其價值之昂貴，自在意料。故莫若就近採取適於建築木支架橋之木材爲佳，以內地木材之難於輸出，其價格當必低廉，且無需運費，所費當必節省多多也。

建築木支架橋之木材以松，杉，柏，橡，等樹爲最佳。根據二十三年申報年鑑之統計，我國重要之樹木以松，杉，橡等爲多；尤其杉木，長江流域及南部各省幾無地無之，橡木則北部及中部各省皆多出產。是則建築木支架橋之材料，隨處皆有，要視工程師之選擇而已。多數工程師皆認爲建築橋樑之木材必需經過化學鍊製，然在我國目前之情形下，化學鍊製，當然爲不可能，故其選擇更須慎重也。

木材之力量當視其密度，飽含濕度與其缺點之多少而定，密度較大，力量必可較大；飽含濕度過多，其力量必致減少。故通常木材必須加以曬曬，使木質纖徵緊縮而力量可以增加。木材缺點之種類甚多，玆不詳述。總之缺點之多少及大小，影響於其力量實甚大焉。

木材之單位應力，我國向無統計，前已言之。第一表爲美國鐵路工程協會(A.R.E.A.)規定適用於建築木支架橋之木材於常濕易乾之情形下之單位應力。我人於設計之時，雖不能完全根據此表，然亦未始不可取之作爲一種借鏡也。

柱之長度若超過其最小直徑或寬度十倍或十五倍之時，其單位應力必逐漸減低。通常計算長柱應力之公式甚多，下列二式則爲最適用者：一爲歐利

(Euler's) 公式：

$$\frac{P}{A}=0.274\frac{E}{\left(\frac{L}{d}\right)^2} \cdots\cdots\cdots\cdots(1)$$

一則為美國鐵路工程協會所舉者：

$$\frac{P}{A}=S\left[1-\frac{1}{3}\left(\frac{L}{Kd}\right)^4\right] \cdots\cdots\cdots\cdots(2)$$

上二式中P為載重；A為柱之剖面；S為與木紋平行之短柱應力；L為木柱露出地面之長；d為最小之直徑或寬度；E為伸縮率(Modulus of Elasticity)；L則為不同種類木材之係數，亦即任何種木柱在適中長度(即 $\frac{L}{d}=10$或15之時) 所成之拋物線與歐利公式曲線相切之點，此切點又適在此木柱之極限壓碎力(Ultimate Crushing Strength)三分之二之點，故 $\frac{P}{A}=\frac{2}{3}S$，由此可得：

$$\frac{2}{3}S=0.274\frac{E}{\left(\frac{L}{d}\right)^2}, \quad \frac{L}{d}=\frac{\pi}{2}\sqrt{\frac{E}{6S}}$$

$$\frac{P}{A}=\frac{2}{3}s=s\left[1-\frac{1}{3}\left(\frac{L}{Kd}\right)^4\right], \quad K=\frac{L}{d}$$

$$\therefore \quad K=\frac{\pi}{2}\sqrt{\frac{E}{6S}}$$

第二表即根據上式之係數K 及公式(2)由第一表所求出者

第一表 適合橋樑建築之木材於常濕易乾情形下之單位應力(磅/吋²)

木之種類	外纖維濟力		平行剪力		橫斷木紋壓力	伸縮率
	特選	普通	特選	普通		
西部紅杉…………	800	640	80	64	150	1,000,000
愛傘斯加杉木……	980	840	90	72	200	1,200,000
白杉…………	640	540	70	56	140	8000,000
緊密道格臘斯樅木	1515	1210	105	84	265	1,600,000
道臘斯樅木(落磯山地域產)…	900	720	85	68	225	1,200,000
北美松木…………	1100	880	75	60	225	1,400,000

西部落葉松………	1100	880	100	80	225	1,300,000
緊密南部長葉松…	1515	1210	128	103	265	1,600,000
挪威松…………	980	840	85	68	150	1,200,000
紅木…………	1100	800	70	65	150	1,000,000
南部柏木………	1040	920	100	80	250	1,200,000
白橡…………	1515	1210	105	84	380	1,600,000

第二表　適合橋樑建築木材於常濕易乾情形下之長柱應力(磅/吋²)

特選	L/d 之比率										
	10	12	14	16	18	20	25	30	35	40	50
西部紅杉………	700	686	673	654	628	591	438	304	224	171	110
愛傘斯加杉木……	744	738	728	712	689	657	523	365	268	206	132
白杉…………	796	492	485	474	459	438	348	244	179	137	88
緊密道格臘斯縱木	1165	1139	1118	1083	1036	971	702	487	358	274	175
道格臘斯樅(落磯山地域產)…	800	785	772	753	728	683	526	365	268	206	132
北美松木………	900	885	871	851	824	783	612	426	313	240	153
西部落葉松………	1000	976	955	922	877	810	570	396	291	223	142
緊密南部長葉松…	1165	1139	1118	1083	1036	971	702	487	358	274	175
挪威松…………	793	786	774	753	726	688	526	365	268	206	132
紅木…………	890	879	861	834	796	741	526	365	268	206	132
南部柏木………	986	972	947	910	856	781	526	365	268	206	132
白橡…………	1165	1139	1118	1083	1036	971	702	487	358	274	175
普通											
西部紅杉………	560	552	456	537	523	504	425	304	224	171	110
愛傘斯加杉木……	597	594	588	581	569	552	485	365	268	206	132
白杉…………	398	396	392	387	379	368	323	244	179	137	88
緊密道格臘斯樅木	935	924	905	886	858	830	681	487	358	274	175
道格臘斯樅(落磯山地域產)…	640	632	625	616	602	582	502	365	268	206	123
北美松木………	720	712	705	695	681	659	572	426	313	240	153

西部落葉松………	800	787	777	760	736	704	564	396	291	223	142
緊密南部長葉松…	935	924	905	886	858	830	681	487	358	274	175
挪威松………	636	63[illegible]	627	617	602	582	500	365	268	206	132
紅木………	715	709	700	686	667	639	521	365	268	206	132
南部柏木………	793	788	773	754	726	688	526	365	268	206	132
白橡………	935	924	905	886	858	830	681	487	258	274	175

八 木支架橋之設計

甚多木支架橋之建造並無一定之設計，僅以工程師之經驗及習慣而決定。安全方面言之，決不至於發生任何危險。然木材多量之消耗，則於經濟方面，實甚有關。甚多鐵路及公路常規定一標準之設計，無論橋架高低及跨度大小，皆依此標準建造。此種辦法，於修理方面當然甚爲便利，因隨時皆可有一定尺寸之木材以備修理之用。然若能有充分時間之設計及準備，則個別之設計，實經濟多多也。

玆將木支架橋各部承受之力，略述於後：直樑所受之力有三種：一爲橫面所來之力量；一爲橫斷木紋之壓碎力；一則爲平行剪力。故其所用木材之力量，只須適合上述三種力量即可。頂木及基木則只須視其抵抗橫斷木紋之壓碎力之應力是否已足，他力則可不必計及，因通常所用頂木及基木之大小已足夠抵抗此等力量。若木樁未曾打好之時，常可發生一種不平均之下沈，結果必使全部重量皆移於二三支柱之上，則頂木必致因一部分受有過猛之力而傾頹。至於支柱則必須計算其長柱應力，由第二表中即可獲得之。支撑木則只須根據通常之經驗設計，無容計算，因事實上側面之力已有一部爲支柱所承受，支撑木本身所受之力實甚微小，設計之時以不過於消耗木材即可。

橋樑之活載重(Live Load)及靜載重(Dead Load)在我國向無一定之規定。現今各鐵路公路所引用者，以美國橋樑設計之規定爲多。玆略述之於下：

(一)用於鐵路者：

甲 靜載重：普通之露孔橋面其鐵軌，枕木，保護軌，保護木及各種連接物之總重，每一路線約爲每呎400至600磅，意即每條鐵軌之下每呎爲 200至 300磅之靜載重。不露孔橋面則須另加橋面及道渣等重矣。

乙 活載重：皆根據古柏氏(Cooper's) 載重。重載橋樑則用古柏氏E50或E60；輕載橋樑則爲E30至E45。

(二)用於公路者：

甲 靜載重：重載橋樑每方呎爲一百磅；輕載橋樑每方呎則爲九十磅。

乙 活載重：重載橋樑規定爲一重十五噸之摩托車，兩軸距離爲十呎，兩輪距離爲六呎，掩佔一寬十尺長三十呎之面積，後軸之重則佔全重三分之二，後輪之寬則爲十五吋；輕載橋樑則爲一重十噸之摩托車，兩軸距離爲十呎，兩輪距離爲六呎，掩佔一寬八呎長二十五呎之面積，在後軸之重亦爲全重三分之二，後輪之寬則爲十吋。

如前所述，木支架橋跨度大多自十呎至十六呎，且絕對無超過十八呎者。故其載重僅係數重量車輪之集中載重 (Concentrated Load)，而非移動載重(Movable Load)，故設計之時只須根據集中載重計算卽可。撞力 (Impact) 則在木質橋樑之建築可以不計。

通常設計之法有二：一卽根據想定各部之大小及數量求得所需木材之應力。而後再由此單位應力而選用各種不同之木材；二則根據指定之木材而求得其各部之大小及數量。在我國目前之情形以採用後法爲宜也。玆作一鐵路用單線露孔木支架橋設計例題如下：

根據： 木材爲優質之緊密松木，假定其單位應力爲 1,515 磅(參閱第一表)

跨度＝14呎

橋架高度＝25呎

活載重：古柏氏 E45

靜載重：每呎二百五十磅

今假定每一鐵軌下直樑之重爲100磅，則一鐵軌下之全部靜載重爲250＋100＝350磅，其撓幾(Bending Moment)當爲

$$M=\frac{1}{8}\times350\times14^2\times12=102,900\text{吋磅}$$

集中活載重可以產生最大撓幾之時，卽當三個最重之原動車輪皆在此跨度上而其中之一又適在此跨度之中心之時。根據古柏氏 E45載重，每輪之重量爲 22,500 磅，每輪之間隔則爲60 寸，故其撓幾當爲

$$M=(\frac{3}{2}\times22,500\times7-22,500\times5)12=1,485,000\text{吋磅}$$

加以靜載重之撓幾卽得1,485,000＋102,900＝1,587,900吋磅

在任何直樑上其集中載重或移動載重近其支持物之時實際上之剪力比較計算所得爲小。故通常設計者於計算剪力時常將近其終端三倍直樑之距離不予計及。今假定所用直樑之高爲十六吋，則一輪之地位當在自末端 3×16＝48吋之處。在後之第二輪則適在一端橋座之上而不致影響其剪力。故在另一端靜及活兩種載重之剪力之總計當爲

$$V=\frac{22,500\times10+22,500\times5}{14}+\frac{14(250+100)}{2}=26,550\text{ 磅}$$

橋架頂木上最大之載重卽當四最大原動車輪對稱於其上之時，兩種載重之總計當如下式：

$$P=\frac{2(11.5\times22,500+6.5\times22,500)}{14}+14\times350=62,757\text{ 磅}$$

亦卽在頂木上面及直樑下部可發生壓碎作用之最大壓力也。

玆假定每條鐵軌下直樑之數爲三根則每條鐵軌下之最大撓幾必等於$\frac{1}{6}3Rbd^2$，上式R爲木材之單位應力，$\frac{bd^2}{6}$則爲$\frac{I}{C}$，卽方形之剖面係數(Secction Modulus)，今使之等於前所求得之最大撓幾，即得

$$\frac{1}{6}\times1515\times bd^2\times3=1,587,900\text{吋磅}$$

設h爲 16 吋，b即等於8.2吋。然通常市上所售之木材，其實際剖面常較名稱之尺寸爲小，普通大約以7吋以下者減少$\frac{1}{4}$吋；8 吋以上者減少$\frac{3}{8}$吋，故此直樑之實際尺寸應爲 16.375"×8.575"。然以依照市上所售之標準尺寸起見，以用 18"×8" 者爲佳。

任何直樑之最大單位剪力皆爲平均之單位剪力之一倍半，故每方吋之最大單位剪力可於下式求之：

$$\frac{3}{2}\frac{\text{總剪力}}{\text{斷面}}=\frac{3}{2}\frac{26,559}{3\times8\times18}=\frac{26,550}{288}=92.5\text{磅}$$

由第一表上可知此最大之單位剪力較之容許之最大單位剪力爲小，必屬安全無疑。

通常頂木及基木之寬多爲十二吋，故頂木與直樑接觸之面積爲3×8×12=288 方吋。其單位壓力當爲 62,757÷288=217.9 磅/吋^2，此數亦較容許之垂直於木紋之最大壓力爲小，故可不必再行計算。

支柱因頂木及基木多爲十二吋故亦用十二吋寬之方柱或十二吋直徑之圓柱，使支撑木可以裝置於一平面上之故也。方柱之另一寬度通常亦多爲十二吋。茲假定支柱之數爲五根。二十五呎長柱之單位應力，由第二表上查得約爲702 磅，是則每根方形長柱即可負荷101100磅；圓形長柱亦可負荷78,840磅，幾與整個木支架橋之載重相等。若事實上眞有如此大量載重集於一根支柱上之時，則頂木之下部必將爲之壓碎無疑。由第一表查得緊密松木容許之橫斷木紋之壓碎力每方吋爲 265 磅，則每一根方形支柱絕對不能容受超過12×12×265=38,200磅之載重；圓形支柱則不能容受超過 $\pi\times6^2\times265=$ 29,900磅。五根方形支柱總計可以容受之載重爲5×38,200=191,000磅；五根圓形支柱可以容受之載重則爲5×29,900=149,400磅。較之總載重皆超過

甚多。其多餘之應力卽可用作抵抗風力及離心力等等之力量。故於設計支柱之時，研究頂木下面抵抗壓碎力之單位應力實較計算長柱應力尤爲重要也。

前已述及頂木及基木之寬多爲十二吋，今若亦用十二吋爲其厚度，安全當無疑問。至於其他力量則可不必計算，因以一根長僅十餘呎之樑支持於多根支柱之上，只須其抵抗橫斷木紋壓碎力之應力足夠時，其他力量絕對不致影響其安全也。

支撐木及橫間支撐木之設計，雖風力可以計算，通常亦只用一規定之尺寸如第二節所述，無容另加計算。

圖四卽此設計之詳解也。

木 橋 放 闊 法

程延昆

別樣姑且不論，單說中國近年來的建設，什麽國道省道，倒是添築了不少。當然，在現在中國經濟狀況之下，所造的路，柏油路很少，大半是將狹而小的泥土路，改成較大較好的煤屑路，沙泥路，或是石子路，勉强應用。路是這樣，沿途所經過的橋，自然也不能例外，普通是將原來的石橋或是木橋，放闊起來應用。

照這樣說法，木橋放闊方法，倒是很合時宜；在一本美國雜誌裏，(Roads & Streets vol LXXVI no. 8)看到一篇(Widening Old Timber Bridges Under Traffic)，就把牠翻譯出來做參攷吧。

在美國馬的生成(Madisonville) 地方，從大來絲到赫司登的一條路線，(Line from Dallas to Houston) 沿途所經過的木橋，都是用放闊的方法，改造而成。那些木橋，大半是建築在十二年前，當時那條路，還不是一條重要幹路，所以，只有十六呎闊，橋拱的數目，是各橋不一，每拱大概是十九呎長，拱下是用四根橋柱，壓頂(cap)是10"×12"徑 18'長，橫枕木 (Stringer)是 4"×12" 的木料，橋板則3"×8"的平板。所有的木料，除橋板外，其餘都先用壓力每呎加十二磅蒸木油(Creosote) 來防腐。

市面漸漸的興盛了，經過的車輛也大增特增，所以路也改造了，本來沿途的橋，都預備重造一下，但是因爲重造，必使交通阻斷，左近又沒有相當的大路，可以代替，所以經過好多的考慮，結果還是將所有的木橋都放闊的好。

放闊木橋的唯一目的，是在乎一面改造，一面仍可以維持交通。所以加新橋柱，換長壓頂，勢所不能，後來經過工程師蔣白納 John E Blair 的設計，才決定用下面放闊放的方法。

第一步先將舊壓頂的兩頭，刻一二吋方洞，然後再加三呎長的新壓頂，接在舊壓頂的兩頭，在接的兩邊，用 4"×12" 徑四呎長的鐵板，將牠們夾住，鐵板的每邊，再釘上三個一吋徑的帽釘。在新接壓頂的極端和橋柱上，更釘上撐子 (Sway Brace)，撐住新壓頂。撐子和橋柱上所釘的帽釘，是受單剪力，因爲要增加穩固起見，在二個撐子中間，再加上一根橫木料，壓住撐子，輕輕的釘入橋柱裏。新添的木料，除塗上熱的蒸木油外，外面再加上一層地瀝青，所有的帽釘，下邊都襯上一個襯圈，照這樣做法，放長壓頂工作，才算完結。

在已經放長壓頂的兩邊，一邊再加上一根 4"×12" 新橫枕木。在新橫枕木加上之後，就開始更換新橋板。換的方法，是先將3"×8"的舊橋板撬出，再將 2"×4"徑 22' 長的新橋板插進，取下一塊，換上一塊，照這樣做下去，車輛仍可以通行無阻。不過在事實上，廿二呎長的新橋板，倘使堆在地上，一塊一塊的從旁邊插上去，非常不便，所以只得將牠們堆在橋的兩旁，乘沒有車子走的時候再搖一塊插一塊進去。新橋板中間，要用梢子將牠們梢好，有時候更要將橋板和橫枕木用釘釘牢。

壓頂加長了，橫枕木添上了，新橋板舖好了，上面再上一層地瀝青油，油加好了，那末放闊的工作，也算完成了。

混凝土建築之監工撮要

唐允文　張宗安

卅餘年來混凝土因其澆拌之便利，且能凝成任何形狀大小之建築物，已成爲最有用最重要之建築材料。綜觀滬上近年來之偉大建築，莫不以此爲材料矣。然其監工之困難，往往常須富有經驗之人，蒞場監視，否則每多偷工減料而致減少建築物之壽命。建築物自廿二層大廈起，以至私人住宅等等，每等建築物之大小不同，而欲求一對于各等建築物咸能深明熟悉之監工者，自非易事。然任何混凝土建築不外四種步驟，若能分工合作，每種步驟訓練相當人材，使其對於此段工程特別熟悉，則不論何種工程，咸能應付自如矣。

一　揀料

水門汀——須儲在乾燥而清潔之棚內，監工者當檢視之，因包工者往往隨意堆於地上，或僅蓋以油布，一經微雨即受潮濕，以致減少其凝固力。甚至將市上劣貨，改換標識而欺騙吾人，故監工者尤不可不留意之。總之，水門汀以細潔及凝結力强，而不受潮氣者爲宜。

黄沙——應揀大小相宜，清潔，堅固爲佳，但粒子不宜光圓，對于粒子之大小，另有規定，總以含孔率愈小愈好。

石子——或用碎石子，或用卵石，總以堅固而大小相勻者爲宜。

鋼條——普通所用者，均爲竹節鋼，自二分起至一吋半止，每條約長四十尺，質之優者，能灣曲再灣直而不顯裂痕，總之所用鋼質之優劣，自有合同上規定之，監工者祇須檢查與合同上所標明者是否相同。

二 混拌

在規定混凝土成份之後，需先定量料之法，或按重量，或按容量，普通皆以一立方呎之量斗量之。未量之先，須檢查量斗是否準確，因工場中之惡習，量斗每多夾底，故量時宜量其內邊，是否每邊均足尺寸。量斗雖準，但量時所裝材料之鬆緊，亦頗多進出，雖每斗爲數不多，然于較大之工程，已頗可觀矣。對于黃沙及石子，因價值稍廉，故弊病尙少，但在拌和時，仍應注意，每次拌時，份量不宜過多，水宜清潔而份量適當，拌時以黃沙及石子之各面均塗水泥漿爲止。在目今之巨大工程中，每多以機器拌和，在此機器中，各種材料均能自動供給，祇須在拌前校準後，自無問題，但拌攪之時間，亦以稍長爲宜，此外對於材料之加入亦當時時留意焉。

至此監工者當檢查木壳，是否處處與藍圖上相同，而木料不宜有洞，裂縫或木節等弊病。樓板柱子及過樑之木壳，尤宜注意所撐木架，是否能承受澆後混凝土之重量，往往木壳受重後，即行鬆下，使所澆之物走樣，此須注意焉。

三 紮鐵

混凝土之拉力全依賴鋼條，苟鋼條放置不得其當，則混凝土之能力減少。故在澆混凝土前，鋼條之放置不可不注意之。監工者，當先檢視所用之鋼條，是否與合同上所注明者相符；同時須注意：是否生銹，或有其他弊病，對于兩根相接處，尤當注意所接長度是否合格而緊紮，並當禁止焊接等不合法之接荀。當鋼條放入木壳時，監工者當監視所用尺寸及數量，是否與圖樣相符，尤其大工程中，往往因監工者之疏忽，而包工者能偷去數噸之鋼條，雖工程完竣後，一時可無問題，但對于建築物之預計壽命，不無影響。六七年前，滬上唐家灣小菜場之拼毀，亦因監工時之疏忽，偷工減料以致釀成巨大慘災，監工者不可不注意焉。

四 澆土

當木壳製就鋼條放入後，卽應預備澆入混凝土，此時監工者應特別留意，當材料傾入拌和器之前，監工者卽當檢視成份是否正確，而拌時應計算時間是否適當，（此點爲包工者。所最易犯者，因包工者希望工程愈快愈好）在混凝土澆入木壳前，當檢視木壳是否清潔，並宜以水澆過，而澆土時須注意各種灣角處，鋼條之間，以及新舊工程接合處。而工人之疏忽，亦常使已成之工程毀壞，保護新澆成之混凝土，亦爲監工者之責職。在炎暑嚴寒狂風暴雨時，尤應注意，勿使已成之工程毀諸一旦，在熱度過高時，混凝土中之水份，每易蒸發，使水門汀不能完全化合，因而減少其凝固力；故在天熱時，新澆混凝土宜常澆水，並當遮蓋以避陽光之直接射入。當溫度減低時水份冰結，亦可毀壞，普通多生火、加蓋以增高溫度，或水中加食鹽、綠化鈣、水素石灰等等，以減低其冰點。所加食鹽之份量，約爲水重之百分之一時，可減低冰點一度（華氏）；但不能超過百分之十二，否則對于混凝土之力量上，有所影響。混凝土未凝固前，頗易受風力及雨點之毀壞，故當狂風暴雨時，監工應保護其工程而不使毀壞。至于木壳拆除之時間，又爲重大之問題，往往因拆壳過早，而全部毀壞。總之，監工者須處處往後着想，不可貪一時之苟安，而釀成將來之禍患。

以上種種，乃日常搜集報紙書籍而成，至于工場中之實在情形因限于經驗，倘新先輩前進有所指正之。

沙中水份之迅捷決定法

潘 維 燿

倘準確工具與圖表聯合應用
則工作時間需要不到一分鐘

在混合土工廠內已成習俗，去詳說所用混合土中之水與水泥之比率；如同詳說其他物質的質量與物體特性一樣。在沙與石中之水總量是天天或時時變化。於業務上，在沙與石之中，必須含有定量的水；因欲使能規定另加水份的數量，此量是使總得量至適當總整數。

此所加之水量的規定，需要偶然的或習常的決定在沙與石所收之水量。在石中之水量不若在沙中水量變化之廣。所以試驗沙中水份須更多時間比諸試驗石中之水份，而有時候這也貢獻一種重要的問題。

必須決定比重

於指定一種沙樣中水量之決定，沒有什麼別的應用需要，但不過是用老而易懂的原理。其第一必須決定在平常乾燥狀態下之正確比重——這就是說在質體面上無水而已，但並非連質體內之水，亦須熏乾。

沙之比重知道之後，便很容易在空中衡一濕的樣子沙，於是再於水中衡之；由這二種重量中之差數可決定在試樣沙中之水的百分率。做此工作並無新的原理，但不過這方法是太慢而太費時間。

用器與標樣

減少這工作之最便方法之一，而在短時間內能夠決定其水份者，即在此述其大要。其迅速法是憑用一不變大小的容量器，又能有注滿水的重量，如此可使水之總體積與他物質在器內相同。量過器之重量，因常欲衡試樣物質後，再衡此含水的同樣物質。此二種衡量供給一切計算水之百分率所需之報告，倘若比重已知道。這方法可更使簡便，若試物在平時狀態之重量在每比率中取相等數目。當這些情形皆週到，可預作一紙圖表，作爲參考，在這裏水份的百分率可即刻得到，與查得容試物之容器重量一樣的迅速。此類圖在此有例證。

圖表之舉例

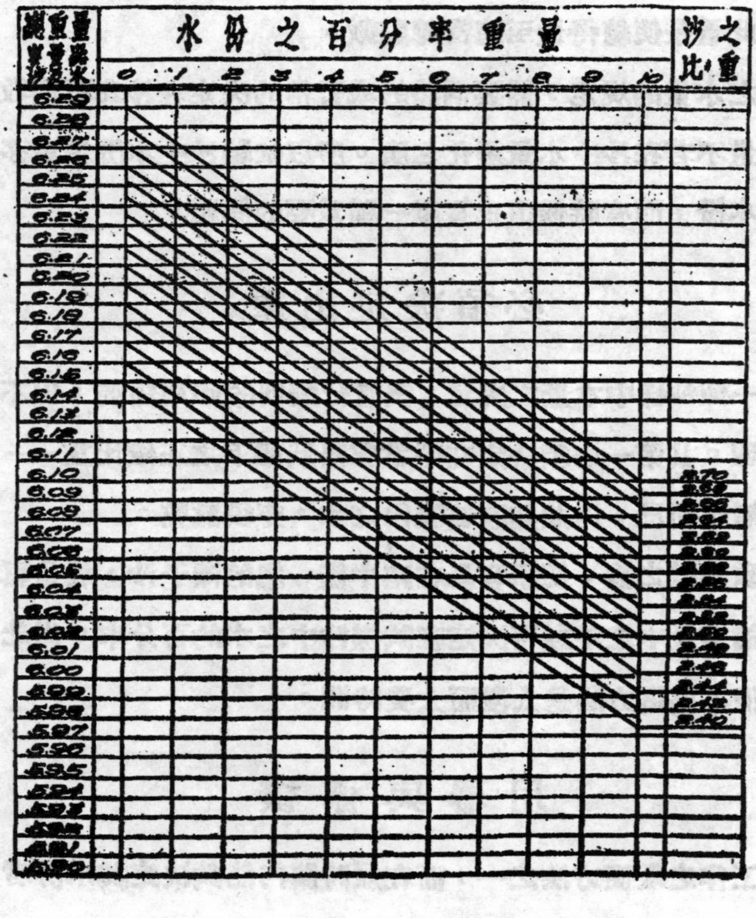

這是為一種相合鋁壺及密蓋而成的容器設備，其形式是注滿水蓋住之後，內邊完全是水，外邊所餘下之水即拭去。其第一個步驟是注水入器，放蓋於其上，拭去餘水而衡之。在此產生的圖表，乃由一滿水容器依法衡得四·四磅製成。體積的成份是不重要的，但須足夠使能裝試沙的大小，在目前容器之大小可裝三磅沙，又予以注水的大空間。

注滿水之容器重量被決定之後，第二個步驟，是晒乾試沙至標準狀態，以期決定牠的比重，及衡出正確之沙量。在此產生之圖表乃用正確的試沙三磅。此三磅於是放入器內，用水注滿，留心注意沙之濕透與否，或者先注水而後放沙入內，如此可保證沙已濕透而無空氣泡在內。於是放上蓋頭，拭去餘水，沙與水一同衡之。

用圖表之舉例說明

普通比重所用之沙，其沙水與容器之重量，在這些情形下，將於6.15與6.29之間。最便利變得那重量是在磅數或百分之磅數量，這是經縮尺製就。試沙及水之重量在圖表之左柱找獲。這圖裏又指示出一斜線由左邊向右邊。隨這斜線由左邊之沙重量至右邊，比重即在右邊柱找得。如舉例：連水與容器之重量為6.20磅，比重即2.50，倘所用沙之比重在實際上是不變的，那末可很快的用圖表決定，及衡二次試樣，得知其水份若干，其方法如下。

方　　法

先衡三磅沙以試驗。放入容器內，注以水，將沙攪動。於是放上蓋頭，拭去餘水。衡此試樣。找這重量於圖表之左柱。由此左柱處隨水平線至右邊，直至相交由右邊來之比重斜線。此交點之柱頂上數目，即為此沙所含之水份。舉例：假如比重是2.50，水和沙之重量是6.13磅。在沙中之水量所以是百份之四重量，所加之水份已能依此百分率改正。

所費時間在作此決定所需是，衡三磅平時狀態試驗物質，放入器內，滿注以水；又衡之，查諸表上。所以很可能使一精細的人，作此工作少於一分鐘，倘他預備適用天秤及施行工作很快的器皿，及適合所用材料的圖表。這裏所用之確實圖表 只用於容器注水後4.4磅之重量。無甚困難的，在得一適當容器其重量略少於此，而加以足夠的容量使增至4.4磅。如此則這裏的圖表仍可不經改變而應用。

實際上一切小規模工廠皆可預備供用衡量，小而便宜的天秤。所以這方法對於任何人有益，不必由特別工廠購買器具。倘欲工作較三磅更大的試驗物質，須用一個較大的容器，及預備一同樣的圖表。

註：本文譯自Concrete Vol. 42 No. 4

水泥之粗細影響於混凝土強度之新討論

巢慶臨

工程界於計劃混凝土時，對於水泥凝結之快慢，時有討論，然對於水泥之粗細，則鮮有注意，實則通過第二百號篩子之水泥，其細度如何與混凝土之强弱，有莫大關係耳。

一九三〇年，經亞培倫斯教授研究結果，知同樣水泥石塊磨成細粒後，其通過第二百號篩子之百分率，相差自百分之八十至百分之九十五·六，而水泥之細度每增百分之一份，其强度亦必增加，下表為其試驗之結果：

混凝土之時日	水泥細度每增百分之一份所增加於混凝土强度之百分率
一日	百分之二·八
二日	百分之三·三
三日	百分之三·〇
七日	百分之二·四
二十八日	百分之一·七
三月	百分之一·七
一年	百分之一·三

於此可見水泥粒愈粗，則愈減少其與水之化合作用。若以通過第二百號篩子之水泥，其細度爲百分之八十七者製造混凝土，則每方吋可受壓力二千磅，今若代以細度百分之九十二之同樣水泥製造混凝土，則每方吋可受二千五百磅。故一能受三千磅壓力之柱子，若用百分之九十二之水泥替代百分之八十七之水泥，即可以受三千三百七十五磅之壓力。

以上二種混凝土强度之比較，皆係於水泥凝結後七日試驗之結果，若試驗之時日更早，其相差當更大，若試驗之時日較遲，其强度之相差可略少，然其相差數仍顯著也。且更可注意者，卽所用水泥愈細，其所需水量卽可減少，而水泥工作效能則仍無變動也。

但，水泥之粗細，須有一定之限度；尋常約在百分之九十四與九十七之間，此乃依照水泥本身之化學成份而言。若超過此規定限度，則水泥與水之化合力甚大，必儘量吸收空中潮氣，凝結極速，殊不便於工作耳。現時混凝土於凝結後之七日，卽可受每方吋三千磅之壓力；然於一九二八年以前，未所聞也，此實水泥粗細之影響也。

水泥之細度，若由百分之八十七增至百分之九十二，亞培倫斯教授(Prof. Abrams)之公式$\frac{14,000}{7x}$可以改作$\frac{14,000}{6x}$（x＝用水率)。近年來對於百分之九十一之水泥所用之公式爲$\frac{30,000}{\text{gals. per sack}}-1,700$，而亞培倫斯教授依一九二八年水泥細度之公式則爲$\frac{27,700}{\text{gals. per sack}}-1,700$，惟照現時試驗之結果，此公式又可改爲$\frac{33,000}{\text{gals. per sack}}-1,700$矣，蓋皆受利於水泥細度之增加也。

註：本文譯自"Concrete" Volume 41, No. 6.

建築上窗的研究

張壽昌

空氣和日光，對於人們在日常生活中，發生關係可說最爲密切。我們不能脫離空氣而生存，但是也只有新鮮的淸潔的空氣供我們呼吸，才有能使人身體健强的效力；我們可以暫避日光的直射而生存，但是不常受日光的照着，身體便不健康，因爲日光有殺滅細菌的能力，人們的生活旣然大半在房屋內，所以窗在建築上雖然是附屬品，確有研究的價值，因爲窗可以通空氣而透日光，中國式的建築未嘗不富麗，堂皇，宏大，寬敞；旣堅固，又美麗；但進內，就覺得潮濕陰暗；給與我們身心上不快的感覺，最大的原因，就因爲缺乏窗戶，光線不充足；所以我們研究建築的就不能忽略這一點。

窗的佈置方法：窗的位置直接影響于光線的來源和性質，我們有下列幾椿關于光線的來源和性質的要點：

(一)光線需要充足；

(二)光線的來源須連續不斷；

(三)光線的散佈須整個室內都佔滿着；

(四)窗堂的位置宜避免日光的直射光線而使之成反射光線；

窗的高度：光線射入室內最好成六十度的角度，假使窗祇開在一面牆壁上，欲使全室都散佈有充足光線，那麽房屋的深度須不能超過窗的高度三倍，倘若二邊牆壁上都開着窗那麽它的高度，也不能少于房屋深度的四分之一。

窗的面積：光線從窗堂射入處的面積大小，我們須根據房間的深度，高度，窗的位置和玻璃的質料和顏色而定，普通學校工廠等公共建築物須不能少于地板面積百分之二十五；在普通的一般建築，我們常常設計窗的面積照室內地面的面積百分之五十至六十。

窗的種類：窗的種類我們根據質料有木窗，紗窗，鋁窗，鋼窗等，若是照牠的構造我們有三種：(一)固定窗架。(二)活動窗架。(三)樞紐窗架。

木窗：這是最普通的一種窗戶，牠的構造有兩種，一種是木窗架子內配着玻璃的，一種完全是木頭一條一條釘在木架上，可以上下推動的百葉窗，總之，木窗因為價廉所以很普通的用着。

紗窗：這種窗子在夏天最適用，因為牠可以流通空氣兼能阻止蚊蟲的進內。

鋁窗：這種窗子是應用於很考究的建築上，如因牠的美觀就用着在美術的建築上；有時因牠輕，就用着在飛機，飛船，軍艦和高的建築物上。

鋼窗：這是建築上二十世紀的新時代產物，用科學的方法製成，新時代和較高的建築都採用鋼窗，來代替木窗，牠的質地很堅固，雖經風雨的侵蝕也不容易損壞，並且可增加建築的觀瞻，和避免因街道上車馬行動而發生的震頭。

活動窗架又有單扇活動和雙扇活動的分別，牠的構造是窗架裏裝置着一付滑車，一端用一個重錘平衡着，我們用力拉動，由滑車的轉動，窗就能上下活動了。

樞紐窗架的活動，完全靠牠的一邊上下兩端裝置着的樞紐轉動。

窗的玻璃：玻璃能傳透光線，我們除去利用窗的高度面積和位置外，我們更可利用玻璃，使全室都散佈着光線，散光玻璃是最適用于建築上的，從這種玻璃上射入的光線能擴大，使光線分佈全室。

混凝土對於木壳之壓力

王 倦 政

關於木殼所受之側壓力論斷紛歧，美人 ShunK 之"木殼壓力論"則不合實際應用，蓋其所計算出之壓力，往往超出事實多多，近有 Smith 之公式頗饒興趣茲錄之于下：

影響于側壓力之因素有：——

(a) 壓力與傾入之速度成正比。

(b) 混凝土傾入愈多則壳子所受壓力亦稍增。

(c) 壓力與混凝土內水泥成分之多寡成正比。

(d) 壓力與溫度成反比。

(e) 混凝土之重量變化在 Smith 公式中未計及悉以每立方呎 150 磅計算，然壓力當與密度成正比。

在普通溫度之下混凝土30分鐘內即開始凝固，斯時壓力亦最大而此混凝土之深度特名為"head of concrete"公式中用"H"表之"R"為每點鐘混凝土傾入之深度謂之"rate of vertical fill"然則 $H=\frac{1}{2}R$，但氣溫低時及均匀之攪拌時 $H=\frac{3}{4}R$

Smith 之公式為：——

$$P=H^{0.2}R^{0.3}+0.12C-0.3S$$

P……………………側壓力，之總量單位用 磅/平方吋

H……………………混凝土之深度

C……………………為一定數等于 $100\times\frac{\text{水泥體積}}{\text{石子體積}}$

S……………………混凝土在某高度處跌落所經過之吋數。

"C"及"S"皆可用整數計，錯誤極小，如在1：1½：3之混凝土中C=22.2可改為C=22

為便利起見$H^{0.2}$及$R^{0.3}$之數值如下表：——

H	$H^{0.2}$	R.	$R^{0.3}$
2	1.15	2	1.23
3	1.25	3	1.39
4	1.32	4	1.52
5	1.38	5	2.62
6	1.43	6	1.71
7	1.48	7	1.79
8	1.52	8	1.87

今舉二例以明之：

例一，　設有一牆其傾入速度為每小時4½呎混合量為1：2：4 陷落為8吋

即　R=4½　，　C=162/3　，　S=8　；　又設當時拌攪溫度為　50°F

故　H=¾R=3½　呎

從上表得　$H^{0.2}$=1.28　，　$R^{0.3}$=1.57

代入公式：——

$$P=(1.28\times1.57)+(0.12\times162/3)-(0.3\times8)$$

P=1.61磅/平方吋

或　P=232 磅/平方呎

設混凝土在30分鐘內即開始凝固則 H=½R 又若 S=3 吋

則　P=425 磅/平方呎

例二， 有一混凝土柱 12 呎高，于20分鐘内注滿，則 $R=36$ 呎，$H=12$ 呎

設成分為 1:2:3，陷落 =6吋 則 $C=20$，$S=6$ 從對數表求得

$H^{0.2}=1.64$， $R^{0.3}=2.93$

代入公式：——

$$P=(1.64\times2.93)+(0.12\times20)-(0.3\times6)$$

$P=5.40$ 磅/平方吋

或 $P=778$ 磅/平方呎

下表將 Smith 及 Shunk 二氏所得結果作一對照

傾入速度 (呎/時)	壓力 (Smith公式) (磅/平方呎)			壓力(Shunk 圖) (磅/平方呎)	
	陷落 = 3 吋	陷落 = 6 吋	陷落 = 9 吋	70°F	50°F
2	350	220	90	560	690
3	395	265	135	720	900
4	430	300	175	870	1,110
5	465	335	205	1,000	1,300
6	490	365	235	1,100	1,460
7	515	390	260	1,180	1,600
8	545	415	285	1,230	1,720

〔附 用 Smith 公式所得之値乃令 $H=\frac{2}{3}R$，混合成分為 1:2:4，密度為 150磅/立方呎

附　　錄

引　　言

本校土木系教本多採自英美兩國，度量衡制亦沿用英制，惟吾國已實行劃一度量衡制，同學一旦離校，服務社會，每感換算折合之麻煩，而匆促間尤易生錯誤。玆已得金主任之贊助，自下學期起所有平面測量及鐵道測量均改用公尺制，以適實用。本刊爲便利同學換算起見，爰特將各種實用表格逐期刊載，以便隨時撿閱，而已畢業之同學當亦所歡迎也。

一. 實用度量衡中公英制折合表

長 度

公分	1	100.00		33.333		34.000	32.000		2.5400	30.480		
公尺	0.0100	1	1000.0	0.3333	500.00	0.3400	0.3200	576.00		0.3048	0.9144	1609.3
公里		0.0010	1		0.5000			0.5760				1.6093
市尺	0.0300	3.0000	3000.0	1	1500.0	1.0200	0.9600	1728.0	0.0762	0.9144	2.7432	4828.0
市里			2.0000		1			1.1520				3.2187
灘尺(營班)	0.0294	2.9412	2941.2	0.9804	1470.6	1	0.9412	1694.1	0.0747	0.8965		4733.4
營造尺	0.0313	3.1250	3125.0	1.0417	1562.5	1.0625	1	1800,0	0.0794	0.9525	2.8575	5029.2
里(營)			1.7361		0.8681			1				2.7940
英寸	0.3937	39.370		13.123		13.386	12.598		1	12.000	36.000	
英尺	0.0328	3.2808	3280.8	1.0936	1640.0	1.1155	1.0499	1889.8	0.0833	1	3.0000	5280.0
碼		1.0936	1093.6	0.3645	546.68	0.3718	0.3500	629.92	0.0278	0.3333	1	1760.0
英里			0.6214		0.3107			0.3579				1

體 積

立方公分	1						16.387				
立方公尺 即　公　方		1	0.0370	3.7037	0.0328	3.2768		0.0024	0.0283	0.7646	2.8317
立方市尺		27.000	1	100.00	0.8847	88.474		0.0637	0.7646	20.643	76.455
立　市　方		0.2700	0.0100	1	0.0089	0.8847			0.0077	0.2064	0.7646
立方營造尺		30.518	1.1303	113.03	1	100.00		0.0720	0.8642	23.332	86.416
立營造方		0.3052	0.0113	1.1303	0.0100	1			0.0086	0.2333	0.8642
立方英寸	0.0610						1	144.00	1728.0	46656	
板　　尺		423.77	15.696	1569.6	13.885	1388.5	0.0069	1	12.000	324.00	1200.0
立方英尺		35.315	1.3079	130.79	1.1572	115.72		0.0833	1	27.000	100.00
立　方　碼		1.3079	0.0484	4.8441	0.0429	4.2859			0.0370	1	3.7037
英　　方		0.3531	0.0131	1.3079	0.0116	1.1572			0.0100	0.2700	1

重　量

公分(格蘭姆)	1	1000.0		31.250	500.00		37.301	598.82	59682	28.350	453.58		
公斤	0.0010	1	1000.0		0.5000	500.00	0.0373	0.5968	59.682		0.4536	907.19	1016.1
公噸		0.0010	1			0.5000			0.0597			0.9072	1.0161
市兩	0.0320	32.000	32000	1	16.000	16000	1.1936	19.098	1909.8	0.9072	14.515	29030	32514
市斤	0.0020	2.0000	2000.0	0.0625	1	100.00	0.0746	1.1936	119.36		0.9072	1814.4	2032.1
市担		0.0200	20.000		0.0100	1		0.0119	1.1936			18.144	20.321
兩（庫）	0.0268	26.809	29810	0.8378	13.405	1340.5	1	16.000	1600.0	0.7600	12.160	24320	27240
斤（庫）		1.6756	1675.6		0.8378	83.778	0.0625	1	100.00	0.0475	0.7600	1520.0	17025
担（兩）		0.0168	16.756			0.8378		0.0100	1		0.0076	15.200	17.025
英兩（盎斯）	0.0353	35.274	35274	1.1023	17.637	1763.7	1.3158	21.053	2103.8	1	16.000	32000	35840
磅		2.2046	2204.6		1.1023	110.23	0.0822	1.3158	131.49	0.0625	1	2000.0	2240.0
美噸（輕噸）			1.1023			0.0551			0.0658			1	1.1200
英噸（重噸）			0.9842			0.0492			0.0587			0.8929	1

容　量

立方公尺	1	0.0010							
公升即市升	1000.0	1	37.037	32.768	1.0354	0.0164	283.17	3.7854	4.5437
立方市尺	27.000	0.0270	1		0.0280			0.1022	0.1227
立方營造尺	30.518	0.0305		1	0.0316			0.1155	0.1387
升　（營）	965.75	0.9658	35.769	31.646	1	0.0158	27.349	3.6558	4.3878
立方英寸		61.030			63.186	1		231.00	277.27
立方英尺		0.0035			0.0366		1	0.1338	0.1605
美升(加侖)	264.20	0.2642	9.7841	8.6564	0.2735	0.0043	7.4805	1	1.2001
英升(加侖)	220.09	0.2201	8.1515	7.2119	0.2278	0.0036	6.2320	0.8331	1

積

			6.4516	9290.3	8361.8			
614.40	61440			0.0929	0.8361	9.2900	4046.7	
6.1440	614.40	3317.8			0.0084		40.467	25900
0.0614	6.1440	33.178					0.4047	259.00
	0.0614	0.3318						2.5990
5529.6				0.8361	7.5251	83.613	36430	
55.296	5529.6	29860		0.0083	0.0753	0.8361	364.30	
0.9216	92.160	497.67					6.0716	3885.0
0.0092	0.9216	4.9767					0.0607	38.850
	0.2458	1.3271						10.360
6000.0				0.9073	8.1653	90.725	39518	
60.000	6000.0	32401		0.0091	0.0817	0.9073	395.18	
1	100.00	540.01					6.5864	4215.5
0.0100	1	54.001					0.0659	42.155
	0.1852	1						7.8064
			1	144.00	1296.0		627.26	
6613.2			0.0069	1	9.0000	100.00	4.3560	
734.82	72482			0.1111	1	11.111	4840.0	
66.132	6613.2			0.0100	0.0900	1	435.60	
0.1518	15.182	81.984				0.0025	1	640.00
	0.0237	0.1281					0.0016	1

力 度

公斤每公尺	1	1.4881
磅每英尺	0.6720	1

公斤每平方公尺	1	703.25	4.8828
磅每平方英寸	0.0014	1	0.0069
磅每平方英尺	0.2048	144.00	1

公斤每立方公尺	1	2768.0	16.017
磅每立方英寸		1	
磅每立方英尺	0.0624	1728.0	1

平方公分	1	10000				1111.1					1024.0	
平方公尺 即公方	0.0001	1	100.00	10000		0.1111	11.111	666.67	66667		0.1024	10.240
公畝		0.0100	1	100.00	10000		0.1111	6.6667	666.67	2500.0		0.1024
公頃		0.0001	0.0100	1	100.00			0.0667	6.6667	25.000		
平方公里			0.0001	0.0100	1				0.0667	0.2500		
平方市尺	0.0009	9.0000	900.00	90000		1	100.00	6000.0			0.9216	92.160
市方		0.0900	9.0000	900.00	90000	0.0100	1	60.000	6000.0	22500	0.0092	0.9216
市畝		0.0015	0.1500	15.000	1500.0		0.0167	1	100.00	375.00		0.0154
市頃			0.0015	0.1500	15.009			0.0100	1	3.7500		
平方市里			0.0004	0.0400	4.0000				0.2667	1		
平方營造尺		9.7656	976.56	97656		1.0851	108.51	6510.6		24415	1	100.00
營造方		0.0977	9.7656	976.56	97656	0.0109	1.0851	65.106	6510.6	244.15	0.0100	1
畝(營)			0.1628	16.276	1627.6		0.0131	1.0851	108.51	406.91		0.0167
頃(營)			0.0016	0.1628	16.276			0.0109	1.0851	4.0691		
平方里(營)				0.0301	3.0141				0.2010	0.7535		
平方英寸	0.1550	1550.0				172.22	17249				158.72	15872
平方英尺		10.764	1076.4			1.1960	119.60	7176.0			1.1022	110.22
平方碼		1.1960	119.60	11960		0.1329	13.2[illegible]9	797.33	79733		0.1225	12.247
英方		0.1076	10.764	1076.4		0.0120	1.1960	71.760	7176.0	26910	0.0110	1.1022
英畝			0.0247	2.4712	247.12			0.1647	16.474	6.1779		
平方英里				0.0039	0.3861				0.0257	0.0965		

二. 定圓周形曲線之偏角表

0°—20'				0°—30'				0°—40'			
弦	偏	角		弦	偏	角		弦	偏	角	
公尺	度	分	秒	公尺	度	分	秒	公尺	度	分	秒
1			30	1			45	1		1	00
2		1	00	2		1	30	2		2	00
3		1	30	3		2	15	3		3	00
4		2	00	4		3	00	4		4	00
5		2	30	5		3	45	5		5	00
6		3	00	6		4	30	6		6	00
7		3	30	7		5	15	7		7	00
8		4	00	8		6	00	8		8	00
9		4	30	9		6	45	9		9	00
10		5	00	10		7	30	10		10	00
11		5	30	11		8	15	11		11	00
12		6	00	12		9	00	12		12	00
13		6	30	13		9	45	13		13	00
14		7	00	14		10	30	14		14	00
15		7	30	15		11	15	15		15	00
16		8	00	16		12	00	16		16	00
17		8	30	17		12	45	17		17	00
18		9	00	18		13	30	18		18	00
19		9	30	19		14	15	19		19	00
20		10	00	20		15	00	20		20	00

0°—50′				1°—00′				1°—10′			
弦	偏		角	弦	偏		角	弦	偏		角
公尺	度	分	秒	公尺	度	分	秒	公尺	度	分	秒
1		1	15	1		1	30	1		1	45
2		2	30	2		3	00	2		3	30
3		3	45	3		4	30	3		5	15
4		5	00	4		6	00	4		7	00
5		6	15	5		7	30	5		8	45
6		7	30	6		9	00	6		10	30
7		8	45	7		10	30	7		12	15
8		10	00	8		12	00	8		14	00
9		11	15	9		13	30	9		15	45
10		12	30	10		15	00	10		17	30
11		13	45	11		16	30	11		19	15
12		15	00	12		18	00	12		21	00
13		16	15	13		19	30	13		22	45
14		17	30	14		21	00	14		24	30
15		18	45	15		22	30	15		26	15
16		20	00	16		24	00	16		28	00
17		21	15	17		25	30	17		29	45
18		22	30	18		27	00	18		31	30
19		23	45	19		28	30	19		33	15
20		25	00	20		30	00	20		35	00

$1^0—20'$				$1^0—30'$				$1^0—40'$			
弦	偏		角	弦	偏		角	弦	偏		角
公尺	度	分	秒	公尺	度	分	秒	公尺	度	分	秒
1		2	00	1		2	15	1		2	30
2		4	00	2		4	30	2		5	00
3		6	00	3		6	45	3		7	30
4		8	00	4		9	00	4		10	00
5		10	00	5		11	15	5		12	30
6		12	00	6		13	30	6		15	00
7		14	00	7		15	45	7		17	30
8		16	00	8		18	00	8		20	00
9		18	00	9		20	15	9		22	30
10		20	00	10		22	30	10		25	00
11		22	00	11		24	45	11		27	30
12		24	00	12		27	00	12		30	00
13		26	00	13		29	15	13		32	30
14		28	00	14		31	30	14		35	00
15		30	00	15		33	45	15		37	30
16		32	00	16		36	00	16		40	00
17		34	00	17		38	15	17		42	30
18		36	00	18		40	30	18		45	00
19		38	00	19		42	45	19		47	30
20		40	00	20		45	00	20		50	00

1°—50′				2°—00′				2°—10′			
弦	偏		角	弦	偏		角	弦	偏		角
公尺	度	分	秒	公尺	度	分	秒	公尺	度	分	秒
1		2	45	1		3	00	1		3	15
2		5	30	2		6	00	2		6	30
3		8	15	3		9	00	3		9	45
4		11	00	4		12	00	4		13	00
5		13	45	5		15	00	5		16	15
6		16	30	6		18	00	6		19	30
7		19	15	7		21	00	7		22	45
8		22	00	8		24	00	8		26	00
9		24	45	9		27	00	9		29	15
10		27	30	10		30	00	10		32	30
11		30	15	11		33	00	11		35	45
12		33	00	12		36	00	12		39	00
13		35	45	13		39	00	13		42	15
14		38	30	14		42	00	14		45	30
15		41	15	15		45	00	15		48	45
16		44	00	16		48	00	16		52	00
17		46	45	17		51	00	17		55	15
18		49	30	18		54	00	18		58	30
19		52	15	19		57	00	19	1	1	45
20		55	00	20	1	00	00	20	1	5	00

2°—20′				2°—30′				2°—40′			
弦	偏		角	弦	偏		角	弦	偏		角
公尺	度	分	秒	公尺	度	分	秒	公尺	度	分	秒
1		3	30	1		3	45	1		4	00
2		7	00	2		7	30	2		8	00
3		10	30	3		11	15	3		12	00
4		14	00	4		15	00	4		16	00
5		17	30	5		18	45	5		20	00
6		21	00	6		22	30	6		24	00
7		24	30	7		26	15	7		28	00
8		28	00	8		30	00	8		32	00
9		31	30	9		33	45	9		36	00
10		35	00	10		37	30	10		40	00
11		38	30	11		41	15	11		44	00
12		42	00	12		45	00	12		48	00
13		45	30	13		48	45	13		52	00
14		49	00	14		52	30	14		56	00
15		52	30	15		56	15	15	1	00	00
16		56	00	16	1	00	00	16	1	4	00
17		59	30	17	1	3	45	17	1	8	00
18	1	3	00	18	1	7	30	18	1	12	00
19	1	6	30	19	1	11	15	19	1	16	00
20	1	10	00	20	1	15	00	20	1	20	00

2°—50′				3°—00′				3°—10′			
弦	偏		角	弦	偏		角	弦	偏		角
公尺	度	分	秒	公尺	度	分	秒	公尺	度	分	秒
1		4	15	1		4	30	1		4	45
2		8	30	2		9	00	2		9	30
3		12	45	3		13	30	3		14	15
4		17	00	4		18	00	4		19	00
5		21	15	5		22	30	5		23	45
6		25	30	6		27	00	6		28	30
7		29	45	7		31	30	7		33	15
8		34	00	8		36	00	8		38	00
9		38	15	9		40	30	9		42	45
10		42	30	10		45	00	10		47	30
11		46	45	11		49	30	11		52	15
12		51	00	12		54	00	12		57	00
13		55	15	13		58	30	13	1	1	45
14		59	30	14	1	3	00	14	1	6	30
15	1	3	45	15	1	7	30	15	1	11	15
16	1	8	00	16	1	12	00	16	1	16	00
17	1	12	15	17	1	16	30	17	1	20	45
18	1	16	30	18	1	21	00	18	1	25	30
19	1	20	45	19	1	25	30	19	1	30	15
20	1	25	00	20	1	30	00	20	1	35	00

3°—20'				3°—30'				3°—40'			
弦	偏		角	弦	偏		角	弦	偏		角
公尺	度	分	秒	公尺	度	分	秒	公尺	度	分	秒
1		5	00	1		5	15	1		5	30
2		10	00	2		10	30	2		11	00
3		15	00	3		15	45	3		16	30
4		20	00	4		21	00	4		22	00
5		25	00	5		26	15	5		27	30
6		30	00	6		31	30	6		33	00
7		35	00	7		36	45	7		38	30
8		40	00	8		42	00	8		44	00
9		45	00	9		47	15	9		49	30
10		50	00	10		52	30	10		55	00
11		55	00	11		57	45	11	1	0	30
12	1	00	00	12	1	3	00	12	1	6	00
13	1	5	00	13	1	8	15	13	1	11	30
14	1	10	00	14	1	13	30	14	1	17	00
15	1	15	00	15	1	18	45	15	1	22	30
16	1	20	00	16	1	24	00	16	1	28	00
17	1	25	00	17	1	29	15	17	1	33	30
18	1	30	00	18	1	34	30	18	1	39	00
19	1	35	00	19	1	39	45	19	1	44	30
20	1	40	00	20	1	45	00	20	1	50	00

3°—50′				4°—00′				4°—10′			
弦	偏		角	弦	偏		角	弦	偏		角
公尺	度	分	秒	公尺	度	分	秒	公尺	度	分	秒
1		5	45	1		6	00	1		6	15
2		11	30	2		12	00	2		12	30
3		17	15	3		18	00	3		18	45
4		23	00	4		24	00	4		25	00
5		28	45	5		30	00	5		31	15
6		34	30	6		36	00	6		37	30
7		40	15	7		42	00	7		43	45
8		46	00	8		48	00	8		50	00
9		51	45	9		54	00	9		56	15
10		57	30	10	1	0	00	10	1	2	30
11	1	3	15	11	1	6	00	11	1	8	45
12	1	9	00	12	1	12	00	12	1	15	00
13	1	14	45	13	1	18	00	13	1	21	15
14	1	20	30	14	1	24	00	14	1	27	30
15	1	26	15	15	1	30	00	15	1	33	45
16	1	32	00	16	1	36	00	16	1	40	00
17	1	37	45	17	1	42	00	17	1	46	15
18	1	43	30	18	1	48	00	18	1	52	30
19	1	49	15	19	1	54	00	19	1	58	45
20	1	55	00	20	2	0	00	20	2	5	00

4°—20′				4°—30′				4°—40′			
弦	偏		角	弦	偏		角	弦	偏		角
公尺	度	分	秒	公尺	度	分	秒	公尺	度	分	秒
1		6	30	1		6	45	1		7	00
2		13	00	2		13	30	2		14	00
3		19	30	3		20	15	3		21	00
4		26	00	4		27	00	4		28	00
5		32	30	5		33	45	5		35	00
6		39	00	6		40	30	6		42	00
7		45	30	7		47	15	7		49	00
8		52	00	8		54	00	8		56	00
9		58	30	9	1	0	45	9	1	3	00
10	1	5	00	10	1	7	30	10	1	10	00
11	1	11	30	11	1	14	15	11	1	17	00
12	1	18	00	12	1	21	00	12	1	24	00
13	1	24	30	13	1	27	45	13	1	31	00
14	1	31	00	14	1	34	30	14	1	38	00
15	1	37	30	15	1	41	15	15	1	45	00
16	1	44	00	16	1	48	00	16	1	52	00
17	1	50	30	17	1	54	45	17	1	59	00
18	1	57	00	18	2	1	30	18	2	6	00
19	2	3	30	19	2	8	15	19	2	13	00
30	2	10	00	20	2	15	00	20	2	20	00

$4^{\circ}—50'$				$5^{\circ}—00'$				$5^{\circ}—10'$			
弦	偏		角	弦	偏		角	弦	偏		角
公尺	度	分	秒	公尺	度	分	秒	公尺	度	分	秒
1		7	15	1		7	30	1		7	45
2		14	30	2		15	00	2		15	30
3		21	45	3		22	30	3		23	15
4		29	00	4		30	00	4		31	00
5		36	15	5		37	30	5		38	45
6		43	30	6		45	00	6		46	30
7		50	45	7		52	30	7		54	15
8		58	00	8	1	0	00	8	1	2	00
9	1	5	15	9	1	7	30	9	1	9	45
10	1	12	30	10	1	15	00	10	1	17	30
11	1	19	45	11	1	22	30	11	1	25	15
12	1	27	00	12	1	30	00	12	1	33	00
13	1	34	15	13	1	37	30	13	1	40	45
14	1	41	30	14	1	45	00	14	1	48	30
15	1	48	45	15	1	52	30	15	1	56	15
16	1	56	00	16	2	0	00	16	2	4	00
17	2	3	15	17	2	7	30	17	2	11	45
18	2	10	30	18	2	15	00	18	2	19	30
19	2	17	45	19	2	22	30	19	2	27	15
20	2	25	00	20	2	30	00	20	2	35	00

5°—20′				5°—30′				5°—40′			
弦	偏		角	弦	偏		角	弦	偏		角
公尺	度	分	秒	公尺	度	分	秒	公尺	度	分	秒
1		8	00	1		8	15	1		8	30
2		16	00	2		16	30	2		17	00
3		24	00	3		24	45	3		25	30
4		32	00	4		33	00	4		34	00
5		40	00	5		41	15	5		42	30
6		48	00	6		49	30	6		51	00
7		56	00	7		57	45	7		59	30
8	1	4	00	8	1	6	00	8	1	8	00
9	1	12	00	9	1	14	15	9	1	16	30
10	1	20	00	10	1	22	30	10	1	25	00
11	1	28	00	11	1	30	45	11	1	33	30
12	1	36	00	12	1	39	00	12	1	42	00
13	1	44	00	13	1	47	15	13	1	50	30
14	1	52	00	14	1	55	30	14	1	59	00
15	2	0	00	15	2	3	45	15	2	7	30
16	2	8	00	16	2	12	00	16	2	16	00
17	2	16	00	17	2	20	15	17	2	24	30
18	2	24	00	18	2	28	30	18	2	33	00
19	2	32	00	19	2	36	45	19	2	41	30
20	2	40	00	20	2	45	00	20	2	50	00

5°—50′				6°—00′				6°—10′			
弦	偏		角	弦	偏		角	弦	偏		角
公尺	度	分	秒	公尺	度	分	秒	公尺	度	分	秒
1		8	45	1		9	00	1		9	15
2		17	30	2		18	00	2		18	30
3		26	15	3		27	00	3		27	45
4		35	00	4		36	00	4		37	00
5		43	45	5		45	00	5		46	15
6		52	30	6		54	00	6		55	30
7	1	1	15	7	1	3	00	7	1	4	45
8	1	10	00	8	1	12	00	8	1	14	00
9	1	18	45	9	1	21	00	9	1	23	15
10	1	27	30	10	1	30	00	10	1	32	30
11	1	36	15	11	1	39	00	11	1	41	45
12	1	45	00	12	1	48	00	12	1	51	00
13	1	53	45	13	1	57	00	13	2	0	15
14	2	2	30	14	2	6	00	14	2	9	30
15	2	11	15	15	2	15	00	15	2	18	45
16	2	20	00	16	2	24	00	16	2	28	00
17	2	28	45	17	2	33	00	17	2	37	15
18	2	37	30	18	2	42	00	18	2	46	30
19	2	46	15	19	2	51	00	19	2	55	45
20	2	55	00	20	3	0	00	20	3	5	00

6°—20′				6°—30′				6°—40′			
弦	偏		角	弦	偏		角	弦	偏		角
公尺	度	分	秒	公尺	度	分	秒	公尺	度	分	秒
1		9	30	1		9	45	1		10	00
2		19	00	2		19	30	2		20	00
3		28	30	3		29	15	3		30	00
4		38	00	4		39	00	4		40	00
5		47	30	5		48	45	5		50	00
6		57	00	6		58	30	6	1	0	00
7	1	6	30	7	1	8	15	7	1	10	00
8	1	16	00	8	1	18	00	8	1	20	00
9	1	25	30	9	1	27	45	9	1	30	00
10	1	35	00	10	1	37	30	10	1	40	00
11	1	44	30	11	1	47	15	11	1	50	00
12	1	54	00	12	1	57	00	12	2	0	00
13	2	3	30	13	2	6	45	13	2	10	00
14	2	13	00	14	2	16	30	14	2	20	00
15	2	22	30	15	2	26	15	15	2	30	00
16	2	32	00	16	2	36	00	16	2	40	00
17	2	41	30	17	2	45	45	17	2	50	00
18	2	51	00	18	2	55	30	18	3	0	00
19	3	0	30	19	3	5	15	19	3	10	00
20	3	10	00	20	3	15	00	20	3	20	00

6°—50'				7°—00'				7°—10'			
弦	偏		角	弦	偏		角	弦	偏		角
公尺	度	分	秒	公尺	度	分	秒	公尺	度	分	秒
1		10	15	1		10	30	1		10	45
2		20	30	2		21	00	2		21	30
3		30	45	3		31	30	3		32	15
4		41	00	4		42	00	4		43	00
5		51	15	5		52	30	5		53	45
6	1	1	30	6	1	3	00	6	1	4	30
7	1	11	45	7	1	13	30	7	1	15	15
8	1	22	00	8	1	24	00	8	1	26	00
9	1	32	15	9	1	34	30	9	1	36	45
10	1	42	30	10	1	45	00	10	1	47	30
11	1	52	45	11	1	55	30	11	1	58	15
12	2	3	00	12	2	6	00	12	2	9	00
13	2	13	15	13	2	16	30	13	2	19	45
14	2	23	30	14	2	27	00	14	2	30	30
15	2	33	45	15	2	37	30	15	2	41	15
16	2	44	00	16	2	48	00	16	2	52	00
17	2	54	15	17	2	58	30	17	3	2	45
18	3	4	30	18	3	9	00	18	3	13	30
19	3	14	45	19	3	19	30	19	3	24	15
20	3	25	00	20	3	30	00	20	3	35	00

7°—20′				7°—30′				7°—40′			
弦	偏		角	弦	偏		角	弦	偏		角
公尺	度	分	秒	公尺	度	分	秒	公尺	度	分	秒
1		11	00	1		11	15	1		11	30
2		22	00	2		22	30	2		23	00
3		33	00	3		33	45	3		34	30
4		44	00	4		45	00	4		46	00
5		55	00	5		56	15	5		57	30
6	1	6	00	6	1	7	30	6	1	9	00
7	1	17	00	7	1	18	45	7	1	20	30
8	1	28	00	8	1	30	00	8	1	32	00
9	1	39	00	9	1	41	15	9	1	43	30
10	1	50	00	10	1	52	30	10	1	55	00
11	2	1	00	11	2	3	45	11	2	6	30
12	2	12	00	12	2	15	00	12	2	18	00
13	2	23	00	13	2	26	15	13	2	29	30
14	2	34	00	14	2	37	30	14	2	41	00
15	2	45	00	15	2	48	45	15	2	52	30
16	2	56	00	16	3	0	00	16	3	4	00
17	3	7	00	17	3	11	15	17	3	15	30
18	3	18	00	18	3	22	30	18	3	27	00
19	3	29	00	19	3	33	45	19	3	38	30
20	3	40	00	20	3	45	00	20	3	50	00

7°—50′				8°—00′			
弦	偏		角	弦	偏		角
公尺	度	分	秒	公尺	度	分	秒
1		11	45	1		12	00
2		23	30	2		24	00
3		35	15	3		36	00
4		47	00	4		48	00
5		58	45	5	1	0	00
6	1	10	30	6	1	12	00
7	1	22	15	7	1	24	00
8	1	34	00	8	1	36	00
9	1	45	45	9	1	48	00
10	1	57	30	10	2	0	00
11	2	9	15	11	2	12	00
12	2	21	00	12	2	24	00
13	2	32	45	13	2	36	00
14	2	44	30	14	2	48	00
15	2	56	15	15	3	0	00
16	3	8	00	16	3	12	00
17	3	19	45	17	3	24	00
18	3	31	30	18	3	36	00
19	3	43	15	19	3	48	00
20	3	55	00	20	4	0	00

三. 正 切 表

（半徑＝1）

度 / 分	0	1	2	3	4	5
0	.00000	.01746	.03492	.05241	.06993	.08749
1	029	775	521	270	7022	778
2	058	804	550	299	051	807
3	087	833	579	328	080	837
4	116	862	609	357	110	866
5	.00145	.01891	.03638	.05387	.07139	.08895
6	175	920	667	416	168	925
7	204	949	696	445	197	954
8	233	978	725	474	227	983
9	262	.02007	754	503	256	.09013
10	.00291	.02036	.03783	.05533	.07285	.09042
11	320	066	812	562	314	071
12	349	095	842	591	344	101
13	378	124	871	620	373	130
14	407	153	900	649	402	159
15	.00436	.02182	.03929	.05678	.07431	.09189
16	465	211	958	708	461	218
17	495	240	987	737	490	247
18	524	269	.04016	766	519	277
19	553	298	046	795	548	306
20	.00582	.02328	.04075	.05824	.07578	.09335
21	611	357	104	854	607	365
22	640	386	133	883	636	394
23	669	415	162	912	665	423
24	698	444	191	941	695	453
25	.00727	.02473	.04220	.05970	.07724	.09482
26	756	502	250	999	753	511
27	785	531	279	.06029	782	541
28	815	560	308	058	812	570
29	844	589	337	087	841	600
30	.00873	.02619	.04366	.06116	.07870	.09629

T＝RTan½△　T＝正切長度
R＝半　徑
△＝交　角

分＼度	0	1	2	3	4	5
30	.00873	.02619	.04366	.06116	.07870	.09629
31	902	648	395	145	899	658
32	931	677	424	175	929	688
53	960	706	454	204	958	717
34	989	735	483	233	987	746
35	.01018	.02764	.04512	.06262	.08017	.09776
36	047	793	541	291	046	805
37	076	822	570	321	075	834
38	105	851	599	350	104	864
39	135	881	628	379	134	893
40	.01164	.02910	.04658	.06408	.08163	.09923
41	193	939	687	438	192	952
42	222	968	716	467	221	981
43	251	997	745	496	251	.10011
44	280	.03026	774	525	280	040
45	.01309	.03055	.04803	.06554	.08309	.10069
46	338	084	833	584	339	099
47	367	114	862	613	368	128
48	396	143	891	642	397	158
49	425	172	920	671	427	187
50	.01455	.03201	.04949	.06700	.08456	.10216
51	484	230	978	730	485	246
52	513	259	.05007	759	514	275
53	542	288	037	788	544	305
54	571	317	066	817	573	334
55	.01600	.03346	.05095	.06847	.08602	.10363
56	629	376	124	876	632	393
57	658	405	153	905	661	422
58	687	434	182	934	6[illegible]0	452
59	716	463	212	963	720	481
60	.01746	.03492	.05241	.06993	.08749	.10510

正 切 表

(半徑=1)

分＼度	6	7	8	9	10	11
0	.10510	.12278	.14054	.15838	.17633	.19438
1	540	308	084	868	663	468
2	569	338	113	898	693	498
3	599	367	143	928	723	529
4	628	397	173	958	753	559
5	.10657	.12426	.14202	.15988	.17783	.19589
6	687	456	232	.16017	813	619
7	716	485	262	047	843	649
8	746	515	291	077	873	680
9	775	544	321	107	903	710
10	.10805	.12574	.14351	.16137	.17933	.19740
11	834	603	381	167	963	770
12	863	633	410	196	993	801
13	893	662	440	226	.18023	831
14	922	692	470	256	053	861
15	.10952	.12722	.14499	.16286	.18083	.19891
16	981	751	529	316	113	921
17	.11011	781	559	346	143	952
18	040	810	588	376	173	982
19	070	840	618	405	203	.20012
20	.11099	.12869	.14648	.16435	.18233	.20042
21	128	899	678	465	263	073
22	158	929	707	495	293	103
23	187	958	737	525	323	133
24	217	988	767	555	353	164
25	.11246	.13017	.14796	.16585	.18384	.20194
26	276	047	826	615	414	224
27	305	076	856	645	444	254
28	335	106	886	674	474	285
29	364	136	915	704	504	315
30	.11394	.13165	.14945	.16734	.18534	.20345

T＝正切長度
T＝RTan½△ R＝半徑
△＝交角

分＼度	6	7	8	9	10	11
30	.11394	.13165	.14945	.16734	.18534	.20345
31	423	195	575	764	564	376
32	452	224	.15005	794	594	406
33	482	254	034	824	624	436
34	511	284	064	854	654	466
35	.11541	.13313	.15094	.16884	.18684	.20497
36	570	343	124	914	714	527
37	600	372	153	944	745	557
38	629	402	183	974	775	588
39	659	432	213	.17004	805	618
40	.11688	.13461	.15243	.17033	.18835	.20648
41	718	491	272	063	865	679
42	747	521	302	093	895	709
43	777	550	332	123	925	739
44	806	580	362	153	955	770
45	.11836	.13609	.15391	.17183	.18986	.20800
46	865	639	421	213	.19016	830
47	895	669	451	243	046	861
48	924	698	481	273	076	891
49	954	728	511	303	106	921
50	.11983	.13758	.15540	.17333	.19136	.20952
51	.12013	787	570	363	166	982
52	042	817	600	393	197	.21013
53	072	846	630	423	227	043
54	101	876	660	453	257	073
55	.12131	.13906	.15689	.17483	.19287	.21104
56	160	935	719	513	317	134
57	190	965	749	543	347	164
58	219	995	779	573	378	195
59	249	.14024	809	603	408	225
60	.12278	.14054	.15838	.17633	.19438	.21256

正 切 表

（半徑＝1）

分＼度	12	13	14	15	16	17
0	.21256	.23087	.24933	.26795	.28675	.30573
1	286	117	964	826	706	605
2	316	148	995	857	738	637
3	347	179	.25026	888	769	669
4	377	209	056	920	801	700
5	.21408	.23240	.25087	.26951	.28832	.30732
6	438	271	118	982	864	764
7	469	301	149	.27013	895	796
8	499	332	180	044	927	828
9	529	363	211	076	958	860
10	.21560	.23393	.25242	.27107	.28990	.30891
11	590	424	273	138	.29021	923
12	621	455	304	169	053	955
13	651	485	335	201	084	987
14	682	516	366	232	116	.31019
15	.21712	.23547	.25397	.27263	.29147	.31051
16	543	578	428	294	179	083
17	713	608	459	326	210	115
18	804	639	490	357	242	147
19	834	670	521	388	274	178
20	.21864	.23700	.25552	.27419	.29305	.31210
21	895	731	583	451	337	242
22	925	762	614	482	368	274
23	956	793	645	513	400	306
24	986	8 3	676	545	432	338
25	.22017	.23854	.25707	.27576	.29463	.31370
26	047	885	738	607	495	402
27	078	916	769	638	526	434
28	108	946	800	670	558	466
29	139	977	831	701	590	498
30	.22169	.24008	.25862	.27732	.29621	.31530

T = 正切長度

$T = R\tan\frac{1}{2}\Delta$　R = 半　徑

Δ = 交　角

分＼度	12	13	14	15	16	17
30	.22169	.24008	.25862	.27732	.29621	.31530
31	200	039	893	764	653	562
32	231	069	924	795	685	594
33	261	100	955	826	716	626
34	292	131	986	858	748	658
35	.22322	.24162	.26017	.27889	.29780	.31690
36	353	193	048	921	811	722
37	383	223	079	952	84[illegible]	754
38	414	254	110	983	875	786
39	444	285	141	.28015	906	818
40	.22475	.24316	.26172	.28046	.29938	.31850
41	505	347	203	077	970	882
42	536	377	235	109	.30001	914
43	567	408	266	140	033	946
44	597	739	297	172	065	978
45	.22628	.24470	.26328	.28203	.30097	.32010
46	658	501	359	234	128	042
47	689	532	390	266	160	074
48	719	562	421	297	192	106
49	750	593	452	329	224	139
50	.22781	.24624	.26483	.28360	.30255	.32171
51	811	655	515	391	287	203
52	842	686	546	423	319	235
53	872	717	577	454	351	267
54	903	747	608	486	382	299
55	.22934	.24778	.26639	.28517	.30414	.32331
56	964	809	670	549	446	363
57	995	840	701	580	478	396
58	.23026	871	733	612	509	428
59	056	902	764	643	541	460
60	.23087	.24933	.26795	.28675	.30573	.32492

正 切 表

(半徑=1)

度/分	18	19	20	21	22	22
0	.32492	.34433	.36397	.38386	.40403	.42447
1	524	465	430	420	436	482
2	556	498	463	453	470	516
3	588	530	496	487	504	551
4	621	563	529	520	538	585
5	.32653	.34596	.36562	.38553	.40572	.42619
6	685	628	595	587	606	654
7	717	661	628	620	640	688
8	749	693	661	654	674	722
9	782	726	694	687	707	757
10	.32814	.34758	.36727	.38721	.40741	.42791
11	846	791	760	754	775	826
12	878	824	793	787	809	860
13	911	856	826	821	843	894
14	943	889	859	854	877	929
15	.32975	.34922	.36892	.38888	.40911	.42963
16	.3007	954	925	921	945	998
17	040	987	958	955	979	.43032
18	072	.35020	991	988	.41013	067
19	104	052	.37024	.39022	047	101
20	.33136	.35085	.37057	.39055	.41081	.43136
21	169	118	090	089	115	170
22	201	150	123	122	149	205
23	233	183	157	156	183	239
24	266	216	190	190	217	274
25	.33298	.35248	.37223	.39223	.41251	.43308
26	330	281	256	257	285	343
27	363	314	289	290	319	378
28	395	346	322	324	353	412
29	427	379	355	357	387	447
30	.33460	.35412	.37388	.39391	.41421	.43481

T＝RTan½△　T＝正切長度
R＝半　徑
△＝交　角

分＼度	18	19	20	21	22	23
30	.33460	.35412	.37388	.39391	.41421	.43481
31	492	445	422	425	455	516
32	524	477	455	458	490	550
33	557	510	488	492	524	585
34	589	543	521	526	558	620
35	.33621	.35576	.37554	.39559	.41592	.43654
36	654	608	588	593	626	689
37	686	641	621	626	660	724
38	718	674	654	660	694	758
39	751	707	687	694	728	793
40	.33783	.35740	.37720	.39727	.61763	.43828
41	816	772	754	761	797	862
42	848	805	787	795	831	897
43	881	838	820	829	865	932
44	913	871	853	862	899	966
45	.33945	.35904	.37887	.39896	.41933	.44001
46	978	937	920	930	968	036
47	.34010	969	953	963	.42002	071
48	043	.36002	986	997	036	105
49	075	035	.38020	.40031	070	140
50	.34108	.36068	.38053	.40065	.42105	.44175
51	140	101	086	098	139	210
52	173	134	120	132	173	244
43	205	167	153	166	207	279
54	238	199	186	200	242	314
55	.34270	.36232	.38220	.40234	.42276	.44349
56	303	265	253	267	310	384
57	335	298	286	301	345	418
58	368	331	320	335	379	453
59	400	364	353	369	413	488
60	.34433	.36397	.58386	.40403	.42447	.44523

正　切　表

(半徑=1)

分＼度	24	25	26	27	28	29
0	.44523	.46631	.48773	.50953	.53171	.55431
1	558	666	809	989	208	469
2	593	702	845	.51026	246	507
3	627	737	881	063	283	545
4	662	772	917	099	320	583
5	.44697	.46808	.48953	.51136	.53358	.55621
6	732	843	989	173	395	659
7	767	879	.49026	209	432	697
8	802	914	062	246	470	736
9	837	950	098	283	507	774
10	.44872	.46985	.49134	.51319	.53545	.55812
11	907	.47021	170	356	582	850
12	942	056	206	393	620	888
13	977	092	242	430	657	926
14	.45012	128	278	467	694	864
15	.45047	.47163	.49315	.51503	.53732	.56003
16	082	199	351	540	769	041
17	117	234	387	577	807	079
18	152	270	423	614	844	117
19	187	305	459	651	882	156
20	.45222	.47341	.49495	.51688	.53920	.56194
21	257	377	532	724	957	232
22	292	412	568	761	995	270
23	327	448	604	798	.54032	309
24	362	483	640	835	070	347
25	.45397	.47519	.49677	.51872	.54107	.56385
26	432	555	713	909	145	424
27	467	590	749	946	183	462
28	502	626	786	983	220	501
29	538	662	822	.52020	258	539
30	.45573	.47698	.49858	.52057	.54296	.56577

T＝正切長度
T＝RTan½△ R＝半 徑
△＝交 角

度 / 分	24	25	26	27	28	29
30	.45573	.47698	.49858	.52057	.54296	.56577
31	608	733	894	094	333	616
32	643	769	931	131	371	654
33	678	805	967	168	409	693
34	713	840	.50004	205	446	731
35	.45748	.47876	.50040	.52242	.54484	.56769
36	784	912	076	279	522	808
37	819	948	113	316	560	846
38	854	984	149	353	597	885
39	889	.48019	185	390	635	923
40	.45924	.48055	.50222	.52427	.54673	.56962
41	960	091	258	464	711	.57000
42	995	127	295	501	748	039
43	.46030	163	331	538	786	078
44	065	198	368	575	824	116
45	.46101	.48234	.50404	.52613	.54862	.57155
46	136	270	441	650	900	193
47	171	306	477	687	938	232
48	206	342	514	724	975	271
49	242	378	550	761	.55013	309
50	.46277	.48414	.50587	.52798	.55051	.57348
51	312	450	623	836	089	386
52	348	486	660	873	127	425
53	383	521	696	910	165	464
54	418	557	733	947	203	503
55	.46454	.48593	.50769	.52985	.55241	.57541
56	489	629	806	.53022	279	580
57	525	665	843	059	317	619
58	560	701	879	096	355	657
59	595	737	916	134	393	696
60	.46631	.48773	.50953	.53171	.55431	.57735

正切表

(半徑=1)

分＼度	30	31	32	33	34	35
0	.57735	.60086	.62487	.64941	.67451	.70021
1	774	126	527	982	493	064
2	813	165	568	.65024	536	107
3	851	205	608	065	578	151
4	890	245	649	106	620	194
5	.57929	.60284	.62689	.65148	.67663	.70238
6	968	324	730	189	705	281
7	.58007	364	770	231	748	325
8	046	403	811	272	790	368
9	085	443	852	314	832	412
10	.58124	.60483	.62892	.65355	.67875	.70455
11	162	522	933	397	917	499
12	201	562	973	438	960	542
13	240	602	.63014	480	.68002	586
14	279	642	055	521	045	629
15	.58318	.60681	.63095	.65563	.68088	.70673
16	357	721	136	604	130	717
17	396	761	177	646	173	760
18	435	801	217	688	215	804
19	474	841	258	729	258	848
20	.58513	.60881	.63299	.65771	.68301	.70891
21	552	921	340	813	343	935
22	591	960	380	854	386	979
23	631	.61000	421	896	429	.71023
24	670	040	462	938	471	066
25	.58709	.61080	.63503	.65980	.68514	.71110
26	748	120	544	.66021	557	154
27	787	160	584	063	600	198
28	826	200	625	105	642	242
29	865	240	666	147	685	285
30	.58905	.61280	.63707	.66189	.68728	.71329

T＝正切長度
T＝RTan½△　R＝半　　徑
△＝交　　角

度 / 分	30	31	32	33	34	35
30	.58905	.61280	.63707	.66189	.68728	.71329
31	944	320	748	230	771	373
32	983	360	789	272	814	417
33	.59022	400	830	314	857	461
34	061	440	871	356	900	505
35	.59101	.61480	.63912	.66398	.68942	.71549
36	140	520	953	440	985	593
37	179	561	994	482	.69028	637
38	218	601	.64035	524	071	681
39	258	641	076	566	114	725
40	.59297	.61681	.64117	.66608	.69157	.71769
41	336	721	158	650	200	813
42	376	761	199	692	243	857
43	415	801	240	734	286	901
44	454	842	281	776	329	946
45	.59494	.61882	.64322	.66818	.69372	.71990
46	533	922	363	860	416	.72034
47	573	962	404	902	459	078
48	612	.62003	446	944	502	122
49	651	043	487	986	545	167
50	.59691	.62083	.64528	.67028	.69588	.72211
51	730	124	569	071	631	255
52	770	164	610	113	675	299
53	809	204	652	155	718	344
54	849	245	693	197	761	388
55	.59888	.62285	.64734	.67239	.69804	.72432
56	928	325	775	282	847	477
57	967	366	817	324	891	521
58	.60007	406	858	366	934	565
59	046	446	899	409	977	610
60	.60086	.62487	.64941	.67451	.70021	.72654

正 切 表

（半徑＝1）

度 / 分	36	37	38	39	40	41
0	.72654	.75355	.78129	.80978	.83910	.86929
1	699	401	175	.81027	960	980
2	743	447	222	075	.84009	.87031
3	788	492	269	123	059	082
4	832	538	316	171	108	133
5	.72877	.75584	.78363	.81220	.84158	.87184
6	921	629	410	268	208	236
7	966	675	457	316	258	287
8	.73010	721	504	364	307	338
9	055	767	551	413	357	389
10	.73100	.75812	.78598	.81461	.84407	.87441
11	144	858	645	510	457	492
12	189	904	692	558	507	543
13	234	950	739	606	556	595
14	278	996	786	655	606	646
15	.73323	.76042	.78834	.81703	.84656	.87698
16	368	088	881	752	706	749
17	413	134	928	800	756	801
18	457	180	975	849	806	852
19	502	226	.79022	898	856	904
20	.73547	.76272	.79070	.81946	.84906	.87955
21	592	318	117	995	956	.88007
22	637	364	164	.82044	.85006	059
23	681	410	212	092	057	110
24	726	456	259	141	107	162
25	.73771	.76502	.79306	.82190	.85157	.88214
26	816	548	354	238	207	265
27	861	594	401	287	257	317
28	906	640	449	336	308	369
29	951	686	496	385	358	421
30	.73996	.76733	.79544	.82434	.85408	.88473

T＝正切長度
T=RTan½△ R＝半 徑
△＝交 角

度 / 分	36	37	38	39	40	41
30	.73996	.76733	.79544	.82434	.85408	.88473
31	.74041	779	591	483	458	524
32	086	825	639	531	509	576
33	131	871	686	580	559	628
34	176	918	734	629	609	680
35	.74221	.76964	.79781	.82678	.85660	.88732
36	267	.77010	829	727	710	784
37	312	057	877	776	761	836
38	357	103	924	825	811	888
39	402	149	972	874	862	940
40	.74447	.77196	.80020	.82923	.85912	.88992
41	492	242	067	972	963	.89045
42	538	289	115	.83022	.86014	097
43	583	335	163	071	064	149
44	526	382	211	120	115	201
45	.74674	.77428	.80258	.83169	.86166	.89253
46	719	475	306	218	216	306
47	764	521	354	268	267	358
48	810	568	402	317	318	410
49	855	615	450	366	368	463
50	.74900	.77661	.80498	.83415	.86419	.89515
51	946	708	546	465	470	567
52	991	754	594	514	521	620
53	.75037	801	642	564	572	672
54	082	848	690	613	623	725
55	.75128	.77895	.80738	.83662	.86674	.89777
56	173	941	786	712	725	830
57	219	988	834	761	776	883
58	264	.78035	882	811	827	935
59	310	082	930	860	878	988
60	.75355	.78129	.80978	.83910	.86929	.90040

正 切 表

(半徑=1)

分＼度	42	43	44	45	46	47
0	.90040	.93252	.96569	1.00000	1.03553	1.07237
1	093	306	625	.00058	.03613	.07299
2	146	360	681	.00116	.03674	.07362
3	199	415	738	.00175	.03734	.07425
4	251	469	794	.00233	.03794	.07487
5	.90304	.93524	.96850	1.00291	1.03855	1.07550
6	357	578	907	.00350	.03915	.07613
7	410	633	963	.00408	.03976	.07676
8	463	688	.97020	.00467	.04036	.07738
9	516	742	076	.00525	.04097	.07801
10	.90569	.93797	.97133	1.00583	1.04158	1.07864
11	621	852	189	.00642	.04218	.07927
12	674	906	246	.00701	.04279	.07990
13	727	961	302	.00759	.04340	.08053
14	781	.94016	359	.00818	.04401	.08116
15	.90834	.94071	.97416	1.00876	1.04461	1.08179
16	887	125	472	.00935	.04522	.08243
17	940	180	529	.00994	.04583	.08306
18	993	235	586	.01053	.04644	.08369
19	.91046	290	643	.01112	.04705	.08432
20	.91099	.94345	.97700	1.01170	1.04766	1.08496
21	153	400	756	.01229	.04827	.08559
22	206	455	813	.01288	.04888	.08622
23	259	510	870	.01347	.04949	.08686
24	313	565	927	.01406	.05010	.08749
25	.91366	.94620	.97984	1.01465	1.05072	1.08813
26	419	676	.98041	.01524	.05133	.08876
27	473	731	098	.01583	.05194	.08940
28	526	786	155	.01642	.05255	.09003
29	580	841	213	.01702	.05317	.09067
30	.91633	.94896	.98270	1.01761	1.05378	1.09131

T＝RTan½△ T＝正切長度
R＝半 徑
△＝交 角

分＼度	42	43	44	45	46	47
30	.91633	.94896	.98270	1.01761	1.05378	1.09131
31	687	952	327	.01820	.05439	.09195
32	740	.95007	384	.01879	.05501	.09258
33	794	062	441	.01939	.05562	.09322
34	847	118	499	.01998	.05624	.09386
35	.91901	.95173	.98556	1.02057	1.05685	1.09450
36	955	229	613	.02117	.05747	.09514
37	.92008	284	671	.02176	.05809	.09578
38	062	340	728	.02236	.05870	.09642
39	116	395	786	.02295	.05932	.09706
40	.92170	.95451	.98843	1.02355	1.05994	1.09770
41	224	506	901	.02414	.06056	.09834
42	277	562	958	.02474	.06117	.09899
43	331	618	.99016	.02533	.06179	.09963
44	385	673	073	.02593	.06241	.10027
45	.92439	.95729	.99131	1.02653	1.06303	1.10091
46	493	785	189	.02713	.06365	.10156
47	547	841	247	.02772	.06427	.10220
48	601	897	304	.02832	.06489	.10285
49	655	852	362	.02892	.06551	.10349
50	.92709	.96008	.99420	1.02952	1.06613	1.10414
51	763	064	478	.03012	.06676	.10478
52	817	120	.99536	.03072	.06738	.10543
53	872	176	594	.03132	.06800	.10607
54	926	232	652	.03192	.06862	.10672
55	.92980	.96288	.99710	1.03252	1.06925	1.10737
56	.93034	344	768	.03312	.06987	.10802
57	088	400	826	.03372	.07049	.10867
58	143	457	884	.03433	.07112	.10931
59	197	513	942	.03493	.07174	.10996
60	.93252	.96569	1.00000	1.03553	1.07237	1.11061

正 切 表

(半徑=1)

T=RTan½△　　T=正切長度
R=半　徑
△=交　角

度 / 分	48	49	50	度 / 分	48	49	50
0	1.11061	1.15037	1.19175	30	1.13029	1.17085	1.21310
1	.11126	.15104	.19246	31	.13096	.17154	.21382
2	.11191	.15172	.19316	32	.13162	.17223	.21454
3	.11256	.15240	.19387	33	.13228	.17292	.21526
4	.11321	.15308	.19457	34	.13295	.17361	.21598
5	1.11387	1.15375	1.19528	35	1.13361	1.17430	1.21670
6	.11452	.15443	.19599	36	.13428	.17500	.21742
7	.11517	.15511	.19669	37	.13494	.17569	.21814
8	.11582	.15579	.19740	38	.13561	.17638	.21886
9	.11648	.15647	.19811	39	.13627	.17708	.21959
10	1.11713	1.15715	1.19882	40	1.13694	1.17777	1.22031
11	.11778	.15783	.19953	41	.13761	.17846	.22104
12	.11844	.15851	.20024	42	.13828	.17916	.22176
13	.11909	.15919	.20095	43	.13894	.17986	.22249
14	.11975	.15987	.20166	44	.13961	.18055	.22321
15	1.12041	1.16056	1.20237	45	1.14028	1.18125	1.22394
16	.12106	.16124	.20308	46	.14095	.18194	.22467
17	.12172	.16192	.20379	47	.14162	.18264	.22539
18	.12238	.16261	.20451	48	.14229	.18334	.22612
19	.12303	.16329	.20522	49	.14296	.08404	.22685
20	1.12369	1.16398	1.20593	50	1.14363	1.18474	1.22758
21	.12435	.16466	.20665	51	.14430	.18544	.22831
22	.12501	.16535	.20736	52	.14498	.18614	.22904
23	.12567	.16603	.20808	53	.14565	.18684	.22977
24	.12633	.16672	.20879	54	.14632	.18754	.23050
25	1.12699	1.16741	1.20951	55	1.14699	1.18824	1.23123
26	.12765	.16809	.21023	56	.14767	.18894	.23196
27	.12831	.16878	.21094	57	.14834	.18964	.23270
28	.12897	.16947	.21166	58	.14902	.19035	.23343
29	.12963	.17016	.21238	59	.14969	.19105	.23416
30	1.13029	1.17085	1.21310	60	1.15037	1.19175	1.23490

四. 曲線長度表

$$L. = 2\pi R \frac{\triangle}{360}$$

△＝交角
R＝半徑
L.＝曲線長

(半徑＝1)

秒	長度	秒	長度	分	長度	分	長度
1	.0000048	31	01503	1	.0002909	31	90175
2	00097	32	01551	2	05818	32	93084
3	00145	33	01600	3	08727	33	95993
4	00194	34	01643	4	11636	34	98902
5	.0000242	35	.0001697	5	.0014544	35	.0101811
6	00291	36	01745	6	17453	36	04720
7	00339	37	01794	7	20362	37	07629
8	00388	38	01842	8	23271	38	10538
9	00436	39	01891	9	26180	39	13446
10	.0000485	40	.0001939	10	.0029089	40	.0116355
11	00533	41	01988	11	31998	41	19264
12	00582	42	02036	12	34907	42	22173
13	00630	43	02085	13	37815	43	25082
14	00679	44	02133	14	40724	44	27991
15	.0000727	45	.0002182	15	.0043633	45	.0130900
16	00776	46	02230	16	46542	46	33809
17	00824	47	02279	17	49451	47	36717
18	00873	48	02327	18	52360	48	39626
19	00921	49	02376	19	55269	49	42535
20	.0000970	50	.0002424	20	.0058178	50	.0145444
21	01018	51	02473	21	61087	51	48353
22	01067	52	02521	22	63995	52	51262
23	01115	53	02570	23	66904	53	54171
24	01164	54	02618	24	69813	54	57030
25	.0001212	55	.0002666	25	.0072722	55	.0159989
26	01261	56	02715	26	75631	56	62897
27	01309	57	02763	27	78540	57	65806
28	01357	58	02812	28	81449	58	68715
29	01406	59	02860	29	84358	59	71624
30	.0001454	60	.0002909	30	.0087266	60	.0174533

$$L = 2\pi R \frac{\triangle}{360^\circ}$$

△＝交角
R＝半徑
L＝曲線長

度	長度	度	長度	度	長度	度	長度
1	.0174533	31	.5410521	61	1.0646508	91	.5882496
2	.0349066	32	.5585054	62	.0821041	92	.6057029
3	.0523599	33	.5759587	63	.0995574	93	.6231562
4	.0698132	34	.5934119	64	.1170107	94	.6406095
5	.0872665	35	.6108652	65	1.1344640	95	1.6580628
6	.1047198	36	.6283185	66	.1519173	96	.6755161
7	.1221730	37	.6457718	67	.1693706	97	.6929694
8	.1396263	38	.6632251	68	.1868239	98	.7104227
9	.1570796	39	.6806784	69	.2042772	99	.7278760
10	.1745329	40	.6981317	70	1.2217305	100	1.7453293
11	.1919862	41	.7155850	71	.2391838	101	.7627825
12	.2094395	42	.7330383	72	.2566371	102	.7802358
13	.2268928	43	.7504916	73	.2740904	103	.7976891
14	.2443461	44	.7679449	74	.2915436	104	.8151424
15	.2617994	45	.7853982	75	1.3089969	105	1.8325967
16	.2792527	46	.8028515	76	.3264502	106	.8500490
17	.2967060	47	.8203047	77	.3439035	107	.8675023
18	.3141593	48	.8377580	78	.3613568	108	.8849556
19	.3316126	49	.8552113	79	.3788101	109	.9024039
20	.3490659	50	.8726646	80	1.3962634	110	1.9198622
21	.3665191	51	.8901179	81	.4137167	111	.9373155
22	.3839724	52	.9075712	82	.4311700	112	.9547688
23	.4014257	53	.9250245	83	.4486233	113	.9722221
24	.4188790	54	.9424778	84	.4660766	114	.9896753
25	.4363323	55	.9599311	85	1.4835295	115	2.0071286
26	.4537856	56	.9773844	86	.5009832	116	.0245819
27	.4712389	57	.9948377	87	.5184364	117	.0420352
28	.4886922	58	1.0122910	88	.5358897	118	.0594885
29	.5061455	59	1.0297443	89	.5533430	119	.0769418
30	.5235988	60	1.0471976	90	1.5707963	120	2.0943951

五. 偏角表

(1)

$$d=\sin^{-1}\frac{C}{2R}$$

d ＝偏角
C ＝ 弦
R ＝半徑

R公尺 / C公尺	10	R公尺 / C公尺	10	R公尺 / C公尺	15	R公尺 / C公尺	15
0.1	0°17′11″	3.8	10°57′10″	0.1	0°11′26″	3.8	7°16′34″
0.2	0°34′22″	3.9	11°14′38″	0.2	0°22′52″	3.9	7°28′10″
0.3	0°51′33″	4.0	11°32′12″	0.3	0°34′22″	4.0	7°39′42″
0.4	1° 8′44″	4.1	11°49′44″	0.4	0°45′48″	4.1	7°51′16″
0.5	1°25′56″	4.2	12° 7′20″	0.5	0°57′16″	4.2	8° 2′50″
0.6	1°43′ 8″	4.3	12°24′52″	0.6	1° 8′44″	4.3	8°14′26″
0.7	2°00′20″	4.4	12°42′30″	0.7	1°20′12″	4.4	8°26′00″
0.8	2°17′32″	4.5	13°00′10″	0.8	1°31′38″	4.5	8°37′36″
0.9	2°34′44″	4.6	13°17′46″	0.9	1°43′ 8″	4.6	8°49′12″
1.0	2°51′56″	4.7	13°35′28″	1.0	1°54′34″	4.7	9° 0′46″
1.1	3° 9′10″	4.8	13°53′10″	1.1	2° 6′ 4″	4.8	9°12′24″
1.2	3°26′22″	4.9	14°10′52″	1.2	2°17′32″	4.9	9°24′ 0″
1.3	3°43′36″	5.0	14°28′36″	1.3	2°29′00″	5.0	9°35′36″
1.4	4°00′48″			1.4	2°40′26″		
1.5	4°18′ 4″			1.5	2°51′56″		
1.6	4°35′18″			1.6	3° 3′24″		
1.7	4°52′32″			1.7	3°14′52″		
1.8	5° 9′48″			1.8	3°26′22″		
1.9	5°27′ 4″			1.9	3°37′50″		
2.0	5°44′20″			2.0	3°49′20″		
2.1	6° 1′36″			2.1	4° 0′48″		
2.2	6°18′54″			2.2	4°12′18″		
2.3	6°36′12″			2.3	4°23′46″		
2.4	6°53′30″			2.4	4°35′18″		
2.5	7°10′48″			2.5	4°46′46″		
2.6	7°28′10″			2.6	4°58′16″		
2.7	7°45′30″			2.7	5° 9′48″		
2.8	8° 2′50″			2.8	5°21′18″		
2.9	8°20′14″			2.9	5°32′48″		
3.0	8°37′36″			3.0	5°44′20″		
3.1	8°55′00″			3.1	5°55′50″		
3.2	9°12′24″			3.2	6° 7′22″		
3.3	9°29′48″			3.3	6°18′54″		
3.4	9°47′16″			3.4	6°30′26″		
3.5	10° 4′42″			3.5	6°42′00″		
3.6	10°22′10″			3.6	6°53′30″		
3.7	10°39′38″			3.7	7° 5′ 4″		

$$d=\sin^{-1}\frac{C}{2R}$$

d＝偏角
C＝　弦
R＝半徑

R公尺 \ C公尺	20	R公尺 \ C公尺	20	R公尺 \ C公尺	25	R公尺 \ C公尺	25
0.1	0° 8'34"	3.8	5°27' 4"	0.1	0° 6'50"	3.8	4°21'30"
0.2	0°17'10"	3.9	5°35'42"	0.2	0°13'44"	3.9	4°28'24"
0.3	0°25'46"	4.0	5°44'20"	0.3	0°20'37"	4.0	4°35'18"
0.4	0°34'22"	4.1	5°53' 0"	0.4	0°27'30"	4.1	4°42'12"
0.5	0°42'56"	4.2	6° 1'36"	0.5	0°34'22"	4.2	4°49' 6"
0.6	0°51'34"	4.3	6°10'16"	0.6	0°41'14"	4.3	4°56' 0"
0.7	1° 0'10"	4.4	6°18'54"	0.7	0°48' 8"	4.4	5° 2'52"
0.8	1° 8'44"	4.5	6°27'32"	0.8	0°55' 0"	4.5	5° 9'48"
0.9	1°16'22"	4.6	6°36'12"	0.9	1° 1'52"	4.6	5°61'42"
1.0	1°24'56"	4.7	6°44'50"	1.0	1° 8'44"	4.7	5°23'36"
1.1	1°34'32"	4.8	6°53'30"	1.1	1°15'38"	4.8	5°30'30"
1.2	1°43' 8"	4.9	7° 2'10"	1.2	1°22'30"	4.9	5°37'26"
1.3	1°51'44"	5.0	7°10'48"	1.3	1°29'22'	5.0	5°44'20"
1.4	2° 0'20"			1.4	1°36'16"		
1.5	2° 8'54"			1.5	1°43' 8"		
1.6	2°17'32"			1.6	1°50' 2"		
1.7	2°26' 8"			1.7	1°56'52"		
1.8	2°34'44"			1.8	2° 3'46"		
1.9	2°43'20"			1.9	2°10'38"		
2.0	2°51'56"			2.0	2°17'32"		
2.1	3° 0'32"			2.1	2°24'24"		
2.2	3° 9'10"			2.2	2°31'18"		
2.3	3°17'46"			2.3	2°38'12"		
2.4	3°26'22"			2.4	2°45' 4'		
2.5	3°35' 0"			2.5	2°51'56"		
2.6	3°43'36"			2.6	2°58'50"		
2.7	3°52'14"			2.7	3° 5'42"		
2.8	4° 0'48"			2.8	3°12'36"		
2.9	4° 9'26"			2.9	3°19'30"		
3.0	4°18' 4"			3.0	3°26'22"		
3.1	4°26'40"			3.1	3°33'16"		
3.2	4°35'18"			3.2	3°40'10"		
3.3	4°43'54"			3.3	3°47' 4"		
3.4	4°52'32"			3.4	3°53'54"		
3.5	5° 1'10"			3.5	4° 0'48"		
3.6	5° 9'48"			3.6	4° 7'42"		
3.7	5°18'26"			3.7	4°14'36"		

偏角表

(1)

C公尺 \ R公尺	30	C公尺 \ R公尺	30	C公尺 \ R公尺	35	C公尺 \ R公尺	35
0.1	0° 5'44"	3.8	3°37'50"	0.1	0° 4'54"	3.8	3° 6'42"
0.2	0°11'26"	3.9	3°43'36"	0.2	0° 9'48"	3.9	3°11'36"
0.3	0°17'10"	4.0	3°49'20"	0.3	0°14'44"	4.0	3°16'32"
0.4	0°22'52"	4.1	3°55' 4"	0.4	0°19'36"	4.1	3°21'26"
0.5	0°28'38"	4.2	4° 0'48"	0.5	0°24'32"	4.2	3°26'22"
0.6	0°34'22"	4.3	4° 6'34"	0.6	0°29'24"	4.3	3°31'18"
0.7	0°40' 6"	4.4	4°12'18"	0.7	0°34'22"	4.4	3°36'14"
0.8	0°45'48"	4.5	4°18' 4"	0.8	0°39'18"	4.5	3°41' 6"
0.9	0°51'34"	4.6	4°23'46"	0.9	0°44'12"	4.6	3°46' 4"
1.0	0°57'16"	4.7	4°29'32"	1.0	0°49' 6"	4.7	3°51' 0"
1.1	1° 3' 2"	4.8	4°35'18"	1.1	0°54' 0"	4.8	3°55'52"
1.2	1° 8'44"	4.9	4°41' 4"	1.2	0°58'54"	4.9	4° 0'48"
1.3	1°14'30"	5.0	4°46'46"	1.3	1° 3'50"	5.0	4° 5'44"
1.4	1°20'12"			1.4	1° 8'44"		
1.5	1°25'56"			1.5	1°13'40"		
1.6	1°31'38"			1.6	1°18'34"		
1.7	1°37'24"			1.7	1°23'30"		
1.8	1°43' 8"			1.8	1°28'22"		
1.9	1°48'52"			1.9	1°33'18"		
2.0	1°54'34"			2.0	1°38'16"		
2.1	2° 0'20"			2.1	1°43' 8"		
2.2	2° 6' 4"			2.2	1°48' 4"		
2.3	2°11'46"			2.3	1°53' 0"		
2.4	2°17'32"			2.4	1°57'48"		
2.5	2°23'16"			2.5	2° 2'46"		
2.6	2°29' 0"			2.6	2° 7'42"		
2.7	2°34'44"			2.7	2°12'36"		
2.8	2°40'26"			2.8	2°17'32"		
2.9	2°46'12"			2.9	2°22'28"		
3.0	2°51'56"			3.0	2°27'22"		
3.1	2°57'42"			3.1	2°32'18"		
3.2	3° 3'24"			3.2	2°37'12"		
3.3	3° 9'10"			3.3	2°42' 6"		
3.4	3°14'52"			3.4	2°47' 2"		
3.5	3°20'38"			3.5	2°51'56"		
3.6	3°26'22"			3.6	2°56'52"		
3.7	3°32' 8"			3.7	3° 1'46"		

$$d=\mathrm{Sin}^{-1}\frac{C}{2R}$$

d＝偏角
C＝ 弦
R＝半徑

C公尺 \ R公尺	40	C公尺 \ R公尺	40	C公尺 \ R公尺	45	C公尺 \ R公尺	45
0.1	0° 4'18"	3.8	2°43'20"	0.1	0° 3'48"	3.8	2°25'10"
0.2	0° 8'34"	3.9	2°47'38"	0.2	0° 7'36"	3.9	2°29' 0"
0.3	0°12'52"	4.0	2°51'56"	0.3	0°11'26"	4.0	2°32'48"
0.4	0°17'10"	4.1	2°56'16"	0.4	0°15'16"	4.1	2°36'40"
0.5	0°21'28"	4.2	3° 0'32"	0.5	0°19' 6"	4.2	2°40'28"
0.6	0°25'46"	4.3	3° 4'50"	0.6	0°22'54"	4.3	2°44'18"
0.7	0°30' 4"	4.4	3° 9'10"	0.7	0°26'44"	4.4	2°48' 8"
0.8	0°34'22"	4.5	3°13'28"	0.8	0°30'32"	4.5	2°51'56"
0.9	0°38'40"	4.6	3°17'46"	0.9	0°34'22"	4.6	2°55'46"
1.0	0°42'56"	4.7	3°22' 4"	1.0	0°38'12"	4.7	2°59'34"
1.1	0°47'16"	4.8	3°26'22"	1.1	0°42' 0"	4.8	3° 3'24"
1.2	0°51'34"	4.9	3°30'40"	1.2	0°45'48"	4.9	3° 7'14"
1.3	0°55'50"	5.0	3°35' 0"	1.3	0°49'38"	5.0	3°11' 6"
1.4	1° 0'10"			1.4	0°53'26"		
1.5	1° 4'26"			1.5	0°57'18"		
1.6	1° 8'44"			1.6	1° 1' 6"		
1.7	1°13' 4"			1.7	1° 4'54"		
1.8	1°17'20"			1.8	1° 8'44"		
1.9	1°21'38"			1.9	1°12'34"		
2.0	1°25'56"			2.0	1°16'22"		
2.1	1°30'14"			2.1	1°20'12"		
2.2	1°34'32"			2.2	1°24' 2"		
2.3	1°38'50"			2.3	1°27'52"		
2.4	1°43' 8"			2.4	1°31'38"		
2.5	1°47'26"			2.5	1°35'30"		
2.6	1°51'44"			2.6	1°39'20"		
2.7	1°56' 2"			2.7	1°43' 8"		
2.8	2° 0'20"			2.8	1°46'56"		
2.9	2° 4'38"			2.9	1°50'46"		
3.0	2° 8'54"			3.0	1°54'34"		
3.1	2°13'14"			3.1	1°58'24"		
3.2	2°17'32"			3.2	2° 2'16"		
3.3	2°21'50"			3.3	2° 6' 6"		
3.4	2°26' 8"			3.4	2° 9'52"		
3.5	2°30'26"			3.5	2°13'42"		
3.6	2°34'44"			3.6	2°17'32"		
3.7	2°39' 4"			3.7	2°21'22"		

偏角表

(1)

R 公尺 / C 公尺	50	R 公尺 / C 公尺	50
0.1	0° 3'26"	3.8	2°10'38"
0.2	0° 6'52"	3.9	2°14' 4"
0.3	0°10'18"	4.0	2°17'32"
0.4	0°13'44"	4.1	2°20'58"
0.5	0°17'10"	4.2	2°24'25"
0.6	0°20'36"	4.3	2°27'51"
0.7	0°24' 2"	4.4	2°31'17"
0.8	0°27'28"	4.5	2°34'44"
0.9	0°30'54"	4.6	2°38'10"
1.0	0°34'22"	4.7	2°41'36"
1.1	0°37'48"	4.8	2°45' 2"
1.2	0°41'14"	4.9	2°48'29"
1.3	0°44'40"	5.0	2°51'56"
1.4	0°48' 6"		
1.5	0°51'33"		
1.6	0°54'59"		
1.7	0°58'25"		
1.8	1° 1'52"		
1.9	1° 5'18"		
2.0	1° 8'44"		
2.1	1°12'10"		
2.2	1°15'36"		
2.3	1°19' 3"		
2.4	1°22'29"		
2.5	1°25'55"		
2.6	1°29'21"		
2.7	1°32'47"		
2.8	1°26'14"		
2.9	1°39'40"		
3.0	1°43' 8"		
3.1	1°46'34"		
3.2	1°50' 0"		
3.3	1°53'27"		
3.4	1°56'53"		
3.5	2° 0'19"		
3.6	2° 3'45"		
3.7	2° 7'12"		

$$d=\mathrm{Sin}^{-1}\frac{C}{2R}$$

d＝偏角
C＝ 弦
R＝半徑

C公尺 \ R公尺	50	C公尺 \ R公尺	50	C公尺 \ R公尺	60	C公尺 \ R公尺	60
0.1	0° 3'26"	3.8	2°10'38"	0.1	0° 2'52"	3.8	1°48'58"
0.2	0° 6'52"	3.9	2°14' 4"	0.2	0° 5'42"	3.9	1°51'41"
0.3	0°10'18"	4.0	2°17'32"	0.3	0° 8'34"	4.0	1°54'35"
0.4	0°13'44"	4.1	2°20'58"	0.4	0°11'26"	4.1	1°57'27"
0.5	0°17'10"	4.2	2°24'25"	0.5	0°14'19"	4.2	2° 0'19"
0.6	0°20'36"	4.3	2°27'51"	0.6	0°17'10"	4.3	2° 3'11"
0.7	0°24' 2"	4.4	2°31'17"	0.7	0°20' 2"	4.4	2° 6' 3"
0.8	0°27'28"	4.5	2°34'44"	0.8	0°22'54"	4.5	2° 8'56"
0.9	0°30'54"	4.6	2°38'10"	0.9	0°25'46"	4.6	2°11'48"
1.0	0°34'22"	4.7	2°41'36"	1.0	0°28'38"	4.7	2°14'40"
1.1	0°37'48"	4.8	2°45' 2"	1.1	0°31'30"	4.8	2°17'33"
1.2	0°41'14"	4.9	2°48'29"	1.2	0°34'22"	4.9	2°20'25"
1.3	0°44'40"	5.0	2°51'56"	1.3	0°37'13"	5.0	2°23'16"
1.4	0°48' 6"	6.0	3°26'22"	1.4	0°40' 5"	6.0	2°51'56"
1.5	0°51'33"	7.0	4° 0'48"	1.5	0°42'57"	7.0	3°20'38"
1.6	0°54'59"	8.0	4°35'18"	1.6	0°45'48"	8.0	3°49'22"
1.7	0°58'25"	9.0	5° 9'48"	1.7	0°48'41"	9.0	4°18' 4"
1.8	1° 1'52"	10.0	5°44'20"	1.8	0°51'32"	10.0	4°46'46"
1.9	1° 5'18"	11.0	6°18'54"	1.9	0°54'24"	11.0	5°15'34"
2.0	1° 8'44"	12.0	6°53'30"	2.0	0°57'19"	12.0	5°44'20"
2.1	1°12'10"	13.0	7°28'10"	2.1	1° 0'11"	13.0	6°13' 8"
2.2	1°15'36"	14.0	8° 2'50"	2.2	1° 3' 3"	14.0	6°42' 0"
2.3	1°19' 3"	15.0	8°37'36"	2.3	1° 5'54"	15.0	7°10'48"
2.4	1°22'29"	16.0	9°12'24"	2.4	1° 8'47"	16.0	7°39'42"
2.5	1°25'55"	17.0	9°47'16"	2.5	1°11'39"	17.0	8° 8'38"
2.6	1°29'21"	18.0	10°22'10"	2.6	1°14'31"	18.0	8°37'36"
2.7	1°32'47"	19.0	10°57'10"	2.7	1°17'23"	19.0	9° 6'34"
2.8	1°36'14"	20.0	11°32'12"	2.8	1°20'15"	20.0	9°35'37"
2.9	1°39'40"			2.9	1°23' 7"		
3.0	1°43' 8"			3.0	1°26' 0"		
3.1	1°46'34"			3.1	1°28'52"		
3.2	1°50' 0"			3.2	1°31'43"		
3.3	1°53'27"			3.3	1°34'35"		
3.4	1°56'53"			3.4	1°37'26"		
3.5	2° 0'19"			3.5	1°40'18"		
3.6	2° 3'45"			3.6	1°43' 9"		
3.7	2° 7'12"			3.7	1°46' 1"		

偏角表

(2)

$d = \mathrm{Sin}^{-1}\dfrac{C}{2R}$　　d ＝偏角　C ＝ 弦　R ＝半徑

R 公尺 / C 公尺	80	R 公尺 / C 公尺	80	R 公尺 / C 公尺	100	R 公尺 / C 公尺	100
0.1	0° 2' 3"	3.8	1°21'30"	0.1	0° 1'43"	3.8	1° 5'20"
0.2	0° 4'11"	3.9	1°23'39"	0.2	0° 3'26"	3.9	1° 7' 4"
0.3	0° 6'21"	4.0	1°25'48"	0.3	0° 5' 9"	4.0	1° 8'47"
0.4	0° 8'30"	4.1	1°27'57"	0.4	0° 6'50"	4.1	1°10'30"
0.5	0°10'39"	4.2	1°30' 5"	0.5	0° 8'35"	4.2	1°12'13"
0.6	0°12'49"	4.3	1°32'14"	0.6	0°10'18"	4.3	1°13'56"
0.7	0°14'59"	4.4	1°34'22"	0.7	0°12' 1"	4.4	1°15'39"
0.8	0°17' 8"	4.5	1°36'31"	0.8	0°13'44"	4.5	1°17'23"
0.9	0°19'17"	4.6	1°38'40"	0.9	0°15'27"	4.6	1°19' 6"
1.0	0°21'27"	4.7	1°40'48"	1.0	0°17'10"	4.7	1°20'49"
1.1	0°23'36"	4.8	1°42'57"	1.1	0°18'53"	4.8	1°22'32"
1.2	0°25'44"	4.9	1°45' 5"	1.2	0°20'37"	4.9	1°24'15"
1.3	0°27'53"	5.0	1°47'14"	1.3	0°22'20"	5.0	1°25'58"
1.4	0°30' 1"	6.0	2° 8'54"	1.4	0°24' 3"	6.0	1°43' 8"
1.5	0°32'10"	7.0	2°30'26"	1.5	0°25'46"	7.0	2° 0'20"
1.6	0°34'19"	8.0	2°51"56"	1.6	0°27'30"	8.0	2°17'32"
1.7	0°36'27"	9.0	3°13'28"	1.7	0°29'13"	9.0	2°34'44"
1.8	0°38'36"	10.0	3°34'39"	1.8	0°30'56"	10.0	2° 5'58"
1.9	0°40'44"	11.0	3°56'30"	1.9	0°32'40"	11.0	3° 9'10"
2.0	0°42'53"	12.0	4°18' 4"	2.0	0°34'23"	12.0	3°26'22"
2.1	0°45' 2"	13.0	4°39'36"	2.1	0°36' 6"	13.0	3°43'36"
2.2	0°47'10"	14.0	5° 1"10"	2.2	0°37'49"	14.0	4° 0'48"
2.3	0°49'19"	15.0	5°22' 6"	2.3	0°39'32"	15.0	4°18' 4"
2.4	0°51'27"	16.0	5°44'20"	2.4	0°41'15"	16.0	4°35'18"
2.5	0°53'36"	17.0	6° 5'56"	2.5	0°42'59"	17.0	4°52'32"
2.6	0°55'45"	18.0	6°27'32"	2.6	0°44'42"	18.0	5° 9'48"
2.7	0°57'53"	19.0	6°49'12"	2.7	0°46'25"	19.0	5°27' 4"
2.8	1° 0' 2"	20.0	7°10' 2"	2.8	0°48' 8"	20.0	5°44'21"
2.9	1° 2'10"			2.9	0°49'51"		
3.0	1° 4'19"			3.0	0°51'34"		
3.1	1° 6'28"			3.1	0°53'17"		
3.2	1° 8'37"			3.2	0°55' 1"		
3.3	1°10'46"			3.3	0°56'44"		
3.4	1°12'55"			3.4	0°58'27"		
3.5	1°15' 4"			3.5	1° 0'11"		
3.6	1°17'12"			3.6	1° 1'54"		
3.7	1°19'21"			3.7	1° 3'37"		

$$d=\mathrm{Sin}^{-1}\frac{C}{2R}$$

d＝偏角
C＝弦
R＝半徑

R 公尺 / C 公尺	120	R 公尺 / C 公尺	120	R 公尺 / C 公尺	150	R 公尺 / C 公尺	150
0.1	0° 1'27"	3.8	0°54'27"	0.1	0° 1' 8"	3.8	0°43'33"
0.2	0° 2'53"	3.9	0°55'53"	0.2	0° 2'17"	3.9	0°44'41"
0.3	0° 4'19"	4.0	0°57'19"	0.3	0° 3'26"	4.0	0°45'50"
0.4	0° 5'45"	4.1	0°58'45"	0.4	0° 4'34"	4.1	0°46'59"
0.5	0° 7'11"	4.2	1° 0'11"	0.5	0° 5'43"	4.2	0°48' 8"
0.6	0° 8'37"	4.3	1° 1'36"	0.6	0° 6'52"	4.3	0°49'17"
0.7	0°10' 3"	4.4	1° 3' 2"	0.7	0° 8' 1"	4.4	0°50'26"
0.8	0°11'29"	4.5	1° 4'28"	0.8	0° 9' 9"	4.5	0°51'35"
0.9	0°12'55"	4.6	1° 5'54"	0.9	0°10'18"	4.6	0°52'43"
1.0	0°14'21"	4.7	1° 7'20"	1.0	0°11'27"	4.7	0°53'52"
1.1	0°15'47"	4.8	1° 8'45"	1.1	0°12'36"	4.8	0°55' 1"
1.2	0°17'12"	4.9	1°10'11"	1.2	0°13'45"	4.9	0°56'10"
1.3	0°18'38"	5.0	1°11'37"	1.3	0°14'54"	5.0	0°57'19"
1.4	0°20' 4"	6.0	1°25'56"	1.4	0°16' 3"	6.0	1° 8'45"
1.5	0°21'30"	7.0	1°40'16"	1.5	0°17'12"	7.0	1°20'12"
1.6	0°22'55"	8.0	1°54'34"	1.6	0°18'20"	8.0	1°31'40"
1.7	0°24'21"	9.0	2° 8'54"	1.7	0°19'29"	9.0	1°43' 9"
1.8	0°25'47"	10.0	2°23'17"	1.8	0°20'38"	10.0	1°54'35"
1.9	0°27'12"	11.0	2°37'36"	1.9	0°21'47"	11.0	2° 6' 6"
2.0	0°28'38"	12.0	2°51'56"	2.0	0°22'56"	12.0	2°17'30"
2.1	0°30' 4"	13.0	3° 6'18"	2.1	0°24' 5"	13.0	2°29' 0"
2.2	0°31'30"	14.0	3°20'38"	2.2	0°25'13"	14.0	2°40'28"
2.3	0°32'56"	15.0	3°35' 0"	2.3	0°26'22"	15.0	2°51'58"
2.4	0°34'22"	16.0	3°49'22"	2.4	0°27'31"	16.0	3° 3'24"
2.5	0°35'48"	17.0	4° 3'40"	2.5	0°28'39"	17.0	3°14'54"
2.6	0°37'14"	18.0	4°18' 4"	2.6	0°29'48"	18.0	3°26'22"
2.7	0°38'40"	19.0	4°32'28"	2.7	0°30'57"	19.0	3°37'50"
2.8	0°40' 6"	20.0	4°46'48"	2.8	0°32' 6"	20.0	3°49'23"
2.9	0°41'32"			2.9	0°33'14"		
3.0	0°42'58"			3.0	0°34'23"		
3.1	0°44'24"			3.1	0°35'32"		
3.2	0°45'50"			3.2	0°36'40"		
3.3	0°47'16"			3.3	0°37'49"		
3.4	0°48'42"			3.4	0°38'58"		
3.5	0°50' 8"			3.5	0°40' 7"		
3.6	0°51'35"			3.6	0°41'15"		
3.7	0°53' 1"			3.7	0°42'24"		

偏角表

(2)

$$d=\sin^{-1}\frac{C}{2R}$$

d =偏角
C = 弦
R =半徑

R公尺 / C公尺	160	R公尺 / C公尺	160	R公尺 / C公尺	180	R公尺 / C公尺	180
0.1	0° 1' 4"	3.8	0°40'49"	0.1	0° 0'56"	3.8	0°36'16"
0.2	0° 2' 8"	3.9	0°41'53"	0.2	0° 1'53"	3.9	0°37'12"
0.3	0° 3'12"	4.0	0°42'58"	0.3	0° 2'51"	4.0	0°38'10"
0.4	0° 4'16"	4.1	0°44' 2"	0.4	0° 3'48"	4.1	0°39' 8"
0.5	0° 5'20"	4.2	0°45' 7"	0.5	0° 4'46"	4.2	0°40' 5"
0.6	0° 6'25"	4.3	0°46'11"	0.6	0° 5'43"	4.3	0°41' 3"
0.7	0° 7'29"	4.4	0°47'15"	0.7	0° 6'40"	4.4	0°42' 1"
0.8	0° 8'33"	4.5	0°48'20"	0.8	0° 7'38"	4.5	0°42'58"
0.9	0° 9'37"	4.6	0°49'24"	0.9	0° 8'35"	4.6	0°43'56"
1.0	0°10'45"	4.7	0°50'28"	1.0	0° 9'33"	4.7	0°44'53"
1.1	0°11'49"	4.8	0°51'32"	1.1	0°10'30"	4.8	0°45'51"
1.2	0°12'54"	4.9	0°52'37"	1.2	0°11'27"	4.9	0°46'49"
1.3	0°13'58"	5.0	0°53'41"	1.3	0°12'24"	5.0	0°47'46"
1.4	0°15' 3"	6.0	1° 4'26"	1.4	0°13'21"	6.0	0°57'18"
1.5	0°16' 7"	7.0	1°15'14"	1.5	0°14'18"	7.0	1° 6'48"
1.6	0°17'11"	8.0	1°25'56"	1.6	0°15'16"	8.0	1°16'22"
1.7	0°18'16"	9.0	1°36'42"	1.7	0°16'13"	9.0	1°25'56"
1.8	0°19'20"	10.0	1°47'27"	1.8	0°17'11"	10.0	1°35'30"
1.9	0°20'25"	11.0	1°58'12"	1.9	0°18' 8"	11.0	1°45' 4"
2.0	0°21'29"	12.0	2° 8'54"	2.0	0°19' 4"	12.0	1°54'34"
2.1	0°22'33"	13.0	2°19'42"	2.1	0°20' 2"	13.0	2° 4'10"
2.2	0°23'38"	14.0	2°30'26"	2.2	0°20'59"	14.0	2°13'42"
2.3	0°24'42"	15.0	2°41'10"	2.3	0°21'57"	15.0	2°23'14"
2.4	0°25'46"	16.0	2°51'56"	2.4	0°22'54"	16.0	2°32'48"
2.5	0°26'51"	17.0	3° 2'42"	2.5	0°23'52"	17.0	2°42'22"
2.6	0°27'55"	18.0	3°13'28"	2.6	0°24'49"	18.0	2°51'56"
2.7	0°28'59"	19.0	3°24'14"	2.7	0°25'47"	19.0	3° 1'30"
2.8	0°30' 3"	20.0	3°36' 0"	2.8	0°26'44"	20.0	3°11' 4"
2.9	0°31' 8"			2.9	0°27'42"		
3.0	0°32'12"			3.0	0°28'39"		
3.1	0°33'17"			3.1	0°29'36"		
3.2	0°34'21"			3.2	0°30'33"		
3.3	0°35'26"			3.3	0°31'30"		
3.4	0°36'30"			3.4	0°32'27"		
3.5	0°37'35"			3.5	0°33'25"		
3.6	0°38'40"			3.6	0°34'22"		
3.7	0°39'44"			3.7	0°35'19"		

$$d = \mathrm{Sin}^{-2}\frac{C}{R}$$

d＝偏角
C＝ 弦
R＝半徑

C公尺 \ R公尺	200	C公尺 \ R公尺	200
0.1	0° 0'52"	3.8	0°32'40"
0.2	0° 1'43"	3.9	0°33'32"
0.3	0° 2'35"	4.0	0°34'23"
0.4	0° 3'26"	4.1	0°35'15"
0.5	0° 4'18"	4.2	0°36' 6"
0.6	0° 5' 9"	4.3	0°36'58"
0.7	0° 6' 0"	4.4	0°37'49"
0.8	0° 6'52"	4.5	0°38'41"
0.9	0° 7'43"	4.6	0°39'32"
1.0	0° 8'35"	4.7	0°40'24"
1.1	0° 9'27"	4.8	0°41'15"
1.2	0°10'18"	4.9	0°42' 7"
1.3	0°11'10"	5.0	0°42'58"
1.4	0°12' 1"	6.0	0°51'34"
1.5	0°12'53"	7.0	1° 0'10"
1.6	0°13'44"	8.0	1° 8'44"
1.7	0°14'36"	9.0	1°17'20"
1.8	0°15'27"	10.0	1°25'58"
1.9	0°16'19"	11.0	1°34'32"
2.0	0°17'10"	12.0	1°43' 8"
2.1	0°18' 2"	13.0	1°51'44"
2.2	0°18'54"	14.0	2° 0'20"
2.3	0°19'45"	15.0	2° 8'56"
2.4	0°20'37"	16.0	2°17'32"
2.5	0°21'29"	17.0	2°26' 8"
2.6	0°22'21"	18.0	2°34'44"
2.7	0°23'13"	19.0	2°43'20"
2.8	0°24' 4"	20.0	2°51'58"
2.9	0°24'56"		
3.0	0°25'48"		
3.1	0°26'40"		
3.2	0°27'31"		
3.3	0°28'23"		
3.4	0°29'14"		
3.5	0°30' 6"		
3.6	0°30'57"		
3.7	0°31'49"		

偏角表

(3)

R公尺 / C公尺	200	220	240	250	260
1	0° 8'35"	0° 7'48"	0° 7'10"	0° 6'52"	0° 6'36"
2	0°17'10"	0°15'37"	0°14'19"	0°13'45"	0°13'13"
3	0°25'48"	0°23'26"	0°21'29"	0°20'37"	0°19'49"
4	0°34'23"	0°31'15"	0°28'38"	0°27'30"	0°26'26"
5	0°42'58"	0°39' 3"	0°35'48"	0°34'22"	0°33' 3"
6	0°51'34"	0°46'52"	0°42'58"	0°41'15"	0°39'39"
7	1° 0'10"	0°54'41"	0°50' 8"	0°48' 7"	0°46'16"
8	1° 8'44"	1° 2'30"	0°57'17"	0°55' 0"	0°52'53"
9	1°17'20"	1°10'19"	1° 4'27"	1° 1'52"	0°59'29"
10	1°25'58"	1°18' 7"	1°11'37"	1° 8'45"	1° 6' 6"
11	1°34'32"	1°25'56"	1°18'46"	1°15'37"	1°12'43"
12	1°43' 8"	1°33'45"	1°25'56"	1°22'30"	1°19'19"
13	1°51'44"	1°41'34"	1°33' 6"	1°29'22"	1°25'56"
14	2° 0'20"	1°49'21"	1°40'16"	1°36'15"	1°32'33"
15	2° 8'56"	1°57'11"	1°47'25"	1°43' 7"	1°39' 9"
16	2°17'32"	2° 5' 0"	1°54'35"	1°50' 0"	1°45'46"
17	2°26' 8"	2°12'49"	2° 1'45"	1°56'52"	1°52'23"
18	2°34'44"	2°25'38"	2° 8'54"	2° 3'45"	1°58'59"
19	2°43'20"	2°28'26"	2°16' 4"	2°10'38"	2° 5'36"
20	2°51'53"	2°36'15"	2°23'14"	2°17'30"	2°12'13"

$$d = \sin^{-1}\frac{C}{2R}$$

d＝偏角
C＝弦
R＝半徑

R公尺 / C公尺	280	300	320	340	350
1	0° 6' 8"	0° 5'43"	0° 5'22"	0° 5' 3"	0° 4'54"
2	0°12'16"	0°11'27"	0°10'44"	0°10' 6"	0° 9'49"
3	0°18'25"	0°17'11"	0°16' 6"	0°15'10"	0°14'43"
4	0°24'33"	0°22'55"	0°21'29"	0°20'13"	0°19'38"
5	0°30'41"	0°28'38"	0°26'51"	0°25'16"	0°24'33"
6	0°36'49"	0°34'22"	0°32'13"	0°30'19"	0°29'27"
7	0°42'58"	0°40' 6"	0°37'36"	0°35'23"	0°34'22"
8	0°49' 6"	0°45'50"	0°42'58"	0°40'26"	0°39'17"
9	0°55'15"	0°51'30"	0°48'20"	0°45'30"	0°44'12"
10	1° 1'23"	0°57'17"	0°53'42"	0°50'33"	0°49' 6"
11	1° 7'31"	1° 3' 1"	0°59' 5"	0°55'36"	0°54' 1"
12	1°13'39"	1° 8'45"	1° 4'27"	1° 0'39"	0°58'55"
13	1°19'48"	1°14'29"	1° 9'49"	1° 5'43"	1° 3'50"
14	1°25'56"	1°20'12"	1°15'12"	1°10'46"	1° 8'45"
15	1°32' 4"	1°25'56"	1°20'34"	1°15'49"	1°13'39"
16	1°38'13"	1°31'40"	1°25'56"	1°20'53"	1°18'34"
17	1°44'21"	1°37'24"	1°31'18"	1°25'56"	1°23'29"
18	1°50'29"	1°43' 7"	1°36'41"	1°30'59"	1°28'23"
19	1°56'38"	1°48'51"	1°42' 3"	1°36' 3"	1°33'18"
20	2° 2'46"	1°54'35"	1°47'25"	1°41'10"	1°38'13"

偏角表

(3)

$d = \sin^{-1}\frac{C}{2R}$

d ＝偏角
C ＝ 弦
R ＝半徑

C公尺 \ R公尺	360	380	400	450	500
1	0° 4'46"	0° 4'31"	0° 4'17"	0° 3'49"	0° 3'26"
2	0° 9'32"	0° 9' 2"	0° 8'35"	0° 7'38"	0° 6'52"
3	0°14'19"	0°13'34"	0°12'53"	0°11'27"	0°10'18"
4	0°19' 5"	0°18' 5"	0°17'11"	0°15'16"	0°13'45"
5	0°23'52"	0°22'37"	0°21'29"	0°19' 5"	0°17'11"
6	0°28'38"	0°27' 8"	0°25'46"	0°22'55"	0°20'37"
7	0°33'25"	0°31'39"	0°30' 4"	0°26'44"	0°24' 3"
8	0°38'11"	0°36'11"	0°34'22"	0°30'33"	0°27'30"
9	0°42'58"	0°40'42"	0°38'40"	0°34'22"	0°30'56"
10	0°47'44"	0°45'14"	0°42'58"	0°38'11"	0°34'22"
11	0°52'31"	0°49'45"	0°47'16"	0°42' 1"	0°37'48"
12	0°57'17"	0°54'16"	0°51'33"	0°45'50"	0°41'15"
13	1° 2' 4"	0°58'48"	0°55'51"	0°49'39"	0°44'41"
14	1° 6'50"	1° 3'19"	1° 0' 9"	0°53'28"	0°48' 7"
15	1°11'37"	1° 7'51"	1° 4'27"	0°57'17"	0°51'33"
16	1°16'23"	1°12'22"	1° 8'45"	1° 1' 6"	0°55' 0"
17	1°21'10"	1°16'53"	1°13' 3"	1° 4'56"	0°58'26"
18	1°25'56"	1°21'25"	1°17'20"	1° 8'45"	1° 1'52"
19	1°30'43"	1°25'58"	1°21'38"	1°12'34"	1° 5'19"
20	1°35'29"	1°30'29"	1°25'56"	1°16'23"	1° 8'45"

$$d = \sin^{-1}\frac{C}{2R}$$

d＝偏角
C＝　弦
R＝半徑

R公尺 / C公尺	550	600	700	800	900
1	0° 3′ 8″	0° 2′51″	0° 2′27″	0° 2′ 8″	0° 1′54″
2	0° 6′15″	0° 5′43″	0° 4′54″	0° 4′17″	0° 3′49″
3	0° 9′22″	0° 8′35″	0° 7′22″	0° 6′26″	0° 5′43″
4	0°12′30″	0°11′27″	0° 9′49″	0° 8′35″	0° 7′38″
5	0°15′38″	0°14′19″	0°12′16″	0°10′44″	0° 9′32″
6	0°18′45″	9°17′11″	0°14′43″	0°12′53″	0°11′27″
7	0°21′52″	0°20′ 3″	0°17′11″	0°15′ 2″	0°13′22″
8	0°25′ 0″	0°22′55″	0°19′38″	0°17′11″	0°15′16″
9	0°28′ 7″	0°25′46″	0°22′ 6″	0°19′19″	0°17′11″
10	0°31′15″	0°28′ 8″	0°24′33″	0°21′29″	0°19′ 5″
11	0°34′22″	0°31′30″	0°27′ 0″	0°23′38″	0°21′ 0″
12	0°37′30″	0°34′22″	0°29′27″	0°25′46″	0°22′55″
13	0°40′37″	0°37′14″	0°31′55″	0°27′55″	0°24′49″
14	0°43′45″	0°40′ 6″	0°34′22″	0°30′ 4″	0°26′44″
15	0°46′52″	0°42′58″	0°36′49″	0°32′13″	0°28′38″
16	0°50′ 0″	0°45′50″	0°39″17″	0°34′22″	0°30′33″
17	0°53′ 7″	0°48′42″	0°41′ 8″	0°36′31″	0°32′28″
18	0°56′15″	0°51′33″	0°44′12″	0°38′40″	0°34′22″
19	0°59′22″	0°54′25″	0°46′39″	0°40′49″	0°36′17″
20	1° 2′30″	0°57′17″	0°49′ 6″	0°42′58″	0°38′11″

偏角表

(3)

$$d = \sin^{-1}\frac{C}{2R}$$

d = 偏角
C = 弦
R = 半徑

C公尺 \ R公尺	1000	1500	2000	2500	3000
1	0° 1'43"	0° 1' 8"	0° 0'51"	0° 0'41"	0° 0'34"
2	0° 3'26"	0° 2'17"	0° 1'43"	0° 1'22"	0° 1' 8"
3	0° 5' 9"	0° 3'26"	6° 2'34"	0° 2' 3"	0° 1'43"
4	0° 6'52"	0° 4'35"	0° 3'26"	0° 2'45"	0° 2'17"
5	0° 8'35"	0° 5'43"	0° 4'17"	0° 3'26"	0° 2'51"
6	0°10'19"	0° 6'52"	0° 5' 9"	0° 4' 7"	0° 3'26"
7	0°12' 1"	0° 8' 1"	0° 6' 0"	0° 4'48"	0° 4' 0"
8	0°13'45"	0° 9'10"	0° 6'52"	0° 5'30"	0° 4'35"
9	0°15'28"	0°10'18"	0° 7'44"	0° 6'11"	0° 5' 9"
10	0°17'11"	0°11'27"	0° 8'35"	0° 6'52"	0° 5'43"
11	0°18'54"	0°12'36"	0° 9'27"	0° 7'33"	0° 6'18"
12	0°20'37"	0°13'45"	0°10'18"	0° 8'15"	0° 6'52"
13	0°22'20"	0°14'53"	0°11'10"	0° 8'56"	0° 7'26"
14	0°24' 3"	0°16' 2"	0°12' 1"	0° 9'37"	0° 8' 1"
15	6°25'46"	0°17'10"	0°12'53"	0°10'18"	0° 8'35"
16	0°27'30"	0°18'20"	0°13'45"	0°11' 0"	0° 9'10"
17	0°29'13"	0°19'28"	0°14'36"	0°11'41"	0° 9'44"
18	0°30'56"	0°20'37"	0°15'28"	0°12'22"	0°10'18"
19	0°32'39"	0°21'46"	0°16'19"	0°13' 3"	0°10'53"
20	0°34'22"	0°22'55"	0°17'11"	0°13'45"	0°11'27"

編　後

經半載之籌備，慘淡經營，第三號會刊於今始與諸君相見。內容不敢言精美，篇幅不敢言豐富，然而時間之迫促，經費之有限，幸經愛好本刊諸君之督勵，諸同學之錫以鴻文，卒底於成，此同人等敢以引爲欣慰者也。

迺者深願諸君一本愛護本刊之誠，任下優劣之批評，并贈以南針，俾下期工作得勉乎其行，共襄厥成，此同人等有厚望焉！

本刊承陳浩然同學代作封面，教授陸咏懋先生及各同學惠賜鴻稿，使本刊得提前出版，編者謹在此一併致謝。

本會職員名錄

(一)執行委員會

常務　楊祝孫　　文書　王善政
財政　張壽昌　　庶務　方培華
研究　蔡寶昌　　圖書　張孔容
體育　周頌文

(二)監察委員會

王廷棟(常務)　蒯世諾　馬浙生

(三)出版委員會

編輯　蔡寶昌　徐爲然　潘維耀　王善政　巢慶臨　魏文聚
楊祝孫　程延昆　唐允文　王紹文　張宗安　張孔容
毛宗陞　許藻瀾　俞禮彬　周頌文

定價每冊四角

出版日期　中華民國二十三年六月十日
編輯者　復旦大學土木工程學會出版委員會
發行者　上海復旦大學土木工程學會
上海翔殷路
代售處　江灣書店
復旦大學後門
上海山海關路南興坊
印刷者　新民出版印刷公司
電話三三一三八號

歷屆畢業同學近況

姓名	字	籍貫	現任職務	通信地址
吳煥綍	華甫	江蘇上海	燕京大學工程師	北平燕京大學
吳銘之		浙江吳興	浙江省公路局	
王葉祺		浙江諸暨	浙江省公路局衢關衢廣兩路聯合管理處工程師	杭州浙江省公路局
侯景文	郁伯	河北南皮		漢口審德租界六合路永盛里22號
陳慶澍	慰民	廣東新會	廣西建設廳技正兼廣西公路管理局柳江區工程師	香港德輔道中四十九號均昌出口洋莊
楊哲明	偉禪	安徽宣城	江蘇建設廳科員	上海麗履理路資敬坊13號
董芝眉		浙江吳興	上海工部局工務處建築科設計工程師	上海工部局工務處建築科
王光劍	霓東	江蘇泰縣	南京新中公司建築師	南京張府園六十六號
周仰山	鑄生	湖南瀏陽	湖南省公路局段工程師	湖南瀏北泮春
施景元	明一	江蘇崇明	上海縣建設局技術主任	崇明橋鎮東河沿大盛衣莊
孫繩曾	季武	江蘇寶應	美國密歇根大學留學	寶應南門大街台寓前衖
徐文台	澤予	浙江臨海	復旦實驗中學主任	復旦實驗中學
湯日新	又齋	江西廣豐	紹興縣縣長	浙江紹興縣政府
謝槐珍	紀蓀	湖南東安	湖南東安縣教育局	湖南東安縣教育局
劉德謙	克讓	四川安岳	四川省公路局成渝路工程師	四川省公路局
潘文植		廣東南海	北甯鐵路管理局	北甯鐵路管理局
何昭明		江蘇金山	湖北武英路工程師	武昌湖北建設廳
王傳爵	晉蕃	江蘇崑山	杭江路工務第四分段測量隊	金華
陳 殼	序安	江蘇泰縣	南京市工務局技士	南京市工務局
張有績	熙若	浙江鄞縣	甯波效實中學教員	甯波西門外張增記醬園

滑建山	卓亭	河南偃師	山東建設廳技士	濟南山東建設廳
吳　韶	諧韺	江西吉安		上海天津路新昌源福茂莊
蔣　炇	煥周	安徽霍邱	全國經濟委員會公路處	仝前
劉際雲	會可	江西吉安	湖北省第四中學	江西吉安永吉巷吉豐油棧
錢宗賢	惠昌	浙江平湖	建壽路副工程師	建德洋溪鎮屯建壽路工程處
林孝富	文博	安徽和縣	全國經濟委員會公路處江西公路第三測量隊	全國經濟委員會公路處
許其昌		江蘇青浦		青浦大西門內
陳鴻鼎	禹九	福建長樂	南京市工務局技士	南京市工務局
徐　琳	振聲	浙江平湖	湖北建設廳技士	武昌湖北建設廳
徐以枋	馭寰	浙江平湖	全國經濟委員會	南京鐵湯池
汪德新		四川敍篤	湖北建設廳老限段工程處	湖北建設廳
沈潤溪	夢蓮	江蘇啓東	上海市工務局技佐	啓東北新鎮
陸仕岩	傅侯	江蘇啓東	上海市工務局技佐	啓東外沙三星鎮
胡　釗	洪釗	安徽績谿	上海康成公司建築工程師	上海河南路471號
賓希參		湖南東安	湖南省公路局桃晃段工程處	湖南省公路局桃晃段工程司
余澤新	希周	湖南長沙		
周書濤	觀海	江蘇嘉定	上海市工務局技士	上海市工務局
何棟材		廣西梧州	廣西梧州市工務局取締科科長	廣西梧州市工務局
馬樹成	大成	江蘇漣水	全國經濟委員會	西安全國經濟委員會工程處
徐仲銘		江蘇松江	松江縣建設局技術員	松江縣建設局
余西萬		湖南長沙	粵漢鐵路工程師	長沙劉正街五十三號余宅轉交
陳家瑞	肖峯	安徽太湖	三省剿匪總部	漢川三省剿匪總部
葉　森	思存	江蘇松江	上海市工務局	上海市工務局
柴鳳圻	仲橋	江蘇啓東	啓東敦行女子初級中學	啓東敦行女子初級中學

聶光墉	守厚	湖南衡山	漢口第一紡織公司廠長	漢口第一紡織公司
潘煥明	欽安	浙江平湖	南京首都電廠	南京首都電廠
林華煜	君曄	廣東新會	廣東南海縣技正	廣州大南路二十號四樓林華煜事務所
姚昌煊		江蘇金山	河南建設廳技士	開封葉縣郵局侯平初轉
鄔烈升	培風	浙江奉化	浙江省公路局長泗路工程處副工程師	浙江省公路局長泗路工程處
王　斌	友韓	江蘇崇明	上海市工務局技佐	崇明南河轉
汪和笙	幼山	浙江慈谿	華西興業公司工程師	重慶道門口
倪寶琛	珍如	浙江永康	浙江省公路局副工程師	浙江富陽富新路工程處
沈璘雙	景瞻	江蘇海門	蘇州太湖水利委員會	海門長興鎮
殷　覺	秉眞	江蘇武進	江蘇海州中學	浙江餘姚縣政府
王鴻志	鵠侯	江蘇泰縣	南匯縣建設局技術員	泰縣彩衣街朱九霞銀樓轉
姜達鑑	寶深	江西鄱陽	上海市工務局技佐	上海市工務局
曾觀濤	少泉	江蘇吳江	東方鋼窗公司	上海辣斐德路淞寓別墅三號
沈元良	安仁	江蘇海門	山東鄆城建設工程師	山東鄆城縣政府
伍朝卓	自覺	廣東新會	廣州市工務局技佐	廣州市工務局
劉海通	一	河北沙河	河北建設廳技士	北平後門三產場
葉貽堯	永順	浙江鎮海	上海市工務局技佐	虹口公平路公平里八百號
孫乃駿	祿生	浙江吳興	上海市工務局技佐	上海市工務局
梁泳熙		廣東東莞	廣東建設廳南路公路處	廣東建設廳南路公路處
湯邦偉		廣東台山	廣州復旦中學教員	廣州復旦中學
韓春第		河北天津	山東建設廳	山東建設廳
李育英	樹人	安徽霍邱	福建省公路局洪白測量隊	福建福州西關外白沙鄉瀛峙洪白測量隊
丘秉敏	英士	廣東梅縣	德國工專研究	汕頭松口麗華號
包甘德		江蘇上海	威海衞管理公署工務科	威海衞管理公署工務科

高朝珍		安徽合肥	京建路皖段段工程師	安徽省公路局
孫斐然	非園	安徽桐城	安徽蕪湖工務局	安徽桐城東門外錢三泰米行
王晉升	子亨	河北唐山	杭江路工務第四分段測量隊	金華
馬巽鵬		河北天津		南京沈舉人巷六十號
趙承偉	淵濤	江蘇上海	浙江省公路局峽峯路工程員	浙江省公路局
徐祖源	澤深	江蘇宜興		宜興北門段家巷
馬翥飛	參平	廣東順德		香港大道西八四號二樓
粟　頤	少松	湖南寶慶	湖南建設廳	仝前
張兆泰		河北灤縣		北寧路唐礦務局
孫祥萌		浙江紹興	江蘇建設廳指導工程師	江蘇建設廳
把若愚		江蘇泗陽	威海衛管理公署工務科	威海衛管理公署
吳厚湜	季餘	福建閩侯	福建學院附中教員	福州城內織緞巷十六號
何照芬	仲芳	浙江平湖	均縣均林路均林段第一分段段長	平湖方橋新大街41號
張文田	心芷	江蘇丹徒	威海衛管理署工務科	蘇州葑門十全街帶城橋巷三號
范維濚	惟容	浙江嘉善	山東膠濟路局	嘉善城內中和里
沈克明	本德	江蘇海門	上海四川路四行儲蓄會建築部	上海四川路四行儲蓄會建築部
李達勛		廣東南海	香港華隆建築公司	廣州市永漢路東橫街四十五號三樓
李壽彭		江蘇上海	定中工程事務所工程師	上海四馬路八十九號定中工程事務所
傅錦華	立康	浙江蕭山	浙江省公路局周曹段工程處	餘姚周巷周曹段工程處
陳　豪	重英	江蘇青浦	青浦縣政府	青浦城內公堂街下塘
李秉成	集之	浙江富陽	杭江路工務第四分段段長	金華
闕毓謨	禹昌	安徽合肥	安徽第四區行政專員公署	壽縣安徽第四區行政專員公署
葉　彬	壯蔚	廣西容縣	廣西建設廳技士	廣西容縣葉長發
朱鴻炳	光烈	江蘇無錫	成基建築公司工程師	蘇州大柳貞巷二七號

鄒棨	光烈	江蘇無錫	浙江省公路局	杭州湧金橋厚德里四號
王茂英		山東牟平	葫蘆島務港局	仝前
蔡繼青		江蘇常熟	江蘇省公路局	常熟北大榆樹頭
張景文		廣東開平	平漢鐵路工務處技術科	漢口平漢鐵路工務處技術科
張寶山	秀峯	山東文登	威海衛公立第一中學校長	威海衛公立第一中學
何孝絪		福建閩侯	杭江路工務第四分段測量隊	金華
鄧慶成	維一	江蘇江陰	江蘇省土地局	鎮江將軍巷二十四號
朱坦莊	荇卿	浙江鄞縣	上海倖爾德雲石廠工程師	寧波鄞江橋
曾越奇	光遠	廣東焦嶺	北平陸軍軍醫學校	廣東焦嶺鎮平新市
羅石卿		江西南昌	南昌工專教員	南昌富子巷鄒嘉興棧
徐信孚		浙江慈溪	中都工程行	上海河南路恆利銀行樓上
沈其頤	輔仲	湖南長沙	湖南省公路局	湖南長沙興漢路三十八號
馮詮	莘賓	浙江諸暨	鄂北老限段	漢口大王廟餘慶里五號
徐匯濬	伯川	山東益都	黃河水利委員會第三測量隊	山東齊河
蓋駿聲	聞遠	山東萊陽	山東建設廳	山東建設廳
殷天擇		江蘇武進		常州萊橋
梁曙光		湖南安化	杭州虎林中學總務主任	安化藍田澹園
褫允	劍鋒	江蘇海門	杭江路工務第一段練習工程司	杭江路工務第一段
俞浩鳴		浙江奉化	青島市工務局	青島市工務局
張增康		廣東梅縣	廣東梅縣學藝中學	廣州文德路陶園
張坤生		福建廈門	坤泰工程公司	廈門中山路一七八號
何書沅	善侯	廣東樂會		廣州市三府新橫街一號精華公司
戚克中	履道	江蘇武進	南通建設局	南通建設局
楊濂		福建仙遊		福建仙遊紅十字會

馬典午	國憲	廣東順德	廣州國立中山大學助教	廣東佛山大門樓五號
譚茀崇	小如	湖南湘鄉	漢陽兵工廠	仝前
楊克覲		湖南長沙	鄂北老隕段工務處	漢口大王廟餘慶里五號
王志千	軼風	浙江奉化	上海閘北王興記營造廠	上海閘北西寶興路王家宅六十八號
霍嘉閎		廣東南海	美國留學	上海賓樂安路248號
王　進	往龠	江蘇海門	上海楊錫鏐建築事務所	海門上三星鎮
黃　傑	鼎才	浙江平湖	上海工務局技佐	上海市工務局
胡宗海	稚心	江蘇上海	軍政部技士	江陰北門大街茂豐北號
朱鳴吾	誠鑾	江蘇寶應		寶應古朱家巷二十六號
張紫閣	石渠	江蘇啓東	杭江路工程員	杭州裏西湖三號
郁功達		江蘇松江	上海市土地局	楓涇鎮
程　鏞	劍魂	安徽歙縣	山東朝城縣建設工程師	山東朝城縣政府
金士奇	士騏	浙江溫嶺	軍政部軍需署工程處	漢口江漢三路長興里三號軍需署工程處駐漢辦事處
朱能一		江蘇松江	上海市土地局	仝前
陳理民		廣東羅定	廣東防城縣立中學	廣東防城縣立中學
卞鴻恂		四川巴縣	江寧縣建設科	南京夫子廟平江府街二十四號
范本良		江蘇啓東	砲兵學校監工	南京湯山作廠村砲兵學校
王雄飛		浙江奉化	南京振華營造廠經理	南京曬倉橋東街十七號
吳肇基	錫年	浙江杭縣	浙江省公路局麗雲路工程員	杭州上珠寶巷十一號
李昌運	國祥	廣東東莞	南京工兵學校建設組	南京工兵學校建設組
陳桂春	味秋	江蘇泰縣		鎮江口岸大泗莊
戴中游		江蘇嘉定	江蘇建設廳	鎮江江蘇建設廳
唐嘉袞		廣東中山	杭江路工務第四分段測量隊	金華
沈棨沛	澤民	浙江嘉興		嘉興北門下塘街158號

劉齊芳		江蘇上海	津浦線良王莊工程處	仝前
程進田	濟儒	江蘇儀徵	軍政部軍需署營造司	南京軍政部營造司
丁祖震	適存	江蘇淮陰	山東武城第四料	仝前
李次珊		河南阜縣	山東建設廳第五區水利督察專員	泰安
董正華		江蘇豐縣	軍政部軍需署技士	豐縣劉元集
蔣　璜	伯泉	江蘇宜興	浙江省公路局奉新路工程處	奉化六詔奉新路工程處
于　霖	澤民	浙江甯海	餘姚臨山周曹段二分段	仝前
鮑得冠		浙江紹興	浙江紹興中學	紹興姚江鄉高車頭
曾振藻		浙江紹興		杭州運月河下九一號
李　球	積中	江西蓮花	江西省公路局	南昌江西省公路局
鄭彤文	筱安	江蘇淮安	安徽淮安縣技術主任	安徽蕪屯路績溪綫工程處
周　唐	順孫	江蘇淮陰	全國經濟委員會工程員	南京廣藝街七號
王鍾忞	季雅	江蘇崑山	江蘇銅山縣技術員	仝前
王元善		浙江臨海	中央軍校校舍設計委員會	南京中央軍校校舍設計委員會
曹敬康	伯平	浙江海甯	基泰建築公司	上海麥特赫司脫路1139號
俞恩炳	誦淵	浙江平湖	安慶安徽省公路局甯國蕪屯路宣甯綫蜀洪第四分段工程處	安慶安徽省公路局
俞恩炘	詞源	浙江平湖	安慶安徽省公路局淳屯路工程處	歙縣北岸鎮
邱世昌		江蘇啓東	錫澄路工程處	無錫廣勤路永安街
丁同文		江蘇東台	山東長山縣第四科	山東長山縣政府
陶振銘	滌新	浙江嘉興	安慶安徽省公路局助理工程師	仝前
徐亨道		浙江象山	奉化中南建築公司	蘭谿洋埠
姜汝璋		江蘇丹陽	常州武進中學	奔牛姜市姜合興號
林希成	里桐	廣東潮安	香港民生書院教員	香港九龍民生書院

劉大烈	幹生	湖北大冶	鄂北老隕段工務處	武昌糧道街宜鳳巷
鮑 遠		浙江瑞安	山東禹城縣建設工程師	東禹城縣政府
張培林	墨園	山東膠縣		青島東鎮姜溝路十四號
季 偉		江蘇海門	河南建設廳技佐	河南開封建設廳
馮鄧培		廣西北流	梧州廣西大學助教	廣西容縣西山圩廣芝堂轉
王效之	葩心	湖南湘鄉		湖南湘鄉潄水鄉局送十五都坪上區鶴山別墅
胡嘉詠	正平	江西興國	江西公路處汴粵幹線牛行至萬家埠工程段第一段段長	南昌令公廟十號
盧 堅		福建閩候		福州錫巷八號
朱德堯		浙江嘉興		嘉興北門朱聚元號
韋麟祥		江蘇武進		戚墅堰恒大號
金善璜		江蘇吳江	南京中山路中南公司工程處	吳江北門五號
吳藻生	石	江蘇鹽城	國府黃災會工賑組技術員	江蘇鹽城湖垛吳陽春號轉
王壯飛		浙江奉化	軍政部營造司	南京豐倉橋東街十七號
王家棟	孝禹	江蘇吳縣	正基建築夜校教務長	上海新閘路廣慶里 B44號
曹家傑		江蘇上海	本校土木系助教	上海老北門外恆盛米號
陸時南		陝西柞水	南京陸軍砲兵學校	仝前
周說禮		江蘇常熟	安徽省公路局	仝前
馬地泰		浙江鄞縣	本校土木系助教	本校
殷增鎬		湖南醴陵	山東日照縣建設工程師	山東日照縣政府
周志昌	含光	江蘇江都	山東東阿縣建設工程師	山東東阿縣政府
李慶城	壽愷	浙江鄞縣	山東桓台縣建設工程師	山東桓台縣政府
陳篤銘		廣東台山	山東昌邑縣建設工程師	山東昌邑縣政府
李之俊		江蘇海門	山東博平縣建設工程師	山東博平縣政府
葛維垣		浙江平湖	南京首都電廠	同前

沙伯賢		江蘇海門	山東高唐縣建設工程師	山東高唐縣政府
陳嘉生		江蘇宜興	山東臨淄縣建設工程師	山東臨淄縣政府
陳順德	祖煊	浙江餘姚		嘉興同源福公司
劉灝初		廣東南海	廣州市工務局技佐	廣州市西關逢萊正街26號
王長祿		山東濟南	山東建設廳工程人員訓練班	濟南南新街十九號
張承杰		江蘇嘉定		南翔御觀橋李源和第一支店
朱之剛		浙江平湖	江蘇省建設廳溧武路測量隊	江蘇建設廳
張立祖	敬禮	江蘇南通		南通城南別業

已故同學

余灼經		廣東新會
許光	伯明	江蘇江寧
湯士聰	典若	江蘇啓東
夏育德		江蘇常熟
陳式琦		浙江定海
姚邦華	伯渠	四川重慶

畢業同學調查表

本會爲明瞭本系畢業同學狀況，並備將來續寄本刊起見，特製此表。敬祈本系畢業同學，詳細塡明，寄交本會出版委員會爲荷。

土木工程學會啓

姓名		字
籍貫		
離校年期		
現任職務		
最近通信處		
永久通信處		
備註		

年　　　月　　　日　　　塡寄

老胡開文廣戶氏筆墨莊

精良筆墨

各種文具

總店 上海英租界拋球場北首

電話（九二〇八八）

總製造廠上海

閘北南山路中

康成工程股份有限公司

土木建築工程

專代各界設計房屋橋樑碼頭船塢堤壩及其他各種鋼骨水泥鋼鐵工程若蒙委托無任歡迎

地址 上海愛多亞路三十六號樓上

電話 一四〇九九

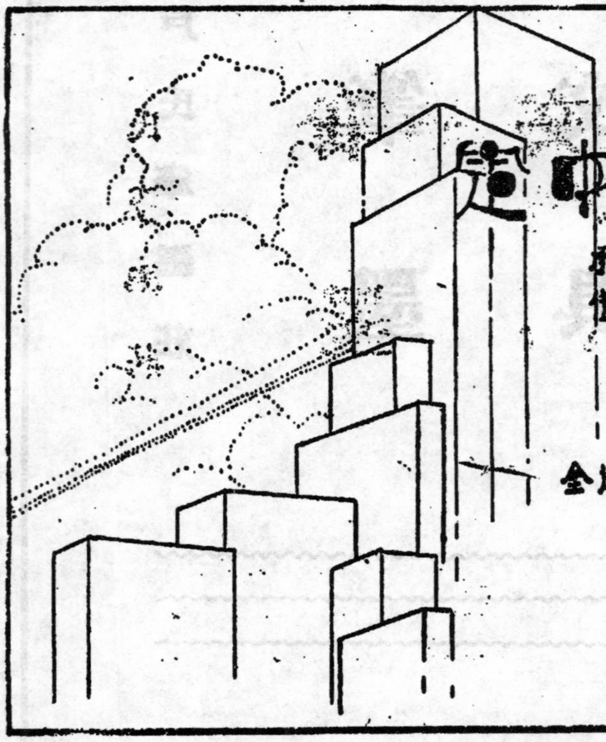

建中工程事務所

承接工廠貨棧學校旅館住宅以及其他各項設計

工程師

金通尹、王華駿、李壽彭

地址～上海福州路八九號四樓

電話～10424